高等学校“十二五”规划教材

机械设计基础

主　编　王健民
副主编　顾红欣　吴立国

北京
冶金工业出版社
2012

内 容 简 介

本书根据高等教育的特点及21世纪应用型人才培养的需要进行编写，主要讲述了平面机械的自由度、各类机构与传动、回转体的平衡、机械速度的波动及调节、轴与轴承、联轴器与离合器等内容，其中机构包括平面连杆机构、凸轮机构、齿轮机构、轮系、间歇运动机构等，传动包括带传动、链传动、齿轮传动、蜗杆传动等。

本书可作为普通高等学校、高等职业技术院校机械类及近机类专业的“机械设计基础”课程教材，也可供高等工科院校机械类及近机类师生及相关工程技术人员参考使用。

图书在版编目(CIP)数据

机械设计基础/王健民主编.—北京：冶金工业出版社，2012.4

高等学校“十二五”规划教材

ISBN 978-7-5024-5646-7

Ⅰ.①机… Ⅱ.①王… Ⅲ.①机械设计—高等学校—教材 Ⅳ.①TH122

中国版本图书馆CIP数据核字(2012)第067757号

出 版 人 曹胜利

地　　址 北京北河沿大街嵩祝院北巷39号，邮编100009

电　　话 (010)64027926 电子信箱 yjcbs@cnmip.com.cn

责任编辑 陈慰萍 美术编辑 李 新 版式设计 孙跃红

责任校对 王永欣 责任印制 张祺鑫

ISBN 978-7-5024-5646-7

三河市双峰印刷装订有限公司印刷；冶金工业出版社出版发行；各地新华书店经销

2012年4月第1版，2012年4月第1次印刷

787mm×1092mm 1/16；19.25印张；466千字；294页

40.00元

冶金工业出版社投稿电话：(010)64027932 投稿信箱：tougao@cnmip.com.cn

冶金工业出版社发行部 电话：(010)64044283 传真：(010)64027893

冶金书店 地址：北京东四西大街46号(100010) 电话：(010)65289081(兼传真)

(本书如有印装质量问题，本社发行部负责退换)

前　言

本书根据高等教育的特点与21世纪应用型人才的培养要求及现行相关国标，以“必需、够用”为原则进行编写。本书具有以下特点：

一是突出高等职业教育在实用性、新颖性和通用性方面的特殊要求，注重三个结合，即通识性知识与专业性知识相结合、理论性知识与实践性知识相结合、基础性知识与前沿性知识相结合，符合职业教育的课程教学基本要求和有关岗位资格及技术等级考试的要求。

二是坚持培养学生综合应用能力和创新素质的方针。在选编内容时，紧密围绕培养学生机械设计的分析问题、解决问题的能力以及创新能力这一中心，力求在内容上少而精、引用可靠、概念准确；在层次安排上由易到难、循序渐进、结构完整；在讲解上通俗易懂、深入浅出、逻辑严谨，突出理论知识的应用、强化针对性。

三是考虑到本、专科学生的不同需求，书中各章内容相对独立，方便教师教学时取舍与调整，也便于学生自学，适应了目前教学改革的需要。此外书中各章大都配有小结、例题与习题，例题与习题的选择注重密切联系工程实际。

四是采用最新计算方法和国家标准，力求体现学科与技术的发展。

本书由王健民、刘国柱、顾红欣、吴立国、王洋、刘祥生编写。其中，王健民编写第1、3、4章，刘国柱编写第2、5章，顾红欣编写第6、11章，王洋编写第7、12章，吴立国编写第8、9、13章，刘祥生编写第10、14章。本书由王健民担任主编，顾红欣、吴立国担任副主编。

由于编者水平所限，书中难免存在疏漏和欠妥之处，敬请广大读者提出宝贵意见。

编　者

2012年1月

目　录

1 绪 论

1.1 本课程研究的对象

本课程研究的对象是机器（机械）。人们在现代生产活动和日常生活中，常见到的拖拉机、起重机、汽车、各种机床、洗衣机和自行车等都是机器。机器的种类很多，其工作原理、构造和性能也各异。但是，从机器的组成原理、运动的确定性及其功与能的转换关系来看，各种机器之间存在一些共同的特征。

图1－1所示是人们熟悉的自行车简图，人蹬脚踏使链轮1逆时针转动带动链条2运动，链条带动飞轮旋转，飞轮内的棘轮棘爪机构3驱动后轮4转动，从而使自行车向前运动。

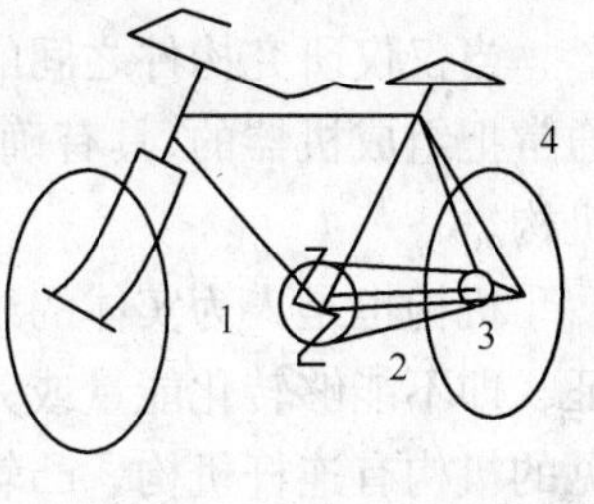

图1－1 自行车简图

1—链轮；2—链条；3—棘轮棘爪机构；4—后轮

图1－2所示为一台常用冲床的机构简图。电动机1启动后，通过传动皮带2带动曲轴3转动，曲轴3又通过连杆4带动冲头5做上下往复运动，靠上下模具的配合，冲头冲出所需要的零件。

图1－3所示为轧钢车间的轧钢机简图，电动机1的转动通过联轴器2传递给减速箱3，经减速箱变速后由万向联轴器4传递给轧辊5，实现轧辊轧制钢材的运动。

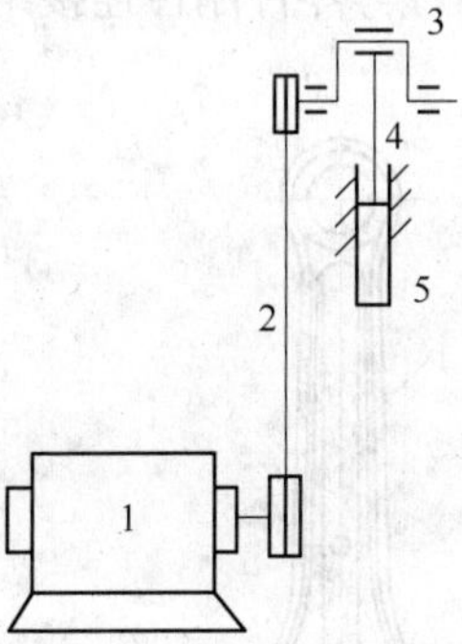

图1－2 冲床工作原理图

1—电动机；2—皮带；3—曲轴；4—连杆；5—冲头

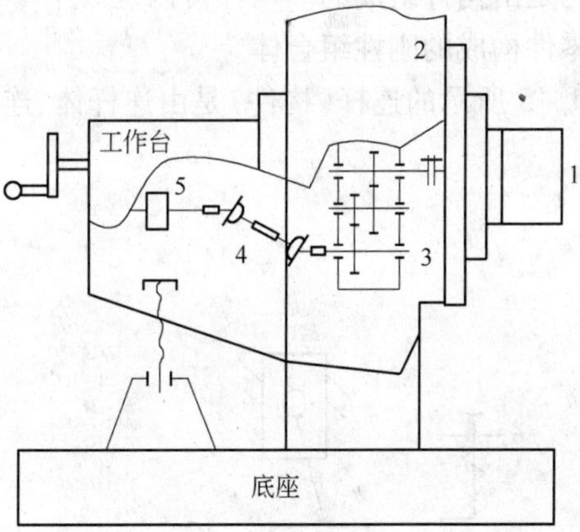

图1－3 轧钢车间的轧钢机简图

1—电动机；2—联轴器；3—减速箱；4—万向联轴器；5—轧辊

从以上三个例子可见，机器具有下列特性：都是人为实体（构件）的组合；各实体（构件）间具有确定的相对运动；可完成有用的机械功或实现能量和信息的转换。一台机器不管其内部结构如何，一般都由四个部分组成：动力系统、传动系统、执行系统和控制系统。

（1）动力系统：机器的动力来源，处于整个机械传动路线的始端。其作用是将其他形式的能量转换成机械能，如内燃机、电动机等。

（2）传动系统：介于动力系统和执行系统之间。其作用是把动力系统的运动和动力传递给执行系统。

（3）执行系统：处于整个机械传动路线的终端，是直接完成工作任务的部分。其作用是利用机械能做有用的机械功。

（4）控制系统：控制机器的其他组成部分，使操作者能随时实现或终止机器的各种预定功能。现代机器的控制系统，一般包含机械控制系统和电子控制系统，其作用包括监测及信号拾取、调节、计算机控制等。

当仅仅研究构件之间的相对运动，而不考虑构件在做功和能量转换方面所起的作用时，通常把组成机器的、具有确定相对运动、实现运动传递或运动形式转换的多构件组合称为机构。

机构也是人为实体的组合，各实体间具有确定的相对运动，但不具有机器的第三个特征，即不能够转化能量或完成有用的机械功，机构实现的是运动传递或运动形式转换。常见的机构有连杆机构、凸轮机构、齿轮机构、间歇运动机构等，它们只能完成运动与动力的传递或运动形式的转换。图 1－4 所示为单缸内燃机，构件 1～4 组成连杆机构；构件 5、6 组成凸轮机构；构件 7、8 组成齿轮机构。连杆机构将活塞的往复运动转化为曲轴的回转运动，齿轮机构和凸轮机构的协调动作使内燃机按工作要求有规律地完成进、排气任务。通常大多数机器包含若干个机构，最简单的机器只包含一个机构，如电动机等。

从结构和运动角度来看，机器和机构没有什么区别。因此，为了叙述方便，通常用"机械"一词作为"机器"和"机构"的总称。

机构是由构件组成的。构件可以是一个零件（如齿轮机构中的一个齿轮），也可以是由几个零件构成的刚性组合体。

图 1－5 所示的连杆（构件）是由连杆体、连杆头、螺栓、螺母等零件刚性连接组成的。

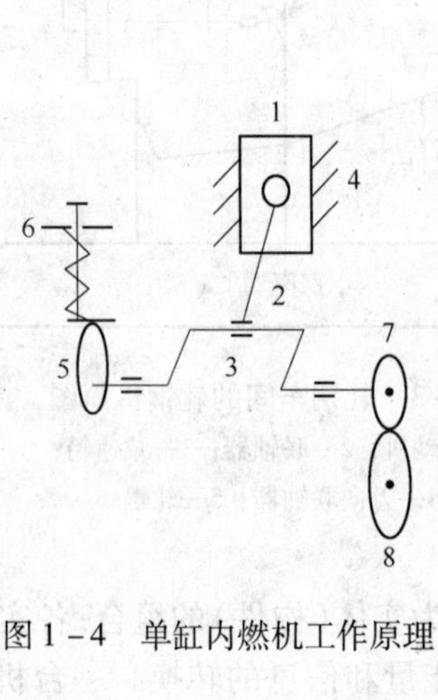

图 1－4　单缸内燃机工作原理

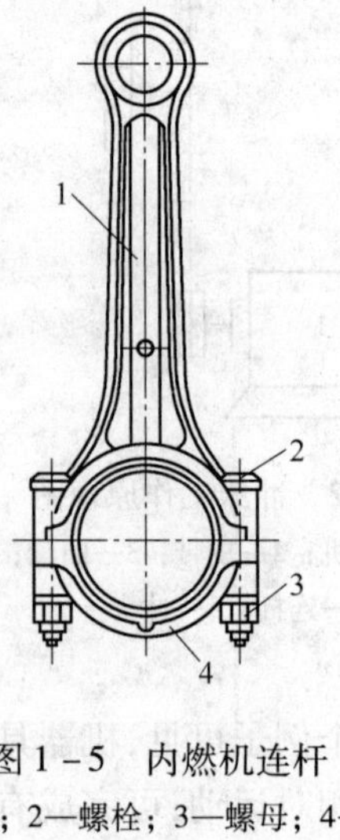

图 1－5　内燃机连杆

1—连杆体；2—螺栓；3—螺母；4—连杆头

显然，构件是独立运动的单元体；零件是加工制造的单元体，是机器的最基本组成要素。各类机器中常用到的零件称为通用零件，如齿轮、螺栓、螺母、轴、带轮、弹簧等；在专用机器中才能用到的零件称为专用零件。

机械设计基础课程着重介绍机械中常用机构和通用零件的工作原理、运动特性、结构特点、基本的设计理论和计算方法、使用维护、标准和规范等。

1.2 机械设计的基本要求和一般过程

1.2.1 机械设计的基本要求

机械设计主要包括开发设计和改进设计两种。应用新技术、新方法开发创造新机械的设计称为开发设计或正向设计；根据现有产品，并在原有机械的基础上重新设计或进行局部改造的设计称为改进设计或逆向设计。

机械设计应满足以下几方面的要求：

（1）实现预定的功能并满足使用性能的要求。设计的机械产品应能实现预定的功能，并在规定的使用要求、规定的工作条件下和规定的工作期限内正常运行。

（2）市场需要与经济性要求。在机械设计过程中，应始终把经济效益与社会效益紧密联系起来，把产品设计、销售、制造三方面作为一个整体综合考虑。

（3）工艺性及标准化、系列化、通用化的要求。机械及其零、部件应具有良好的工艺性，即制造容易、拆装方便、加工精度指标合理。设计的零、部件和机械产品参数应尽量满足标准化、系列化、通用化的要求，以达到提高设计质量、缩短设计周期、降低制造成本的目的。

（4）操作方便、工作安全。操作系统要简便可靠，有利于减轻操作人员的劳动强度。要有各种保险装置以消除由于误操作而引起的危险，避免人身及设备事故的发生。

（5）造型美观，减少污染。运用工业产品造型技术与设计方法对机械产品进行工业造型设计，使所设计的机器不仅使用性能好、尺寸小、价格低廉，而且外形美观、时尚。应尽可能地降低所设计机械的工作噪声，减轻或消除对环境的污染。

（6）采用现代设计手段与方法进行机械设计。在机械设计过程中，要尽可能地采用现代设计方法及计算机辅助设计手段进行产品开发与设计，以满足现代工业中产品开发、制造与管理的需要。

1.2.2 机械设计的一般过程

根据设计任务的不同，设计过程的繁简程度显然不会一样。机械设计一般过程大致可以分为如表1-1所示的几个阶段。

表1-1 机械设计的一般过程

阶 段	内 容	应完成工作
计 划	（1）根据市场需要，或受用户委托，或由上级下达，提出设计任务； （2）进行可行性研究，重大的问题应召开有各方面专家参加的评审论证会； （3）编写设计任务书	（1）提出可行性报告； （2）提出设计任务书，任务书应尽可能详细具体，它是以后设计、评审、验收的依据； （3）签订技术经济合同

续表 1-1

阶 段	内 容	应 完 成 工 作
方案设计	（1）根据设计任务书，通过调查研究和必要的实验分析，提出若干个可行方案； （2）经过分析、对比、评价、决策，确定最佳方案	提出最佳方案的原理图和机构运动简图
技术设计	（1）绘制总装配图和部件装配图； （2）绘制零件工作图； （3）绘制电路系统图、润滑系统图等； （4）编制各种技术文件	（1）提出整个设备的标注齐全的全套图纸； （2）提出设计计算说明书、使用维护说明书、外购件明细表等
试制试验	通过试制、试验发现问题，加以改进	（1）提出试制、试验报告； （2）提出改进措施
投产以后	设备投产以后，并非设备设计工作终结，要根据用户的意见、使用中发现的问题以及市场的变化，作相应改进和更新设计	收集问题、发现问题，改进设计

因为机械设计工作是一项创造性劳动，在设计之初许多问题和矛盾尚未暴露，因而上述的设计过程，一般说不会是一帆风顺，也不会一次就能依次进行到底，而是不断出现反复和交叉，这是在设计中经常会遇到的正常现象。机械设计是一个不断修改、不断完善的过程。

1.3 机械设计的内容

机械设计的内容主要包括机械产品的设计与机械零部件的设计。

机械设计是一项复杂、细致和科学性很强的工作。随着现代科学技术的发展，对机械设计的理解不断深化，设计方法也不断更新与发展，计算机辅助设计、计算机辅助制造与计算机辅助工程等技术与现代设计方法已在机械设计中得到了广泛的应用。

尽管如此，常规设计方法仍然是工程技术人员进行设计的重要基础，必须很好地掌握。常规设计方法又可分为理论设计、经验设计、模型实验设计与逆向开发设计等。

1.4 学习本课程的目的

机械设计基础是以高等数学、机械制图、金属材料及热处理、公差与技术测量以及工程力学等为基础的。它主要研究各种机械的共性问题，为以后学习相关专业课程打下理论基础，也为培养机械设计专业人才提供必要的知识。随着科学技术的发展，“机械”这一概念也不断发展，各种新机构、新思路、新设计层出不穷。尤其计算机的迅速发展，对机械设计基础学科的发展产生了深远的影响。借助计算机这一工具，人们可以进行各种复杂机构的设计计算，甚至可以对机构实行计算机仿真，检验设计的有效性和正确性，大大缩短了机械产品的设计周期。

机电一体化概念的产生，更拓宽了机械设计领域，使人们从前不敢想象的事成为现实，例如海底采矿的机器人、太空探测器等。因此机械设计基础是一门重要的技术基础课程，有承上启下的作用。它的任务是使学生掌握机构学和机械动力学的基本理论、基础知识和基本技能，并初步具有拟定机械运动方案、分析机构和设计机械的能力，为培养高级工程技术人才和创新人才打下基础。

习　题

1-1 机器、机构有什么区别？各举出两个实例。

1-2 机器有哪些共同特征？如何理解这些特征？

1-3 构件与零件有何区别？

1-4 机械设计应满足的基本要求是什么？

1-5 机械设计的一般过程是什么？

2 平面连杆机构及其设计

平面连杆机构是将各构件用转动副或移动副连接而成、各构件在同一个平面内或互相平行的平面内运动的机构，又称平面低副机构。低副以圆柱面或平面接触，承载能力高，耐磨损，制造简便。平面连杆机构中构件的运动形式是多样的，可以实现给定的运动规律或运动轨迹。因此，平面连杆机构在各种机械、仪器中获得了广泛的应用。平面连杆机构的缺点是：不易实现复杂的运动规律，且设计较为复杂；当构件数和运动副数较多时，效率较低。

最简单的平面连杆机构是由四个构件组成的，简称平面四杆机构。它的应用非常广泛，而且是组成多杆机构的基础。因此，本章着重介绍平面四杆机构的基本类型、特性、演化形式及其常用的设计方法。

2.1 铰链四杆机构的类型及应用

全部用转动副组成的平面四杆机构称为铰链四杆机构，简称四杆机构，如图 2－1 所示。机构的固定件 4 称为机架；与机架用转动副相连接的杆 1 和杆 3 称为连架杆；不与机架直接连接的杆 2 称为连杆。能做整周转动的连架杆，称为曲柄。仅能在某一角度摆动的连架杆，称为摇杆。对于铰链四杆机构，机架和连杆总是存在的，而曲柄和摇杆则不一定。因此按照连架杆是曲柄还是摇杆，铰链四杆机构可分为三种基本形式：曲柄摇杆机构、双曲柄机构与双摇杆机构。

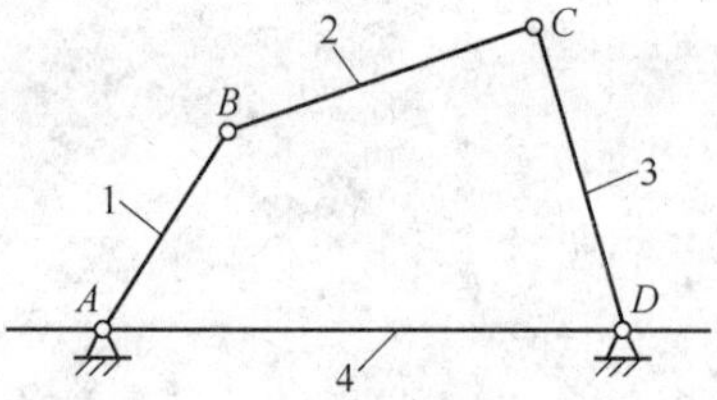

图 2－1 铰链四杆机构

2.1.1 曲柄摇杆机构

若铰链四杆机构的两个连架杆中，一个为曲柄，另一个为摇杆，则此铰链四杆机构称为曲柄摇杆机构。

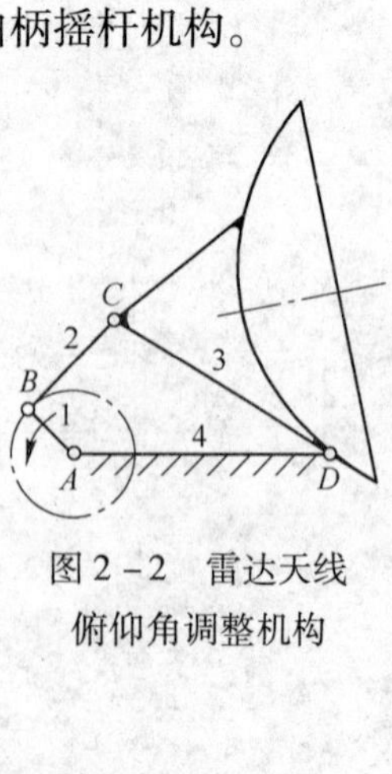

图 2－2 雷达天线俯仰角调整机构

图 2－2 所示为调整雷达天线俯仰角的曲柄摇杆机构。曲柄 1 缓慢地匀速转动，通过连杆 2 使摇杆 3 在一定的角度范围内摇动，从而调整天线俯仰角的大小。

图 2－3（a）所示为缝纫机的踏板机构，图 2－3（b）为其机构运动简图。摇杆 3（原动件）往复摆动，通过连杆 2 驱动曲柄 1（从动件）做整周转动，再经过带传动使机头主轴转动。

曲柄摇杆机构的功能是将转动转换为摆动，或将摆动转换为转动。

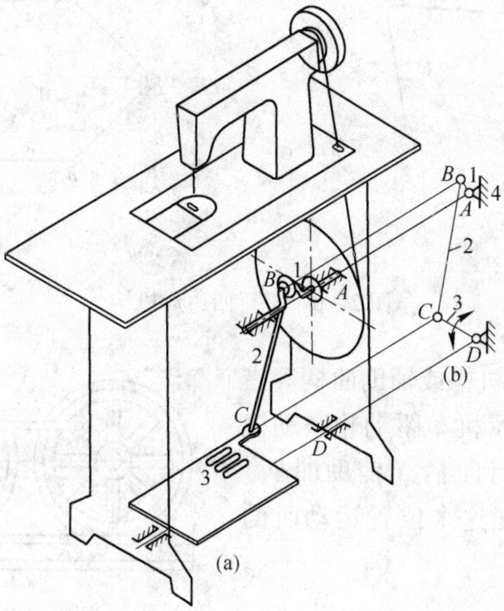

图 2－3 缝纫机的踏板机构

2.1.2 双曲柄机构

两连架杆均为曲柄的铰链四杆机构称为双曲柄机构。通常双曲柄机构的主动曲柄做等速转动，从动曲柄做变速转动。如图 2－4 所示为插床中的双曲柄机构及其运动简图。当小齿轮带动空套在固定轴 *A* 上的大齿轮（即构件 1）转动时，大齿轮上点 *B* 即绕轴 *A* 转动。通过连杆 2 驱使构件 3 绕固定铰链 *D* 转动。由于构件 1 和 3 均为曲柄，故该机构称为双曲柄机构。在图示机构中，当曲柄 1 等速转动时，曲柄 3 做不等速的转动，从而使曲柄 3 驱动的插刀既能近似均匀缓慢地完成切削工作，又可快速返回，以提高工作效率。

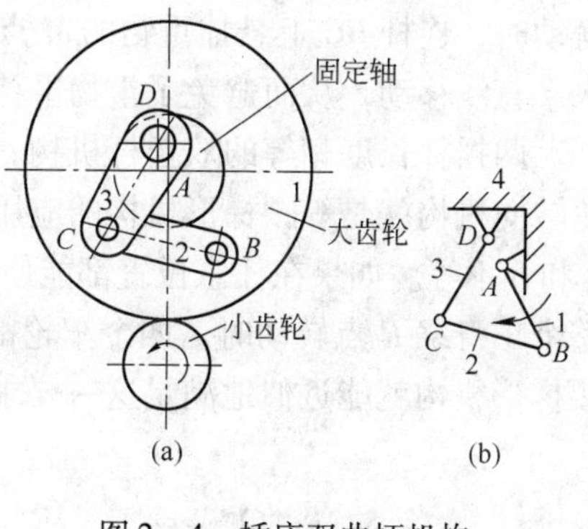

图 2－4 插床双曲柄机构

双曲柄机构中，用得最多的是平行双曲柄机构，或称平行四边形机构，它的连杆与机架的长度相等，且两曲柄的转向相同、长度也相等。由于这种机构两曲柄的角速度始终保持相等，且连杆始终做平动，故应用较广。如图 2－5 所示的天平机构应用的就是平行双曲柄机构，能保证天平盘 1、2 始终处于水平位置。必须指出，这种机构当四个铰链中心处于同一直线时，将出现运动不确定状态。例如在图 2－6（a）中，当曲柄 1 由 AB_2 转到 AB_3 时，从动曲柄 3 可能转到 DC_3'，也可能转到 DC_3''。为了消除这种运动不确定现象，除可利用从动件本身或其上的飞轮惯性导向外，还可利用

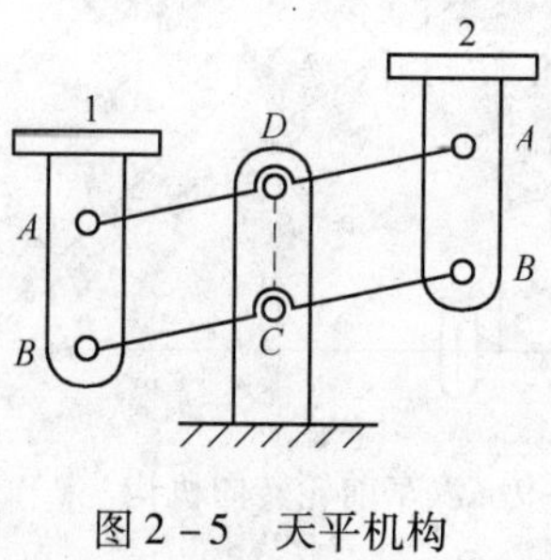

图 2－5 天平机构

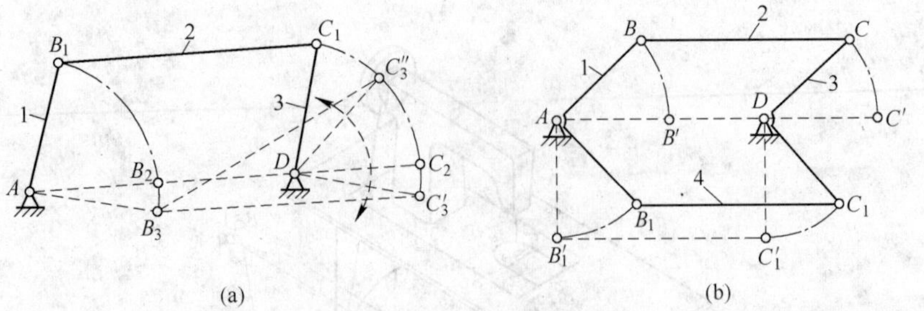

图 2-6　平行四边形机构

图 2-6（b）所示的错列机构或辅助曲柄等措施来解决。如图 2-7 所示机车驱动轮联动机构，就是利用第三个平行曲柄（辅助曲柄）来消除平行四边形机构在这个位置运动时的不确定状态。

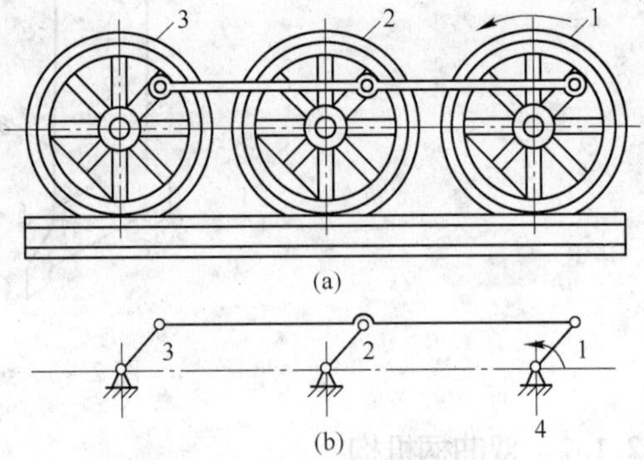

图 2-7　机车驱动轮联动机构

1—主动轮；2—辅助轮；3—从动轮

2.1.3　双摇杆机构

两连架杆均为摇杆的铰链四杆机构称为双摇杆机构。

图 2-8 所示的起重机机构，当摇杆 CD 摆动时，连杆 BC 上悬挂重物的 M 点做近似的水平直线移动，从而避免了重物平移时因不必要的升降而发生事故和损耗能量。

两摇杆长度相等的双摇杆机构，称为等腰梯形机构。如图 2-9 所示，轮式车辆的前轮转向机构就是等腰梯形机构的应用实例。车辆转弯时，与前轮轴固联的两个摇杆的摆角 β 和 δ 不等。如果在任意位置都能使两前轮轴线的交点 P 落在后轮轴线的延长线上，则当整个车身绕 P 点转动时，四个车轮都能在地面上纯滚动，避免轮胎因滑动造成的损伤。等腰梯形机构就能近似地满足这一要求。

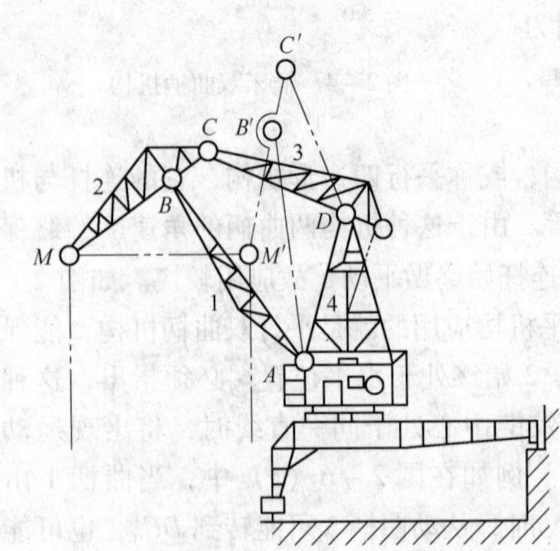

图 2-8　起重机机构

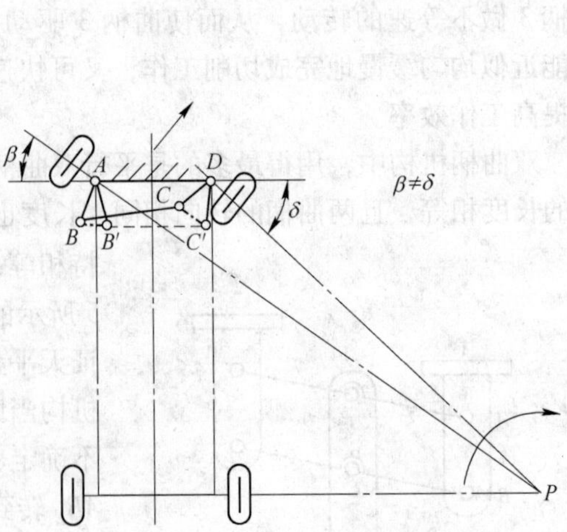

图 2-9　汽车前轮转向机构

2.2 铰链四杆机构的特性

铰链四杆机构的基本特性包括运动特性和传力特性两个方面，这些特性不仅反映了机构的传递和交换运动与力的性能，而且也是四杆机构类型选择和运动设计的主要依据。

2.2.1 铰链四杆机构的曲柄存在条件

铰链四杆机构中是否存在曲柄，取决于机构各杆的相对长度和机架的选择。首先，分析存在一个曲柄的铰链四杆机构（曲柄摇杆机构）。如图 2－10 所示的机构中，杆 1 为曲柄，杆 2 为连杆，杆 3 为摇杆，杆 4 为机架，各杆长度以 l_1、l_2、l_3、l_4 表示。因为杆 1 为曲柄，故杆 1 与杆 4 的夹角 φ 的变化范围为 0°～360°；当摇杆处于左右极限位置时，曲柄与连杆两次共线，故杆 1 与杆 2 的夹角 β 的变化范围也是 0°～360°；杆 3 为摇杆，它与相邻两杆的夹角 ψ、γ 的变化范围小于 360°。显然，A、B 为整转副，C、D 不是整转副。为了保证曲柄 1 整周回转，曲柄 1 必须能顺利通过与机架 4 共线的两个位置 AB' 和 AB''。

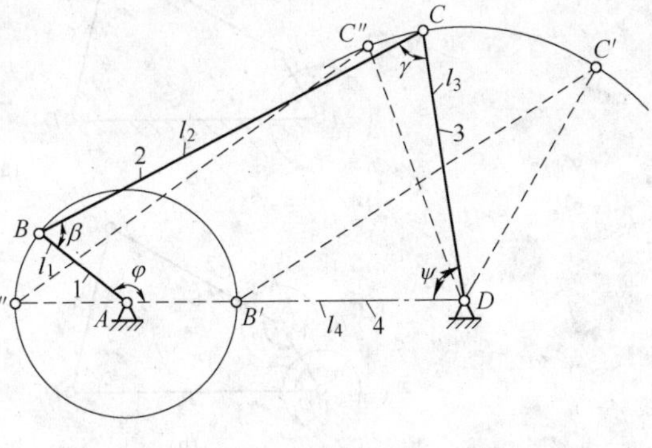

图 2－10 曲柄存在的条件分析

当曲柄处于 AB' 的位置时，形成三角形 $B'C'D$。根据三角形两边之和必大于（极限情况下等于）第三边的定律，可得

$$l_2 \leqslant (l_4 - l_1) + l_3$$
$$l_3 \leqslant (l_4 - l_1) + l_2$$

即：

$$l_1 + l_2 \leqslant l_3 + l_4 \tag{2-1}$$
$$l_1 + l_3 \leqslant l_2 + l_4 \tag{2-2}$$

当曲柄处于 AB'' 位置时，形成三角形 $B''C''D$，可写出以下关系式：

$$l_1 + l_4 \leqslant l_2 + l_3 \tag{2-3}$$

将式（2－1）～式（2－3）两两相加可得：

$$l_1 \leqslant l_2;\ l_1 \leqslant l_3;\ l_1 \leqslant l_4$$

上述关系说明：

（1）在曲柄摇杆机构中，曲柄是最短杆；

（2）最短杆与最长杆长度之和小于或等于其余两杆长度之和。

以上两条件是曲柄存在的**必要条件**。

下面进一步分析各杆间的相对运动。图 2－11 中最短杆 1 为曲柄，φ、β、γ 和 ψ 分别为相邻两杆间的夹角。当曲柄 1 整周转动时，曲柄与相邻两杆的夹角 φ、β 的变化范围为 0°～360°；而摇杆与相邻两杆的夹角 γ、ψ 的变化范围小于 360°。根据相对运动原理可知，连杆和机架相对曲柄也是整周转动，而相对于摇杆做小于 360°的摆动。因此，当各杆长度不变而取不同杆为机架时，可以得到不同类型的铰链四杆机构。如：

（1）取最短杆相邻的构件（杆2或杆4）为机架时，最短杆1为曲柄，而另一连架杆3为摇杆，故图2－11（a）所示的两个机构均为曲柄摇杆机构。

（2）取最短杆为机架，其连架杆2和4均为曲柄，故图2－11（b）所示为双曲柄机构。

（3）取最短杆的对边（杆3）为机架，则两连架杆2和4都不能做整周转动，故图2－11（c）所示为双摇杆机构。

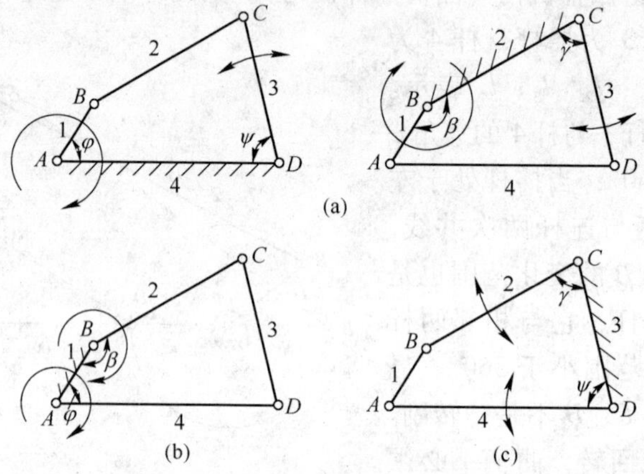

图2－11　变更机架后机构的演化

如果铰链四杆机构中的最短杆与最长杆长度之和大于其余两杆长度之和，则该机构中不可能存在曲柄，无论取哪个构件作为机架，都只能得到双摇杆机构。

由上述分析可知，最短杆和最长杆长度之和小于或等于其余两杆长度之和是铰链四杆机构存在曲柄的必要条件。满足这个条件的机构究竟有一个曲柄、两个曲柄还是没有曲柄，还需根据选取何杆为机架来判断。

2.2.2　压力角和传动角

在生产实际中往往要求连杆机构不仅能实现预期的运动规律，而且希望运转轻便、效率高。图2－12所示的曲柄摇杆机构，如不计各杆质量和运动副中的摩擦，则连杆 BC 为二力杆，它作用于从动摇杆3上的力 P 是沿 BC 方向的。作用在从动件上的驱动力 P 与该力作用点绝对速度 v_c 之间所夹的锐角 α 称为**压力角**。由图可见，力 P 在 v_c 方向的有效分力为 $P_t = P\cos\alpha$，它可使从动件产生有效的回转力矩，显然 P_t 越大越好。而 P 在垂直于 v_c 方向的分力 $P_n = P\sin\alpha$ 为无效分力，它不仅无助于从动件的转动，反而增加了从动件转动时的摩擦阻力矩。因此，希望 P_n 越小越好。由此可知，压力角 α 越小，机构的传

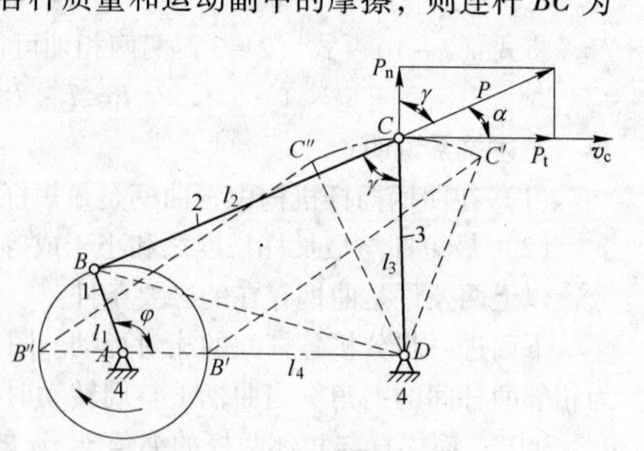

图2－12　压力角与传动角

力性能越好，理想情况是 $\alpha = 0$，所以压力角是反映机构传力性能好坏的一个重要参数。一般设计机构时都必须注意控制最大压力角不超过许用值。

在实际应用中，为度量方便起见，常用压力角的余角 γ 来衡量机构传力性能的好坏，γ 称为传动角。显然，γ 值越大越好，理想情况是 $\gamma = 90°$。

由于机构在运动中，压力角和传动角的大小随机构的不同位置而变化。γ 角越大，则 α 越小，机构的传动性能越好；反之，传动性能越差。为了保证机构的正常传动，通常应使传动角的最小值 γ_{min} 不小于其许用值［γ］。一般机械中，推荐［γ］$= 40° \sim 50°$。对于传动功率大的机构，如冲床、颚式破碎机中的主要执行机构，为使工作时得到更大的功率，可取 $\gamma_{min} = [\gamma] \geqslant 50°$。对于一些非传动机构，如控制、仪表等机构，也可取［γ］$< 40°$，但不能过小。可以采用以下方法来确定最小传动角 γ_{min}。

由图 2－12 中△*ABD* 和△*BCD* 可分别写出：

$$l_{BD}^2 = l_1^2 + l_4^2 - 2l_1 l_4 \cos\varphi$$

$$l_{BD}^2 = l_2^2 + l_3^2 - 2l_2 l_3 \cos\angle BCD$$

由此可得：

$$\cos\angle BCD = \frac{l_2^2 + l_3^2 - l_1^2 - l_4^2 + 2l_1 l_4 \cos\varphi}{2l_2 l_3} \tag{2-4}$$

当 $\varphi = 0°$ 和 $180°$ 时，有 $\cos\varphi = +1$ 和 $\cos\varphi = -1$，$\angle BCD$ 分别出现最小值 $\angle BCD_{min}$ 和最大值 $\angle BCD_{max}$（见图 2－12）。如上所述，传动角 γ 是用锐角表示的。当 $\angle BCD$ 为锐角时，传动角 $\gamma = \angle BCD$，显然，$\angle BCD_{min}$ 也是传动角的最小值；当 $\angle BCD$ 为钝角时，传动角应以 $\gamma = 180° - \angle BCD$ 来表示，显然，$\angle BCD_{max}$ 对应传动角的另一极小值。若 $\angle BCD$ 由锐角变成钝角，则机构运动过程中，将在 $\angle BCD_{min}$ 和 $\angle BCD_{max}$ 位置两次出现传动角的极小值。两者中较小的一个即为该机构的最小传动角 γ_{min}。

2.2.3 急回运动

图 2－13 所示为一曲柄摇杆机构，其曲柄 *AB* 在转动一周的过程中，有两次与连杆 *BC* 共线。在这两个位置，铰链中心 *A* 与 *C* 之间的距离 AC_1 和 AC_2 分别为最短和最长，因而摇杆 *CD* 的位置 C_1D 和 C_2D 分别为两个极限位置。摇杆在两极限位置间的夹角 ψ 称为摇杆的摆角。

当曲柄由位置 AB_1 顺时针转到位置 AB_2 时，曲柄转角 $\varphi_1 = 180° + \theta$，这时摇杆由极限位置 C_1D 摆到极限位置 C_2D，摇杆摆角为 ψ；而当曲柄顺时针再转过角度 $\varphi_2 = 180° - \theta$ 时，摇杆由位置 C_2D 摆回到位置 C_1D，其摆角仍然是 ψ。虽然摇杆来回摆动的摆角相同，但对应的曲柄转角却不等（$\varphi_1 > \varphi_2$）；当曲柄匀速转动时，对应的时间也不等（$t_1 > t_2$），这反映了摇杆往复摆动的快慢不同。令摇杆自 C_1D 摆至 C_2D 为工作行程，这时铰链 *C* 的

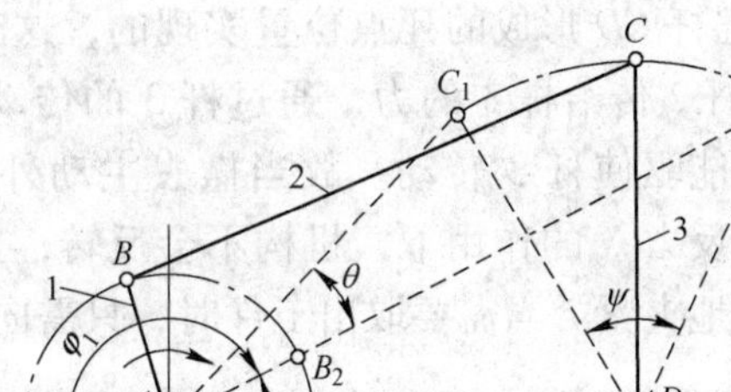

图 2－13 曲柄摇杆机构的急回特性

平均速度是 $v_1=\widehat{C_1C_2}/t_1$；摆杆自 C_2D 摆回至 C_1D 为空回行程，这时 C 点的平均速度是 $v_2=\widehat{C_1C_2}/t_2$，$v_1<v_2$，表明摇杆具有急回运动的特性。牛头刨床、往复式运输机等机械利用这种急回特性来缩短非生产时间，提高生产率。

急回运动特性可用行程速比系数 K 表示，即

$$K=\frac{v_2}{v_1}=\frac{\widehat{C_1C_2}/t_2}{\widehat{C_1C_2}/t_1}=\frac{t_1}{t_2}=\frac{\varphi_1}{\varphi_2}=\frac{180°+\theta}{180°-\theta} \tag{2-5}$$

式中，θ 为摇杆处于两极限位置时，对应的曲柄所夹的锐角，称为极位夹角。

整理式（2-5），可得极位夹角的计算公式：

$$\theta=180°\frac{K-1}{K+1} \tag{2-6}$$

由以上分析可知：极位夹角 θ 越大，K 值越大，急回运动的特性也越显著，但机构运动的平稳性也越差。因此在设计时，应根据其工作要求，恰当地选择 K 值，在一般机械中 $1<K<2$。

2.2.4 死点位置

对于图 2-13 所示的曲柄摇杆机构，如以摇杆 3 为原动件，而曲柄 1 为从动件，则当摇杆摆到极限位置 C_1D 和 C_2D 时，连杆 2 与曲柄 1 共线，若不计各杆的质量，则这时连杆加给曲柄的力将通过铰链中心 A，即机构处于压力角 $\alpha=90°$（传力角 $\gamma=0$）的位置，此时驱动力的有效力为 0。此力对 A 点不产生力矩，因此不能使曲柄转动。机构的这种位置称为死点位置。死点位置会使机构的从动件出现不能运动或运动不确定的现象。出现死点对传动机构来说是一种缺陷，这种缺陷可以利用回转机构的惯性、添加辅助机构以及平行机构的错列等措施来克服。如图 2-3（a）所示的家用缝纫机的脚踏机构，就是利用皮带轮的惯性作用使机构能通过死点位置的。

在工程实践中，有时也常常利用机构的死点位置来实现一定的工作要求。如图 2-14 所示的工件夹紧装置，当工件 5 需要被夹紧时，就是利用连杆 BC 与摇杆 CD 形成的死点位置实现的，这时工件经杆 1、杆 2 传给杆 3 的力，通过杆 3 的传动中心 D。此力不能驱使杆 3 转动。故当撤去主动外力 P 后，在工作反力 N 的作用下，机构不会反转，工件依然被可靠地夹紧。当需要取出工件时，只需向上扳动手柄，即能松动夹具。

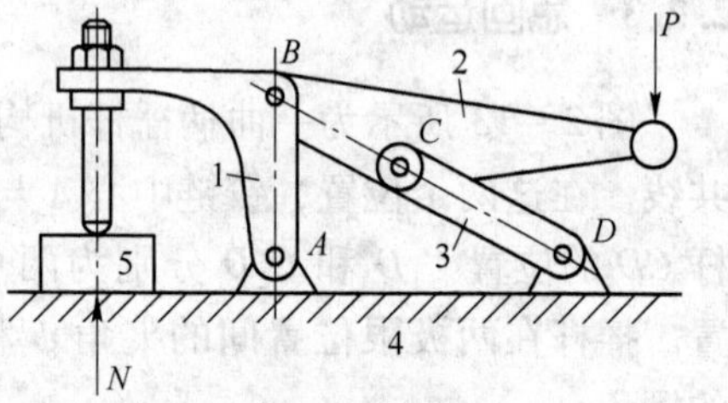

图 2-14 利用死点夹紧工件的夹具

2.3 铰链四杆机构的演化

除了铰链四杆机构外，通过某些方法，还可以得到铰链四杆机构的其他演化形式。铰链四杆机构的演化不仅是为了满足运动方面的要求，而且往往还是为了改善受力状况以及满足机构设计上的需要。

通常铰链四杆机构的演化有将转动副转化成移动副、扩大转动副和取不同的构件为架三种方法。

2.3.1　将转动副转化成移动副

工程实际中常用的曲柄滑块机构，其形成采用的是将铰链四杆机构的转动副转化成移动副的演化方法。

在图 2－15（a）所示的曲柄摇杆机构中，摇杆 CD 为杆状构件。摇杆 CD 上 C 点的运动轨迹是以 D 为圆心、CD 为半径的圆弧 mm，当摇杆 CD 的长度越长时，圆弧 mm 越平直。当摇杆为无限长时，圆弧 mm 将变成为一条直线。这时，可以把摇杆做成滑块，摇杆与机架之间的转动副 D 变为滑块与机架之间的移动副，机构变为一个具有一个移动副的四杆机构，铰链四杆机构则变为曲柄滑块机构。如果转动中心 A 偏离了 C 点运动轨迹 mm，则称为偏置曲柄滑块机构，偏离的垂直距离称为偏距，用 e 表示，如图 2－15（b）所示。当 $e=0$ 时，曲柄的转动中心 A 位于滑块上铰链 C 点的运动轨迹 mm 上，此时称为对心曲柄滑块机构，如图 2－15（c）所示。

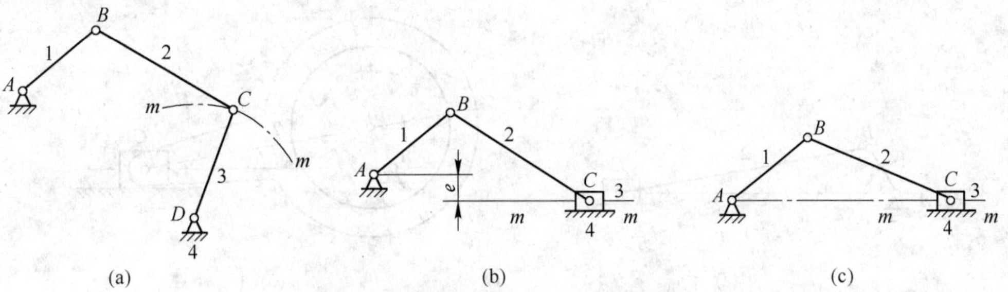

图 2－15　曲柄摇杆机构演化为曲柄滑块机构

（a）曲柄摇杆机构；（b）偏置曲柄滑块机构；（c）对心曲柄滑块机构

曲柄滑块机构广泛应用在各种机械中，如内燃机、空气压缩机、冲床和剪床等。

在图 2－16（a）所示的对心曲柄滑块机构中，连杆 2 上的 B 点相对于转动副 C 的运动轨迹为圆弧 nn，连杆 BC 为杆状构件。当连杆 2 的长度变为无限长时，则铰链 B 点的运动轨迹 nn 变成直线，如图 2－16（b）所示。此时，连杆 2 变为做直线运动的滑块，而滑块 3 则变为一个呈直角状的杆件，它们之间组成移动副，原来的曲柄滑块机构就演化为具有两个移动副的四杆机构。

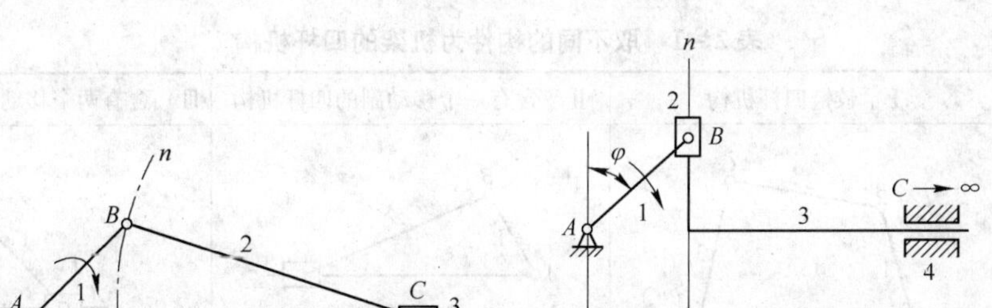

图 2－16　曲柄滑块机构演化为正弦机构

（a）曲柄滑块机构；（b）正弦机构

在该机构中，由于从动件的位移 s 与曲柄的转角 φ 的正弦成正比，即 $s = AB\sin\varphi$，因此通常称其为正弦机构。这种机构大多用于一些仪表和解算装置中。

2.3.2 扩大转动副

通过扩大转动副，可以得到偏心轮机构。图 2－17（a）所示为一曲柄滑块机构，曲柄 1 上有两个转动副 A、B。有时出于结构的考虑，要求曲柄的尺寸较小，造成加工的困难；而有时因运动要求，需要加大曲柄的尺寸，以增大惯性力。为此，通常的做法是将转动副 B 的半径增大，直至将转动副 A 也包括在内。其结果是把曲柄变成圆盘，即将图 2－17（a）中的杆状构件 1 放大成图 2－17（b）中的圆盘 1。该圆盘的几何中心为 B，而其转动中心为 A，二者并不重合，所以圆盘 1 称为偏心轮，该机构称为偏心轮机构。在图 2－17（b）所示偏心轮机构中，几何中心 B 与转动中心 A 之间的距离称为偏心距，用 e 表示。由图可知，偏心轮机构中的偏心距 e 就是曲柄摇杆机构中曲柄的长度。

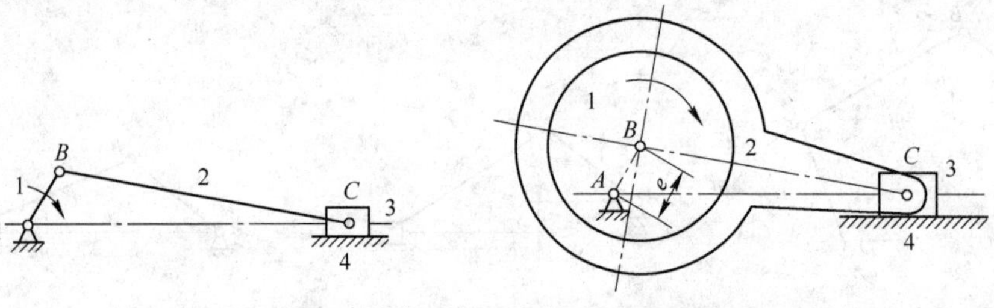

(a)　　(b)

图 2－17 曲柄滑块机构演化为偏心轮机构

（a）曲柄滑块机构；（b）偏心轮机构

偏心轮机构广泛应用于传力较大或具有冲击载荷的剪床、冲床、破碎机等机械中。

2.3.3 取不同的构件为架

在平面低副机构中，当选取不同的构件为机架时，各个构件之间的相对运动关系不会改变。利用这一运动特性，通过取不同的构件为机架，可以演化出不同形式的机构，见表 2－1。

表 2－1 取不同的构件为机架的四杆机构

机构		Ⅰ 铰链四杆机构	Ⅱ 含有一个移动副的四杆机构	Ⅲ 含有两个移动副的四杆机构
构件 1 为机架	图形	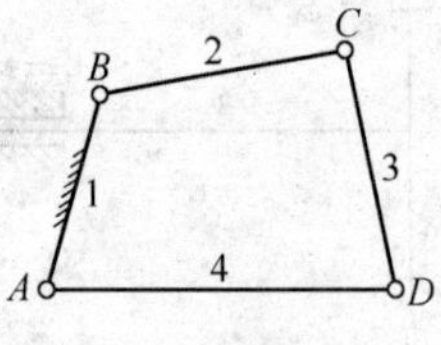 (b) 双曲柄机构	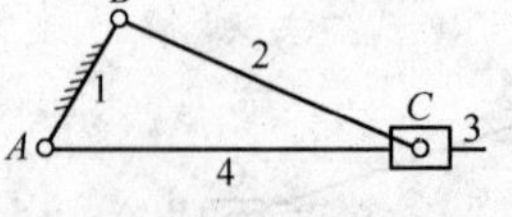 (b) 曲柄转动导杆机构 ($l_1<l_2$) 曲柄摆动导杆机构 ($l_1<l_2$)	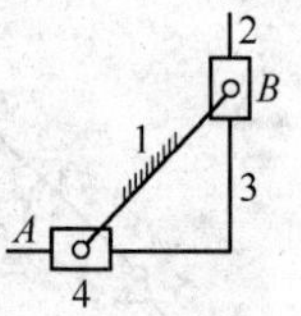 (b) 双转块机构
	用途	搅拌机、颚式碎矿机等	冲床、内燃机、空气压缩机等	仪表、解算装置、织布机构、印刷机械等

续表 2-1

机构		Ⅰ 铰链四杆机构	Ⅱ 含有一个移动副的四杆机构	Ⅲ 含有两个移动副的四杆机构
构件4为机架	图形	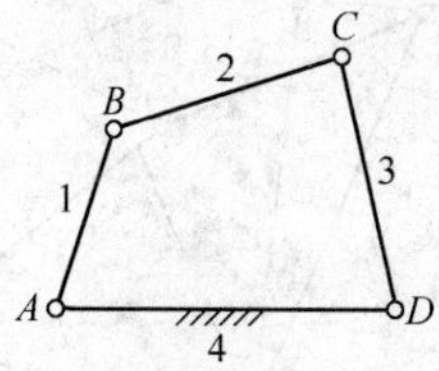 (a) 曲柄摇杆机构	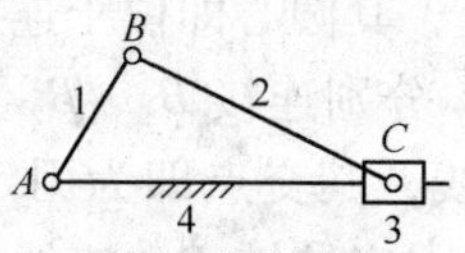 (a) 曲柄滑块机构	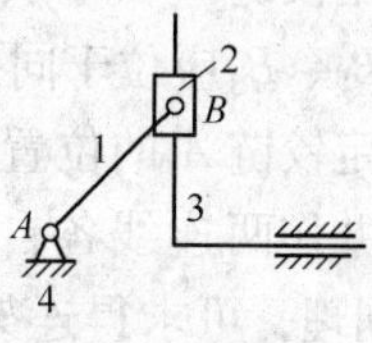 (a) 正弦机构
	用途	插床、惯性筛、机车车轮联动机构，车门开关机构等	回转式油泵、小型刨床、插床等十字滑块联轴节等	十字滑块联轴节等
构件2为机架	图形	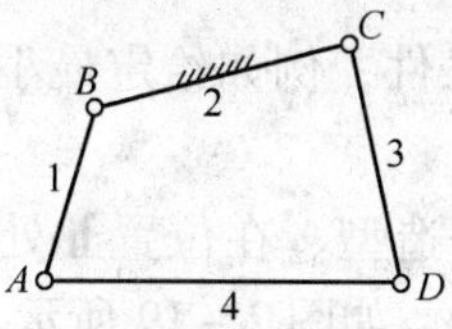 (c) 曲柄摇杆机构	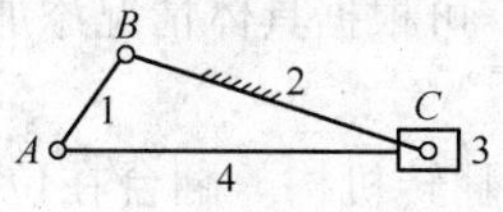 (c) 摇块机构	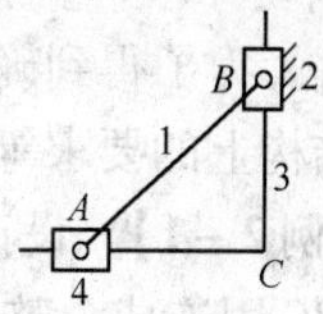 (c) 双滑块机构
	用途	同前面曲柄摇杆机构	摆缸式原动机、液压驱动装置、气动装置、插齿机主传动机构等	仪表、解算装置等
构件3为机架	图形	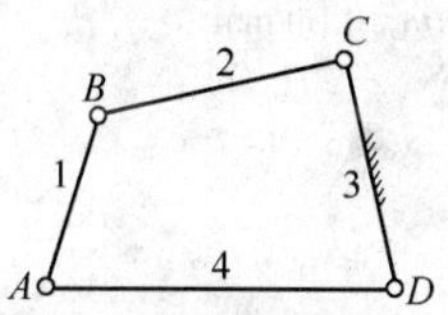 (d) 双摇杆机构	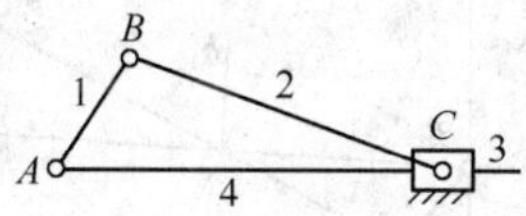 (d) 定块机构	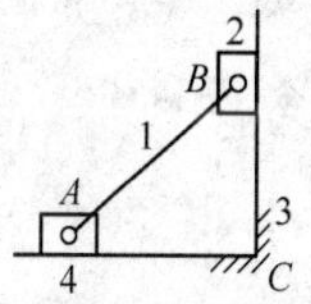 (d) 摆动导杆滑块机构
	用途	鹤式起重机、飞机起落架、汽车、拖拉机上操纵前轮转向机构等	手摇唧筒、双作用式水泵等	椭圆仪等

表 2-1 中图（b）、图（c）、图（d）三种机构习惯上称为第一种机构（即图 a）的倒置机构。

2.4 平面四杆机构的设计

平面四杆机构的设计是指根据工作要求选定机构的形式，根据给定的运动要求确定机构的几何尺寸。其设计方法有作图法、解析法和实验法等。作图法比较直观，解析法比较精确，实验法常需试凑。

2.4.1 作图法

2.4.1.1 按照给定连杆的几个位置设计铰链四杆机构

设已知连杆 2 的长度 b 和它的三个位置 B_1C_1、B_2C_2、B_3C_3，如图 2-18 所示，试设计该铰链四杆机构。

由于在铰链四杆机构中，连架杆 1 和 3 分别绕两个固定铰链 A 和 D 转动，所以连杆上点 B 的三个位置 B_1、B_2、B_3应位于同一圆周上，其圆心即位于连架杆 1 的固定铰链 A 的位置。因此，分别连接 B_1、B_2 及 B_2、B_3，并作两连线各自的中垂线，其交点即为固定铰链 A。同理，可求得连架杆 3 的固定铰链 D。连线 AD 即为机架的长度。这样，构件 1、2、3、4 即组成所要求的铰链四杆机构。

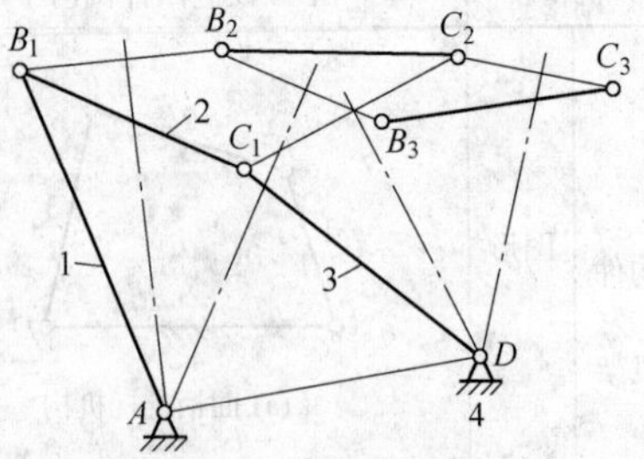

图 2－18 按给定连杆位置设计铰链四杆机构

如果只给定连杆的两个位置，则点 A 和点 D 可分别在 B_1B_2 和 C_1C_2 各自的中垂线上任意选择，因此有无穷多解。为了得到确定的解，可根据具体情况添加辅助条件，例如给定最小传动角或提出其他结构上的要求等。

【例 2－1】 设计一砂箱翻转机构。翻台在位置 Ⅰ 处造型、在位置 Ⅱ 处起模，翻台与连杆 BC 固连成一整体，$l_{BC}=0.5\text{m}$，机架 AD 为水平位置，如图 2－19 所示。

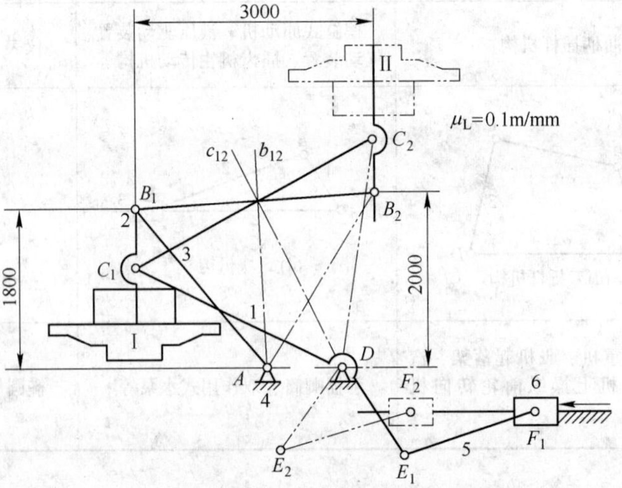

图 2－19 砂箱翻转机构

解： 由题意可知此机构的两个连杆位置，其设计步骤如下：

（1）取 $\mu_L=0.1\text{m/mm}$，则 $BC=l_{BC}/\mu_L=0.5/0.1=5\text{mm}$，在给定位置作 B_1C_1、B_2C_2；

（2）作 B_1B_2 中垂线 b_{12}，C_1C_2 中垂线 c_{12}；

（3）按给定机架位置作水平线，与 b_{12}、c_{12} 分别交得点 A、D；

（4）连接 AB_1 和 C_1D，即得到各构件的长度分别为：

$$L_{AB}=\mu_L(AB)=0.1\times25=2.5\text{m}$$

$$L_{CD}=\mu_L(CD)=0.1\times27=2.7\text{m}$$

$$L_{AD}=\mu_L(AD)=0.1\times8=0.8\text{m}$$

本题解是唯一的，给定的机架 AD 位置是辅助条件。

2.4.1.2 按照给定的行程速比系数 K 设计四杆机构

A 给定行程速比系数 K、摇杆 3 的长度 c 及其摆角 ψ，设计曲柄摇杆机构

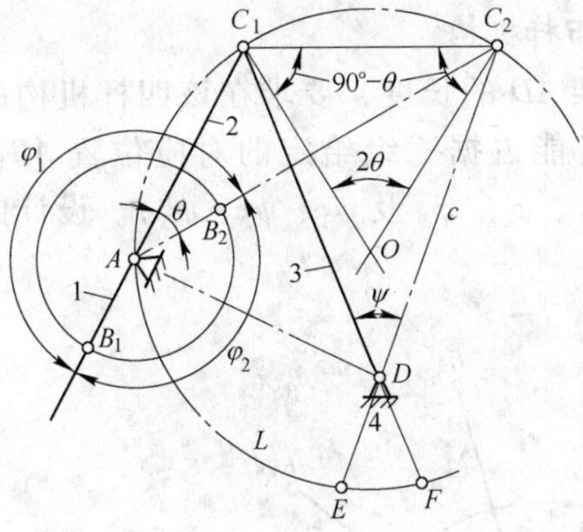

图 2-20 按行程速比系数 K 设计曲柄摇杆机构一

(1) 按照式 (2-6) 算出极位角 θ。

(2) 任选一点 D，由摇杆长度 c 及摆角 ψ 作摇杆 3 的两个极限位置 C_1D 和 C_2D（见图 2-20)，使其长度等于 c，其间夹角等于 ψ。

(3) 再连直线 C_1C_2，作 $\angle C_1C_2O=\angle C_2C_1O=90°-\theta$，得 C_1O 与 C_2O 的交点 O。这样，得 $\angle C_1OC_2=2\theta$。由于同弦上圆周角为圆心角的一半，故以 O 为圆心、OC_1 为半径作圆 L，则该圆周上任意点 A 与 C_1 和 C_2 连线夹角 $\angle C_1AC_2=\theta$。从几何上看，点 A 的位置可在圆周 L 上任意选择；从传动上看，点 A 位置须受传动角的限制。例如，把点 A 选在 C_2D（或 C_1D）的延长线与圆 L 的交点 E（或 F）上时，最小传动角将成为零度，该位置即死点位置。这时，即使以曲柄作主动件，该机构也将不能启动。若把点 A 选在 $\widehat{EF}$ 范围内，则将出现对摇杆的有效分力与摇杆给定的运动方向相反的情况，即不能实现给定的运动。因此点 A 应在 $\widehat{EF}$ 范围外。即使这样，点 A 的位置仍有无穷多解。欲使其有确定的解，可以添加附加条件。

(4) 当点 A 位置确定后，可根据极限位置时曲柄和连杆共线的原理，连 AC_1 和 AC_2，得

$$AC_2=b+a,\ AC_1=b-a$$

式中，a 和 b 分别为曲柄和连杆的长度。

以上两式相减后，得：

$$a=\frac{AC_2-AC_1}{2}$$

$$b=a+AC_1=AC_2-a$$

连线 AD 的长度即为机架的长度 d。

B 给定行程速比系数 K 和滑块的行程 s，设计曲柄滑块机构

(1) 按式 (2-6) 算出极位角 θ。

(2) 作 C_1C_2 等于滑块的行程 s（见图 2-21)。从 C_1、C_2 两点分别作 $\angle C_1C_2O=\angle C_2C_1O=90°-\theta$，得 C_1O 与 C_2O 的交点 O。这样，得 $\angle C_1OC_2=2\theta$。再以 O 为圆心、OC_1 为半径作圆 L。如给出偏距 e 的值，则解就可以确定。如前所述，点 A 的范围也有所限制。

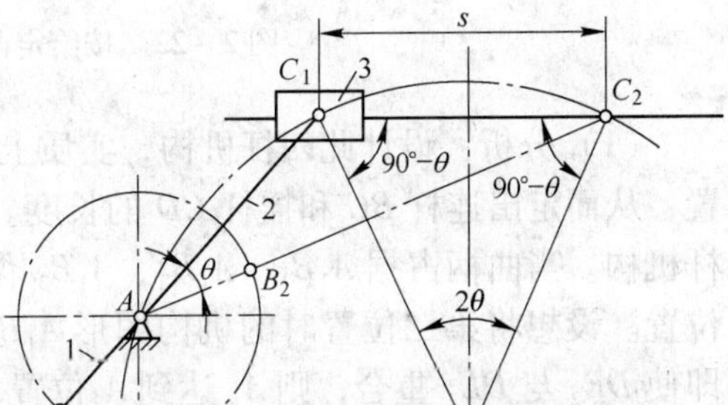

图 2-21 按行程速比系数 K 设计曲柄滑块机构二

(3) 当点 A 确定后，连接 AC_1 和 AC_2。根

据式 $a=\dfrac{AC_2-AC_1}{2}$ 算出曲柄 1 的长度 a。以 A 为圆心，a 为半径作圆，该圆即为曲柄 AB 上点 B 的轨迹。

2.4.1.3 按照给定的两连架杆对应位置设计四杆机构

如图 2－22（a）所示，设已知曲柄 AB 和机架 AD 的长度，要求在该四杆机构的传动过程中，曲柄 AB 和摇杆 CD 上某一标线 DE 能占据三组给定的对应位置 AB_1、AB_2、AB_3 及 DE_1、DE_2、DE_3（即对应三组摆角 φ_1、φ_2、φ_3 及 ψ_1、ψ_2、ψ_3）。设计此四杆机构。

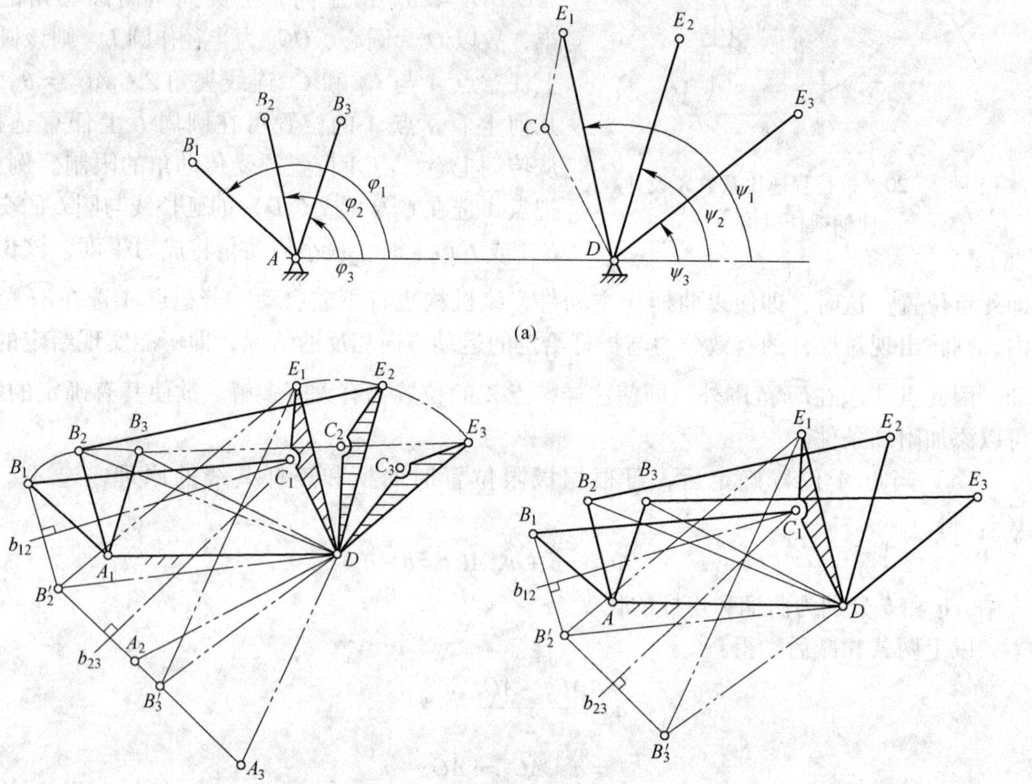

图 2－22 按给定两连架杆位置设计四杆机构

（1）分析：设计此四杆机构，实质上就是要求出连杆与摇杆相连接的转动副 C 的位置，从而定出连杆 BC 和摇杆 CD 的长度。设如图 2－22（b）所示的 $A_1B_1C_1D$ 为已有的四杆机构。当曲柄占据 A_1B_1、A_1B_2、A_1B_3 位置时，摇杆上标线 DE 则占据 DE_1、DE_2、DE_3 位置。设想将第二位置时的机构图形 $A_1B_2E_2D$ 刚化，并绕 D 点逆时针回转 $\psi_1-\psi_2$ 角度，即使 DE_2 与 DE_1 重合，则 A_1 达到 A_2 位置，B_2 达到 B'_2 位置，而 C_2 与 C_1 重合。由于连杆长度已固定，即 $B_1C_1=B'_2C$（图上未画出），故知 C_1 点必在 $B_1B'_2$ 的垂直平分线 n 上。同样，将第三位置的机构图形也刚化，并绕 D 点逆时针回转 $\psi_1-\psi_3$ 角度，得到 B'_3 点及 A_3 点，C_3 与 C_1 重合。由于 $B'_2C_1=B'_3C_1$（图上未画出），故知 C_1 点必在 $B'_2B'_3$ 的垂直平分线 m 上。两垂直平分线 n 和 m 的交点即为 C_1 点。

由以上分析可知，求出点 B_2' 和 B_3' 是设计的关键。为了求得点 B_2'、B_3'，转动刚化图形时可只取 $\triangle B_2E_2D$ 和 $\triangle B_3E_3D$ 绕 D 点回转即可。

(2) 作图：连接 B_2E_2、B_2D，得 $\triangle B_2E_2D$，再以 DE_1 为边作 $\triangle B_2'E_1D$，使 $\triangle B_2'E_1D \cong \triangle B_2E_2D$，得 B_2' 点，如图 2-22 (c) 所示。连接 B_3E_3、B_3D 得 $\triangle B_3E_3D$，再以 DE_1 为边作 $\triangle B_3'E_1D$，使 $\triangle B_3'E_1D \cong \triangle B_3E_3D$，得 B_3' 点。作 B_1B_2' 及 $B_2'B_3'$ 的垂直平分线 n 和 m，两线的交点 C_1 即为所求点，AB_1C_1D 即为所设计的四杆机构。

2.4.2 解析法

按照给定两连架杆对应位置设计四杆机构。在图 2-23 所示的铰链四杆机构中，已知连架杆 AB 和 CD 的三对对应位置 φ_1、ψ_1，φ_2、ψ_2 和 φ_3、ψ_3，要求确定各杆的长度 l_1、l_2、l_3 和 l_4。现以解析法求解。此机构各杆长度按同一比例增减时，各杆转角间的关系不变，故只需确定各杆的相对长度。取 $l_1=1$，则该机构的待求参数只有三个。

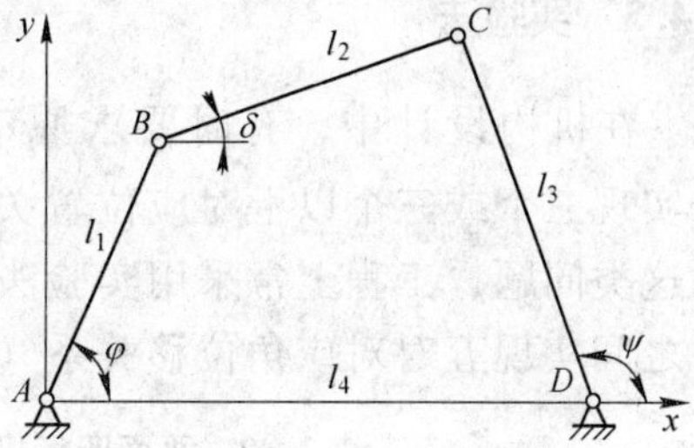

图 2-23 机构封闭多边形

该机构的四个杆组成封闭多边形。取各杆在坐标轴 x 和 y 上的投影，可以得到以下关系式：

$$\cos\varphi + l_2\cos\delta = l_4 + l_3\cos\psi$$
$$\sin\varphi + l_2\sin\delta = l_3\sin\psi$$

将 $\cos\varphi$ 和 $\sin\varphi$ 移到等式右边，再把等式两边平方相加，即可消去 δ，整理后得：

$$\cos\varphi = \frac{l_4^2 + l_3^2 + 1 - l_2^2}{2l_4} + l_3\cos\psi - \frac{l_3}{l_4}\cos(\psi - \varphi)$$

令

$$\begin{aligned} P_0 &= l_3 \\ P_1 &= \frac{l_3}{l_4} \\ P_2 &= \frac{l_4^2 + l_3^2 + 1 - l_2^2}{2l_4} \end{aligned} \tag{2-7}$$

则有

$$\cos\varphi = P_0\cos\psi + P_1\cos(\psi - \varphi) + P_2 \tag{2-8}$$

式 (2-8) 即为两连架杆转角之间的关系式。将已知的三对对应转角 φ_1、ψ_1，φ_2、ψ_2 和 φ_3、ψ_3 分别代入式 (2-8)，可得到方程组：

$$\begin{cases} \cos\varphi_1 = P_0\cos\psi_1 + P_1\cos(\psi_1 - \varphi_1) + P_2 \\ \cos\varphi_2 = P_0\cos\psi_2 + P_1\cos(\psi_2 - \varphi_2) + P_2 \\ \cos\varphi_3 = P_0\cos\psi_3 + P_1\cos(\psi_3 - \varphi_3) + P_2 \end{cases} \tag{2-9}$$

由方程组可以解出三个未知数 P_0、P_1、P_2。将它们代入式 (2-7)，即可得 l_2、l_3、l_4。以上求出的杆长 l_1、l_2、l_3、l_4 可同时乘以任意比例常数，所得的机构都能实现对应的转角。

若仅给定连架杆两对位置，则方程组中只能得到两个方程，P_0、P_1、P_2 三个参数中的一个可以任意给定，所以有无穷个解。

若给定连架杆的位置超过三对（见图 2-24），则不可能有精确解，但可以用优化的方法或实验法试凑，求其近似解。

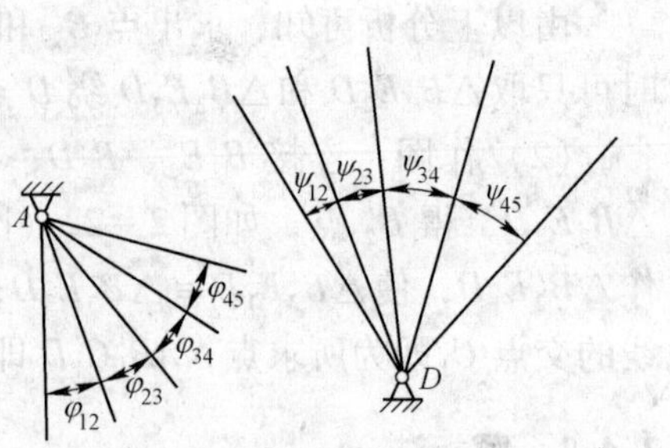

图 2-24 给定连架杆四对位置

2.4.3 实验法

在机构设计中，有时要求原动件和从动件之间实现三个或三个以上对应位置关系或函数关系，这时用前面介绍的方法很难求解。对这类问题，工程上常采用实验法来解决。例如，要求平面四杆机构的原动件和从动件之间实现五对对应角位移关系（见表 2-2）。

表 2-2 平面四杆机构原动件和从动件之间的对应角位移关系

位置序号	1	2	3	4	5
原动件转角（顺时针方向）	0°	30°	60°	90°	120°
从动件转角（顺时针方向）	0°	17°	36°	59°	88°

用实验法设计步骤如下：

（1）先取原动件 AB 的固定铰链 A 的位置和构件 AB 的长度，如图 2-25（a）所示，然后以 A 点为圆心、AB 长度为半径画弧，根据给定的原动件角位移作出一系列位置线 $A1$、$A2$、$A3$、$A4$、$A5$ 得 B_1、B_2、B_3、B_4、B_5 诸点。

（2）适当选取连杆 BC 的长度，分别以点 B_1、B_2、B_3、B_4、B_5 为圆心，BC 长度为半径作一系列圆弧 K_1、K_2、K_3、K_4、K_5，连杆上另一端的铰链 C 将处在这一系列的圆弧上。

（3）如图 2-25（b）所示，取一张透明纸，在其上选取从动件 CD 的固定铰链 D 的位置，以 D 为圆心，选取不同的从动件长度为半径作一系列同心圆弧，然后根据表中给定的从动件角位移作一系列位置线 $D1$、$D2$、$D3$、$D4$、$D5$。

（4）将透明纸上的图 2-25（b）覆盖到图 2-25（a）所示图面上进行试凑，力求找到这样的位置，即从动件位置线 $D1$、$D2$、$D3$、$D4$、$D5$ 与相应的圆弧 K_1、K_2、K_3、K_4、K_5 的交点均落在以 D 为圆心的某一圆弧上（图中落到第三层圆弧上），如图 2-25（c）

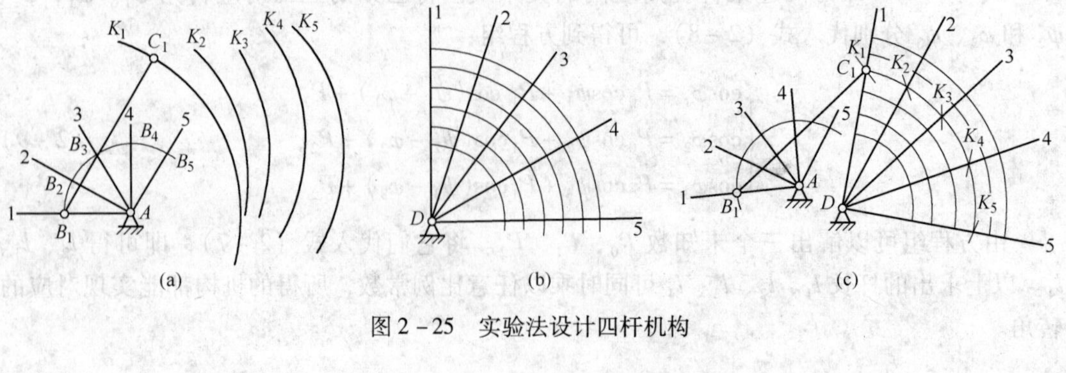

图 2-25 实验法设计四杆机构

所示，则图形 AB_1C_1D 即为所设计的平面四杆机构的机构图。

（5）若试凑后不能使圆弧 K_1、K_2、K_3、K_4、K_5 和直线 $D1$、$D2$、$D3$、$D4$、$D5$ 的交点均落在以 D 为圆心的某一圆弧上，则需另选曲柄 AB 和连杆 BC 的长度，重复以上步骤，直到获得满意结果为止。

这种几何实验法方便、实用，并且结果相当精确，故在机械设计中被广泛采用。这种方法同样适用于曲柄滑块机构的设计。

小　结

（1）铰链四杆机构的基本形式。铰链四杆机构是由转动副连接而成的四杆机构，由机架、连架杆和连杆组成。铰链四杆机构是平面连杆机构的基本形式，根据两个连架杆运动形式的不同，铰链四杆机构分为曲柄摇杆机构、双曲柄机构和双摇杆机构。通过扩大转动副、转动副转化成移动副以及取不同的构件为机架，又可演化出多种不同类型的机构。

（2）铰链四杆机构存在曲柄的条件：

1）各个构件的相对尺寸满足杆长和条件；

2）以最短杆或与其相邻的构件为机架。

（3）急回运动是机构运动的一个重要特性。在铰链四杆机构中，曲柄与连杆两次共线位置所夹的锐角称为极位夹角 θ。当 $\theta > 0°$时，机构具有急回运动。机构从动件空回行程与工作行程的平均速度之比称为行程速度变化因数 K。K 与 θ 的关系为：

$$K = \frac{v_1}{v_2} = \frac{C_1C_2/t_2}{C_1C_2/t_1} = \frac{t_1}{t_2} = \frac{\varphi_1}{\varphi_2} = \frac{180° + \theta}{180° - \theta}$$

（4）压力角和传动角。压力角和传动角是机构的传力特性参数，不计摩擦力、惯性力和重力时，从动件上某点所受作用力的方向与其速度方向所夹的锐角称为压力角 α，压力角 α 的余角称为传动角 γ。在机构的运动过程中，压力角 α 和传动角 γ 是随着机构位置的改变而变化的。压力角 α 越小，传动角 γ 越大，机构的传力性能就越好。

（5）死点位置。在四杆机构中，当连杆与从动连架杆共线时，机构的传动角 $\gamma = 0°$。如果机构在这个位置上启动，则无论驱动力有多大，都不能使机构运动，该位置称为机构的死点位置。

（6）平面连杆机构的设计。平面连杆机构的设计分为两类基本问题，一类是按照给定的运动规律设计，另一类是按照给定的运动轨迹设计。设计方法分为解析法、图解法和实验法等。

习　题

2-1 试根据图 2-26 中注明的尺寸判断下列铰链四杆机构是曲柄摇杆机构、双曲柄机构还是双摇杆机构。

2-2 试确定图 2-27 所示两机构从动件的摆角 φ 和机构的最小传动角。

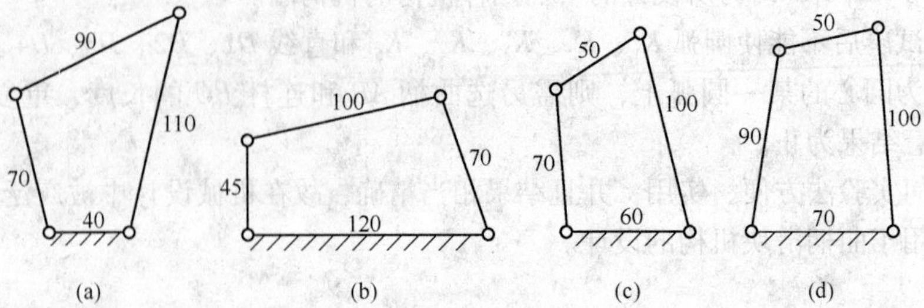

图 2-26

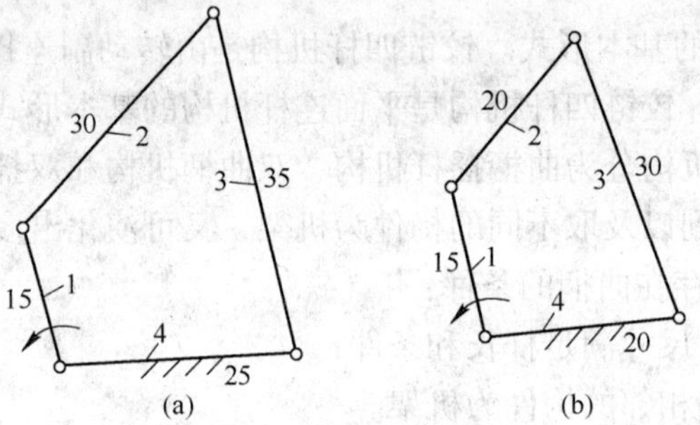

图 2-27

2-3 图 2-28 所示为一偏置曲柄滑块机构，试求构件 1 能整周转动的条件。

2-4 图 2-29 所示为某机械踏板机构，设已知 $L_{CD}=500\text{mm}$，$L_{AD}=1000\text{mm}$，踏板 3 在水平位置上下各摆动 10°，试确定曲柄 1 和连杆 2 的长度 L_{AB} 和 L_{BC}。

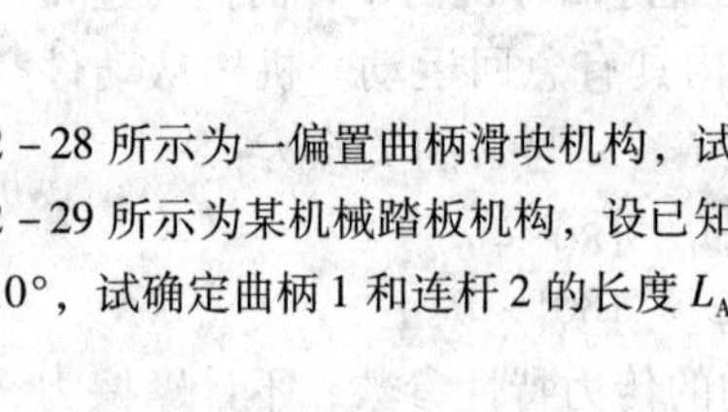

图 2-28

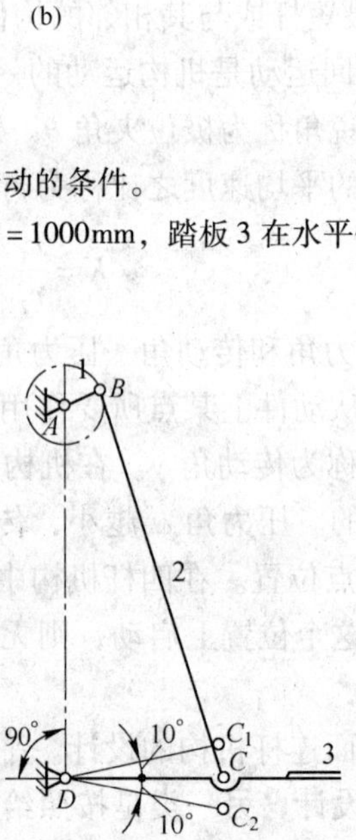

图 2-29

2-5 图 2-30 所示为一曲柄摇杆机构，已知曲柄长度 $L_{AB}=80\text{mm}$，连杆长度 $L_{BC}=390\text{mm}$，摇杆长度 $L_{CD}=300\text{mm}$，机架长度 $L_{AD}=380\text{mm}$，试求：

（1）摇杆的摆角 ψ；

（2）机构的极位夹角 θ；

（3）机构的行程速比系数 K。

2-6 设计一偏置曲柄滑块机构。已知滑块的行程 $s=50\text{mm}$，偏距 $e=20\text{mm}$（见图 2-31），行程速比系

数 $K=1.5$，试用作图法求曲柄的长度 L_{AB} 和连杆的长度 L_{BC}。

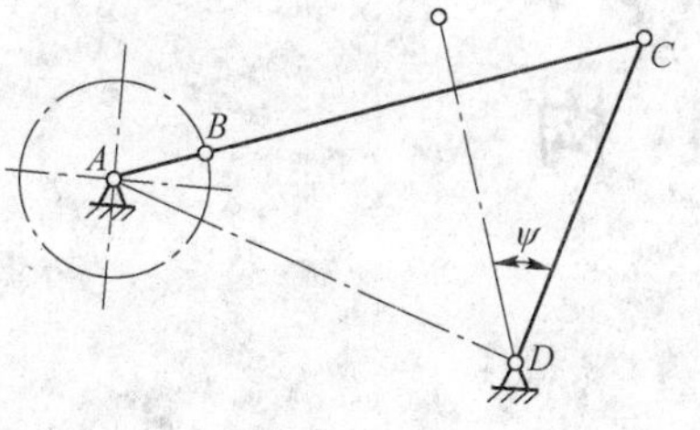

图 2-30

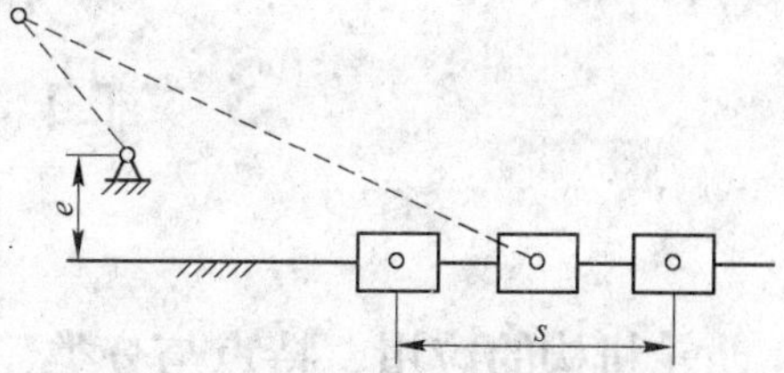

图 2-31

2-7 设计一铰链四杆机构作为加热炉炉门的启闭机构。已知炉门上两活动铰链的中心距为 50mm，炉门打开后成水平位置时，要求炉门温度较低的一面朝上（如虚线所示），设固定铰链安装在 y—y 轴线上，其相关尺寸如图 2-32 所示，求此铰链四杆机构其余三杆的长度。

2-8 设计一铰链四杆机构。已知其两连架杆的四个对应位置为 $\varphi_1=\varphi_2=\varphi_3=30°$，$\psi_1=15°$、$\psi_2=20°$、$\psi_3=15°$，试用实验法求各杆的长度，并绘出机构简图。

2-9 已知某操纵装置采用铰链四杆机构，要求两连架杆的对应位置为 $\varphi_1=45°$，$\psi_1=50°$；$\varphi_2=90°$，$\psi_2=80°$；$\varphi_3=135°$，$\psi_3=120°$，机架长度 $L_{AD}=50mm$，连架杆长度 $L_{AB}=40mm$，如图 2-33 所示，试用作图法求其余两杆长度。

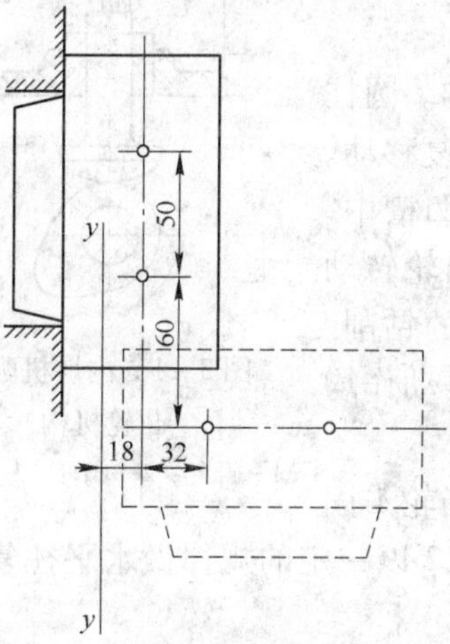

图 2-32

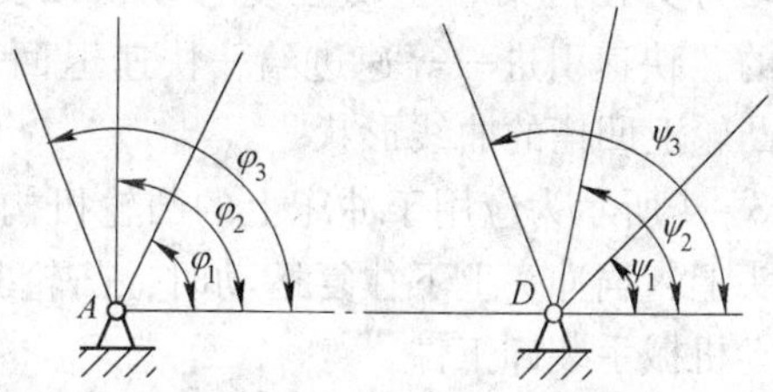

图 2-33

3 凸轮机构

3.1 凸轮机构的应用、特点与分类

3.1.1 凸轮机构的应用和特点

凸轮机构能将主动件的连续等速运动变为从动件的往复运动或间歇运动，在自动机械、半自动机械中应用非常广泛，是机械中常用的机构。

图3－1所示为内燃机配气凸轮机构。凸轮1以等角速度回转时，它的轮廓驱动从动件2（阀杆）按预期的运动规律启闭阀门。

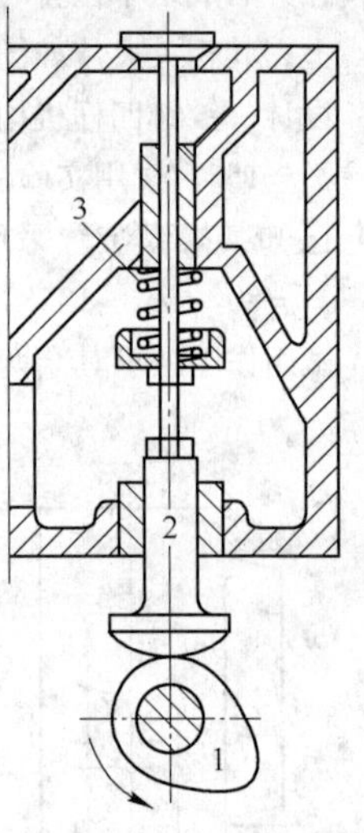

图3－1 内燃机配气凸轮机构

1—凸轮；2—阀杆；3—弹簧

图3－2所示为绕线机中用于排线的凸轮机构。当绕线轴3快速转动时，绕线轴上的齿轮带动凸轮1缓慢地转动，通过凸轮轮廓与从动件2尖顶A之间的作用，驱使从动件2往复摇动，从而使线均匀地绕在绕线轴上。

图3－3所示为驱动动力头在机架上移动的凸轮机构。圆柱凸轮1与动力头连接在一起，它们可以在机架3上做往复移动。滚子2的轴固定在机架3上，滚子2放在圆柱凸轮的凹槽中。凸轮转动时，由于滚子2的轴是固定在机架上的，故凸轮转动时带动动力头在机架3上做往复移动，以实现对工件的钻削。动力头的“快速引进—等速进给—快速退回—静止”等动作均取决于凸轮上凹槽的曲线形状。

图3－4所示为应用于冲床上的凸轮机构示意图。凸轮1固定在冲头上，当冲头上下往复运动时，凸轮驱使从动件2以一定的规律做水平往复运动，从而带动机械手装卸工件。

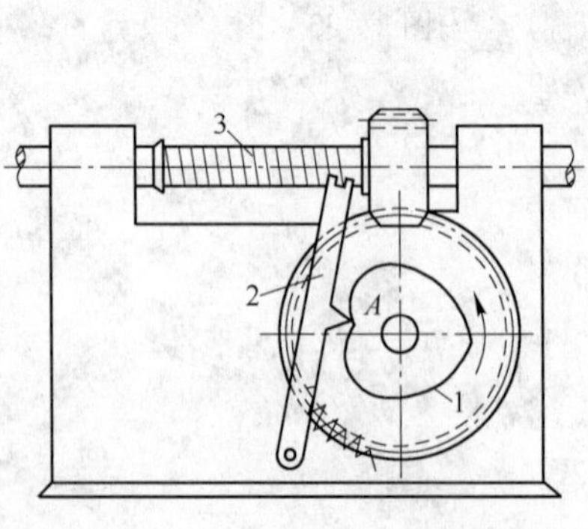

图3－2 绕线机中排线凸轮机构

1—凸轮；2—从动件；3—轴

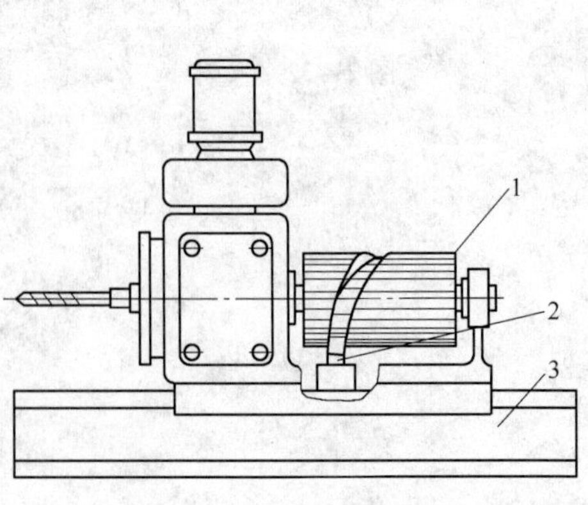

图3－3 动力头用凸轮机构

1—圆柱凸轮；2—滚子；3—机架

从以上的例子可以看出：凸轮机构主要由凸轮、从动件和机架三个基本构件组成。通常凸轮做匀速转动，而从动件则按预定的运动规律（由凸轮的轮廓曲线所决定）做移动或摆动。从动件与凸轮轮廓为点、线接触，故凸轮机构属于高副机构，因此理论上讲凸轮机构可以使从动件获得所需要的任意的预期运动。

凸轮机构的优点为：只需设计适当的凸轮轮廓，便可使从动件得到所需的运动规律，并且机构结构简单、紧凑，设计方便。它的缺点是凸轮轮廓与从动件之间为点接触或线接触，易磨损，所以，通常多用于传力不大的控制机构。

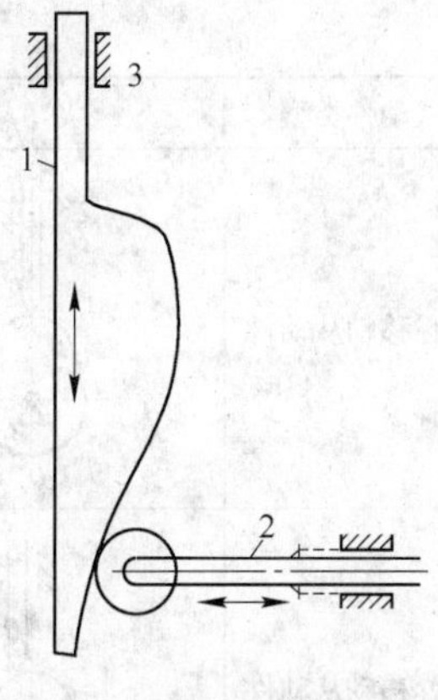

图 3－4　冲床上的凸轮机构
1—凸轮；2—从动件；3—机架

3.1.2 凸轮机构的分类

凸轮的种类很多，通常可按凸轮的形状、从动件的形状和从动件的运动形式三种方法进行分类。

3.1.2.1 按凸轮的形状分类

（1）盘形凸轮：它是凸轮的最基本形式。这种凸轮是一个绕固定轴转动并且具有变化半径的盘形零件，如图 3－1 和图 3－2 所示。

（2）圆柱凸轮：这是在圆柱表面上加工出曲线工作表面的凸轮，也可以认为是将移动凸轮卷成圆柱体而形成的，如图 3－3 所示。

（3）移动凸轮：当盘形凸轮的回转中心趋于无穷远时，凸轮相对机架做直线运动，这种凸轮称为移动凸轮，如图 3－4 所示。

3.1.2.2 按从动件的形状分类

按从动件的形状分，可分为尖端从动件、滚子从动件、平底从动件和曲面从动件，如表 3－1 所列。

（1）尖端从动件：这种从动件结构最简单，尖顶能与任意复杂的凸轮轮廓保持接触，以实现从动件的任意运动规律。但因尖顶易磨损，仅适用于作用力很小的低速凸轮机构。

（2）滚子从动件：从动件的一端装有可自由转动的滚子，滚子与凸轮之间为滚动摩擦，磨损小，可以承受较大的载荷，因此，应用最普遍。

（3）平底从动件：从动件的一端为一平面，直接与凸轮轮廓相接触。若不考虑摩擦，凸轮对从动件的作用力始终垂直于端平面，传动效率高，且接触面间容易形成油膜，有利于润滑，故常用于高速凸轮机构。它的缺点是不能用于凸轮轮廓有内凹曲线的凸轮机构中。

（4）曲面从动件：这是尖端从动件的改进形式，较尖端从动件耐磨损。

3.1.2.3 按从动件的运动形式分类

按从动件的运动形式分，可分为移动从动件和摆动从动件，见表 3－1。

（1）移动从动件：从动件相对机架做往复直线运动。移动从动件分为对心移动从动件和偏置移动从动件。

（2）摆动从动件：从动件相对机架做往复摆动。

表 3-1　按从动件的形状、运动形式分类

从动件类型	尖　端	滚　子	平　底	曲　面
对心移动从动件	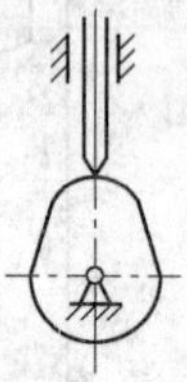	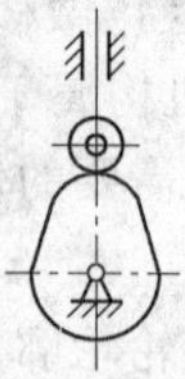	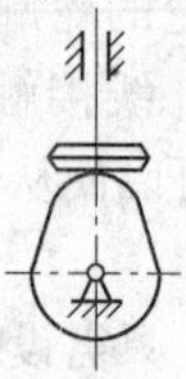	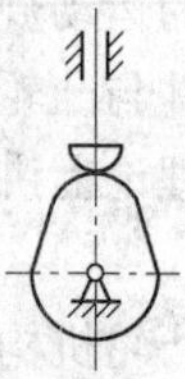
偏置移动从动件	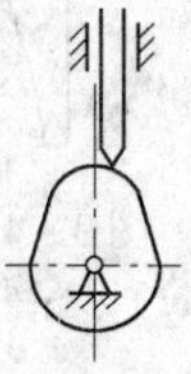	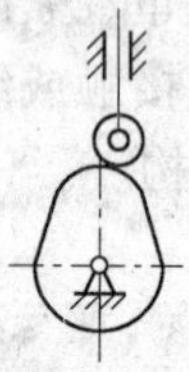	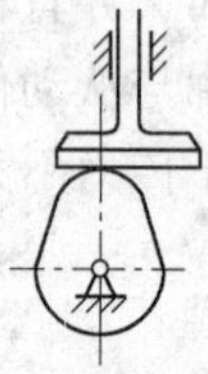	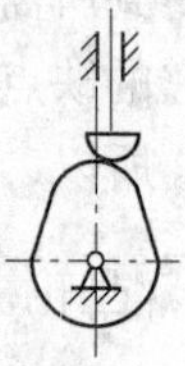
摆动从动件	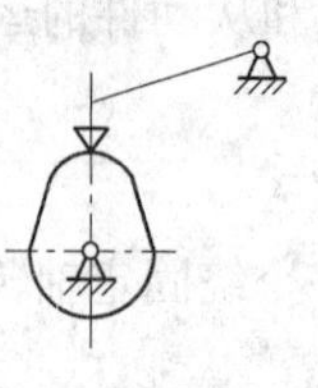	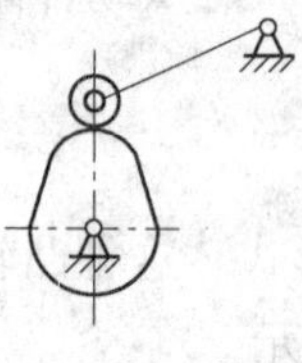	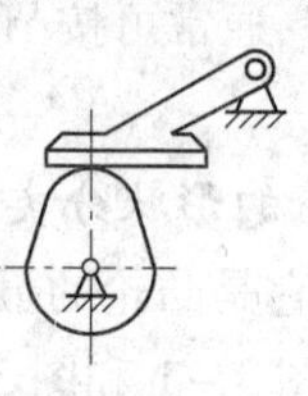	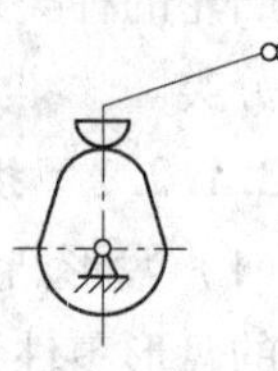

为了使凸轮与从动件始终保持接触，可以利用重力、弹簧力或依靠凸轮上的凹槽来实现。

3.2　从动件的常用运动规律

从动件的运动规律即从动件的位移 s、速度 v 和加速度 a 随时间 t 变化的规律。当凸轮做匀速转动时，其转角 δ 与时间 t 成正比（$\delta=\omega t$），所以从动件运动规律也可以用从动件的运动参数随凸轮转角的变化规律来表示，即 $s=s(\delta)$，$v=v(\delta)$，$a=a(\delta)$。通常用从动件运动线图直观地表述这些关系。

现以对心移动尖顶从动件盘形凸轮机构为例，说明凸轮与从动件的运动关系，如图 3-5（a）所示，以凸轮轮廓曲线的最小向径 r_{min} 为半径所作的圆称为凸轮的基圆，r_{min} 称为基圆半径。点 A 为凸轮轮廓曲线的起始点。当凸轮与从动件在 A 点接触时，从动件处于最低位置（即从动件处于距凸轮轴心 O 最近的位置）。当凸轮以匀角速度 ω_1 逆时针转动 δ_t 时，凸轮轮廓 AB 段的向径逐渐增加，推动从动件以一定的运动规律到达最高位置 B'（此时从动件处于距凸轮轴心 O 最远的位置），这个过程称为推程。这时从动件移动的距离 h 称为升程，对应的凸轮转角 δ_t 称为推程运动角。当凸轮继续转动 δ_s 时，凸轮轮廓 BC 段向径不变，此时从动件处于最远位置停留不动，相应的凸轮转角 δ_s 称为远休止角。当凸轮继续转动 δ_h 时，凸轮轮廓 CD 段的向径逐渐减小，从动件在重力或弹簧力的作用下，以一定的运动规律回到起始位置，这个过程称为回程。对应的凸轮转角 δ_h 称为回程运动角。当凸轮继续转动 δ_s' 时，凸轮轮廓 DA 段的向径不变，此时从动件在最近位置停留不动，相应的凸轮转角 δ_s' 称为近休止角。当凸轮再继续转动时，从动件重复上述运动循环。如果以

直角坐标系的纵坐标代表从动件的位移 s_2，横坐标代表凸轮的转角 δ，则可以画出从动件位移 s_2 与凸轮转角 δ 之间的关系线图，如图 3-5（b）所示，它简称为从动件位移曲线。

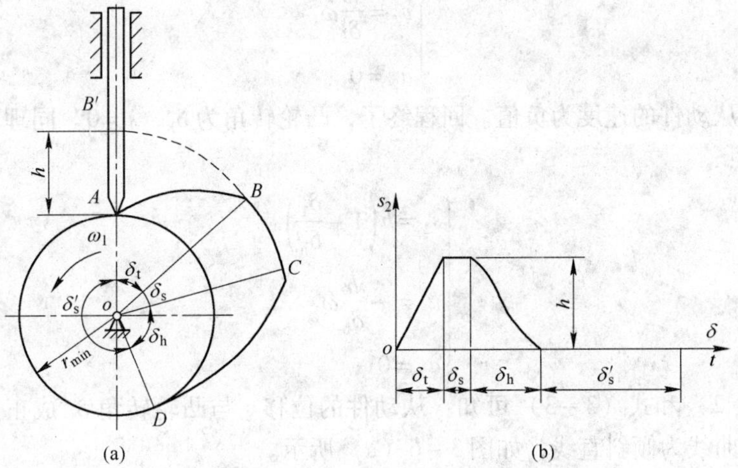

图 3-5 凸轮机构运动过程

下面介绍几种常用的从动件运动规律。

3.2.1 等速运动规律

在推程或回程中，从动件速度为定值的运动规律称为等速运动规律。即当凸轮以等角速度 ω_1 转动时，从动件在推程或回程中的速度为常数，如图 3-6（b）所示。

推程时，设凸轮推程运动角为 δ_t，从动件升程为 h，相应的推程时间为 T，则从动件的速度为：

$$v_2 = C_1 = \text{常数}$$

位移方程为：

$$s_2 = \int v_2 \mathrm{d}t = C_1 t + C_2$$

加速度方程为：

$$a_2 = \frac{\mathrm{d}v_2}{\mathrm{d}t} = 0$$

初始条件为：$t=0$ 时，$s_2=0$；$t=T$ 时，$s_2=h$，利用位移方程得到 $C_2=0$ 和 $C_1=h/T$。

因此有：

$$\begin{cases} s_2 = h\dfrac{t}{T} \\ v_2 = \dfrac{h}{T} \\ a_2 = 0 \end{cases} \tag{3-1}$$

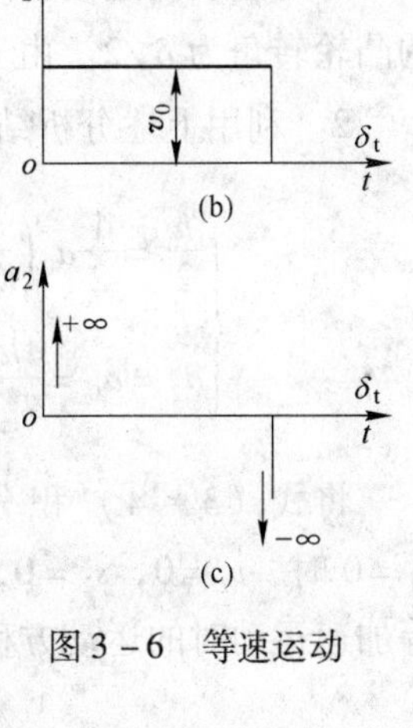

图 3-6 等速运动

由于凸轮转角 $\delta_1=\omega_1 t$，$\delta_t=\omega_1 T$，代入式（3-1），则得推程时从动件用转角 δ 表示的运动方程：

$$\begin{cases} s_2 = \dfrac{h}{\delta_t}\delta_1 \\ v_2 = \dfrac{h}{\delta_t}\omega_1 \\ a_2 = 0 \end{cases} \tag{3-2}$$

回程时，从动件的速度为负值。回程终了，凸轮转角为 δ_h，$s=0$。同理可推出从动件的运动方程为：

$$\begin{cases} s_2 = h\left(1 - \dfrac{\delta_1}{\delta_h}\right) \\ v_2 = -\dfrac{h}{\delta_h}\omega_1 \\ a_2 = 0 \end{cases} \tag{3-3}$$

由式（3-2）和式（3-3）可知：从动件的位移 s 与凸轮转角 δ_1 成正比。故等速运动规律的位移曲线为倾斜直线，如图 3-6（a）所示。

由图 3-6（b）、（c）可知，从动件在推程开始和终止的瞬时，速度有突变，其加速度在理论上为无穷大（实际上，由于材料的弹性变形，其加速度不可能达到无穷大），致使从动件在极短的时间内产生很大的惯性力，因而使凸轮机构受到极大的冲击。这种从动件在某瞬时速度突变，其加速度和惯性力在理论上趋于无穷大时所引起的冲击，称为刚性冲击。因此，从动件做等速运动规律的凸轮机构只适用于低速轻载的场合。

3.2.2 等加速等减速运动规律

从动件在行程的前半段为等加速，而后半段为等减速的运动规律，称为等加速等减速的运动规律。如图 3-7 所示，从动件在升程 h 中，先做等加速运动，后做等减速运动，直至停止。等加速度和等减速度的绝对值相等。这样，由于从动件等加速段的初速度和等减速段的末速度为零，故两段升程所需的时间必相等，即凸轮转角均为 $\delta_t/2$；两段升程也必相等，即均为 $h/2$。

等加速段的运动时间为 $T/2$（即 $\delta_t/2\omega_1$），对应的凸轮转角为 $\delta_t/2$。由于是等加速运动，因此 $s_2 = a_0t^2/2$。利用上述分析结果可得：

$$\begin{cases} \dfrac{h}{2} = \dfrac{1}{2}a_0\left(\dfrac{T}{2}\right)^2 \\ a_2 = a_0 = \dfrac{4h}{T^2} = 4h\left(\dfrac{\omega_1}{\delta_t}\right)^2 \end{cases} \tag{3-4}$$

将式（3-4）积分两次，并代入初始条件：$\delta_1=0$ 时，$v_2=0$，$s_2=0$，可推出从动件前半行程做等加速运动时的运动方程如下：

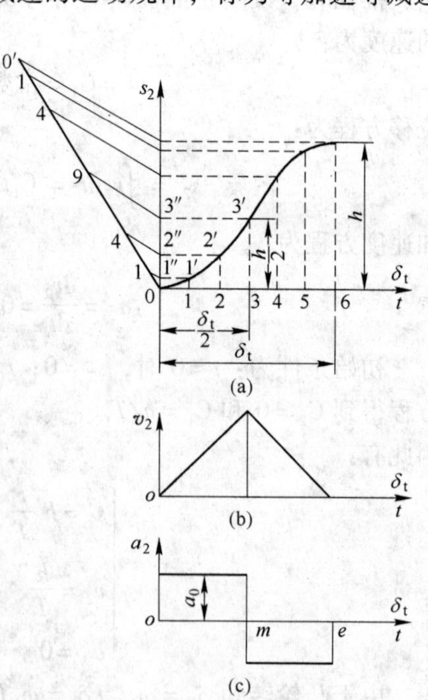

图 3-7 等加速等减速运动

$$\begin{cases} s_2 = \dfrac{2h}{\delta_t^2}\delta_1^2 \\ v_2 = \dfrac{4h\omega_1}{\delta_t^2}\delta_1 \\ a_2 = \dfrac{4h\omega_1^2}{\delta_t^2} \end{cases} \tag{3-5}$$

推程的后半行程从动件做等减速运动，此时凸轮的转角是由 $\delta_t/2$ 开始到 δ_t 为止。同理可得其减速运动方程：

$$\begin{cases} s_2 = h - \dfrac{2h}{\delta_t^2}(\delta_t - \delta_1)^2 \\ v_2 = \dfrac{4h\omega_1}{\delta_t^2}(\delta_t - \delta_1) \\ a_2 = -\dfrac{4h\omega_1^2}{\delta_t^2} \end{cases} \tag{3-6}$$

图 3-7（a）为按公式作出的等加速等减速运动位移线图。该图的位移曲线是一凹一凸两段抛物线连接的曲线。等加速部分的抛物线可按下述方法画出：在横坐标轴上将线段分成若干等份（图中为 3 等份），得 1、2、3 各点，过这些点作横轴的垂线，再过点 0 作任意的斜线 00′，在其上以适当的单位长度自点 0 按 1∶4∶9 量取对应长度，得 1、4、9 各点。连接直线 9-3″，并分别过 4、1 两点，作其平行线 4-2″和 1-1″，分别与 s_2 轴相交于 2″、1″点。最后由 1″、2″、3″点分别向过 1、2、3 各点的垂线投影，得 1′、2′、3′点，将这些点连接成光滑的曲线，即为等加速段的抛物线。用同样的方法可得等减速段的抛物线。

速度线图为两段倾斜于 δ_1 轴的线段，如图 3-7（b）所示。

由加速度线图 3-7（c）可知，从动件在升程始末，以及由等加速过渡到等减速的瞬时（即 o、m、e 三处），加速度出现有限值的突然变化，这将产生有限惯性力的突变，从而引起冲击。这种从动件在瞬时加速度发生有限值的突变时所引起的冲击称为**柔性冲击**。所以从动件做等加速等减速运动规律的凸轮机构不适用于高速场合，仅用于中低速轻载的场合。

3.2.3 简谐运动规律

点在圆周上做匀速运动时，它在这个圆的直径上的投影所构成的运动称为简谐运动，如图 3-8（a）所示。

简谐运动规律位移线图的作法如下：

把从动件的行程 h 作为直径画半圆，将此半圆分成若干等份得 1″、2″、3″、4″…点。再把凸轮运动角也分成相应的等份，并分别作垂线，然后将圆周上的等分点投影到相应的垂直线上得 1′、2′、3′、4′…点。用光滑的曲线连接这些点，即得到从动件的位移线图，其方程为：

$$s_2 = \frac{h}{2}(1 - \cos\theta) \tag{3-7}$$

将式（3-7）求导两次，由图可知：$\theta=\pi$ 时，$\delta_1=\delta_t$，而凸轮做匀速转动，故 $\theta=\pi\delta_1/\delta_t$，由此，可导出从动件推程做简谐运动的运动方程：

$$\begin{cases} s_2=\dfrac{h}{2}\left[1-\cos\left(\dfrac{\pi}{\delta_t}-\delta_1\right)\right] \\ v_2=\dfrac{\pi h\omega_1}{2\delta_t}\sin\left(\dfrac{\pi}{\delta_t}-\delta_1\right) \\ a_2=\dfrac{\pi^2 h\omega_1^2}{2\delta_t^2}\cos\left(\dfrac{\pi}{\delta_t}-\delta_1\right) \end{cases} \tag{3-8}$$

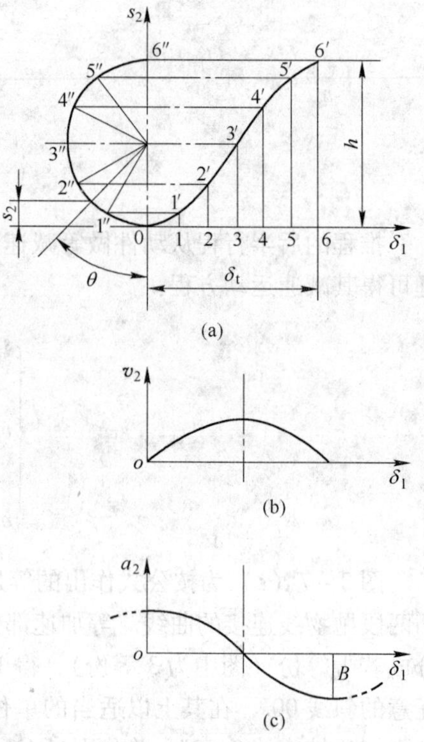

图3-8 简谐运动

同理，可求得从动件在回程做简谐运动的运动方程：

$$\begin{cases} s_2=\dfrac{h}{2}\left[1+\cos\left(\dfrac{\pi}{\delta_h}-\delta_1\right)\right] \\ v_2=-\dfrac{\pi h\omega_1}{2\delta_h}\sin\left(\dfrac{\pi}{\delta_h}-\delta_1\right) \\ a_2=\dfrac{\pi^2 h\omega_1^2}{2\delta_h^2}\cos\left(\dfrac{\pi}{\delta_h}-\delta_1\right) \end{cases} \tag{3-9}$$

由加速度线图3-8（c）可见，一般情况下，这种运动规律的从动件在行程的始点和终点有柔性冲击；只有当加速度曲线保持连续时，这种运动规律才能避免冲击。

3.2.4 改进型运动规律简介

在上述运动规律的基础上进行改进的运动规律称为改进型运动规律。例如，在推程为等速运动的凸轮机构中，为了消除位移曲线上的折点，可将位移曲线作一些修改。如图3-9所示，将行程始、末两处各取一小段圆弧或曲线 OA 及 BC，并将位于曲线上的斜直线与这两段曲线相切，以使曲线圆滑。当推程按修改后的位移规律运动时，将不产生刚性冲击，但这时在 OA 及 BC 这两段曲线处的运动将不再是等速运动。

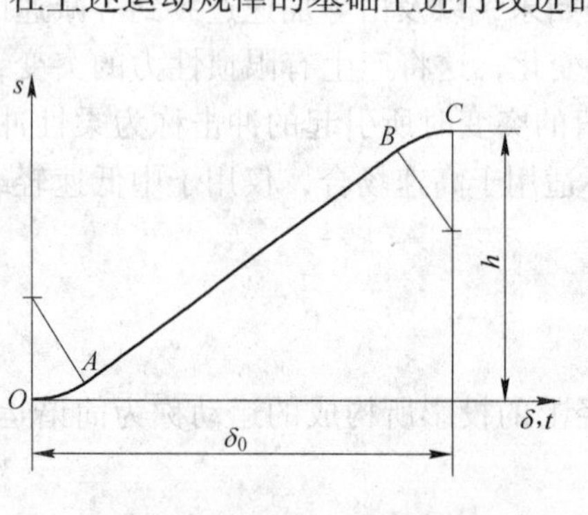

图3-9 改进的等速运动规律位移曲线

在实际应用时，或者采用单一的运动规律，或者采用几种运动规律的配合，应视推程的工作需要而定。原则上应注意减轻机构中的冲击。

3.2.5 从动件运动规律的选择

选择从动件运动规律时，要综合考虑工作要求、动力特性和加工制造等因素。

（1）要满足工作要求。凸轮设计首先要满足机器的工作过程对从动件的工作要求，根据工作要求选择从动件的运动规律。如各种机床中控制刀架进给的凸轮机构，从动件带动刀架运动，为了加工出表面光滑的零件，并使机床载荷稳定，要求刀具进刀时做等速运动，所以从动件应选择等速运动规律。

（2）动力特性要好。对于高速凸轮机构，主要以考虑减小惯性力为依据来选择从动件的运动规律。

（3）加工制造要方便。当机器的工作过程对从动件的运动规律没有特殊要求时，对于低速凸轮机构主要考虑便于凸轮的加工，如夹紧送料等凸轮机构，可只考虑加工方便，采用圆弧、直线等组成的凸轮轮廓。

3.3 盘形凸轮轮廓设计——图解法

根据工作条件要求，选定凸轮机构的形式、凸轮转向、凸轮的基圆半径和从动件的运动规律后，就可以进行凸轮轮廓曲线的设计。凸轮轮廓曲线的设计有图解法和解析法。解析法精确度较高，但设计工作量大，可利用计算机进行计算。图解法简便易行、直观，但精确度低。不过，只要细心作图，其图解的准确度是能够满足一般工程要求的。下面详细介绍图解法的具体运用。

凸轮机构工作时，通常凸轮是运动的。但用图解法绘制凸轮轮廓曲线时，却需要凸轮与图面相对静止。为此，我们应用“反转法”绘制凸轮轮廓，其原理如下：

图 3-10 所示为一对心移动尖顶从动件盘形凸轮机构。设凸轮的轮廓曲线已按预定的从动件运动规律设计。当凸轮以角速度 ω_1 绕轴 O 转动时，从动件的尖顶沿凸轮轮廓曲线相对其导路按预定的运动规律移动。现设想给整个凸轮机构加上一个公共角速度 $-\omega_1$，此时凸轮将不动。根据相对运动原理，凸轮和从动件之间的相对运动并未改变。这样从动件一方面随导路以角速度 $-\omega_1$ 绕轴 O 转动，另一方面又在导路中按预定的规律做往复移动。由于从动件尖顶始终与凸轮轮廓相接触，显然，从动件在这种复合运动中，其尖顶的运动轨迹即是凸轮轮廓曲线。这种以凸轮作动参考系，按相对运动原理设计凸轮轮廓曲线的方法称为反转法。

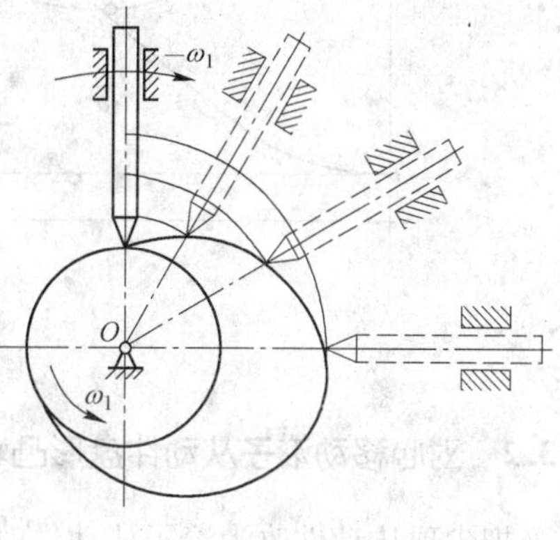

图 3-10 反转法原理

3.3.1 对心移动尖顶从动件盘形凸轮轮廓的设计

已知从动件的位移运动规律、凸轮的基圆半径 r_{min} 以及凸轮以等角速度 ω_1 顺时针回转，要求绘出此凸轮的轮廓。

根据“反转法”的原理，可以作图如下：

（1）根据已知的从动件运动规律作出从动件的位移线图（见图 3-11b），并将横坐标用若干点等分。

（2）以 r_{min} 为半径作基圆。此基圆与导路的交点 B_0 便是从动件尖顶的起始位置。

（3）自 OB_0 沿 ω_1 的相反方向取角度 δ_t、δ_s、δ_h，并将它们各分成与图 3-11（b）对

应的若干等份，得 C_1、C_2、C_3…点。连接 OC_1、OC_2、OC_3…，它们便是反转后从动件导路的各个位置。

（4）量取各个位移量，即取 $B_1C_1=11'$、$B_2C_2=22'$、$B_3C_3=33'$…，得反转后尖顶的一系列位置 B_1、B_2、B_3…。

（5）将 B_0、B_1、B_2、B_3…连成光滑的曲线，便得到所要求的凸轮轮廓（见图 3－11a）。

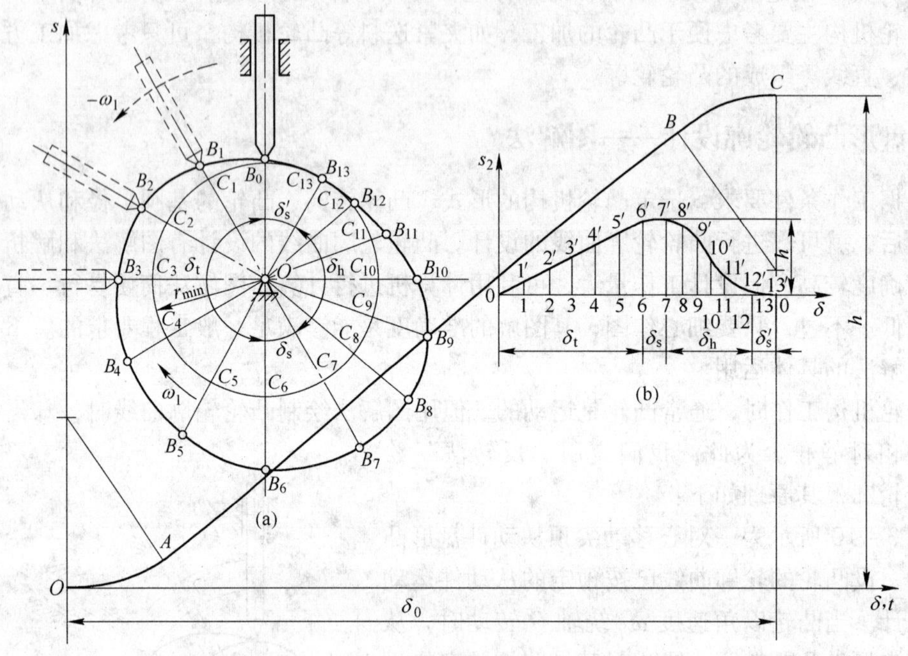

图 3－11 对心移动尖顶从动件盘形凸轮

3.3.2 对心移动滚子从动件盘形凸轮轮廓曲线的设计

把尖顶从动件改为滚子从动件时，其凸轮轮廓设计方法如图 3－12 所示。首先，把滚子中心看作尖顶从动件的尖顶，按照上面的方法画出一条轮廓曲线 β_0。再以 β_0 上各点为中心，以滚子半径为半径，画一系列圆，最后作这些圆的包络线 β，它便是使用滚子从动件时凸轮的实际轮廓，而 β_0 称为此凸轮的理论轮廓。由作图过程可知，滚子从动件凸轮轮廓的基圆半径 r_{min} 应当在理论轮廓上度量。

3.3.3 对心平底从动件盘形凸轮轮廓曲线的设计

平底从动件的凸轮轮廓的绘制方法也与上述相似。如图 3－13 所示，首先在平底上选一固定点 A_0，按照尖顶从动件凸轮轮廓的绘制方法，求出理论轮廓上一系列点 A_1、A_2、A_3…；其次，过这些点画出各个位置的平底 A_1B_1、A_2B_2、A_3B_3…，然后作这些平底的包络线，便得到凸轮的实际轮廓曲线。图中位置 1、6 是平底分别与凸轮轮廓相切于平底的最左位置和最右位置。为了保证平底始终与轮廓接触，平底左侧的长度应大于 m，右侧长度应大于 l。

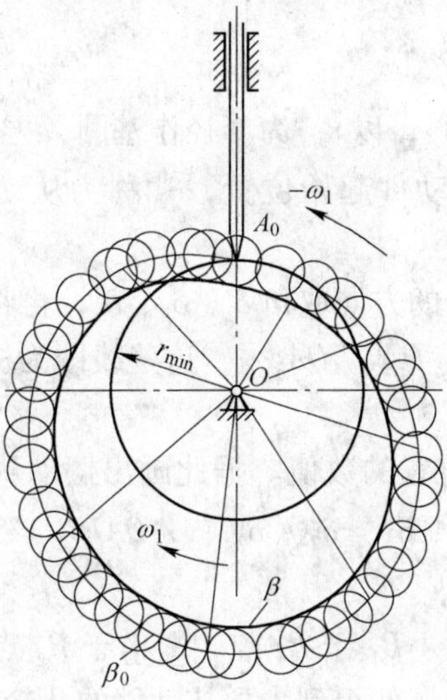

图 3-12 对心移动滚子从动件盘形凸轮

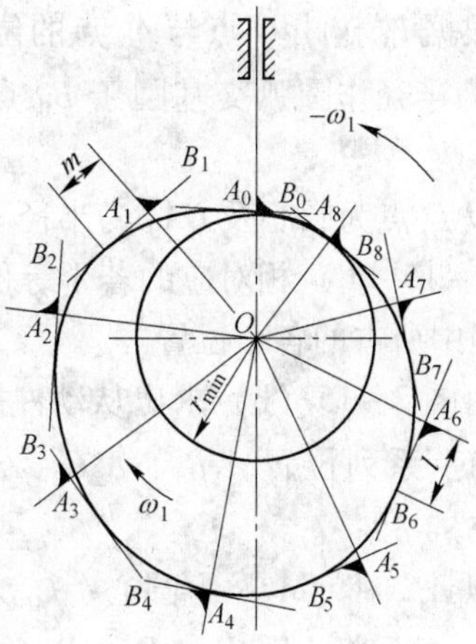

图 3-13 对心移动平底从动件盘形凸轮

3.3.4 偏置移动尖顶从动件盘形凸轮轮廓曲线的设计

如图 3-14 所示，偏置移动尖顶从动件盘形凸轮轮廓曲线的绘制方法也与前述相似。但由于从动件导路的轴线不通过凸轮的转动中心，其偏距为 e，所以从动件在反转过程中，其导路轴线始终与以偏距 e 为半径所作的偏距圆相切，因此从动件的位移应沿这些切线量取。作图方法如下：

（1）根据已知的从动件运动规律，作出从动件的位移线图，并将横坐标等分。

（2）在基圆上，任取一点 B_0 作为从动件升程的起始点，并过 B_0 作偏距圆的切线，该切线即是从动件导路线的起始位置。

（3）由 B_0 点开始，沿 ω_1 相反方向将基圆分成与位移线图相同的等份，得各等分点 B_1'、B_2'、B_3'…，过 B_1'、B_2'、B_3'…各点作偏距圆的切线并延长，则这些切线即为从动件在反转过程中依次占据的位置。

（4）在各条切线上自点 B_1'、B_2'、B_3'…截取 $B_1'B_1=11$，$B_2'B_2=22$，$B_3'B_3=33$…，得 B_1、B_2、B_3…各点。将 B_0、B_1、B_2…各点连成光滑曲线，即为凸轮轮廓曲线。

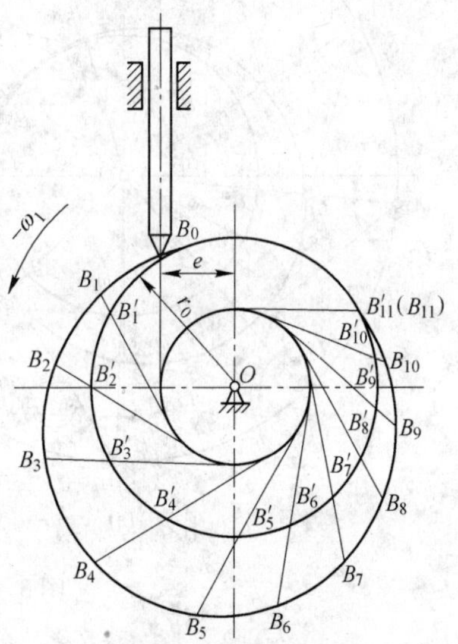

图 3-14 偏置移动尖顶从动件盘形凸轮

3.3.5 摆动从动件盘形凸轮轮廓曲线的设计

已知从动件的角位移曲线（见图 3-15b）、凸轮与摆动从动件的中心距 l_{OA}、摆动从动件的长度 l_{AB}、凸轮的基圆半径 r_{min} 以及凸轮以等角速度 ω_1 逆时针回转，要求绘出此凸轮的轮廓。

仍用“反转法”求凸轮轮廓，绘制步骤如下：

（1）根据 l_{OA} 定出 O 点与 A_0 点的位置，以 O 为圆心，以 r_{min} 为半径作基圆，再以 A_0 为中心以 l_{AB} 为半径作圆弧交基圆于 B_0 点，该点即为从动件起始位置，δ_2^0 称为从动件的初位角。

（2）以 O 点为圆心及 OA_0 为半径画圆，并沿 $-\omega_1$ 的方向取角 δ_t、δ_h、δ_s'，再将 δ_t、δ_h 分为与图 3－15（b）相对应的若干等份，得径线 OA_1、OA_2、$OA_3\cdots$，这些线即为机架 OA_0 在反转过程中所占的各个位置。

（3）由图 3－15（b）求出从动件摆角 δ_2 在不同位置的数值。据此画出摆动从动件相对于机架的一系列位置 A_1B_1、A_2B_2、$A_3B_3\cdots$，即 $\angle OA_1B_1=\delta_2^0+\delta_2^{\mathrm{I}}$、$\angle OA_2B_2=\delta_2^0+\delta_2^{\mathrm{II}}$、$\angle OA_3B_3=\delta_2^0+\delta_2^{\mathrm{III}}\cdots$。

（4）以 A_1、A_2、$A_3\cdots$为圆心、l_{AB} 为半径画圆弧截 A_1B_1 于 B_1 点，A_2B_2 于 B_2 点，A_3B_3 于 B_3 点…。最后将 B_0、B_1、B_2、$B_3\cdots$点连成光滑曲线，便得到尖顶从动件的凸轮轮廓。

同前所述，如果采用滚子或平底从动件，则上述凸轮轮廓即为理论轮廓，只要在理论轮廓上选一系列点作滚子或平底，最后作它们的包络线，便可求出相应的实际轮廓曲线。

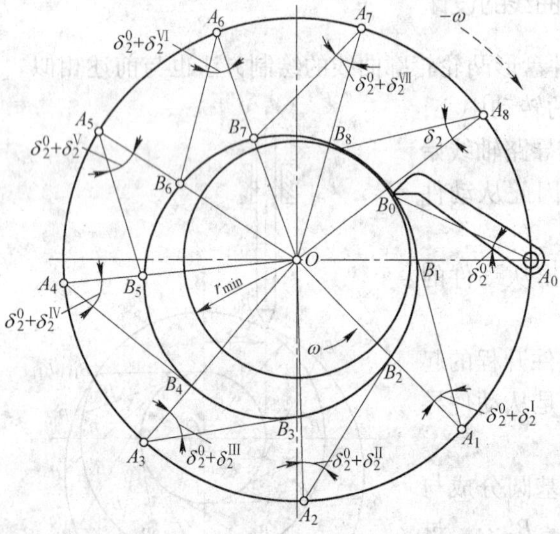

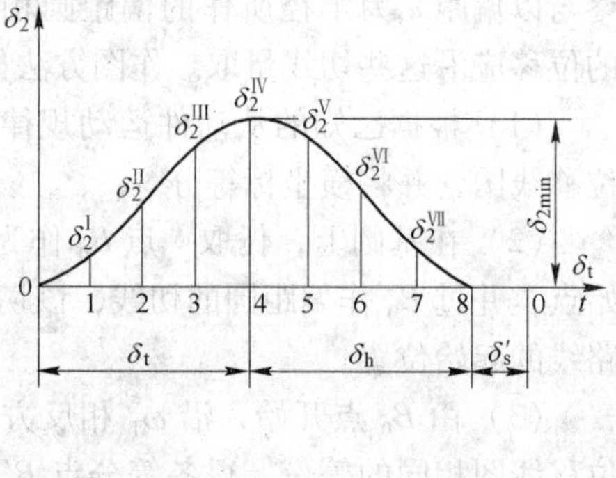

图 3－15　尖顶摆动从动件盘形凸轮

3.4　凸轮机构设计应注意的问题

设计凸轮机构时，不仅要保证从动件实现预定的运动规律，还要求传动时受力良好、结构紧凑。因此，在设计凸轮机构时应注意滚子半径的选择、压力角的校核及基圆的确定。

3.4.1　滚子半径的选择

凸轮理论轮廓是运用“反转法”，按尖顶从动件的尖顶在复合运动中的一系列位置作出的，必然能实现给定的运动规律；而凸轮的工作轮廓是从动件末端（滚子）一系列位置的包络线，如果包络线自交，从动件便不能实现给定的运动规律，这称为运动失真。运动失真与理论轮廓的最小曲率半径和滚子半径的相对大小有关。

如图 3－16 所示，设理论轮廓上最小曲率半径为 ρ_{min}，滚子半径为 r_T 及对应的实际轮廓曲线半径 ρ_a，它们之间有如下关系：

（1）凸轮理论轮廓的内凹部分。由图 3－16（a）可得：

$$\rho_a = \rho_{min} + r_T$$

由此可知：实际轮廓曲率半径总大于理论轮廓曲率半径。因而，不论选择多大的滚子，都能做出实际轮廓。

（2）凸轮理论轮廓的外凸部分。由图 3－16（b）可得：

$$\rho_a = \rho_{min} - r_T$$

1）当 $\rho_{min} > r_T$ 时，$\rho_a > 0$，如图 3－16（b）所示，实际轮廓为一平滑曲线。

2）当 $\rho_{min} = r_T$ 时，$\rho_a = 0$，如图 3－16（c）所示，在凸轮实际轮廓曲线上产生了尖点，这种尖点极易磨损，磨损后就会改变从动件预定的运动规律。

3）当 $\rho_{min} < r_T$ 时，$\rho_a < 0$，如图 3－16（d）所示，这时实际轮廓曲线发生相交，图中阴影部分的轮廓曲线在实际加工时被切去，因此这一部分运动规律无法实现。

为了使凸轮轮廓在任何位置既不变尖也不相交，滚子半径必须小于理论轮廓外凸部分的最小曲率半径 ρ_{min}。如果 ρ_{min} 过小，按上述条件选择的滚子半径太小而不能满足安装和强度要求时，就应当把凸轮基圆尺寸加大，重新设计凸轮轮廓曲线。

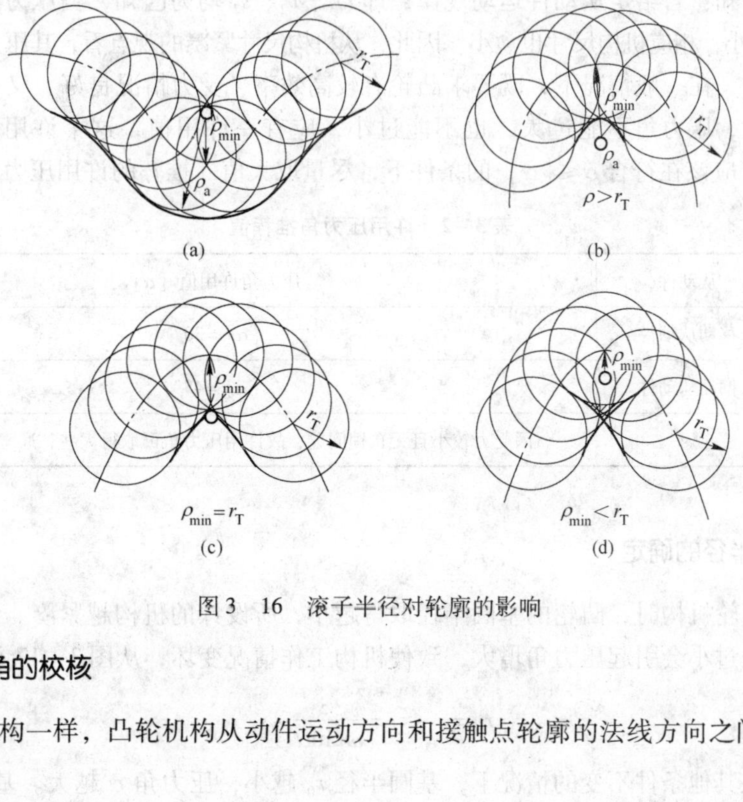

图 3　16　滚子半径对轮廓的影响

3.4.2　压力角的校核

和连杆机构一样，凸轮机构从动件运动方向和接触点轮廓的法线方向之间所夹的锐角称为压力角。

图 3－17 所示为尖顶移动从动件凸轮机构。当不考虑摩擦时，凸轮给予从动件的力 F 是沿法线方向的，从动件运动方向与力 F 方向之间的夹角 α 即为压力角。若将 F 力分解为沿从动件运动方向的有用分力 F_t 和使从动件压紧导路的有害分力 F_n，二者的关系式为：

$$F_n = F_t \tan\alpha$$

当驱动从动件的有效分力 F_t 一定时，压力角 α 越大，则有害分力 F_n 就越大，机构的效率就越低。当 α 增大到一定程度，以致 F_n 所引起的摩擦阻力大于有用分力 F_t 时，无论凸轮加给从动件的作用力多大，从动件都不能运动，这种现象称为自锁。从改善受力情况、提高效率、避免自锁的角度考虑，压力角越小越好。

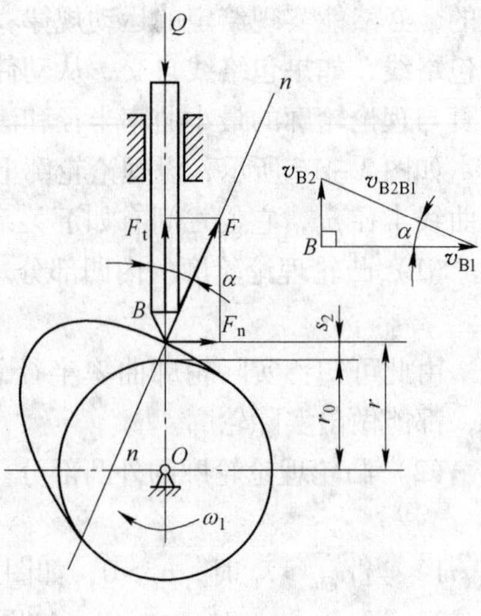

图 3－17 凸轮机构的压力角与半径的关系

如图 3－17 所示，设凸轮以等角速 ω_1 顺时针转动。此时，从动件与凸轮在 B 点接触，B 点是公共点。从动件上 B 点移动速度 $v_{B2} = v_2$。凸轮上 B 点的速度 $v_{B1} = r\omega_1$，方向垂直于 OB。而从动件上 B 点相对速度 v_{B2B1} 的方向与凸轮过 B 点的切线方向重合。根据点的复合运动之速度合成定理可做出 B 点的速度三角形。

$$v_{B2} = (r_0 + s_2)\omega_1 \tan\alpha$$

由上式可知：若给定从动件运动规律，即 ω_1、v_2、s_2 均为已知，当压力角愈大时，则其基圆直径愈小，相应机构尺寸也愈小。因此，从机构尺寸紧凑的观点看，其压力角愈大愈好。

综上所述，在一般情况下，既要求凸轮有较高效率、受力情况良好，又要求其机构尺寸紧凑，因此，压力角不能过大，也不能过小，应有一许用值，这个许用值用 $[\alpha]$ 表示。压力角 α 应该在符合 $\alpha \leqslant [\alpha]$ 的条件下，尽量取大值。推荐的许用压力角见表 3－2。

表 3－2 许用压力角推荐值

行程	从动件	压力角许用值 $[\alpha]$
推程	移动从动件	$[\alpha] = 30°$
	摆动从动件	$[\alpha] = 45°$
回程		因受力较小且无自锁问题，故许用压力角可取得大些，通常 $[\alpha] = 80°$

3.4.3 基圆半径的确定

在设计凸轮机构时，凸轮的基圆半径取得越小，所设计的机构越紧凑。但是，必须指出，基圆半径过小会引起压力角增大，致使机构工作情况变坏，从图 3－17 可知：

$$r_0 = r - s_2 = \frac{v_2}{\omega \tan\alpha} - s_2$$

显然，在其他条件不变的情况下，基圆半径 r_0 越小，压力角 α 越大。基圆半径过小，压力角会超过许用值而使机构效率太低甚至发生自锁。因此实际设计中，只能在保证凸轮轮廓的最大压力角不超过许用值的前提下，考虑缩小凸轮的尺寸。

小　结

（1）凸轮机构的分类及特点。凸轮机构由凸轮、从动件和机架组成，是点或线接触的高副机构。它主要用于对从动件运功规律有特定要求的场合。

凸轮机构的优点为：只需设计适当的凸轮轮廓，便可使从动件得到所需的运动规律，并且结构简单、紧凑，设计方便。它的缺点是凸轮轮廓与从动件之间为点接触或线接触，易磨损，所以，通常多用于传力不大的控制机构。

凸轮的种类很多，通常可按凸轮的形状、从动件的形状以及从动件的运动形式进行分类。

（2）从动件常用的运动规律。

1）等速运动规律，即从动件速度为定值的运动规律。等速运动规律的凸轮机构因具有刚性冲击，故只适用于低速轻载的场合。

2）等加速等减速运动规律，即从动件在行程的前半段为等加速，而后半段为等减速的运动规律。等加速和等减速运动规律的凸轮机构因具有柔性冲击，故不适用于高速，仅用于中低速轻载的场合。

3）简谐运动，即点在圆周上做匀速运动时，它在这个圆的直径上的投影所构成的运动。凸轮从动件运动过程中做无停歇的升—降—升连续往复运动时，得到连续的余弦曲线，运动中完全消除了柔性冲击，因此这种情况下可用于高速传动。

（3）盘状凸轮轮廓设计。根据工作条件要求，选定了凸轮机构的形式、凸轮转向、凸轮的基圆半径和从动件的运动规律后，就可以进行凸轮轮廓曲线的设计。凸轮轮廓曲线的设计有图解法和解析法。图解法简便易行、直观，但精确度低；解析法精确度较高，但设计工作量大，可利用计算机进行计算。

（4）设计凸轮时应注意下述问题：

1）从动件滚子半径 r_T 的选择。当凸轮理论轮廓为内凹时，实际轮廓曲率半径总大于理论轮廓曲率半径。因而，不论选择多大的滚子，都能做出实际轮廓。

当凸轮理论廓线为外凸时，滚子半径 r_T 与凸轮理论廓线最小曲率半径 ρ_{min} 及对应点实际廓线曲率半径 ρ_a 的关系为 $\rho_a = \rho_{min} - r_T$。当 $\rho_{min} > r_T$ 时，$\rho_a > 0$，实际轮廓为一平滑曲线；当 $\rho_{min} = r_T$ 时，$\rho_a = 0$，实际轮廓曲线上产生了尖点；当 $\rho_{min} < r_T$ 时，$\rho_a < 0$，则实际廓线将出现交叉廓线的一部分被切去导致运动失真。

2）压力角的校核。在一般情况下，既要求凸轮有较高效率、受力情况良好，又要求其机构尺寸紧凑。因此，压力角不能过大，也不能过小，应有一许用值，这个许用值用 $[\alpha]$ 表示。一般，移动从动件在推程（工作行程）取 $[\alpha] = 30°$；摆动从动件在推程（工作行程）取 $[\alpha] = 45°$；因受力较小且无自锁问题，在回程中许用压力角可取得大些，通常 $[\alpha] = 80°$。压力角 α 应该在 $\alpha \leqslant [\alpha]$ 的条件下，尽量取大值。

3）基圆半径的选择。凸轮的基圆半径愈小，凸轮尺寸则愈小，但却引起压力角的增大，使受力性能变差。在实际工作中基圆半径的确定必须从凸轮机构的尺寸、受力、安装、强度等方面予以综合考虑，总的原则是：在保证 $\alpha_{max} \leqslant [\alpha]$ 的条件下，应使基圆半径尽可能小。

习　题

3－1 图 3－18 所示为一偏置移动从动件盘形凸轮机构。已知 *AB* 段为凸轮的推程廓线，试在图上标注推程运动角 δ_t。

3－2 图 3－19 所示为一偏置移动从动件盘形凸轮机构。已知凸轮为一以 *C* 为中心的圆盘，问轮廓上 *D* 点与尖顶接触时压力角为多少？试作图加以表示。

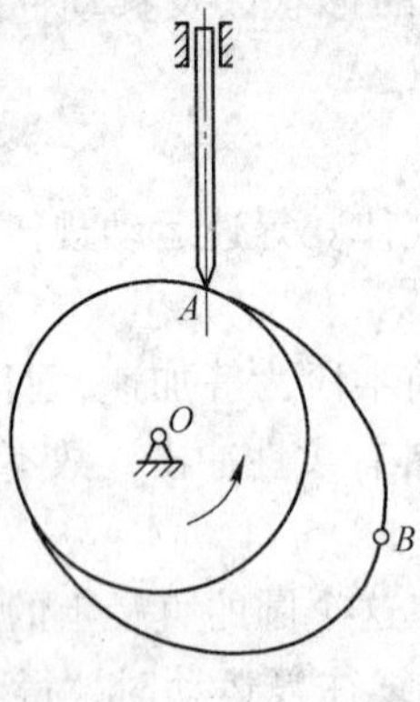

图 3－18

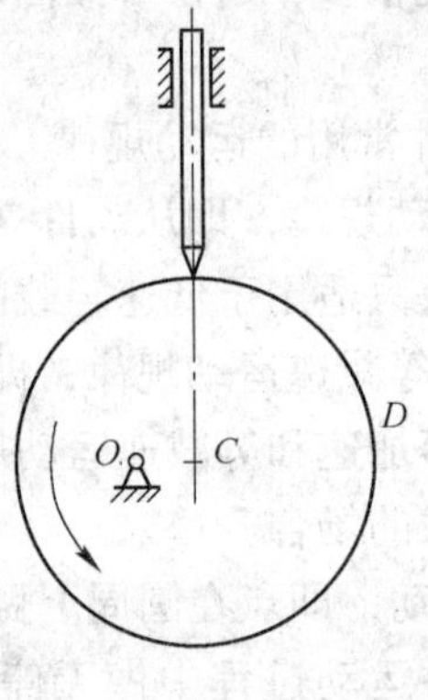

图 3－19

3－3 已知一凸轮以等角速度 $\omega = 10\text{rad/s}$ 顺时针转动，直动推程的运动规律及其对应的凸轮转角如表 3－3 所示。要求：(1) 作出 $s-\delta$、$v-\delta$ 和 $a-\delta$ 线图；(2) 求出当 δ 为 90°、180°和 270°时，从动件的 *s*、*v* 和 *a* 值。

表 3－3

δ/(°)	h/mm	推杆运动规律	δ/(°)	h/mm	推杆运动规律
0～120	40	等加速等减速运动	210～240	0	休止
120～150	0	休止	240～300	－20	等速运动
150～210	－20	简谐运动	300～360	0	休止

3－4 图 3－20 所示为一对心尖顶从动件单圆弧凸轮（偏心轮），其几何中心 O' 与凸轮转轴 *O* 的距离为 $L_{OO'} = 15\text{mm}$，偏心轮半径 $R = 30\text{mm}$，凸轮以等角速度 ω 顺时针转动，试作出推程的位移曲线 $s-\delta$。

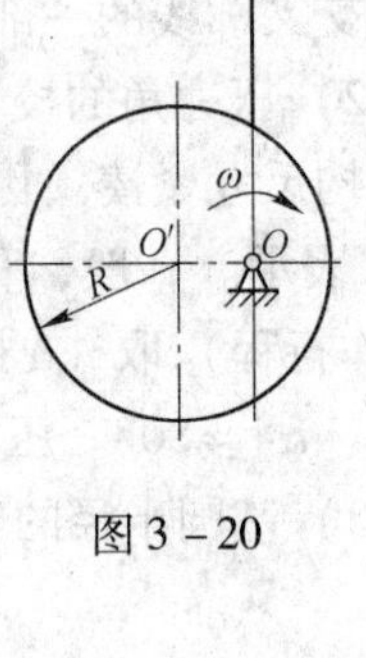

图 3－20

3－5 设计一对心滚子移动从动件盘形凸轮。已知凸轮的基圆半径 $r_0 = 35\text{mm}$，凸轮以等角速度 ω 逆时针转动，推杆行程 $h = 20\text{mm}$，滚子半径 $r_r = 10\text{mm}$，其位移曲线 $s-\delta$ 如图 3－21 所示。

3－6 设计一偏置滚子移动从动件盘形凸轮。已知凸轮以等角速度 ω 顺时针转动，凸轮转轴 *O* 偏于从动件中心线的右方 10mm 处，基圆半径 $r_0 = 35\text{mm}$，从动件行程 $h = 32\text{mm}$，滚子半径 $r_r = 10\text{mm}$，其位移曲线

$s-\delta$ 如图 3－22 所示。

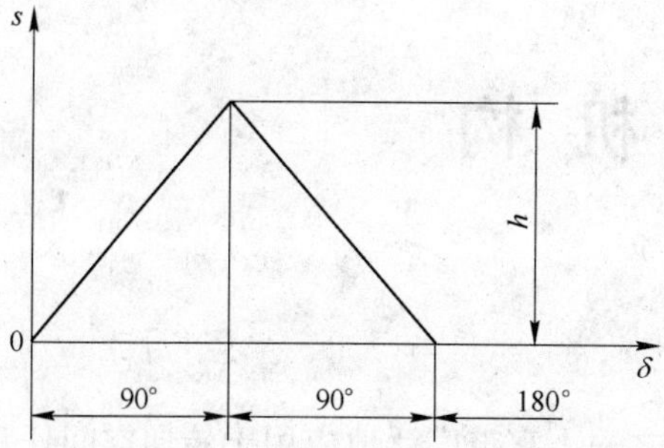

图 3－21

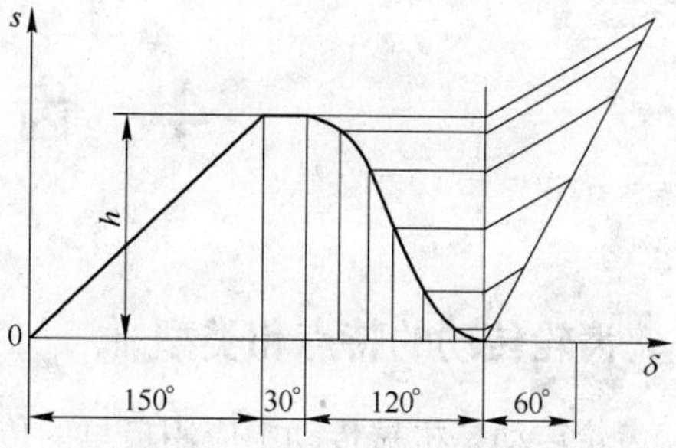

图 3－22

3－7 在图 3－23 所示自动车床控制刀架移动的滚子摆动从动件凸轮机构中，已知 $L_{OA}=60$mm，$L_{AB}=36$mm，$r_{min}=35$mm，$R_T=8$mm，从动件的运动规律如下：当凸轮以等角速度 ω_1 逆时针回转 90°时，从动件以等加速等减速运动向上摆 15°；当凸轮自 90°转到 180°时，从动件停止不动；当凸轮自 180°转到 270°时，从动件以简谐运动摆回原处；当凸轮自 270°转到 360°时，从动件又停止不动，试绘制凸轮的轮廓。

3－8 设计一摆动平底从动件盘形凸轮机构，其机构简图如图 3－24 所示。已知 $L_{OA}=80$mm，$r_{min}=50$mm，从动件最大摆角 $\delta_{2max}=15°$，从动件的运动规律与题 3－7 相同，试绘出凸轮的轮廓曲线，并决定从动件最低限度应有的长度。

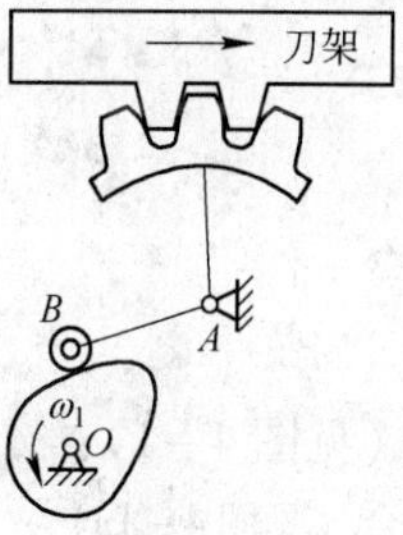

图 3－23

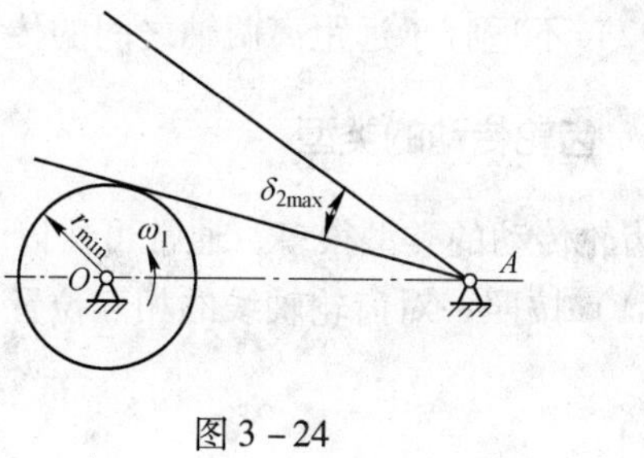

图 3－24

4 齿 轮 机 构

4.1 齿轮传动的特点和类型

齿轮传动是机械传动中应用最早的传动机构之一，它被广泛地应用于传递空间任意两轴间的运动和动力。齿轮传动是机械传动中最重要，也是应用最为广泛的一种传动形式。

4.1.1 齿轮传动的特点

齿轮传动属于直接接触的啮合传动，与其他形式机械传动相比，主要优点是：

（1）工作可靠、寿命较长；

（2）瞬时传动比恒定、传动效率高；

（3）可实现平行轴、任意角相交轴、任意角交错轴之间的传动；

（4）适用的功率和圆周速度范围广（功率可达 1×10^7W，速度可达 300m/s）。

齿轮传动的主要缺点是：

（1）加工和安装精度要求较高，制造成本也较高；

（2）不适宜于远距离两轴之间的传动。

4.1.2 齿轮传动的类型

齿轮传动的类型很多，通常可按以下三种方式进行分类。

（1）按照一对齿轮轴线的相互位置，齿轮传动分类如下（见图 4－1）：

- 齿轮传动
  - 两轴平行的齿轮传动——圆柱齿轮传动
    - 直齿
      - 外啮合（见图 4－1a）
      - 内啮合（见图 4－1b）
      - 齿轮与齿条啮合（见图 4－1c）
    - 斜齿
      - 外啮合（见图 4－1d）
      - 内啮合
      - 齿轮与齿条啮合
    - 人字齿（见图 4－1e）
  - 两轴不平行的齿轮传动
    - 两轴相交的齿轮传动（圆锥齿轮传动）
      - 直齿（见图 4－1f）
      - 曲齿（见图 4－1g）
    - 两轴交错的齿轮传动
      - 交错轴斜齿轮（见图 4－1h）
      - 蜗杆蜗轮（见图 4－1i）

（2）按照齿轮轮齿的齿廓曲线形状，齿轮传动可分为渐开线齿轮传动、摆线齿轮传动和圆弧齿轮传动等，其中渐开线齿轮传动应用最为广泛。

（3）按照齿轮传动的工作条件，齿轮传动可分为开式齿轮传动、闭式齿轮传动和半开式齿轮传动。闭式齿轮传动中，齿轮安装在密封严密的箱体内，故密封条件好，且易保证

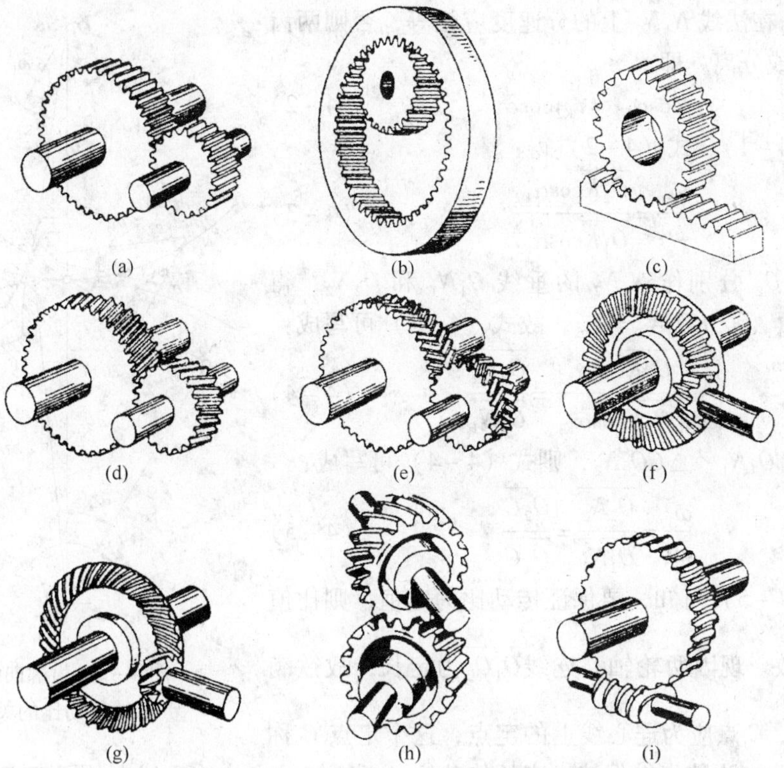

图 4-1 齿轮传动的分类

（a）直齿外啮合；（b）直齿内啮合；（c）齿轮与齿条啮合；（d）斜齿外啮合；（e）人字齿啮合；（f）直齿圆锥齿轮传动；（g）曲齿圆锥齿轮传动；（h）交错轴斜齿轮；（i）蜗杆蜗轮

良好的润滑，使用寿命长，用于较重要的场合，如减速器等；在开式齿轮传动中，齿轮是外露的，不能防尘且润滑不良，故轮齿易磨损，寿命短，只能用于低速或低精度的场合，如水泥搅拌机、卷扬机齿轮等；半开式齿轮传动是介于前两者之间，通常齿轮的外面安装有简易的罩子，虽无密封性，但也不致使齿轮全暴露在外，如车床挂轮架齿轮等。

4.2 齿廓啮合基本定律

一对齿轮的传动是由主动轮轮齿的齿廓推动从动轮轮齿的齿廓来实现的。即齿轮传动是靠主、从动齿轮的轮齿依次啮合来连续传递运动和动力的。为了使传递的回转运动每一瞬时都保持稳定不变的传动比，避免产生振动和冲击，并能够传递一定的动力，传动齿轮应能保证传动平稳、可靠，保证实现角速度比（瞬时传动比）恒定，有足够的承载能力，即要求齿轮尺寸小、重量轻，能传递较大的动力，有较长的使用寿命。齿廓啮合基本定律是反映齿廓形状与瞬时传动比关系的定律。

图 4-2 表示两相互啮合的齿廓 E_1 和 E_2 在 K 点接触，两轮的角速度分别为 ω_1 和 ω_2。过 K 点作两齿廓的公法线 N_1N_2，与连心线 O_1O_2 交于 C 点。两轮齿廓上 K 点的速度分别为：

$$\begin{aligned} v_{K1} &= \omega_1 \overline{O_1K} \\ v_{K2} &= \omega_2 \overline{O_2K} \end{aligned} \qquad (4-1)$$

v_{K1}和 v_{K2}在法线 N_1N_2 上的分速度应相等，否则两齿廓将会压坏或分离。即

$$v_{K1}\cos\alpha_{K1} = v_{K2}\cos\alpha_{K2} \qquad (4-2)$$

由式（4-1）、式（4-2）得：

$$\frac{\omega_1}{\omega_2} = \frac{\overline{O_2K}\cos\alpha_{K2}}{\overline{O_1K}\cos\alpha_{K1}} \qquad (4-3)$$

过 O_1、O_2 分别作 N_1N_2 的垂线 O_1N_1 和 O_2N_2，得 $\angle KO_1N_1 = \alpha_{K1}$、$\angle KO_2N_2 = \alpha_{K2}$，故式（4-3）可写成：

$$\frac{\omega_1}{\omega_2} = \frac{\overline{O_2K}\cos\alpha_{K2}}{\overline{O_1K}\cos\alpha_{K1}} = \frac{\overline{O_2N_2}}{\overline{O_1N_1}} \qquad (4-4)$$

又因$\triangle CO_1N_1 \backsim \triangle CO_2N_2$，则式（4-4）可写成：

$$\frac{\omega_1}{\omega_2} = \frac{\overline{O_2N_2}}{\overline{O_1N_1}} = \frac{\overline{O_2C}}{\overline{O_1C}} \qquad (4-5)$$

由式（4-5）可知，要保证传动比为定值，则比值$\frac{\overline{O_2C}}{\overline{O_1C}}$应为常数。现因两轮轴心连线$\overline{O_1O_2}$为定长，故欲满足上述要求，$C$ 点应为连心线上的定点，这个定点 C 称为节点。因此，为使齿轮保持恒定的传动比，必须使 C 点为连心线上的固定点。由此，可以得到齿廓啮合基本定律：任意瞬时相互啮合传动的一对齿轮，其角速度的比值（瞬时传动比）与两啮合齿轮齿廓接触点公法线将两齿轮连心线分成的两线段的长度成反比。

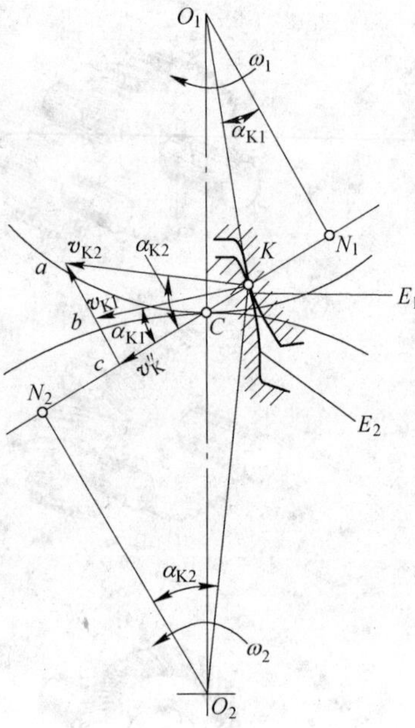

图 4-2　齿廓曲线与齿轮传动比的关系

凡满足齿廓啮合基本定律的互相啮合的一对齿廓，称为共轭齿廓。符合齿廓啮合基本定律的齿廓曲线有无穷多，传动齿轮的齿廓曲线除要求满足瞬时传动比恒定外，还必须考虑制造、安装和强度等要求。在机械中，常用的共轭齿廓有渐开线齿廓、摆线齿廓和圆弧齿廓，其中以渐开线齿廓应用最广。

4.3　渐开线及渐开线齿廓

由上节内容可知，当给定一条齿廓曲线和传动比时，一般总可以得到与它共轭的另一条齿廓曲线。理论上能够作为共轭齿廓的曲线为无穷多，但是从设计、制造、安装、测量等方面综合考虑，如上所述，定传动比齿轮机构常用的齿廓曲线有渐开线、圆弧曲线、摆线等，随着生产和科学技术的发展，新的齿廓曲线将会不断出现。由于渐开线齿廓能够较全面地满足上述要求，所以目前应用十分广泛。本章主要研究渐开线齿轮。

4.3.1　渐开线的形成及性质

如图 4-3 所示，一直线 L 与半径为 r_b 的圆相切，当直线沿该圆做纯滚动时，直线上任一点的运动轨迹即为该圆的渐开线。这个圆称为渐开线的基圆，而做纯滚动的直线 L 称为渐开线的发生线。

由渐开线的形成可知，它具有以下性质：

（1）发生线在基圆上滚过的一线段长度等于基圆上相应被滚过的一段弧长，即$\overline{KN} =$

$\widehat{AN}$。

（2）因 N 点是发生线沿基圆滚动时的速度瞬心，故发生线 KN 是渐开线 K 点的法线。又因发生线始终与基圆相切，所以渐开线上任一点的法线必与基圆相切。

（3）发生线与基圆的切点 N 即为渐开线上 K 点的曲率中心，线段 $\overline{KN}$ 为 K 点的曲率半径。K 点离基圆愈远，相应的曲率半径愈大，渐开线愈平缓；而 K 点离基圆愈近，相应的曲率半径愈小，渐开线愈弯曲。

（4）渐开线的形状取决于基圆的大小。如图 4－4 所示，基圆半径愈小，渐开线愈弯曲；基圆半径愈大，渐开线愈趋平直。当基圆半径趋于无穷大时，渐开线便成为直线。所以渐开线齿条（基圆直径为无穷大的齿轮）具有直线齿廓。

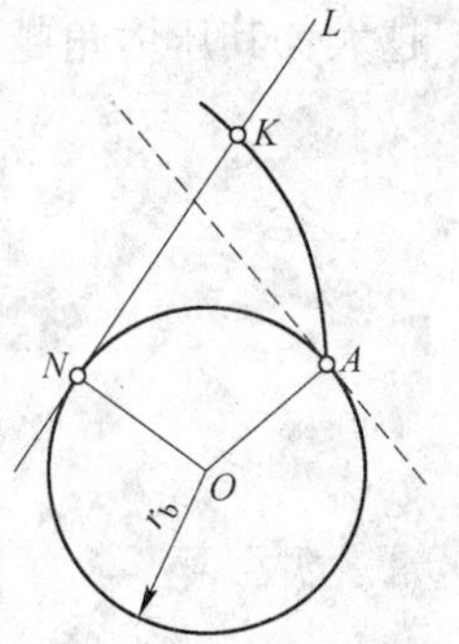

图 4－3 渐开线的形成图

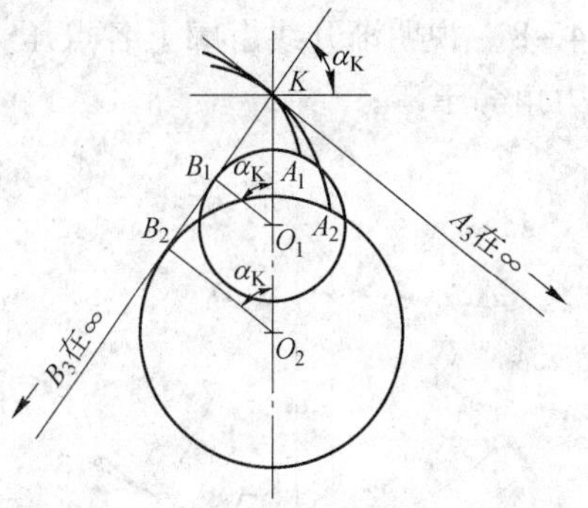

图 4－4 基圆大小与渐开线形状的关系

（5）渐开线是从基圆开始向外逐渐展开的，故基圆以内无渐开线。

（6）渐开线上一点 K 的运动方向与该点法线方向的夹角 α_K 称为 K 点的齿形角，如图 4－4 所示。同一条渐开线上，离基圆越近，渐开线的齿形角越小，离基圆越远，渐开线的齿形角越大，基圆上的齿形角为 0°。

4.3.2 渐开线齿廓符合齿廓啮合基本定律

以渐开线为齿廓曲线的齿轮称为渐开线齿轮。

如图 4－5 所示，两渐开线齿轮的基圆半径分别为 r_{b1}、r_{b2}，过两轮齿廓啮合点 K 作两齿廓的公法线 N_1N_2，根据渐开线的性质，该公法线必与两基圆相切，即为两基圆的内公切线。又因两轮的基圆为定圆，在其同一方向的内公切线只有一条。所以无论两齿廓在何位置接触（如图中虚线位置接触），过接触点所作两齿廓的公法线（即两基圆的内公切线）为一固定直线，它与连心线 O_1O_2 的交点 C 必是一定点。因此渐开线齿廓满足瞬时传动比恒定要求。

由图 4－5 知，两轮的传动比为：

$$i_{12}=\frac{\omega_1}{\omega_2}=\frac{\overline{O_2C}}{\overline{O_1C}} \tag{4-6}$$

式（4－6）表明两轮的传动比为一定值，并与两轮的基圆半径成反比。公法线与连心线 O_1O_2 的交点 C 称为节点，以 O_1、O_2 为圆心，$\overline{O_1C}$、$\overline{O_2C}$ 为半径作圆，这对圆称为齿轮的节圆，其半径分别以 r_1' 和 r_2' 表示。从图 4－5 可知，一对齿轮的传动相当于一对节圆的

纯滚动，而且两齿轮的传动比也等于其节圆半径的反比。故一对齿轮的传动比为

$$i_{12}=\frac{\omega_1}{\omega_2}=\frac{r_2'}{r_1'}=\frac{r_{b2}}{r_{b1}} \tag{4-7}$$

4.3.3 渐开线齿廓的压力角

在一对齿廓的啮合过程中，齿廓接触点的法向压力方向和齿廓上该点的速度方向的夹角，称为齿廓在该点的压力角。如图4-6所示，齿廓上K点的法向压力F_n与该点的速度v_K之间的夹角α_K称为齿廓上K点的压力角。由图可知：

$$\cos\alpha_K=\frac{\overline{ON}}{\overline{OK}}=\frac{r_b}{r_K} \tag{4-8}$$

式（4-8）说明渐开线齿廓上各点压力角不等，向径r_K越大，其压力角越大。在基圆上，压力角等于零。

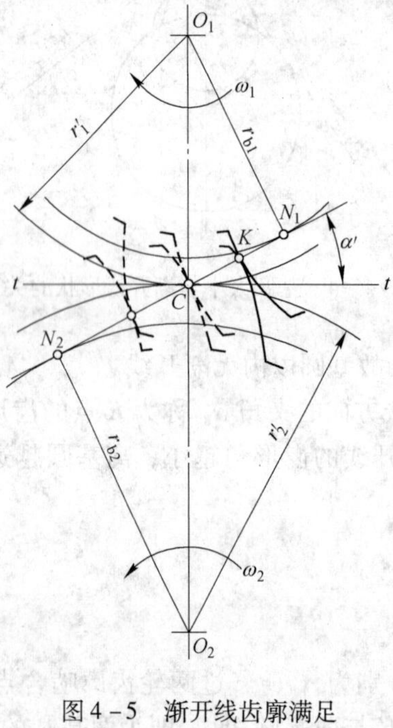

图4-5　渐开线齿廓满足瞬时传动比恒定

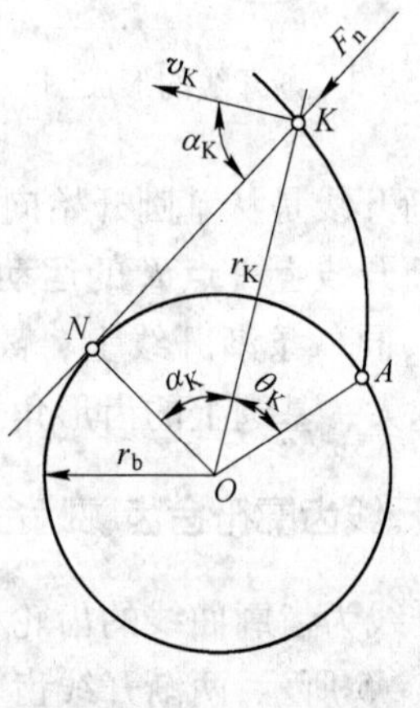

图4-6　渐开线齿廓的压力角

4.3.4 啮合线、啮合角、齿廓间的压力作用线

一对齿轮啮合传动时，齿廓啮合点（接触点）的轨迹称为啮合线。对于渐开线齿轮，无论在哪一点接触，接触齿廓的公法线总是两基圆的内公切线N_1N_2（见图4-5）。齿轮啮合时，齿廓接触点又都在公法线上，因此，内公切线N_1N_2即为渐开线齿廓的啮合线。

过节点C作两节圆的公切线tt，它与啮合线N_1N_2间的夹角称为啮合角。啮合角等于齿廓在节圆上的压力角α'。由于渐开线齿廓的啮合线是一条定直线N_1N_2，故啮合角的大小始终保持不变。啮合角不变表示齿廓间压力方向不变。若齿轮传递的力矩恒定，则轮齿之间、轴与轴承之间压力的大小和方向均不变，这也是渐开线齿轮传动的一大优点。

4.3.5 渐开线齿轮的可分性

当一对渐开线齿轮制成之后，其基圆半径是不能改变的，因此从式（4－7）可知，即使两轮的中心距稍有改变，其瞬时传动比仍保持原值不变，这种性质称为渐开线齿轮传动的可分性。这是渐开线齿轮传动的另一重要优点，这一优点给齿轮的制造、安装带来了很大方便。

4.4 渐开线标准直齿圆柱齿轮各部分名称、主要参数和几何尺寸的计算

要进一步研究齿轮传动的原理，必须先了解和掌握齿轮各部分的名称、符号及其几何尺寸间的关系。

4.4.1 齿轮各部分的名称及代号

图4－7所示为直齿圆柱齿轮的一部分，为了使齿轮在两个方向都能传动，轮齿两侧齿廓由形状相同、方向相反的渐开线曲面组成。

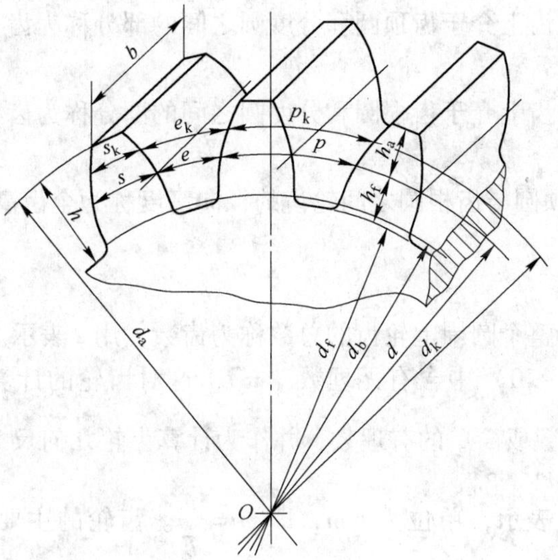

图4－7 齿轮各部分名称及代号

齿轮各部分名称如下：

（1）齿顶圆。齿轮的端面上所有各齿的顶端都在同一个圆上，过齿轮各齿顶端的圆称作齿顶圆，其直径（半径）用 $d_a(r_a)$ 表示。

（2）齿根圆。齿轮的端面上齿槽底部所确定的圆称为齿根圆，其直径（半径）用 $d_f(r_f)$ 表示。

（3）齿槽。相邻两齿之间的空间称为齿槽。齿轮的端面上齿槽两侧齿廓之间的弧长称为该圆上的齿槽宽，用 e_k 表示。

（4）齿厚。在任意直径 d_k 的圆周上，齿轮的端面上轮齿两侧齿廓之间的弧长称为该圆上的齿厚，用 s_k 表示。

（5）齿距。齿轮的端面上相邻两齿同侧齿廓之间的弧长称为该圆上的齿距，用 p_k 表示。显然

$$p_k = s_k + e_k \tag{4-9}$$

$$p_k = \frac{\pi d_k}{z} \tag{4-10}$$

式中 z——齿轮的齿数；

d_k——任意圆的直径。

（6）基圆齿距。齿轮的端面上相邻两齿同侧齿廓之间在基圆上的弧长称为基圆齿距，用 p_b 表示。

（7）分度圆。齿轮的端面上标准齿轮上齿厚和齿槽宽相等的圆称为齿轮的分度圆，其直径用 d 表示。分度圆上的齿厚以 s 表示，齿槽宽用 e 表示，齿距用 p 表示。分度圆压力角通常称为齿轮的压力角，用 α 表示。分度圆压力角已经标准化，常用的为 20°、15°等，我国规定标准齿轮 $\alpha = 20°$。

由于齿轮分度圆上的模数和压力角均规定为标准值，因此，齿轮的分度圆可定义为：齿轮上具有标准模数和标准压力角的圆。

（8）齿顶高。在轮齿上介于齿顶圆和分度圆之间的部分称为齿顶，其径向高度称为齿顶高，用 h_a 表示。

（9）齿根高。在轮齿上介于齿根圆和分度圆之间的部分称为齿根，其径向高度称为齿根高，用 h_f 表示。

（10）全齿高。齿顶圆与齿根圆之间轮齿的径向高度称为全齿高（齿全高），用 h 表示。

4.4.2 齿轮主要参数

（1）齿数。在齿轮整个圆周上轮齿的总数称为齿数，用 z 表示。

（2）模数。式（4－10）中含有无理数“π”，这对齿轮的计算和测量都不方便。因此，规定比值 $\frac{p}{\pi}$ 等于整数或简单的有理数，并作为计算齿轮几何尺寸的一个基本参数。这个比值称为模数，以 m 表示，单位为 mm，即 $m = \frac{p}{\pi}$。齿轮的主要几何尺寸都与 m 成正比。于是，齿轮分度圆直径 d 可表示为：

$$d = \frac{p}{\pi} z = mz \tag{4-11}$$

为了便于齿轮的互换使用和简化刀具，齿轮的模数已经标准化。我国规定的模数系列见表 4－1。

表 4－1 标准模数系列（GB/T 1357—2008）

第一系列	1	1.25	1.5	2	2.5	3	4	5	6	8	10
	12	16	20	25	32	40	50				
第二系列	1.125	1.375	1.75	2.25	2.75	3.5	4.5				
	5.5	(6.5)	7	9	(11)	14	18	22	28	36	45

注：1. 本表适用于渐开线圆柱齿轮，对斜齿轮是指法面模数；

2. 优先采用第一系列，括号内的模数尽可能不用。

（3）压力角。由前述渐开线特性知，在不同圆周上渐开线的压力角是不同的。考虑到制造、互换及承载能力等诸多因素，国家标准规定在分度圆上的压力角为20°，用α表示，称为标准压力角。

$$\alpha = \arccos(r_b/r) \tag{4-12}$$

（4）齿顶高系数和顶隙系数。h_a^* 和 c^* 分别称为齿顶高系数和顶隙系数，齿顶高和齿根高可表示为：

$$h_a = h_a^* m \tag{4-13}$$

$$h_f = (h_a^* + c^*)m \tag{4-14}$$

对于圆柱齿轮，齿顶高系数和顶隙系数标准值按正常齿制和短齿制规定为：

正常齿制：$h_a^* = 1$，$c^* = 0.25$

短齿制：$h_a^* = 0.8$，$c^* = 0.3$

综上所述，z、m、α、h_a^*、c^* 是渐开线齿轮几何尺寸设计的五个基本参数。

4.4.3 标准齿轮

若一齿轮的模数m、分度圆压力角α、齿顶高系数h_a^*、顶隙系数c^*均为标准值，且其分度圆上齿厚与齿槽宽相等，则该齿轮称为标准齿轮。因此，对于标准齿轮有：

$$s = e = \frac{p}{2} = \frac{\pi m}{2} \tag{4-15}$$

标准直齿圆柱齿轮传动的参数和几何尺寸计算公式列于表4-2中。

表4-2 标准直齿圆柱齿轮传动的参数和几何尺寸计算公式

名　称	符　号	公式与说明
齿　数	z	根据工作要求确定
模　数	m	由轮齿的承载能力确定，并按表4-1取标准值
压力角	α	$\alpha = 20°$
分度圆直径	d	$d_1 = mz_1$；$d_2 = mz_2$
齿顶高	h_a	$h_a = h_a^* m$
齿根高	h_f	$h_f = (h_a^* + c^*)m$
齿全高	h	$h = h_a + h_f$
齿顶圆直径	d_a	$d_{a1} = d_1 + 2h_a = m(z_1 + 2h_a^*)$ $d_{a2} = m(z_2 + 2h_a^*)$
齿根圆直径	d_f	$d_{f1} = d_1 - 2h_f = m(z_1 - 2h_a^* - 2c^*)$ $d_{f2} = m(z_2 - 2h_a^* - 2c^*)$
分度圆齿距	p	$p = \pi m$
基圆齿距	p_b	$p_b = p\cos\alpha = \pi m\cos\alpha$
分度圆齿厚	s	$s = \frac{1}{2}\pi m$
分度圆齿槽宽	e	$e = \frac{1}{2}\pi m$
基圆直径	d_b	$d_{b1} = d_1\cos\alpha = mz_1\cos\alpha$ $d_{b2} = mz_2\cos\alpha$

4.5 渐开线直齿圆柱齿轮的啮合特性

4.5.1 渐开线直齿圆柱齿轮正确啮合的条件

齿轮传动时，它的每一对齿仅啮合一段时间便要分离，而由后一对齿接替。由4.3节可知，一对渐开线齿轮传动时，其齿廓啮合点都应在啮合线 N_1N_2 上。如图4－8所示，当前一对齿在啮合线上的 K 点接触时，其后一对齿应在啮合线上另一点 K' 接触。这样，当前一对齿分离时，后一对齿才能不中断地接替传动。令 K_1 和 K_1' 表示轮1齿廓上的啮合点，K_2 和 K_2' 表示轮2齿廓上的啮合点。为了保证前后两对齿有可能同时在啮合线上接触，轮1相邻两齿同侧齿廓沿法线的距离 K_1K_1'，应与轮2相邻两齿同侧齿廓沿法线的距离 K_2K_2' 相等（沿法线方向的齿距称为法线齿距）。即

$$K_1K_1' = K_2K_2'$$

根据渐开线的性质，对轮2有：

$$K_2K_2' = N_2K' - N_2K = N_2i - N_2j = ij = p_{b2}$$
$$= p_2\cos\alpha_2 = \pi m_2\cos\alpha_2$$

同理，对轮1可得：

$$K_1K_1' = p_{b1} = p_1\cos\alpha_1 = \pi m_1\cos\alpha_1$$

由此可得：

$$m_1\cos\alpha_1 = m_2\cos\alpha_2 \tag{4-16}$$

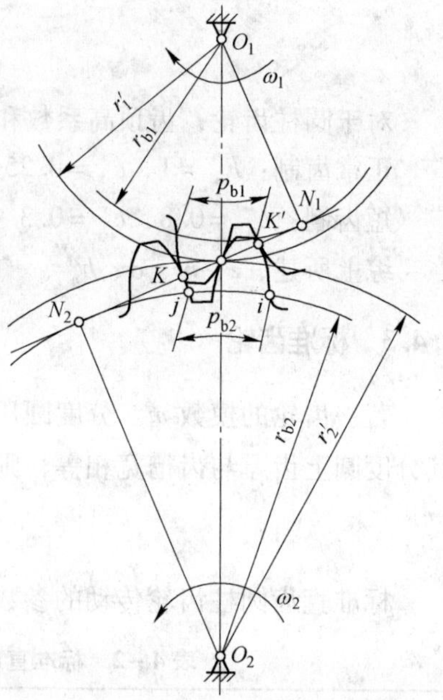

图4－8 渐开线齿轮正确啮合的条件

由于模数和压力角已经标准化，为满足式（4－16），应使

$$\begin{cases} m_1 = m_2 = m \\ \alpha_1 = \alpha_2 = \alpha \end{cases} \tag{4-17}$$

式（4－17）表明，渐开线齿直齿圆柱齿轮的正确啮合条件是：两轮的模数和压力角必须分别相等。

因此，齿轮的传动比可写成：

$$i = \frac{\omega_1}{\omega_2} = \frac{d_2'}{d_1'} = \frac{d_{b2}}{d_{b1}} = \frac{d_2}{d_1} = \frac{z_2}{z_1} \tag{4-18}$$

4.5.2 齿轮传动的标准中心距

一对齿轮传动时，齿轮节圆上的齿槽宽与另一齿轮节圆上的齿厚之差称为齿侧间隙。由前述已知，标准齿轮分度圆的齿厚和齿槽宽相等，一对正确啮合的渐开线直齿圆柱齿轮的模数相等，即

$$s_1 = e_1 = s_2 = e_2 = \frac{\pi m}{2}$$

因此，当分度圆和节圆重合时，便可满足无侧隙啮合条件。安装时使分度圆与节圆重合的一对标准齿轮的中心距称为标准中心距，用 a 表示。

$$a = r_1' + r_2' = r_1 + r_2 = \frac{m}{2}(z_1 + z_2) \tag{4-19}$$

显然，此时的啮合角 α'就等于分度圆上的压力角 α。应当指出，分度圆和压力角是单个齿轮本身所具有的，而节圆和啮合角是两个齿轮相互啮合时才出现。标准齿轮传动只有在分度圆与节圆重合时，压力角和啮合角才相等。

4.5.3 渐开线齿轮连续传动的条件

图 4-9 所示为一对相互啮合的齿轮，设轮 1 为主动轮，轮 2 为从动轮。齿廓的啮合是从主动轮 1 的齿根部推动从动轮 2 的齿顶开始，因此，从动轮齿顶圆与啮合线的交点 B_1 即为一对齿廓进入啮合的开始。随着轮 1 推动轮 2 转动，两齿廓的啮合点沿着啮合线移动。当啮合点移动到齿轮 1 的齿顶圆与啮合线的交点 B_2 时（图中虚线位置），这对齿廓啮合终止，两齿廓即将分离。故啮合线 N_1N_2 上的线段 B_1B_2 为齿廓啮合点的实际轨迹，称为实际啮合线，而线段 N_1N_2 称为理论啮合线。

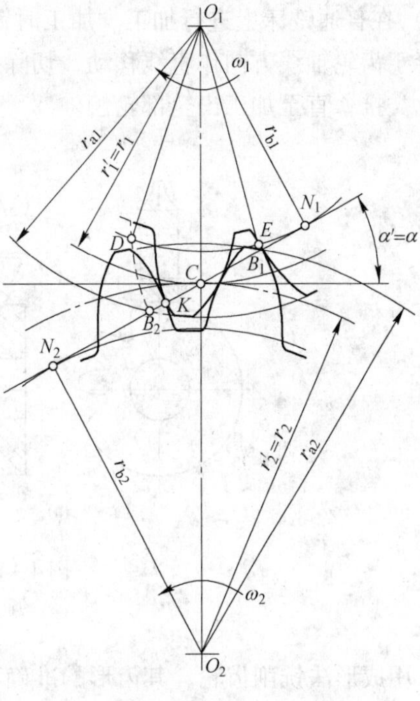

图 4-9 渐开线齿轮连续传动的条件

当一对轮齿在点 B_1 开始啮合时，前一对轮齿仍在 K 点啮合，则传动就能连续进行。由图 4-9 可见，这时实际啮合线段 B_1B_2 的长度大于齿轮的法线齿距（基圆齿距 p_b）。如果前一对轮齿已于 B_2 点脱离啮合，而后一对轮齿仍未进入啮合，则这时传动发生中断，将引起冲击。所以，保证连续传动的条件是：使实际啮合线长度大于或至少等于齿轮的法线齿距（基圆齿距 p_b）。

通常将实际啮合线长度与基圆齿距之比称为齿轮传动的重合度，用 ε 表示。因此渐开线齿轮连续传动的条件为：

$$\varepsilon = \frac{\overline{B_1B_2}}{p_b} \geqslant 1 \tag{4-20}$$

理论上当 $\varepsilon=1$ 时，就能保证一对齿轮连续传动，但考虑齿轮的制造、安装误差和啮合传动中轮齿的变形，实际上应使 $\varepsilon>1$。一般机械制造中，常使 $\varepsilon=1.1\sim1.4$。重合度越大，表示同时啮合的齿的对数越多。对于标准齿轮传动，其重合度都大于 1，故通常不必进行验算。

如图 4-10 所示，若 $\varepsilon=1.6$，则 $\overline{B_1B_2}=1.6p_b$，其中 B_1、B_2 附近 $0.6p_b$ 为双齿啮合区，节点 P 附近 $0.4p_b$ 为单齿啮合区。

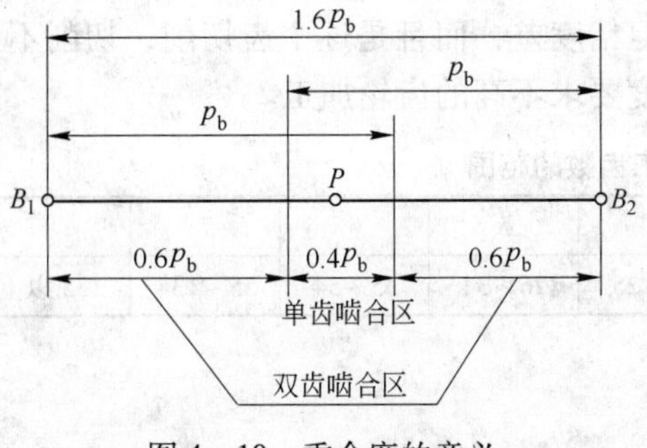

图 4-10 重合度的意义

4.6 渐开线齿轮的加工原理和根切现象

4.6.1 渐开线齿轮的加工原理

轮齿加工的基本要求是齿形准确和分齿均匀。轮齿的加工方法很多，最常用的是切削加工法，此外还有铸造法、热轧法、冷轧法、锻模法等。轮齿的切削加工方法按其原理可分为成形法和范成法两类。

4.6.1.1 成形法

成形法是用与齿轮齿槽形状相同的圆盘铣刀（见图 4－11a）或指状铣刀（见图 4－11b）在普通铣床上进行加工。加工时铣刀绕自身的轴线旋转，齿轮毛坯随机床工作台沿平行于齿轮轴线方向作直线移动，切除齿槽后，将轮坯转过 $2\pi/z$，再铣第二个齿槽，其余依此类推，直至加工出全部轮齿。

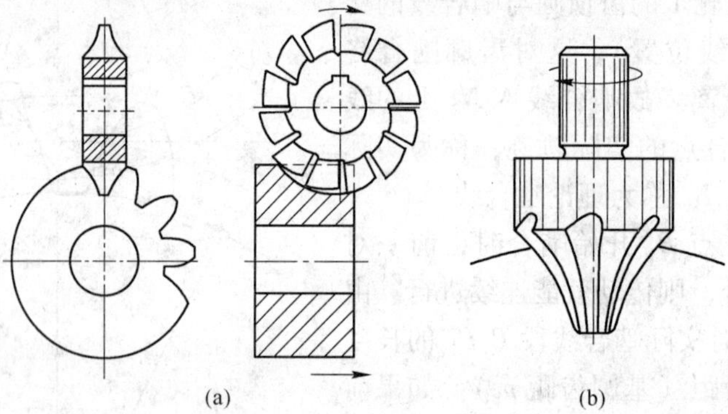

图 4－11 成形法加工齿轮
（a）圆盘铣刀；（b）指状铣刀

用成形法铣削齿轮，其齿形的准确程度是通过铣刀切削刃的形状来保证的。根据渐开线的特性可知，渐开线曲线形状取决于基圆的大小，而基圆直径则由模数、齿数和压力角决定，即 $d_b = mz\cos\alpha$。当模数一定、压力角为标准值时，不同齿数的齿轮，齿形渐开线不同。因此，要铣出正确的齿形，理论上要求在同一模数下，每一种齿数的齿轮应有一把铣刀。但实际中这是不可能的。生产实际中，为减少铣刀的品种、数量，通常一种模数只配备 8 把（铣精密齿轮配备 15 把）铣刀，每把铣刀加工一定范围齿数的齿轮，故齿形误差不可避免，致使加工精度降低。表 4－3 给出了 8 把铣刀加工齿数的范围。由上述分析可知成形法尽管加工方法简单，不需要专用机床，但精度差，而且是逐个齿切削，切削不连续，故生产率低，因此其仅适用于单件生产及精度要求不高的齿轮加工。

表 4－3 刀号及其加工齿数的范围

刀号	1	2	3	4	5	6	7	8
加工齿数的范围	12～13	14～16	17～20	21～25	26～34	35～54	55～134	135 以上

4.6.1.2 范成法

当大批量生产、要求齿轮精度较高时，常采用范成法（又称包络法或展成法）加工齿轮。这种方法是利用一对齿轮（或齿轮与齿条）相互啮合时，两轮的共轭齿廓曲线互为包络线的原理来切齿的，如图4－12所示。所以，将其中的一个齿轮（或齿条）制成刀具，加工时，除了切削和让刀运动外，刀具与齿轮齿坯之间的运动与一对相互啮合的齿轮运动完全相同。这样刀具便切削出与其共轭的渐开线齿廓了。

范成法种类很多，有插齿、滚齿、剃齿、磨齿等，其中最常用的是插齿和滚齿。

（1）插齿。图4－13所示为用齿轮插刀加工齿轮时的情形。齿轮插刀的形状和齿轮相似，其模数和压力角与被加工齿轮相同。加工时，插齿刀沿轮坯轴线方向做上下往复的切削运动；同时，机床的传动系统严格地保证插齿刀与轮坯之间的范成运动。齿轮插刀刀具顶部比正常齿高出 $c^* m$，以便切出顶隙部分。

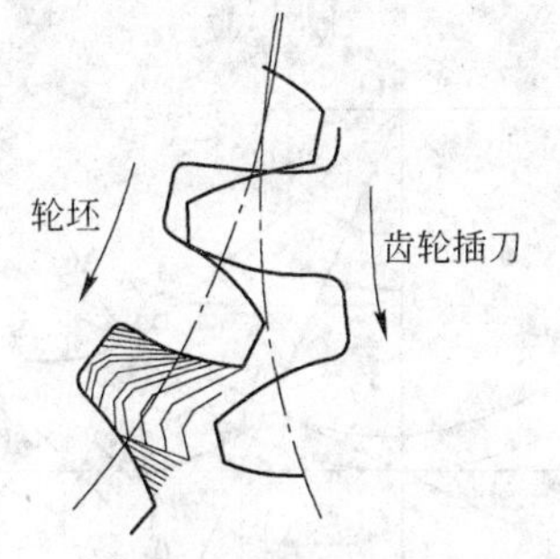

图4－12　范成法加工齿轮

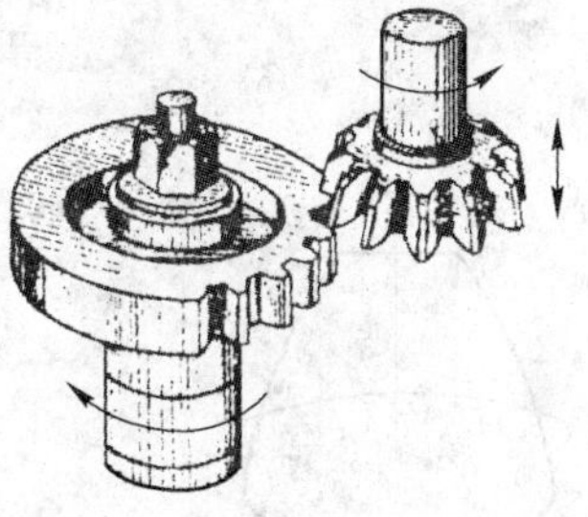

图4－13　齿轮插刀切齿

当齿轮插刀的齿数增加到无穷多时，其基圆半径变为无穷大，插刀的齿廓变成直线齿廓，齿轮插刀就变成齿条插刀。图4－14所示为齿条插刀加工轮齿的情形。

（2）滚齿。齿轮插刀和齿条插刀都只能间断地切削，生产率低。因此目前广泛采用齿轮滚刀在滚齿机上进行轮齿的加工。

滚齿加工方法基于齿轮与齿条相啮合的原理。图4－15所示为滚刀加工轮齿的情形。滚刀1的外形类似沿纵向开了沟槽的螺旋，其轴向剖面齿形与齿条相同，轮坯2又相当于与齿条相啮合的齿轮。当滚刀转动时，相当于这个假想的齿条连续地向一个方向移动，从而滚刀能按照范成原理在轮坯加工渐开线齿廓。滚刀除旋转外，还沿轮坯的轴向逐渐移动，以便切出整个齿宽。

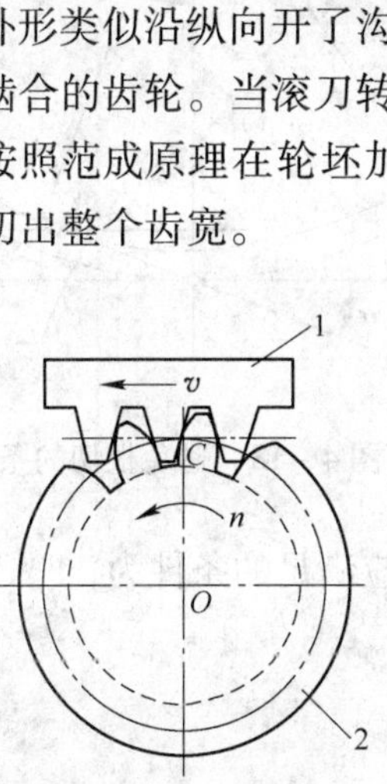

图4－14　齿条插刀加工轮齿
1—齿条插刀；2—齿轮毛坯

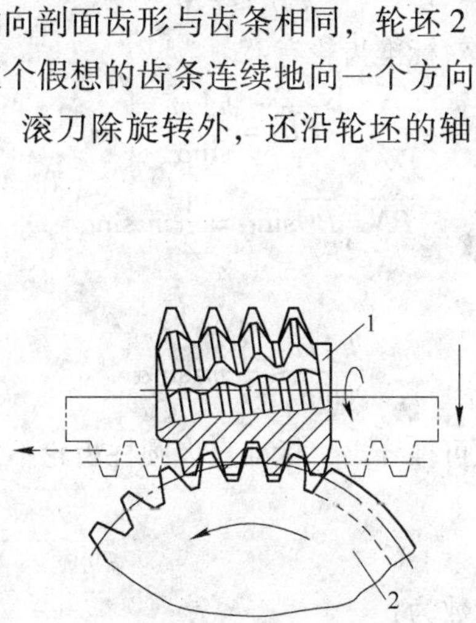

图4－15　滚刀加工轮齿
1—齿轮滚刀；2—齿轮毛坯

4.6.2 渐开线齿轮的根切现象

当用范成法加工齿轮时，如果齿轮的齿数太少，则轮坯的渐开线齿廓根部会被刀具的切削刃过多地切削掉，如图 4－16 所示，这种现象称为根切现象。被根切后的齿轮不仅削弱齿轮的抗弯强度，影响齿轮的承载能力，而且使一对齿轮的啮合过程缩短，重合度下降，传动平稳性变差。

图 4－17 所示为用齿条插刀加工齿轮时刀具顶线（不包括 $c^* m$ 部分）超过理论极限啮合点的情况，插刀刀刃在位置 1 时，表示已切出基圆以外的全部渐开线，但还没有产生根切。当轮坯再转过 φ 角，齿条刀刃相应位移 r_φ 距离后达到位置 2。此时刀刃不再与齿廓相切，而与其相交于 K 点，齿条刀刃将已切好的轮齿根部渐开线再次切掉，出现根切。

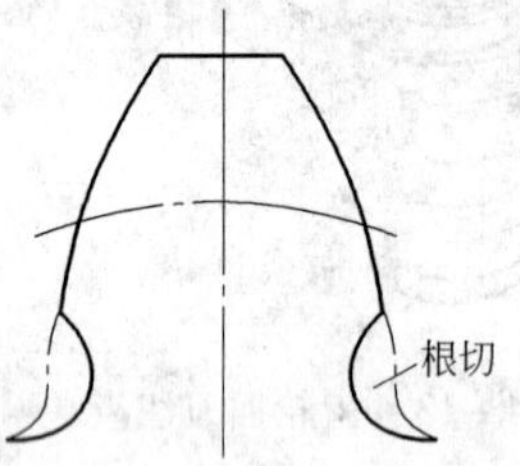

图 4－16 轮齿根切现象

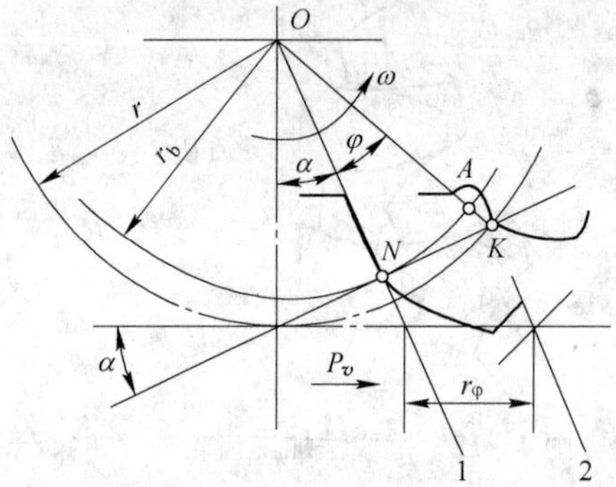

图 4－17 根切原理

由此可知，避免根切的条件是：齿条刀具的齿顶线与啮合线的交点不超过理论极限啮合点（见图 4－18），即

$$\overline{PB_2} \leqslant \overline{PN}$$

因为对标准齿轮有：

$$\overline{PB_2} = \frac{h_a^* m}{\sin\alpha}$$

$$\overline{PN} = \overline{PO}\sin\alpha = \frac{1}{2}mz\sin\alpha$$

所以

$$\frac{h_a^* m}{\sin\alpha} \leqslant \frac{1}{2}mz\sin\alpha$$

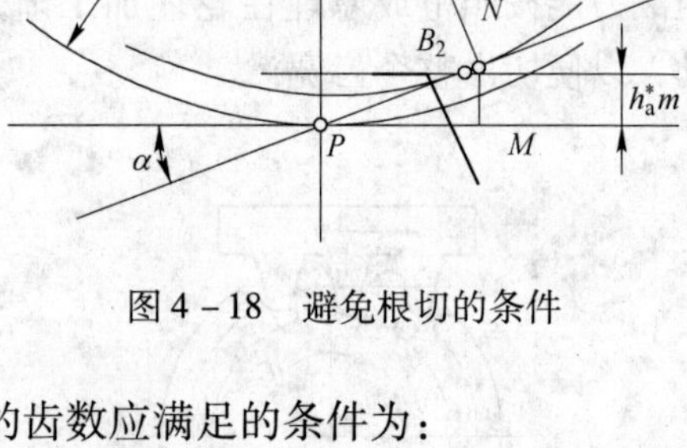

图 4－18 避免根切的条件

由此可推导出，标准直齿圆柱齿轮不发生根切的齿数应满足的条件为：

$$z \geqslant \frac{2h_a^*}{\sin^2\alpha}$$

其最少齿数为：

$$z_{\min} \geqslant \frac{2h_a^*}{\sin^2\alpha} \tag{4-21}$$

当 $\alpha=20°$、$h_a^*=1$ 时，$z_{min}=17$。

实际应用中，为了使齿轮传动装置结构紧凑，允许有少量根切，在传递功率不大时可选用 $z_{min}=14$ 的标准齿轮。当 $z<17$，不允许有根切时可采用变位齿轮。

4.7 变位齿轮及变位齿轮传动

4.7.1 变位齿轮

标准齿轮设计计算比较简单，因而得到了广泛的应用。但其存在以下几个缺点：

（1）为了避免加工时发生根切，标准齿轮的齿数必须不小于最少齿数 z_{min}；

（2）标准齿轮不适用于实际中心距 a' 不等于标准中心距 a 的场合；

（3）一对互相啮合的标准齿轮，小齿轮的强度比大齿轮低。

为了弥补这些缺点，在机械中出现了变位齿轮。

图 4-19 所示为齿条刀具用范成法加工齿轮的情况。齿条刀具上与刀具顶线平行而其齿厚等于齿槽宽的直线 nn，称为刀具的中线。中线以及与中线平行的任一直线，称为分度线。除中线外，其他分度线上的齿厚与齿槽宽不相等。

加工齿轮时，若齿条刀具的中线与轮坯的分度圆相切并做纯滚动，由于刀具中线上的齿厚与齿槽宽相等，则被加工齿轮分度圆上的齿厚与齿槽宽相等，其值为 $\frac{\pi m}{2}$，因此被加工出来的齿轮为标准齿轮（见图 4-19a）。

若刀具与轮坯的相对运动关系不变，但刀具相对轮坯中心离开或靠近一段距离 xm（见图 4-19b、c），则轮坯的分度圆不再与刀具中线相切，而是与中线以上或以下的某一分度线相切。这时与轮坯分度圆相切并做纯滚动的刀具分度线上的齿厚与齿槽宽不相等，因此被加工的齿轮在分度圆上的齿厚与齿槽宽也不相等。当刀具远离轮坯中心移动时，被加工齿轮的分度圆齿厚增大。当刀具向轮坯中心靠近时，被加工齿轮的分度圆齿厚减小。这种由于刀具相对于轮坯位置发生变化而加工出的齿轮，称为变位齿轮。齿条刀具中线相对于被加工齿轮分度圆所移动的距离，称为变位量（移距），用 xm 表示，m 为模数，x 为变位系数。刀具中线远离轮坯中心称为正变位，这时的变位系数为正数，所切出的齿轮称为正变位齿轮。刀具靠近轮坯中心称为负变位，这时的变位系数为负数，所加工出的齿轮称为负变位齿轮。

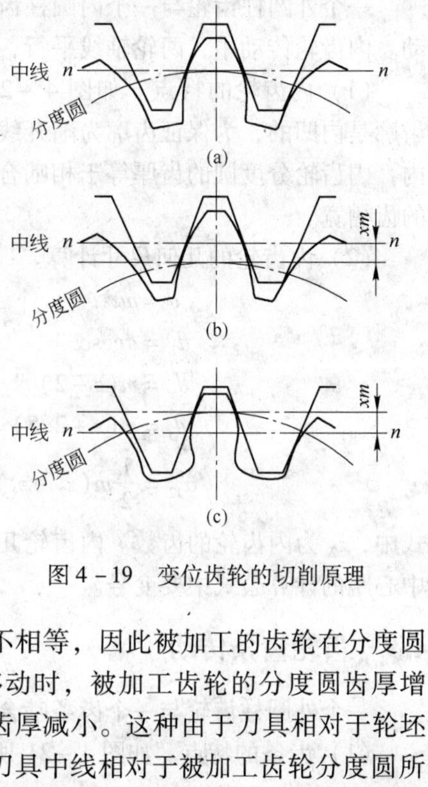

图 4-19 变位齿轮的切削原理

采用正变位齿轮可以制成齿数少于 z_{min} 而不发生根切的齿轮，采用正负变位齿轮可以实现非标准中心距的无侧隙传动，还可以使大小齿轮的抗弯能力接近相等。

4.7.2 变位齿轮传动

齿轮传动分为零传动与非零传动。

零传动是 $x_1+x_2=0$ 的齿轮传动。当 $x_1=x_2=0$ 时，即标准齿轮传动，其标准中心距 $a=m(z_1+z_2)/2$；当 $x_1=-x_2\neq0$ 而 $x_1+x_2=0$ 时，为高度变位齿轮传动。小齿轮采用正变位，可提高其抗弯能力；大齿轮采用负变位，可降低其抗弯能力，这样大小齿轮的抗弯能力趋于一致。变位后的中心距等于标准中心距，$a'=a=m(z_1+z_2)/2$，只是齿顶高与齿根高发生变化，故称为高度变位齿轮传动。

非零传动是 $x_1+x_2\neq0$ 的齿轮传动。当 $x_1+x_2>0$ 时，为正传动，变位后的中心距大于标准中心距，$a'>a=m(z_1+z_2)/2$；当 $x_1+x_2<0$ 时，为负传动，变位后的中心距小于标准中心距，$a'<a=m(z_1+z_2)/2$。非零齿轮传动可以调整中心距，由于变位后齿轮传动的啮合角发生变化，故称为角度变位齿轮传动。

4.8 内齿轮传动

一个外圆柱齿轮与一个内圆柱齿轮啮合构成一对内啮合圆柱齿轮传动，简称内齿轮传动。内齿轮传动中，两轮轴线平行，转向相同。

（1）内齿轮的特点。如图 4－20 所示，内齿轮的齿廓是内凹的，为保证齿廓为渐开线，基圆在齿顶圆之内，内齿轮分度圆的齿厚等于相啮合的外齿轮的分度圆的齿槽宽。

（2）内齿轮的几何尺寸计算。

$$d=mz$$

$$d_b=d\cos\alpha$$

$$d_a=m(z-2)$$

$$d_f=m(z+2.5)$$

$$a_{12}=\frac{1}{2}m(z_2-z_1)$$

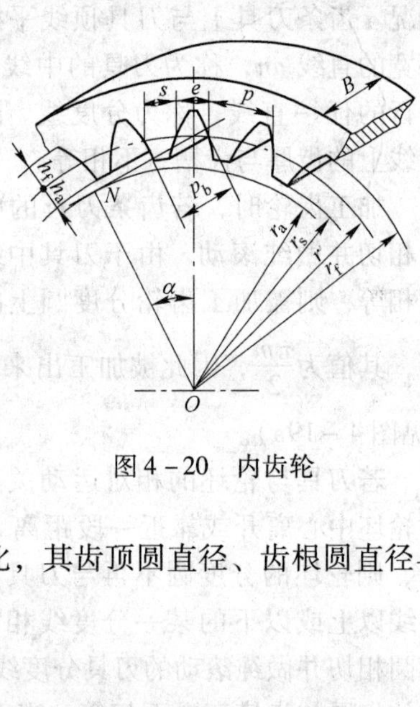

图 4－20 内齿轮

式中，z_2 为内齿轮的齿数。内齿轮几何尺寸与外齿轮相比，其齿顶圆直径、齿根圆直径与中心距的计算公式中要变号。

4.9 齿轮齿条传动

一个外圆柱齿轮与一个齿条啮合构成一对齿轮齿条传动。

（1）齿条的特点。如图 4－21 所示，齿条可以看成是齿数无穷多的齿轮的一部分，齿

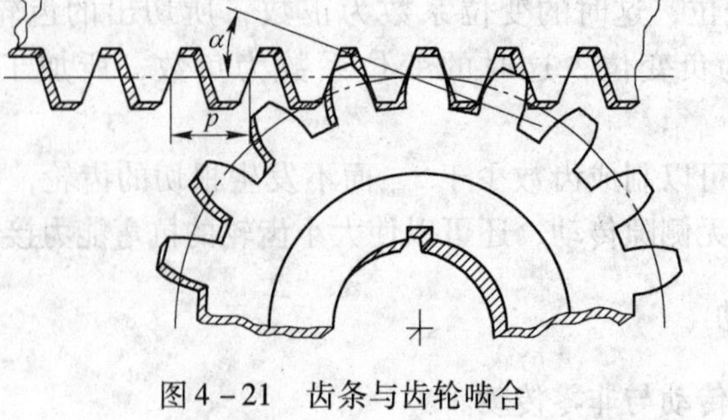

图 4－21 齿条与齿轮啮合

条的基圆直径无穷大，渐开线齿廓变成直线齿廓，同侧齿廓互相平行，齿距处处相等，和标准齿轮啮合的齿条齿廓上压力角均为20°。

（2）齿轮齿条传动的运动特性。齿轮齿条传动可实现齿轮的转动与齿条的移动间的互相转换。

$$v = \pi dn = \pi mzn \tag{4-22}$$

式中 v——齿条移动速度，mm/min；

d——齿轮的分度圆直径，mm；

n——齿轮的转速，r/min；

m——齿轮的模数，mm；

z——齿轮的齿数。

4.10 斜齿圆柱齿轮传动

一对直齿圆柱齿轮啮合时，两齿轮齿廓曲面的瞬时接触线是与轴线平行的直线，如图4-22所示。在传动过程中，一对轮齿沿着整个齿宽同时进入啮合，同时退出啮合。因此轮齿上的作用力是突然产生或突然消失。这种齿廓接触方式使得直齿圆柱齿轮传动平稳性较差。随着工业发展，要求齿轮传动有更高的承载能力和更好的传动性能，于是在直齿圆柱齿轮传动的基础上发展了斜齿圆柱齿轮。

4.10.1 斜齿圆柱齿轮的形成及啮合特性

（1）斜齿圆柱齿轮的形成。当发生线在基圆上做纯滚动时，发生线上任一点的轨迹为该圆的渐开线。而对于具有一定宽度的直齿圆柱齿轮，其齿廓侧面是发生面 S 在基圆柱上做纯滚动时，平面 S 上任一与基圆柱母线 NN 平行的直线 KK 所形成的渐开线曲面，如图4-22所示。直齿圆柱齿轮啮合时，其接触线是与轴线平行的等于齿宽的线段，因而一对齿廓沿齿宽同时进入啮合或退出啮合，容易引起冲击和噪声，传动平稳性差，不适宜用于高速齿轮传动。

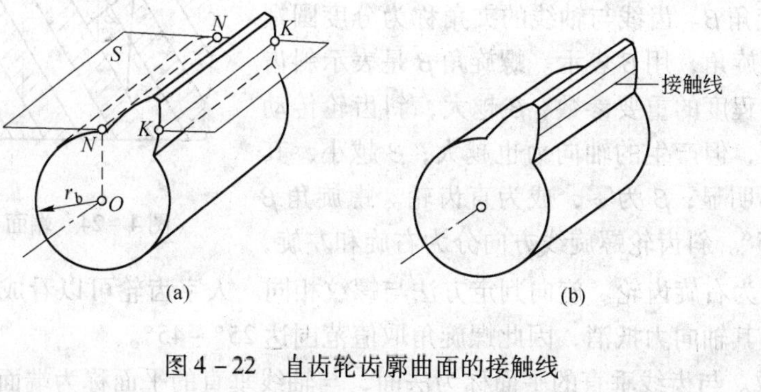

图4-22 直齿轮齿廓曲面的接触线

斜齿圆柱齿轮是发生面在基圆柱上做纯滚动时，平面 S 上直线 KK 不与基圆柱母线 NN 平行，而是与 NN 成一角度 β_b，这时斜直线 KK 的轨迹形成的是斜齿轮的齿廓曲面，KK 与基圆柱母线的夹角 β_b 称为基圆柱上的螺旋角。斜齿圆柱齿轮啮合时，其接触线都是平行

于斜直线 KK 的直线，如图 4－23 所示。因齿高有一定限制，故在两齿廓啮合过程中，接触线长度由零逐渐增长，到某一位置以后又逐渐缩短，直至脱离啮合，即斜齿轮进入接触和脱离接触都是逐渐进行的，故传动平稳、噪声小。此外，由于斜齿轮的轮齿是倾斜的，同时啮合的轮齿对数比直齿轮多，故重合度比直齿轮大。

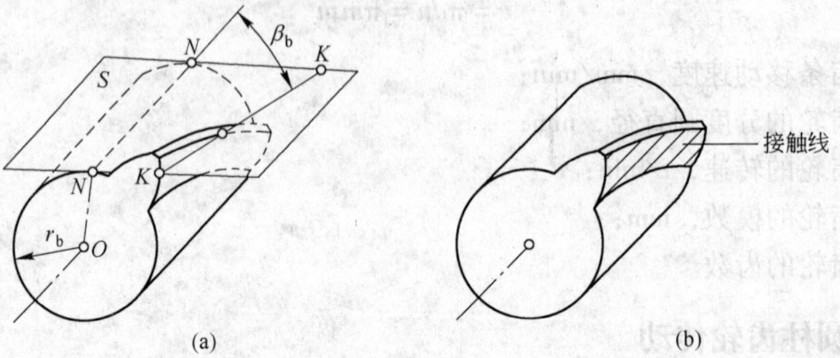

图 4－23　斜齿轮齿廓曲面的接触线

（2）斜齿圆柱齿轮的啮合特性。一对斜齿圆柱齿轮传动在啮合过程中，两轮齿廓曲面在从动轮前端面上的齿顶开始接触，瞬时接触线由零开始增长，然后又逐渐缩短，然后在后端面上靠近齿根脱离接触，如图 4－23（b）所示。这种齿廓接触方式，减小了传动的冲击和噪声，提高了传动的平稳性。与相应的直齿轮传动相比，因实际啮合线长度增加，从而使重合度增大，因此提高了齿轮的承载能力。由于斜齿圆柱齿轮的传动性能和承载能力比直齿圆柱齿轮的好，所以被广泛用于高速、重载传动中。但是，斜齿圆柱齿轮产生的轴向分力，给轴和支撑设计带来不利的影响，使其应用受到限制。

4.10.2 斜齿圆柱齿轮的主要参数及其主要尺寸

为了便于讨论，将斜齿轮沿分度圆柱面展成平面，分度圆柱面与齿廓曲面的交线（螺旋线，称为齿线）展开后为一斜直线，如图 4－24 所示。

图 4－24　端面与法面齿距

（1）螺旋角 β。齿线与轴线的夹角称为分度圆螺旋角，简称螺旋角，用 β 表示。螺旋角 β 是表示斜齿轮的齿轮倾斜程度的重要参数，β 越大，斜齿轮传动的优点越显著，但产生的轴向力也越大；β 越小，其传动优点越不明显；β 为零，成为直齿轮。螺旋角 β 一般取 8°～15°。斜齿轮螺旋线方向分为右旋和左旋，图 4－24 所示为右旋齿轮。旋向判定方法与螺纹相同。人字齿轮可以看成是两个相反旋向齿轮的组合，其轴向力抵消，因此螺旋角取值范围达 25°～45°。

（2）模数。与齿线垂直的平面称为法面，与轴线垂直的平面称为端面。端面齿距除以圆周率 π 所得的商称为端面模数，用 m_t 表示。法向（面）齿距除以圆周率 π 所得的商称为法向（面）模数，用 m_n 表示。由图 4－24 可得：

$$p_n = p_t \cos\beta \tag{4-23}$$

因为 $m_n = \frac{p_n}{\pi}$，$m_t = \frac{p_t}{\pi}$，所以：

$$m_n = m_t \cos\beta \tag{4-24}$$

（3）压力角。斜齿圆柱齿轮分度圆上在端面内的压力角称为端面压力角，用 α_t 表示。在法向（面）的压力角称为法向（面）压力角，用 α_n 表示。法向压力角 α_n 与端面压力角 α_t 有如下关系（推导从略）：

$$\tan\alpha_n = \tan\alpha_t \cos\beta \tag{4-25}$$

（4）法向齿顶高系数及法向顶隙系数。齿顶高除以法向模数的商称为法向齿顶高系数，用 h_{an}^* 表示。顶隙除以法向模数的商称为法向顶隙系数，用 c_n^* 表示。

一般情况下，斜齿轮采用铣齿和滚齿加工方法，由于进刀沿齿轮的齿线方向，所以法向模数 m_n、法向压力角 α_n、法向齿顶高系数 h_{an}^* 和法向顶隙系数 c_n^* 均为斜齿轮的基本参数，均取为标准值。

（5）当量齿轮。如图 4-25 所示，过斜齿轮齿线上任一点 c 作法平面 nn 与分度圆主交线为一椭圆。椭圆上 c 点附近的法向齿廓为一个直齿轮的齿廓。以椭圆在 c 点曲率半径 ρ 为分度圆半径，以斜齿轮的法面模数 m_n 为模数，压力角 α_n 为压力角的直齿圆柱齿轮称为该斜齿轮的当量齿轮。其齿数称为斜齿轮的当量齿数，用 z_v 表示。

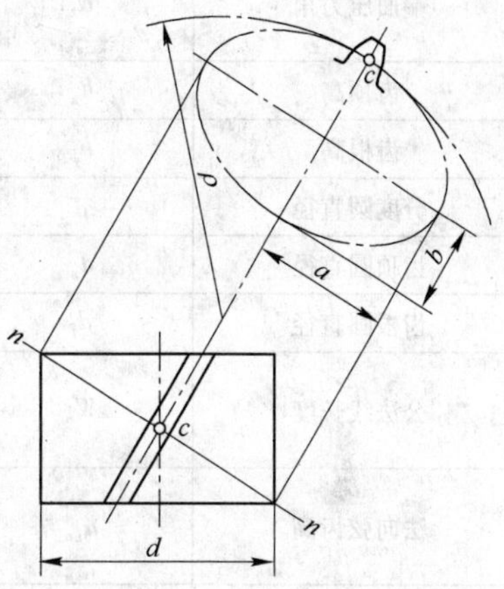

图 4-25 斜齿轮的当量齿数

由高等数学和图中几何关系可得：

椭圆长半轴 $$a = \frac{d}{2\cos\beta}$$

椭圆短半轴 $$b = \frac{d}{2}$$

曲率半径 $$\rho = \frac{a^2}{b} = \frac{d}{2\cos^2\beta}$$

当量齿轮的齿数 $$z_v = \frac{2\rho}{m_n} = \frac{d}{m_n\cos^2\beta} = \frac{m_t z}{m_n\cos^2\beta}$$

而 $$m_t = m_n / \cos\beta$$

故 $$z_v = \frac{z}{\cos^3\beta} \tag{4-26}$$

式中，z 为斜齿圆柱齿轮的实际齿数。

标准斜齿圆柱齿轮不发生根切的最少齿数 z_{min} 可用其当量齿轮的最少齿数求出：

$$z_{min} = z_{vmin}\cos^3\beta = 17\cos^3\beta \tag{4-27}$$

由此可见，斜齿轮不发生根切的最少齿数小于 17 齿，这是斜齿轮传动的优点之一。

有了上述关系后，就可以根据直齿圆柱齿轮的几何尺寸计算方法，推导出斜齿圆柱齿轮的几何尺寸计算公式，见表 4-4。

表 4－4 斜齿圆柱齿轮的几何尺寸计算公式

名 称	符 号	计 算 公 式
法向模数	m_n	由强度计算或由条件确定
端面模数	m_t	$m_t = m_n / \cos\beta$
螺旋角	β	一般取 $\beta = 8° \sim 15°$
法面压力角	α_n	$\alpha_n = 20°$
端面压力角	α_t	$\alpha_t = \arctan\left(\frac{\tan\alpha_n}{\cos\beta}\right)$
齿顶高	h_a	$h_a = h_{an}^* m \quad (h_{an}^* = 1)$
齿根高	h_f	$h_f = (h_{an}^* + c^*) m \quad (h_{an}^* = 1, c^* = 0.25)$
分度圆直径	d	$d = m_n z / \cos\beta$
齿顶圆直径	d_a	$d_a = m_n (z/\cos\beta + 2h_{an}^*)$
齿根圆直径	d_f	$d_f = m_n (z/\cos\beta - 2h_{an}^* - 2c^*)$
公法线长度	W_n	$W_n = m_n [2.9521(K - 0.5) + 0.014 z_v]$ 式中，K 为跨齿数，z_v 为被测齿轮当量齿数
法向弦齿高	$\overline{h_{an}}$	$\overline{h_{an}} = m_n \left[1 + \frac{z_v}{2}\left(1 - \cos\frac{90°}{z_v}\right)\right]$
法向弦齿厚	$\overline{S_n}$	$\overline{S_n} = m_n z_v \sin\frac{90°}{z_v}$
中心距	a	$a = \frac{d_1 + d_2}{2} = \frac{m_n (z_1 + z_2)}{2\cos\beta}$

4.10.3 斜齿圆柱齿轮正确啮合条件

斜齿圆柱齿轮传动在其端面上为一对直齿圆柱齿轮传动。因此，一对外啮合斜齿圆柱齿轮的正确啮合条件是：两齿轮的端面模数和端面压力角分别相等，且两齿轮的螺旋角大小相等、旋向相反。因端面参数不是标准值，故正确啮合的常用条件为：

$$\begin{cases} m_{n1} = m_{n2} = m_n \\ \alpha_{n1} = \alpha_{n2} = \alpha_n \\ \beta_1 = -\beta_2 \end{cases} \tag{4-28}$$

式中，"－" 表示旋向相反。

若满足前两项，不满足第三项，即 $\beta_1 \neq -\beta_2$ 时，则成为交错轴圆柱齿轮传动。

4.11 直齿圆锥齿轮传动

如图 4－26 所示，轮齿分布在圆锥面上、分度曲面为圆锥面的齿轮称为圆锥齿轮。其轮齿从大端到小端逐渐减小。本节只讨论直齿圆锥齿轮传动。与直齿圆柱齿轮相对应，圆锥齿轮有分度圆锥、齿顶圆锥、齿根圆锥。它们的锥角分别为分锥角 δ、顶锥角 δ_a 和根锥角 δ_f。此外还有背锥，它是位于轮齿大端，与分度圆锥同一轴线，两圆锥母线相互垂直的圆锥。圆锥齿轮传动的两轴线交角称为轴交角，用 Σ 表示。常用的轴交角 $\Sigma = 90°$。一对

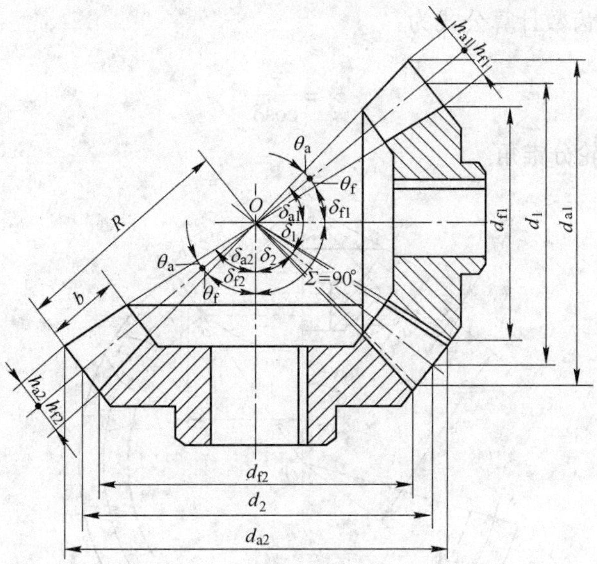

图4－26 圆锥齿轮传动

圆锥齿轮传动相当于一对节圆锥做纯滚动。标准圆锥齿轮在正确安装的条件下，节圆锥与分度圆锥重合。

4.11.1 直齿圆锥齿轮的主要参数

圆锥齿轮的轮齿有大、小端，通常以其大端几何尺寸作为标准，以便于确定传动的外形尺寸。其主要参数也取大端为标准值。

（1）基本参数。

1）模数 m：标准值见表4－5（摘自 GB 12368—1990）；

2）齿数 z；

3）压力角 α：国标规定 $\alpha=20°$；

4）齿顶系数 h_a^* 和顶隙系数 c^*：正常齿制 $h_a^*=1$，$c^*=0.2$。

表4－5 锥齿轮模数系列 mm

1.25	1.5	1.75	2	2.25	2.5	2.75	3	3.25	3.5	3.75
4	4.5	5	5.5	6	6.5	7	8	9	10	11

（2）当量齿数。直齿圆锥齿轮的齿廓理论上是球面渐开线，但为了设计制造的方便，实际上用背锥上的渐开线代替球面渐开线。以背锥的母线长作为分度圆半径，以圆锥齿轮大端模数为模数，压力角20°为压力角的直齿圆柱齿轮称为相应直齿圆锥齿轮的当量齿轮。当量齿轮的齿廓与直齿圆锥齿轮大端齿廓近似相同，其齿数称为直齿圆锥齿轮的当量齿数，用 z_v 表示。由图4－27可得当量齿轮的分度圆半径：

$$r_v=\frac{r}{\cos\delta}=\frac{mz}{2\cos\delta}$$

又 $r_v = \frac{m}{2} z_v$，故当量齿数计算公式为：

$$z_v = \frac{z}{\cos\delta} \tag{4-29}$$

式中　δ——圆锥齿轮分锥角。

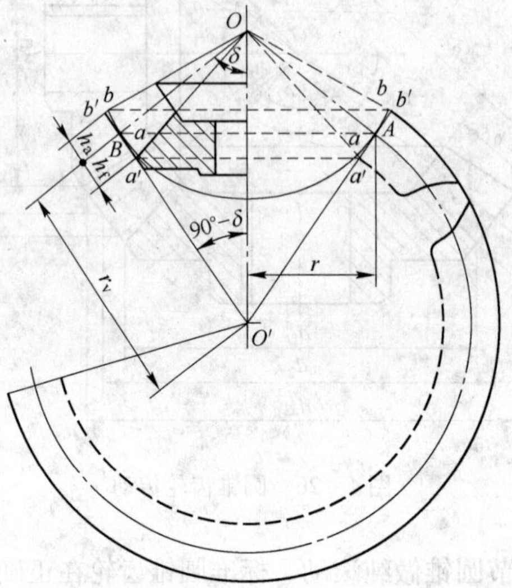

图 4－27　圆锥齿轮的背锥和当量齿数

当量齿数 z_v 是圆锥齿轮的重要参数，其意义在于：就大端齿形和大端承载能力而言，齿数为 z 的直齿圆锥齿轮与同模数、同压力角、齿数为 z_v 的直齿圆柱齿轮相当。式（4－29）计算出的 z_v 值一般不是整数，也无需取整。用成形法加工圆锥齿轮，按 z_v 值选择刀号。对于正常齿制的圆锥齿轮，不产生根切的最少齿数，按 $z_{min} = 17\cos\delta$ 计算，并取整。

4.11.2　直齿圆锥齿轮的几何尺寸计算

如图 4－26 所示，圆锥齿轮的基本尺寸计算公式见表 4－6。

表 4－6　圆锥齿轮的基本尺寸计算

名　称	符　号	计算公式	
		小齿轮	大齿轮
分度圆锥角	δ	$\cot\delta_1 = i$	$\tan\delta_2 = i$
分度圆直径	d	$d_1 = mz_1$	$d_2 = mz_2$
齿顶高	h_a	$h_a = h_a^* m = m$　$(h_a^* = 1)$	
齿根高	h_f	$h_f = (h_a^* + c^*)m = 1.2m$　$(c^* = 0.2)$	
齿　高	h	$h = h_a + h_f = 2.2m$	
锥　距	R	$R = \frac{d_1}{2\sin\delta_1} = \frac{d_2}{2\sin\delta_2} = \frac{m}{2}\sqrt{z_1^2 + z_2^2}$	
齿顶角	θ_a	$\tan\theta_a = \frac{h_a}{R}$	
齿根角	θ_f	$\tan\theta_f = \frac{h_f}{R}$	

续表 4－6

名　称	符　号	计算公式	
		小齿轮	大齿轮
顶锥角	δ_a	$\delta_{a1} = \delta_1 + \theta_a$	$\delta_{a2} = \delta_2 + \theta_a$
根锥角	δ_f	$\delta_{f1} = \delta_1 - \delta_f$	$\delta_{f2} = \delta_2 - \delta_f$
齿顶圆直径	d_a	$d_{a1} = d_1 + 2h_a\cos\delta_1$	$d_{a2} = d_2 + 2h_a\cos\delta_2$
齿根圆直径	d_f	$d_{f1} = d_1 - 2h_f\cos\delta_1$	$h_{f2} = d_1 - 2h_f\cos\delta_2$
齿　宽	b	$b = \psi_R R$ 式中，ψ_R 为齿宽系数	

4.11.3　直齿圆锥齿轮正确啮合条件和传动比

（1）正确啮合条件。两轮大端的模数和压力角应分别相等。即

$$\begin{cases} m_1 = m_2 = m \\ \alpha_1 = \alpha_2 = \alpha \end{cases} \tag{4-30}$$

（2）传动比。当 $\Sigma = 90°$，由图 4－26 可得传动比为：

$$i_{12} = \frac{n_1}{n_2} = \frac{z_2}{z_1} = \frac{r_2}{r_1} = \cot\delta_1 = \tan\delta_2 \tag{4-31}$$

式中　δ_1——主动轮 1 的分锥角；

δ_2——从动轮 2 的分锥角。

4.12　齿轮传动的精度等级

渐开线圆柱齿轮传动以及圆锥齿轮传动的制造标准中，规定了 12 个精度等级，其中 1 级精度最高，12 级精度最低。根据对运动准确性、工作平稳性以及载荷分布均匀性的不同要求，圆柱齿轮的每个精度等级的各项公差相应分成三个公差组：第Ⅰ公差组、第Ⅱ公差组、第Ⅲ公差组。圆锥齿轮的每个精度等级由运动精度、工作平稳精度以及接触精度三项内容组成。齿轮传动的精度等级标准中还规定了齿厚公差等。

齿轮加工方法及齿轮的精度等级的关系可见表 4－7，第Ⅱ组精度等级及齿轮速度的关系可见表 4－8。

表 4－7　齿轮加工方法及齿轮的精度等级

精度等级	5 级	6 级	7 级	8 级	9 级	10 级
加工方法	在周期性误差非常小的精密齿轮机床上范成加工	在高精度齿轮机床上范成加工	在高精度齿轮机床上范成加工	用范成法或仿形法加工	用任意方法加工	
齿面最终精加工	精密磨齿，大型齿轮精密滚齿后，再研磨或剃齿	精密磨齿或剃齿	不淬火的齿轮推荐用高精度的刀具切制。淬火的齿轮需要精加工（磨齿、剃齿、研齿、珩磨）	不磨齿，必要时剃齿或研磨	不需要精加工	
齿面粗糙度 R_a/μm	0.8	0.8	1.6	3.2～6.3	12.5	25

表4-8 第Ⅱ组精度等级及齿轮速度

齿轮种类	齿面硬度（HBS）	第Ⅱ组精度等级					
		5	6	7	8	9	10
		圆周速度/m·s⁻¹					
直齿	≤350	>12	≤18	≤12	≤6	≤4	≤1
	>350	>10	≤15	≤10	≤5	≤3	≤1
斜齿	≤350	>25	≤36	≤25	≤12	≤8	≤2
	>350	>20	≤30	≤20	≤9	≤6	≤1.5

小 结

（1）齿轮传动的特点和类型。齿轮传动是机械传动中应用最早的传动机构之一，被广泛地应用于传递空间任意两轴间的运动和动力。

按照齿轮轮齿的齿廓曲线形状，齿轮传动可分为渐开线齿轮传动、摆线齿轮传动和圆弧齿轮传动等，其中渐开线齿轮传动应用最为广泛。

通过本章学习，应掌握齿轮传动的特点，特别是瞬时传动比恒定的特点。重点掌握齿轮传动按轴线几何位置不同的分类。标准直齿外啮合圆柱齿轮传动为本章的基础。

（2）齿廓啮合基本定律。一对齿轮的传动是由主动轮轮齿的齿廓推动从动轮轮齿的齿廓来实现的。齿廓啮合基本定律是反映齿廓形状与瞬时传动比关系的定律。

通过本章学习，应掌握渐开线齿轮传动的性质，瞬时传动比恒定基于节点为定点，传动的可分离性基于瞬时传动比为基圆直径的反比。掌握渐开线的形成和渐开线的性质。掌握四线合一的特点，即渐开线齿轮传动的基圆为公切线又是啮合点齿廓的公法线，又是啮合线，又是法向作用力方向线。

单个齿轮无节点、节圆、啮合角。

（3）渐开线直齿圆柱齿轮正确啮合的条件。通过本章学习，应掌握渐开线直齿圆柱齿轮、斜齿圆柱齿轮、圆锥齿轮的正确啮合条件。

（4）齿轮传动的标准中心距。当分度圆和节圆重合时，便可满足无侧隙啮合条件。安装时使分度圆与节圆重合的一对标准齿轮的中心距称为标准中心距。

（5）渐开线齿轮连续传动的条件。保证连续传动的条件是：使实际啮合线长度大于或至少等于齿轮的法线齿距（基圆齿距 p_b）。掌握重合度的概念。

（6）齿轮传动的几何尺寸计算。以渐开线直齿圆柱齿轮传动几何尺寸为基础，了解斜齿圆柱齿轮传动法面模数和端面模数的关系。

习 题

4-1 齿轮传动的基本要求是什么？渐开线有哪些特性？为什么渐开线齿轮能满足齿廓啮合基本定律？

4-2 解释下列名词：分度圆、节圆、基圆、压力角、啮合角、啮合线、重合度。

4-3 在什么条件下分度圆与节圆重合？在什么条件下压力角与啮合角相等？

4-4 渐开线齿轮正确啮合与连续传动的条件是什么？

4-5 为什么要限制最少齿数？对于 $\alpha=20°$、正常齿制直齿圆柱齿轮的 z_{min} 等于多少？

4-6 若测得一正常齿制标准直齿圆柱齿轮的齿顶圆直径 $d_a=120mm$，齿数 $z=22$。试确定该齿轮的模数 m、分度圆直径 d 和基圆直径 d_b。

4-7 一对标准直齿圆柱齿轮传动，其模数 $m=2mm$，$\alpha=20°$，$z_1=20$，$z_2=40$，如安装中心距为61mm，问是否属于标准安装？此时其节圆半径 r_1'、r_2' 各为多少？是否与分度圆一样大？其啮合角 α' 等于多少？

4-8 一渐开线标准直齿圆柱齿轮的齿数 $z=30$，模数 $m=4mm$，齿顶高系数 $h_a^*=1$，压力角 $\alpha=20°$。求齿廓在分度圆上的曲率半径 ρ。

4-9 一对轴交角 $\Sigma=90°$ 的直齿圆锥齿轮传动，已知 $m=2.5mm$，$z_1=32$，$z_2=60$。试计算分度圆锥角 δ_1、δ_2，分度圆直径 d_1、d_2，锥距 R 和当量齿数 z_{v1}、z_{v2}。

4-10 有一闭式直齿圆锥齿轮传动，已知 $z_1=16$，$P_1=7.5kW$，$n_1=970r/min$，$i=2.7$，电动机驱动，长期双向运转，载荷为中等冲击，要求结构紧凑。试设计此传动。

4-11 齿轮精度主要有哪几项要求？

4-12 为修配两个损坏的标准直齿圆柱齿轮，现测得齿轮1的参数为：$h=4.5mm$，$d_a=44mm$，齿轮2的参数为：$p=6.28mm$，$d_a=162mm$。试计算两齿轮的模数 m 和齿数 z。

4-13 若已知一对标准安装的直齿圆柱齿轮的中心距 $a=188mm$，传动比 $i=3.5$，小齿轮齿数 $z_1=21$，试求这对齿轮的 m、d_1、d_2、d_{a1}、d_{a2}、d_{f1}、d_{f2}、p。

4-14 一标准渐开线直齿圆柱齿轮，$m=2mm$，$z=20$，$\alpha=20°$，求其基圆半径及齿顶圆处渐开线的压力角。

4-15 试根据渐开线特性说明一对模数相等，压力角相等，但齿数不等的渐开线标准直齿圆柱齿轮，其分度圆齿厚、齿顶圆齿厚和齿根圆齿厚是否相等？如果不等，哪一个较大？

4-16 已知一正常齿制标准外啮合直齿圆柱齿轮传动：$\alpha=20°$，$m=5mm$，$z_1=19$，$z_2=42$，试求其重合度 ε，并绘出单齿及双齿啮合区；如果将其中心距 a 加大直至刚好连续传动，试求啮合角 α' 及此时的中心距 a'。

5 轮 系

5.1 轮系概述

齿轮机构是应用最广的传动机构之一。如果用一对普通的齿轮传动实现大传动比的传动，不仅机构外廓尺寸庞大，而且大小齿轮直径相差悬殊，使小齿轮易磨损，大齿轮的工作能力不能充分发挥。为了在一台机器上获得很大的传动比，或是获得不同转速，常常采用一系列的齿轮组成传动机构，这种由一系列啮合齿轮组成的传动系统称为轮系。采用轮系，可避免上述采用一对普通齿轮的缺点，而且使结构较为紧凑。

5.1.1 轮系的分类

一般轮系可分为定轴轮系（见图 5－1）、周转轮系（见图 5－2）和混合轮系（见图 5－3）。

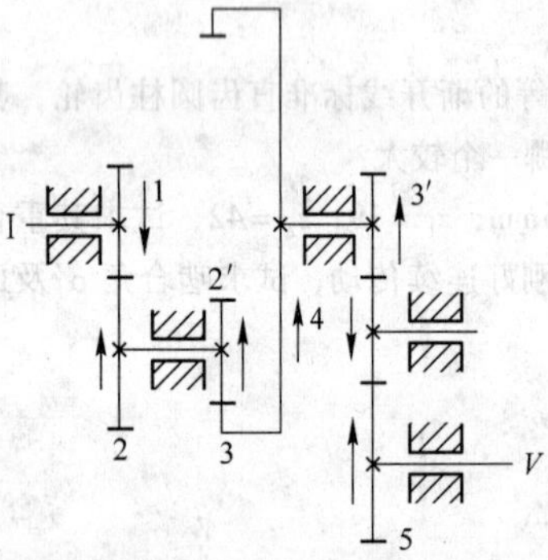

图 5－1　定轴轮系

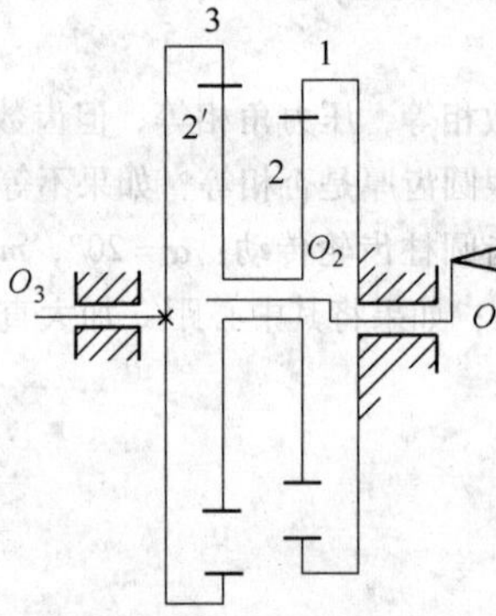

图 5－2　周转轮系

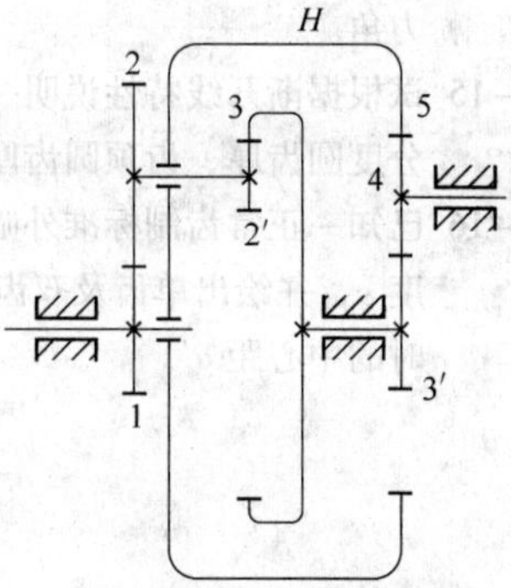

图 5－3　混合轮系

（1）定轴轮系——轮系中所有齿轮的几何轴线都是固定的。若轮系中所有齿轮的几何轴线都是平行的定轴轮系，称为平面定轴轮系，如图 5－1 所示。若轮系中所有齿轮的几何轴线不都是平行的定轴轮系，如含有锥齿轮传动、蜗杆传动的定轴轮系，称为空间定轴轮系。

（2）周转轮系——轮系中，至少有一个齿轮的几何轴线是绕另一个齿轮几何轴线转动的。如图 5－2 中，齿轮 2—2′的轴线 O_2 是绕齿轮 1 的固定轴线 O_1 转动的。轴线不动的齿轮称为中心轮，如图中齿轮 1 和 3；轴线转动的齿轮称为行星轮，如图中齿轮 2 和 2′；作为行星轮轴线的构件称为系杆，如图中的转柄 H。通过在整个轮系上加上一个与系杆旋转方向相反的大小相同的角速度（反转法），可以把周转轮系转化成定轴轮系。

（3）混合轮系——由几个基本周转轮系或由定轴轮系和周转轮系组成。如图 5－3 所示的组合轮系包括周转轮系（由齿轮1、2、2′、3、转臂H组成）和定轴轮系（由齿轮3′、4、5组成）。当轮系无法简化成一个定轴轮系时，称它为混合轮系。如图5-3中，由于齿轮1和齿轮4的几何轴线不共线，且齿轮2—2′的轴线绕齿轮1的几何轴线转动，因此该轮系为混合轮系。

5.1.2　轮系的传动比

轮系的传动比为轮系中输入轴与输出轴的角速度（或转速）之比。传动比的确定包括计算传动比的大小和确定输入轴和输出轴的转向。

通常，传动比用i表示，对轴a和轴b的平均传动比（瞬时传动比）可表示为：

$$i_{ab}=\frac{n_a}{n_b}=\frac{\omega_a}{\omega_b} \tag{5-1}$$

一对相啮合的齿轮，在同一时间内转过的齿数是相同的，因此有：

$$n_a z_a = n_b z_b \tag{5-2}$$

式中　n_a，n_b——两齿轮的转速；

z_a，z_b——两齿轮的齿数。

因此，一对相互啮合的齿轮的传动比又可以写成：

$$i_{ab}=\frac{n_a}{n_b}=\frac{z_b}{z_a} \tag{5-3}$$

5.1.3　从动轮转动方向

5.1.3.1　箭头表示

轴或齿轮的转向一般用箭头表示。如图5-4所示，当轴线垂直于纸面时，点表示背离纸面（见图5-4a），叉表示指向纸面（见图5-4b）。当轴线在纸面内（或平行于纸面）时，用箭头表示轴或齿轮的转动方向，如图5-5所示。

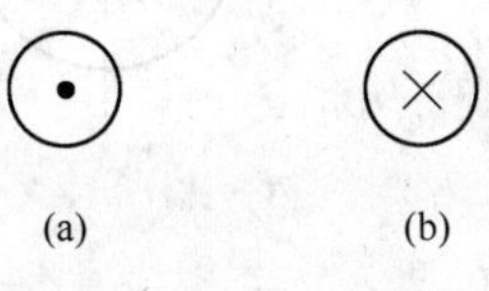

图5-4　轴线与纸面垂直时的转向表示方法

（a）背离纸面；（b）指向纸面

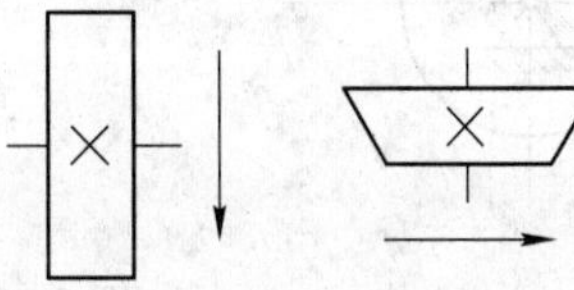

图5-5　轴线在纸面内（或平行于纸面）时的转向表示方法

5.1.3.2　符号表示

当两轴或齿轮的轴线平行时，可以用正号“+”或负号“-”表示两轴或齿轮的转向相同或相反（正号可以省略不写），并直接标注在传动比的公式中。例如，$i_{ab}=10$，表明轴a和轴b的转向相同，转速比为10。又如，$i_{ab}=-5$，表明轴a和轴b的转向相反，转速比为5。

符号表示法在平行轴的轮系中经常用到。由于一对内啮合齿轮的转向相同，因此它们的传动比取“+”。而一对外啮合齿轮的转向相反，因此它们的传动比取“-”。因此，两轴或齿轮的转向相同与否，由它们所处轮系的外啮合次数而定。外啮合次数为奇数时，主、从动轮转向相反；外啮合次数为偶数时，主、从动轮转向相同。

符号表示法不能用于判断轴线不平行的从动轮的转向。

5.1.3.3 判断从动轮转向的几个要点

(1) 内啮合的圆柱齿轮的转向相同。

(2) 外啮合的圆柱齿轮或圆锥齿轮的转动方向或同时指向啮合点，或同时指离啮合点。图 5-6 所示为圆柱或圆锥齿轮转向关系的几种情况。

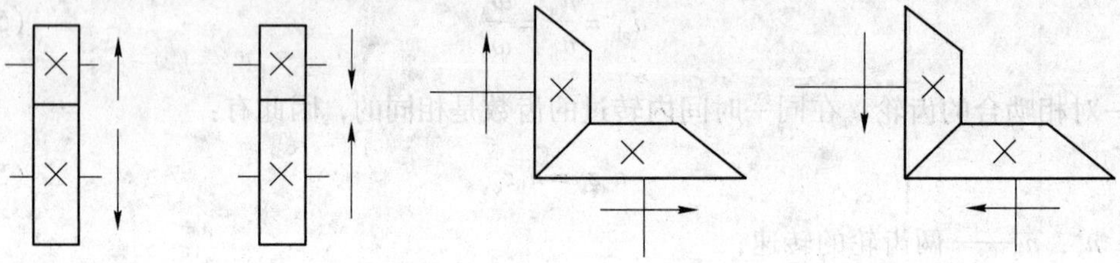

(a) (b)

图 5-6 齿轮转动方向间的关系

(a) 圆柱齿轮转向关系；(b) 圆锥齿轮转向关系

(3) 蜗杆蜗轮的转向的速度矢量之和必定与螺旋线垂直。可用主动蜗杆左右手定则判断蜗杆蜗轮转向，即用手握住主动蜗杆，左旋左手、右旋右手，四指指向为蜗杆的转向，拇指的指向的反方向为蜗轮在啮合点的转动方向（见图 5-7）。

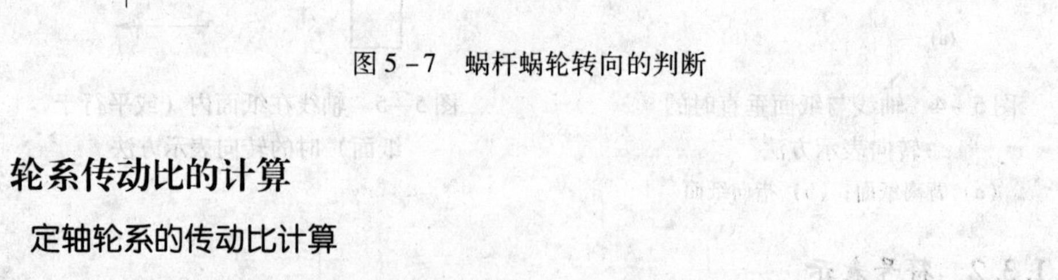

图 5-7 蜗杆蜗轮转向的判断

5.2 轮系传动比的计算

5.2.1 定轴轮系的传动比计算

已知平面定轴轮系各齿轮的齿数，利用式（5-3）可以一步步地通过计算每对啮合齿轮的传动比，得到所求的两轴间的传动比为：

$$i_{1N}=\frac{n_1}{n_N}=(-1)^m\frac{\text{两轴间所有从动轮齿数的连乘积}}{\text{两轴间所有主动轮齿数的连乘积}} \tag{5-4}$$

式中，指数 m 为轮系中所有外啮合齿轮的对数。$(-1)^m$ 用来判断首末两轮的转向是否相同，其为正，则首末两轮的转向相同，其为负，则首末两轮的转向相反。

证明：因为

$$i_{1N}=\frac{n_1}{n_N}=\frac{n_1}{n_2}\frac{n_2}{n_3}\cdots\frac{n_{N-1}}{n_N}$$

又从式（5-3）可知：

$$\frac{n_1}{n_2}=\frac{\text{轴 2 的从动轮齿数}}{\text{轴 1 的主动轮齿数}}$$

$$\frac{n_2}{n_3}=\frac{\text{轴 3 的从动轮齿数}}{\text{轴 2 的主动轮齿数}}$$

$$\vdots$$

$$\frac{n_{N-1}}{n_N}=\frac{\text{轴 }N\text{ 的从动轮齿数}}{\text{轴 }N-1\text{ 的主动轮齿数}}$$

将上面得到的各传动比代入，并考虑外啮合次数可得式（5-4）。

【例 5-1】 已知图 5-1 所示的平面定轴轮系中各齿轮齿数为 $z_1=22$、$z_2=25$、$z_{2'}=20$、$z_3=132$、$z_{3'}=20$、$z_5=28$，$n_1=1450\text{r/min}$，试计算 n_5，并判断其转动方向。

解： 因为齿轮 1、2′、3′、4 为主动轮，齿轮 2、3、4、5 为从动轮，共有 3 次外啮合。得：

$$i_{15}=\frac{n_1}{n_5}=(-1)^3\frac{z_2z_3z_4z_5}{z_1z_{2'}z_{3'}z_4}=-\frac{25\times132\times28}{22\times20\times20}=-10.5$$

所以
$$n_5=\frac{n_1}{i}=\frac{1450}{10.5}=138.1\text{r/min}$$

因传动比为负，故轮 5 转向与轮 1 相反（如图 5-1 所示）。

从上例中可以看出：由于齿轮 4 既是主动轮，又是从动轮，因此在计算中并未用到它的具体齿数值。在轮系中，这种在啮合齿轮之间（如图 5-1 中所示的轮 3 与轮 5）加入的齿轮（如图 5-1 中所示的轮 4）称为惰轮。惰轮虽然不影响传动比的大小，但它可影响首末轮间的转向关系。若啮合的惰轮为奇数，则末轮的转向与首轮的相同，若啮合的惰轮为偶数，则末轮的转向与首轮的相反。利用惰轮还可以改变齿轮的排列位置和距离。

空间定轴轮系传动比如式（5-5）所示：

$$i_{1N}=\frac{n_1}{n_N}=\frac{\text{两轴间所有从动轮齿数的连乘积}}{\text{两轴间所有主动轮齿数的连乘积}}\tag{5-5}$$

末轮的转向由箭头法判断。

5.2.2 周转轮系的传动比计算

当周转轮系的两个中心轮都能转动，自由度为 2 时称为差动轮系，如图 5-8（a）所示。若固定住其中一个中心轮，轮系的自由度为1时，称为行星轮系，如图5-8（b）所示。

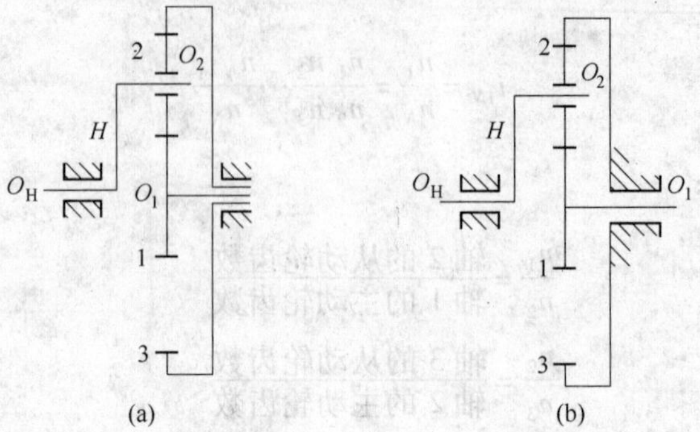

图5-8 周转轮系的类型

（a）差动轮系；（b）行星轮系

由于周转运动是兼有自转和公转的复杂运动，因此分析周转运动时，需要通过在整个轮系上加上一个与系杆 H 旋转方向相反但大小相等的角速度 $-n_H$，把周转轮系转化成定轴轮系。对这一转化后的轮系（称为周转轮系的转化机构），可以使用定轴轮系的传动比计算公式（5-4）。因此，周转轮系的转化机构的传动比可以写成：

$$i_{1N}^{H}=\frac{n_1-n_H}{n_N-n_H}=(-1)^m\frac{\text{两轴间所有从动轮齿数的连乘积}}{\text{两轴间所有主动轮齿数的连乘积}} \tag{5-6}$$

【例5-2】 如图5-8（a）所示，已知 $n_3=200\text{r/min}$，$z_1=20$，$z_2=25$，$z_3=80$，试计算图示的差动轮系中系杆 H 的转速 n_H。

解：将各已知量代入式（5-6）有：

$$i_{13}^{H}=\frac{n_1-n_H}{n_3-n_H}=(-1)^1\frac{z_3}{z_1}=(-1)^1\times\frac{80}{20}=-4$$

$$\frac{0-n_H}{200-n_H}=-4$$

得 $n_H=160\text{r/min}$

式中，正号表明 n_H 的转向与 n_3 的相同。

需要指出：周转轮系的传动比计算一般适用于平行轮系，在一些特殊情况下才能用于空间轮系。

【例5-3】 图5-9所示为组合机床动力滑台中使用的差动轮系，已知：$z_1=20$、$z_2=24$、$z_{2'}=20$、$z_3=24$，转臂 H 沿图示方向的转速为16.5r/min。欲使轮1的转速为940r/min，并分别沿图示方向或逆图示方向回转，求轮3的转速和转向。

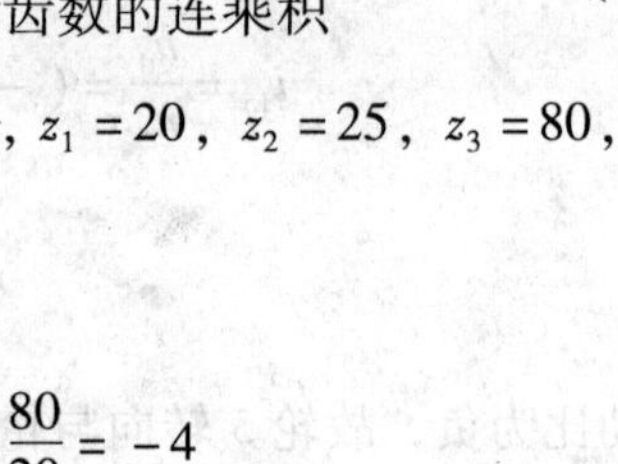

图5-9 机床动力滑台差动轮系

解：（1）当转臂 H 与轮1均为图示方向回转时，将 $n_H=16.5\text{r/min}$，$n_1=940\text{r/min}$ 代入式（5-

5）中有：

$$i_{13}^{H}=\frac{n_1-n_H}{n_3-n_H}=\frac{940-16.5}{n_3-16.5}=(-1)^2\frac{z_2\times z_3}{z_1\times z_{2'}}=\frac{36}{25}$$

解得
$$n_3=657.82\text{r/min}$$

轮3为图示转臂 H 方向回转。

（2）当转臂 H 为图示方向回转，轮1为逆图示方向回转时，将 $n_H=16.5\text{r/min}$，$n_1=-940\text{r/min}$ 代入式（5-5）中有：

$$i_{13}^{H}=\frac{n_1-n_H}{n_3-n_H}=\frac{-940-16.5}{n_3-16.5}=(-1)^2\frac{z_2\times z_3}{z_1\times z_{2'}}=\frac{36}{25}$$

解得
$$n_3=-647.74\text{r/min}$$

轮3为逆图示转臂 H 方向回转。

【例5-4】 图5-10所示为一搅拌器中使用的一齿差行星减速器，其中内齿轮2固定不动，动力从偏心轴 H 输入，而行星轮的转动则通过十字滑块联轴器4从轴3输出。已知 $z_1=99$，$z_2=100$，试求 i_{H3}。

解： 因 $n_2=0$，由式（5-5）可写出：

$$i_{12}^{H}=\frac{n_1-n_H}{0-n_H}=\frac{z_2}{z_1}=\frac{100}{99}$$

故

$$n_1=\left(1-\frac{100}{99}\right)n_H=-\frac{1}{99}n_H$$

又因为 $n_1=n_3$，从而有：

$$i_{H3}=\frac{n_H}{n_3}=\frac{n_H}{n_1}=-99$$

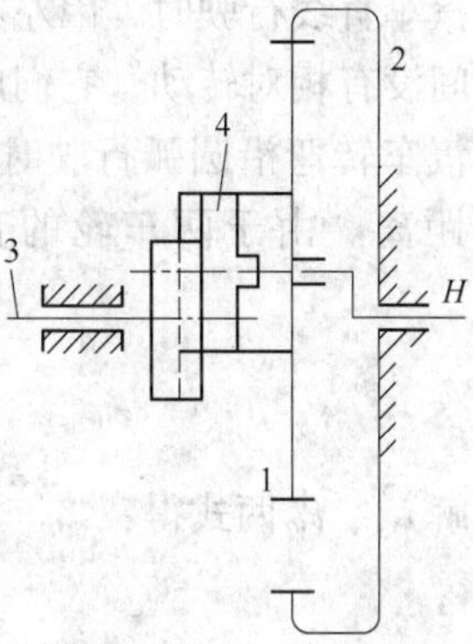

图5-10 一齿差行星减速器

式中，负号表示 n_1 与 n_H 的转向相反。

5.2.3 混合轮系的传动比计算

在机械设备中，除广泛采用定轴轮系和周转轮系外，还大量应用混合轮系。求解混合轮系的传动比时，首先必须正确地把混合轮系划分为定轴轮系和周转轮系，并分别写出它们的传动比计算公式，然后联立求解。

划分周转轮系的方法是：先找出具有动轴线的行星轮，再找出支持该行星轮的转臂，最后确定与行星轮直接啮合的一个或几个中心轮。每一简单的周转轮系中，都应有中心轮、行星轮和转臂，而且中心轮的几何轴线与转臂的轴线是重合的。在划出周转轮系后，剩下的就是一个或多个定轴轮系。

【例5-5】 图5-11所示为载重汽车后桥差速轮系。已知各轮齿数，主动轮5的转速 n_5，左右两车轮间的距离为 B。求汽车直线行驶和沿半径为 r 的弯道上转弯时左右两轮的转速。

解： 图示轮系是混合轮系，可划分为由齿轮1、2、3和4（转臂H）组成的差动轮系和由齿轮4、5组成的空间定轴轮系。

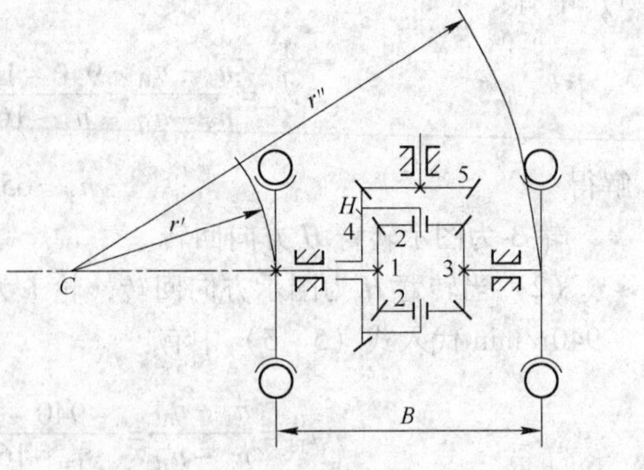

图5-11　载重汽车后桥差速轮系

按式（5-5），齿轮4、5组成的定轴轮系的传动比为：

$$i_{45}=\frac{n_4}{n_5}=\frac{z_5}{z_4}$$

因为空间定轴轮系的轴线不平行，因此不能采用符号判断转向。

齿轮1、2、3及4（转臂H）组成的差动轮系的传动比为：

$$i_{13}^{\mathrm{H}}=\frac{n_1-n_4}{n_3-n_4}=-\frac{z_3}{z_1}=-1$$

故
$$n_4=\frac{n_1+n_3}{2}$$

当汽车直线行驶时，因左右两轮所行的距离相等，所以$n_1=n_3=n_4$，也就是说齿轮1和3之间没有相对转动，它们成为一个整体，共同随齿轮4一起转动。

当汽车转弯沿圆弧行驶时，例如汽车向左转，其右轮所行的外圈距离大于左轮所行的内圈距离。由于两车轮的直径大小相等，而它们和地面之间又是纯滚动，所以应满足：

$$i_{13}=\frac{n_1}{n_3}=\frac{r'-B}{r''}$$

联立求解i_{13}、i_{13}^{H}两式得：

$$n_1=\frac{r'-B}{r'}n_4$$

$$n_3=\frac{r''}{r'}n_4$$

将i_{45}代入即可得：

$$n_1=\frac{r'-B}{r'}\frac{z_5}{z_4}n_5$$

$$n_3=\frac{r''}{r'}\frac{z_5}{z_4}n_5$$

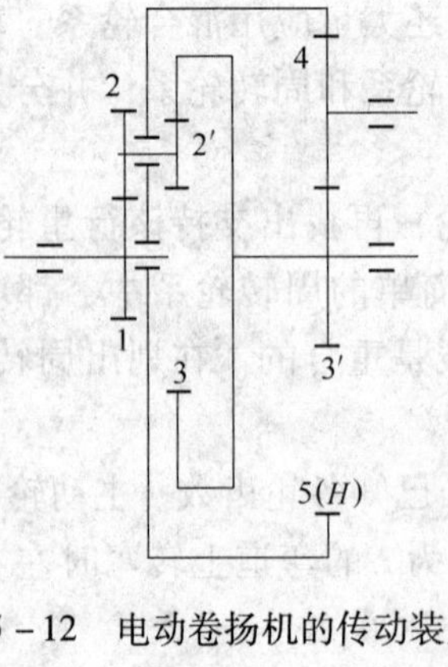

图5-12　电动卷扬机的传动装置

【例5-6】 图5-12所示为电动卷扬机的传动装置，已知各轮齿数，求i_{15}。

解： 这一混合轮系可划分为由齿轮1、2、2′、3和转臂H组成的差动轮系，和由齿轮5、4、3′组成的定轴轮系。而此定轴轮系将差动轮系的中心轮3和转臂H（5）联系起来。

齿轮1、2、2′、3和H组成的差动轮系的传动比为：

$$i_{13}^{5}=\frac{n_1-n_5}{n_3-n_5}=-\frac{z_3z_2}{z_{2'}z_1}$$

齿轮5、4和3′组成的定轴轮系的传动比为：

$$\frac{n_3}{n_5}=-\frac{z_5}{z_{3'}}$$

从上式解出 n_3，代入 i_{13}^{5}，可得：

$$i_{15}=\frac{n_1}{n_5}=1+\frac{z_3z_2}{z_{2'}z_1}+\frac{z_5z_3z_2}{z_{3'}z_{2'}z_1}$$

5.3 轮系的应用

在实际机械传动中，轮系的应用非常广泛。轮系的应用场合有：

(1) 实现大传动比的传动；

(2) 实现变速、换向的传动；

(3) 实现多路传动；

(4) 实现运动的合成和分解；

(5) 实现结构紧凑的大功率传动。

5.3.1 减速器

减速器是轮系的一个重要应用。

图5–13所示为电动机减速器。减速装置由两级齿轮减速机构组成。高速级为斜齿圆柱齿轮，低速级为直齿圆柱齿轮。

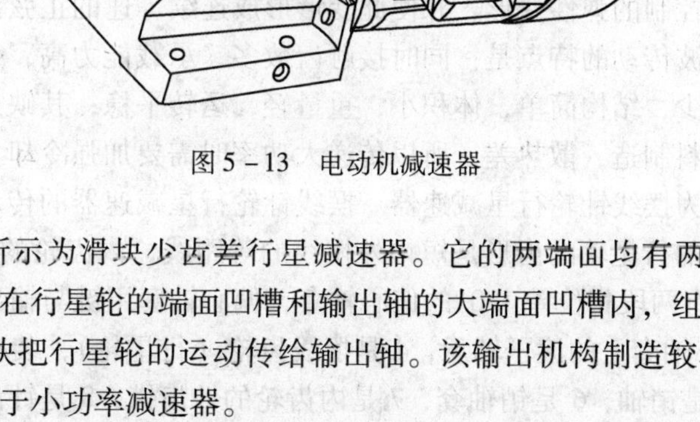

图5–13 电动机减速器

图5–14(a)所示为滑块少齿差行星减速器。它的两端面均有两个凸齿互相垂直，装配时把凸齿分别嵌在行星轮的端面凹槽和输出轴的大端面凹槽内，组成滑块（见图5–14b）配合，通过滑块把行星轮的运动传给输出轴。该输出机构制造较容易、成本低，缺点是效率较低，适用于小功率减速器。

图5–15(a)所示为销轴式少齿差行星减速器。输出轴上装上有四根销轴，销轴悬

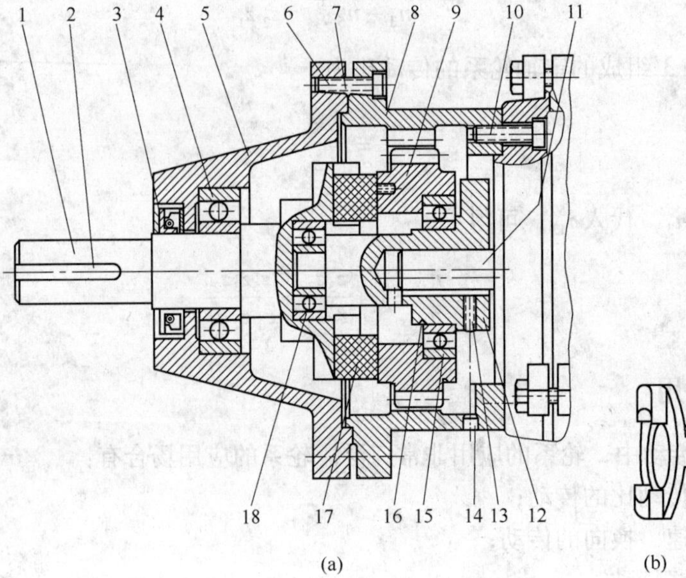

图5-14 滑块少齿差行星减速器

1—输出轴；2—平键；3—密封圈；4，15，18—轴承；5—箱盖；6，10，14—螺钉；7—垫片；8—内齿轮；9—行星齿轮；11—输出轴；12—偏心轴；13—紧定螺钉；16—弹簧卡圈；17—两端面均有两个凸齿的滑块（十字滑块联轴器）

臂插入行星轮的圆柱孔内，行星轮的四个圆柱孔对称于中心分布，行星轮的运动通过其中圆柱孔拨动安装在输出轴上的销轴而达到传动目的。销轴式输出机构示意图见图5-15(b)。通常为减小摩擦，销轴上还装有滚子。这种输出机构制造工艺较为复杂、加工要求较高，但结构紧凑、效率较高，适用于高速连续运动或功率稍大场合。

图5-16为浮动盘式少齿差行星减速器。它是在行星轮与输出轴之间装入浮动盘，其上有两条互相垂直的槽，行星轮和输出轴大端装上两个销轴，使行星轮与输出轴做偏心传动时，销轴在浮动盘的槽内滑动（有滚子时是滚动）。这种输出机构比销轴式简单，效率亦高，适用于高速连续运动或功率稍大的场合。

图5-17为谐波齿轮传动减速器。谐波传动（又称波导传动）是利用一个或数个挠性零件，使其发生可控制的弹性变形，并使此变形形成连续等速的正弦波状运动，以传递所需的机械运动。谐波传动的特点是：同时接触齿数多，承载能力高，效率较高，传动比范围大，使用零件数少，结构简单，体积小，重量轻，运转平稳；其缺点是挠性轮需要用抗疲劳破坏力高的材料制造，散热差，所以传递大功率时需要加强冷却。

图5-18所示为摆线针轮行星减速器。摆线针轮行星减速器的传动原理与少齿差行星减速器一样，但它的行星轮的齿形是短幅外摆线的等距线，内齿轮的齿形是针状。图中1是输入轴，2是具有两段相位差180°的偏心轴套，偏心轴套用键与输出轴连接成转臂（系杆），3是套在偏心轴套上的滚子轴承，4是摆线齿轮（行星轮），装在两个相位差为180°的偏心轴套上，5是销轴，6是销轴套，7是内齿轮的针齿销，8是针齿销套，9是输出轴。这种减速器传动比大，效率高。

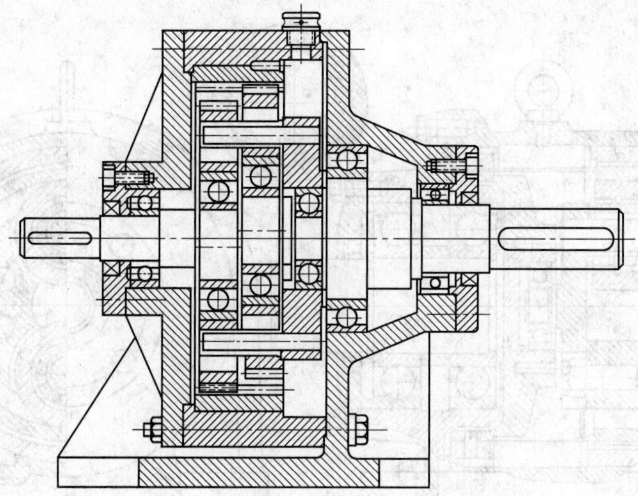

(a)

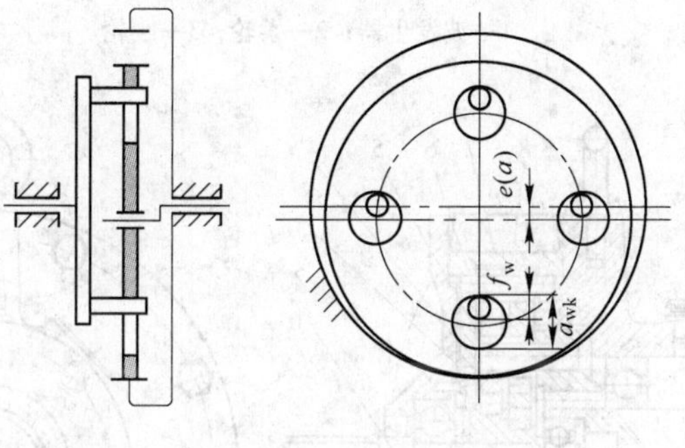

(b)

图 5－15 销轴式少齿差行星减速器

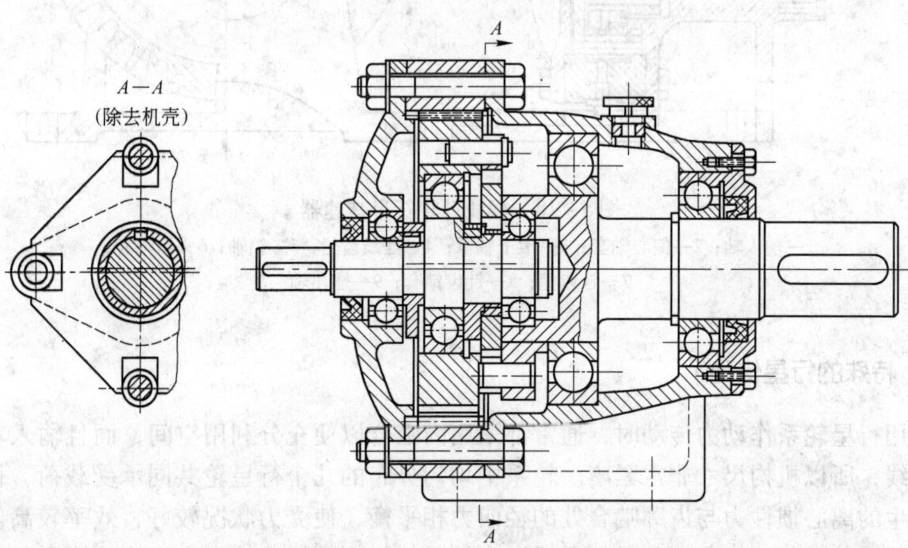

图 5－16 浮动盘式少齿差行星减速器

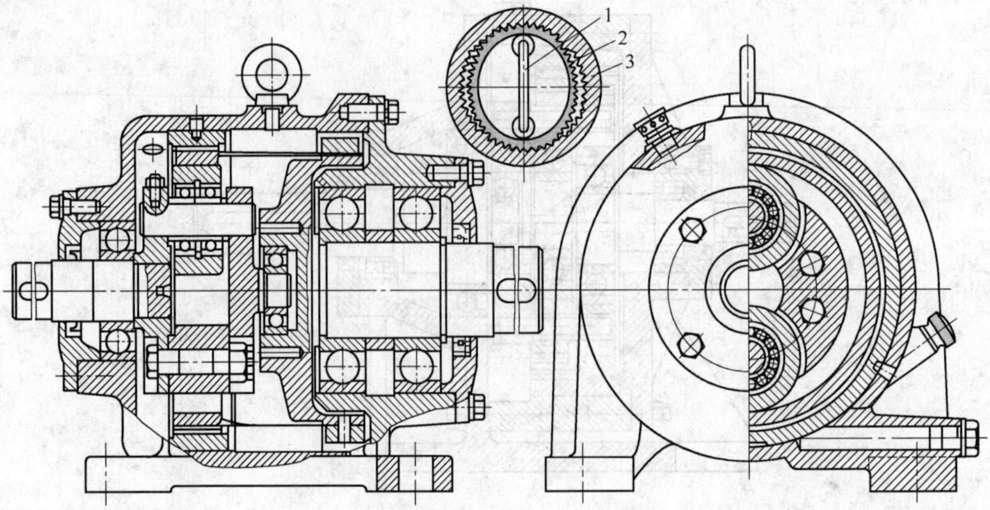

图 5-17 谐波齿轮传动减速器

1—波发生器；2—柔轮；3—刚轮

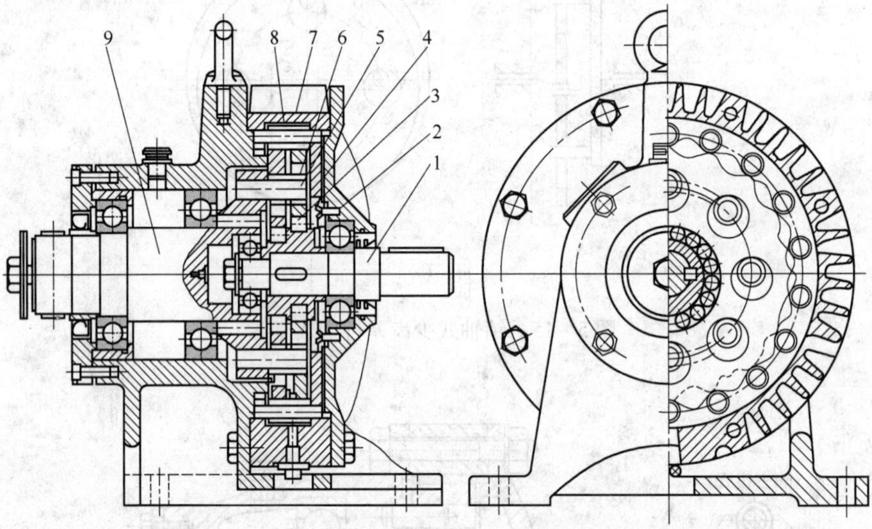

图 5-18 摆线针轮行星减速器

1—输入轴；2—偏心轴套；3—滚子轴承；4—摆线齿轮；5—销轴；6—销轴套；7—针齿销；8—针齿销套；9—输出轴

5.3.2 特殊的行星传动

采用行星轮系作动力传动时，通常都采用内啮合以便充分利用空间，而且输入轴和输出轴共线，所以机构尺寸非常紧凑。轮系中均匀分布的几个行星轮共同承受载荷，行星轮公转产生的离心惯性力与齿廓啮合处的径向力相平衡，使受力状况较好，效率较高。与普通定轴轮系传动相比，采用行星轮系或混合轮系能做到结构尺寸更小，传递的功率更大。

（1）少齿差行星传动。少齿差行星传动的原理已经在例 5-4 中讨论过，下面介绍两种少齿差行星传动。

如图 5－19 所示为渐开线少齿差行星传动，图 5－19（b）为它的机构简图。这种传动装置的优点是传动比大、结构紧凑、体积小、重量轻和加工容易。通常，中心轮 1 固定，转臂 H 为输入轴，V 为输出轴。轴 V 与行星轮 2 用等角速比机构 3 相连接，所以 V 轴转速就是行星轮 2 的绝对转速。

柱销少齿差行星传动（见图 5－20）通常采用销孔输出机构作为等角速度机构。在行星轮辐板沿半径为 ρ 的圆周上开有圆孔，在输出轴的圆盘上有圆柱销。圆柱销使行星轮和输出轴连接起来实现少齿差行星传动。

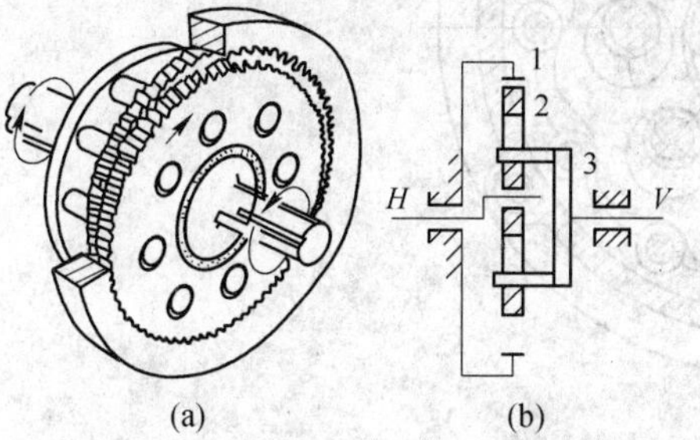

图 5－19 渐开线少齿差行星传动

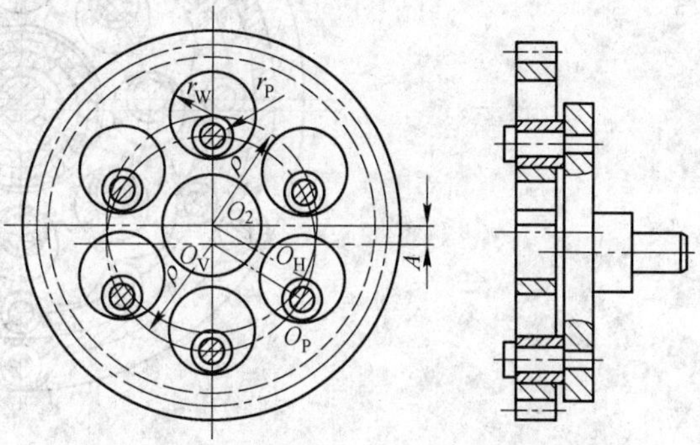

图 5－20 柱销少齿差行星传动

（2）谐波齿轮传动。谐波齿轮传动如图 5－21 所示。其中 H 为波发生器，它相当于转臂；1 为刚轮，它相当于中心轮；2 为柔轮，可产生较大的弹性变形，它相当于行星轮。转臂 H 的外缘尺寸大于柔轮内孔直径，所以将它装入柔轮内孔后，柔轮即变成椭圆形，椭圆长轴处的轮齿与刚轮相啮合而短轴处的轮齿脱开，其他各点则处于啮合和脱离的过渡阶段。一般刚轮不动，当 H 回转时，柔轮与刚轮的啮合区也发生转动。由于柔轮比刚轮少 (z_1-z_2) 个齿，所以当波发生器转一周时，柔轮相对于刚轮沿相反方向转过 (z_1-z_2) 个齿的角度，即反转 $(z_1-z_2)/z_2$ 周。所以，其传动比为 $i_{H2}=-z_2/(z_1-z_2)$。

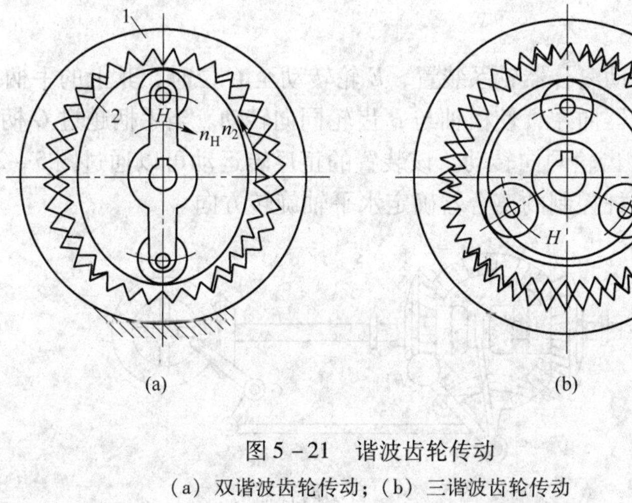

图 5－21 谐波齿轮传动

（a）双谐波齿轮传动；（b）三谐波齿轮传动

（3）摆线针轮行星传动。摆线针轮行星传动中行星轮的运动通过等角速比的销孔输出机构传到输出轴上。因为这种传动的齿数差等于1，所以其传动比 $i_{HV}=-z_2$。摆线针轮行星传动的工作原理和结构与渐开线少齿差行星传动基本相同，不同处在于齿廓曲线。它也由转臂 H、行星轮2和内齿轮1组成（见图5－22）。

图5－22　摆线针轮行星传动

（4）大传动比行星轮系。图5－23（a）所示为一种大传动比行星轮系，图5－23（b）是它的传动简图。当两轴之间需要很大的传动比时，若采用行星轮系，则只需要很少几个齿轮就可以实现。例如，若齿数分别是 $z_1=100$，$z_2=101$，$z_{2'}=100$，$z_3=99$，机构的传动比为10000。当转动手柄时，左边的滚筒将高速转动。

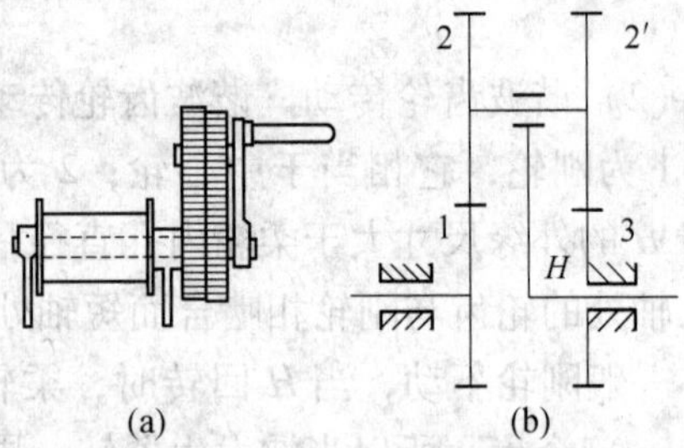

图5－23　一种大传动比行星轮系

5.3.3　轮系其他应用

图5－24所示为自动离合器轮系装置，E 轮转动至 G 位时，其上的手柄扳动 G 柄，并通过连杆机构拨动离合器向左，使横轴与 B 齿轮同向转动。当手柄越过 G 柄后，重锤 F 将离合器扳回。横轴与 C 齿轮同向转动。该装置的正反转运动可以通过图5－25所示的圆锥齿轮轮系完成。通过杠杆控制的离合器确定水平轴旋转方向。

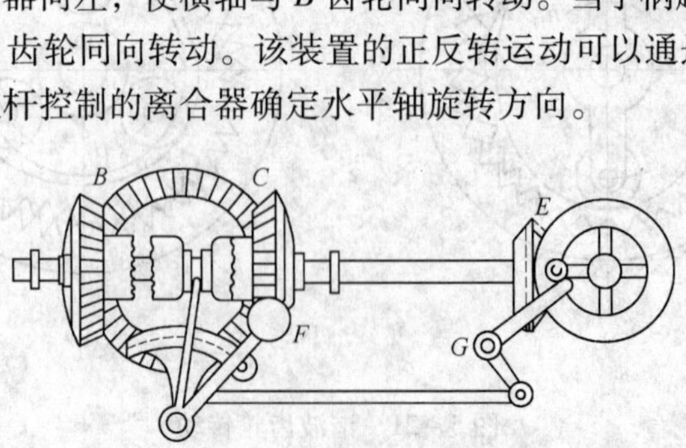

图5－24　自动离合器

车床或汽车广泛使用的变速箱是一种最常用的轮系，其简图如图5-26所示。轴Ⅰ为动力输入轴，Ⅱ为输出轴，4、6为滑移齿轮，A—B为牙嵌式离合器。在主动轴Ⅰ转速不变的条件下，通过A—B、3—4、5—6及6—8的结合或啮合，输出轴将得到四种不同的转速。

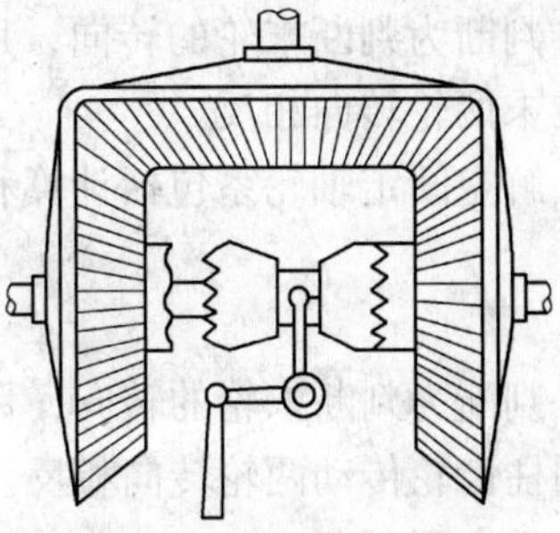

图5-25　正反转运动

图5-27（a）为圆锥齿轮差动机构，图5-27（b）为它的机构简图。这种轮系可用作加（减）法机构。当$z_1=z_3$，且由齿轮1及齿轮3的轴分别输入被加数和加数的相应转角时，转臂H转角的两倍就是它们的和。

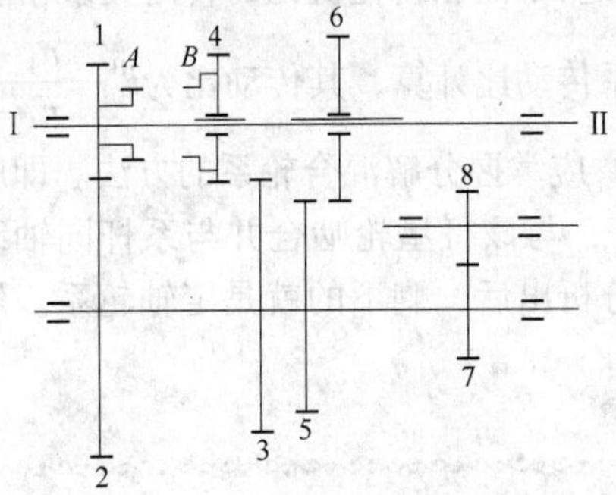

图5-26　变速箱轮系

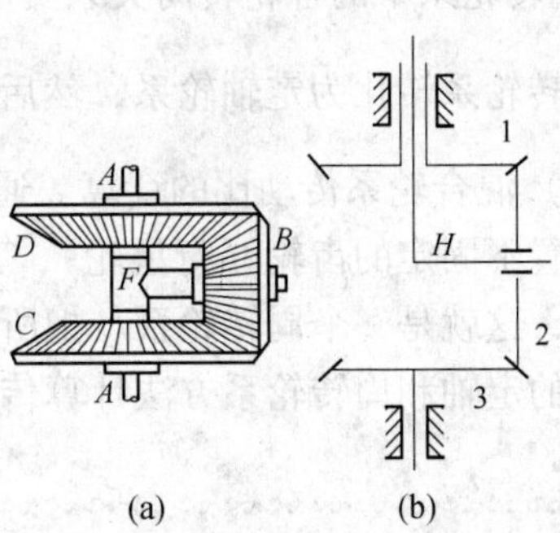

图5-27　圆锥齿轮差动机构

图5-28所示为直齿圆柱齿轮差动机构。若通过两个圆柱齿轮轴的输入转速分别为n_1和n_2，输出是外壳（转臂）的转速，$n=(n_1+n_2)/2$。

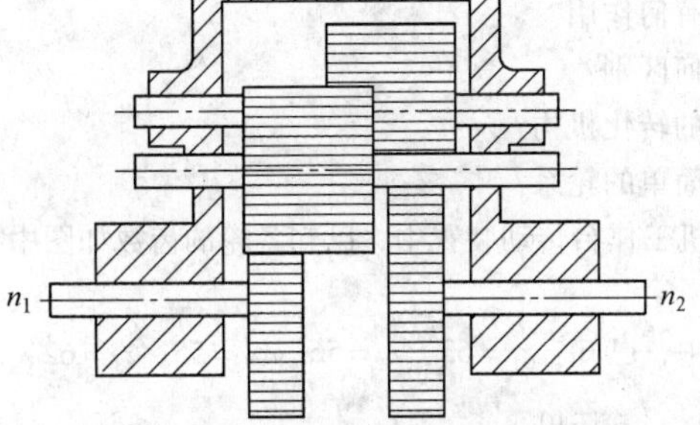

图5-28　直齿圆柱齿轮差动机构

小　结

（1）定轴轮系传动比计算。通过本章学习，应掌握传动比的计算、利用符号法得到平面定轴轮系的从动轮转向和利用箭头法判断空间定轴轮系各齿轮、蜗杆和蜗轮的转向。

解平面定轴轮系包括计算和判断。计算为计算轮系的传动比，见下式：

$$i_{1N}=\frac{n_1}{n_N}=(-1)^m\frac{\text{所有从动轮齿数的连乘积}}{\text{所有主动轮齿数的连乘积}}$$

判断为判断末轮的转向，用 $(-1)^m$ 符号法来判断，+1 则首末两轮转向相同，-1 则首末两轮转向相反。

解空间定轴轮系包括计算和判断。计算为计算轮系的传动比，见下式：

$$i_{1N} = \frac{n_1}{n_N} = \frac{\text{所有从动轮齿数的连乘积}}{\text{所有主动轮齿数的连乘积}}$$

判断为判断末轮的转向，用箭头法来判断，内啮合圆柱齿轮传动两轮转向相同，外啮合圆柱齿轮传动两轮转向相反。圆锥齿轮传动或者箭头相对，或者箭头相背。蜗杆传动用左右手定则判断。

（2）周转轮系传动比计算。将周转轮系转化为定轴轮系的方法是传动比计算的关键。另外，周转轮系中的各轮转向关系要由计算结果判定，不能和转化机构的转向关系相混淆。

周转轮系转化为定轴轮系，然后可按定轴轮系传动比计算，其传动比为 $i_{1k}^{H} = \frac{n_1 - n_H}{n_k - n_H}$。

（3）混合轮系传动比的计算。通过本章学习，应掌握分解混合轮系的方法。即应先找轴线位置不固定的齿轮（行星轮），其轴就是系杆，与该行星轮啮合并与系杆同轴线的是中心轮，这就是一个周转轮系。把所有周转轮系分析出后，剩下的就是定轴轮系。然后利用已知的定轴和周转轮系方法计算传动比。

习 题

5-1 指出定轴轮系与周转轮系的区别。

5-2 传动比的符号表示什么意义？

5-3 如何确定轮系的转向？

5-4 何谓惰轮？它在轮系中有何作用？

5-5 行星轮系和差动轮系有何区别？

5-6 为什么要引入周转轮系的转化机构？

5-7 如何把混合轮系分解为简单的轮系？

5-8 在图 5-29 所示的滚齿机工作台传动装置中，已知各轮的齿数如图中括弧内所示。若被切齿轮为 64 齿，求传动比 i_{75}。

5-9 在图 5-30 所示的轮系中，已知：$z_1 = 63$，$z_2 = 56$，$z_{2'} = 55$，$z_3 = 62$，求传动比 i_{H3}。

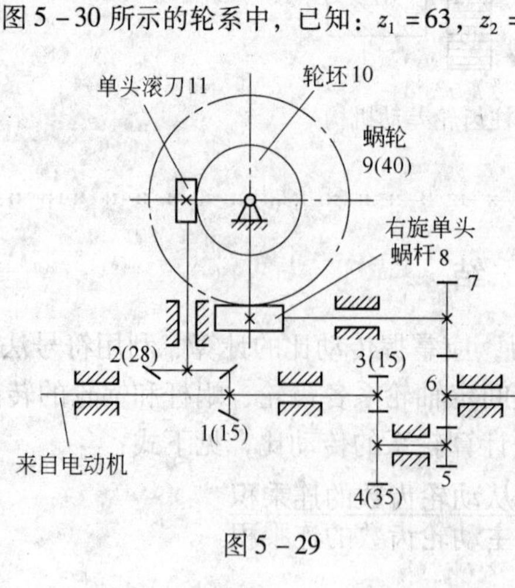

图 5-29

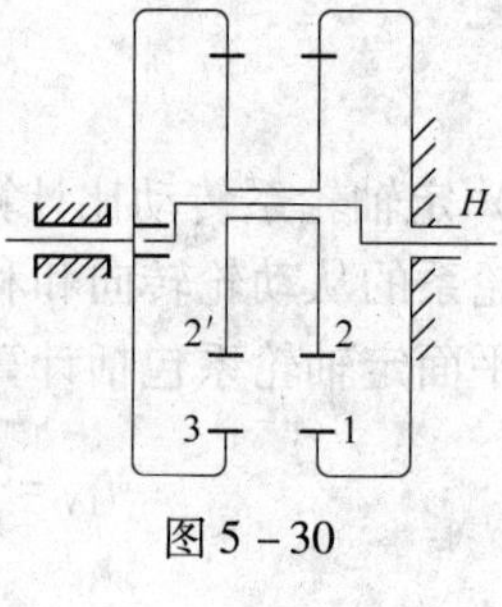

图 5-30

5-10 在图 5-31 所示的双级行星减速器中，已知高速级各轮齿数为 $z_1=14$，$z_2=34$，$z_3=85$；低速级各轮齿数为 $z_4=20$，$z_5=28$，$z_6=79$；高、低速级的行星齿轮数均为 3。试求此行星减速器的总传动比 $i_{\mathrm{I},\mathrm{II}}$。

5-11 如图 5-32 所示为 Y38 滚齿机差动机构的机构简图，其中行星轮 2 空套在转臂（即轴Ⅱ）上，轴Ⅱ和轴Ⅲ的轴线重合。当铣斜齿圆柱齿轮时，分齿运动从轴Ⅰ输入，附加转动从轴Ⅱ输入，故轴Ⅲ的转速（传至工作台）是两个运动的合成。已知 $z_1=z_2=z_3$ 及输入转速 n_{I}、n_{II} 时，求输出转速 n_{III}。

5-12 如图 5-33 所示为某生产自动线中使用的行星减速器。已知各轮的齿数为 $z_1=16$，$z_2=44$，$z_{2'}=46$，$z_3=104$，$z_4=106$。求 i_{14}。

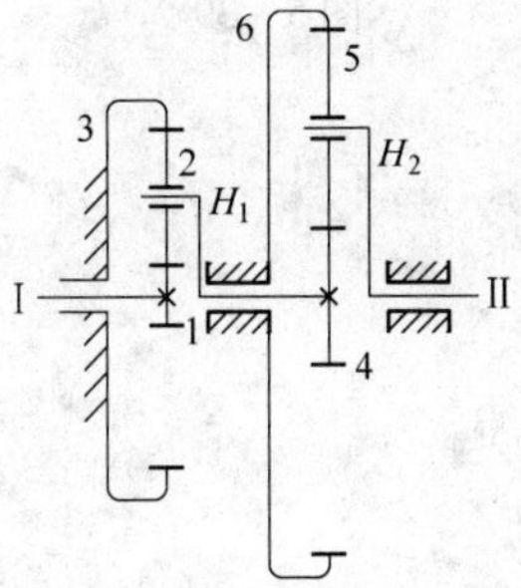

图 5-31

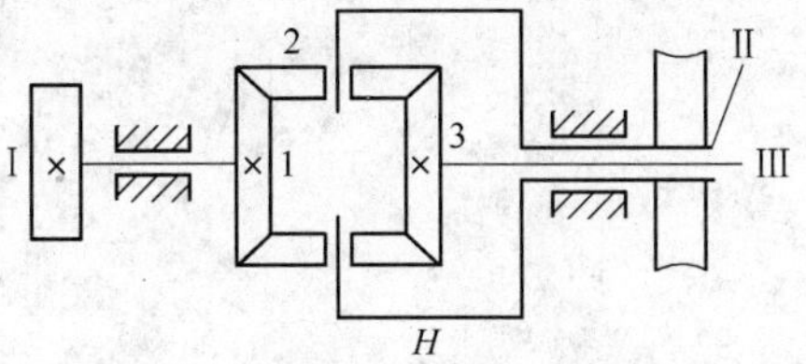

图 5-32

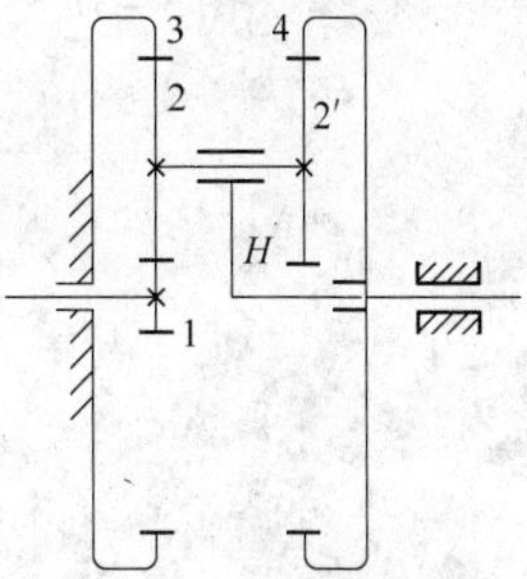

图 5-33

5-13 在图 5-34 所示的行星减速器中，已知各轮齿数 $z_1=15$，$z_2=33$，$z_3=81$，$z_{2'}=30$，$z_4=78$，求传动比 i_{14}。

5-14 在图 5-35 所示的增速器中，若已知各轮齿数，试求传动比 i_{16}。

5-15 在图 5-36 所示的轮系中，已知：$z_1=z_{1'}=z_6=28$，$z_3=z_5=z_{3'}=80$，$z_2=z_4=z_7=26$。当鼓轮 A、B 及 C 分别被刹住时，求传动比 $i_{\mathrm{I},\mathrm{II}}$。

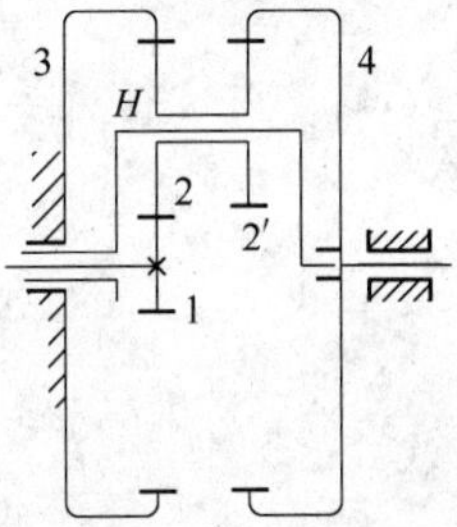

图 5-34

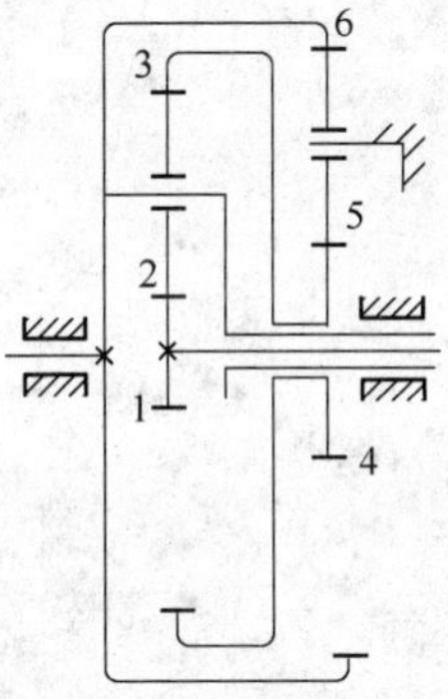

图 5-35

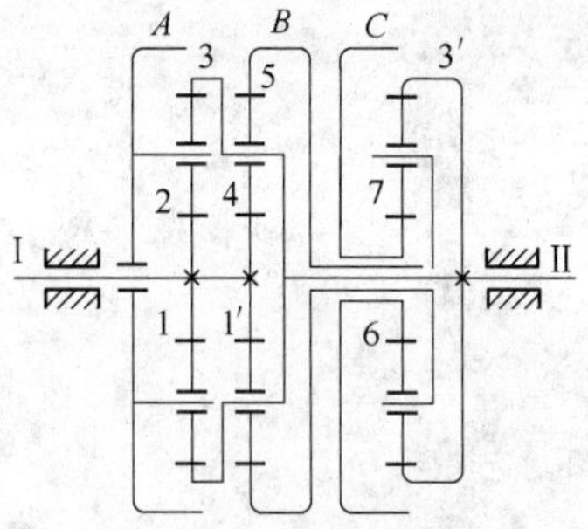

图 5-36

5-16 在图 5-37 所示的减速装置中，已知蜗杆 1 和 5 的头数均为 1，且均为右旋螺纹，各轮的齿数为 $z_{1'}-101$，$z_2=99$，$z_1=63$，$z_{2'}=z_4$，$z_{5'}=100$，求传动比 $i_{1\mathrm{H}}$。

5-17 在图 5-38 所示的减速装置中，已知各轮齿数为 $z_1=z_2=20$，$z_3=60$，$z_4=90$，$z_5=210$，齿轮 1 连于电动机的轴上，电动机的转速为 1440r/min。求轴 A 的转速 n_{A} 及其回转方向。

5-18 在图 5-39 所示的行星减速器中，已知传动比 $i_{1\mathrm{H}}=7.5$，行星齿轮数为 3，各齿轮为标准齿轮且模数相等。试确定各轮的齿数。

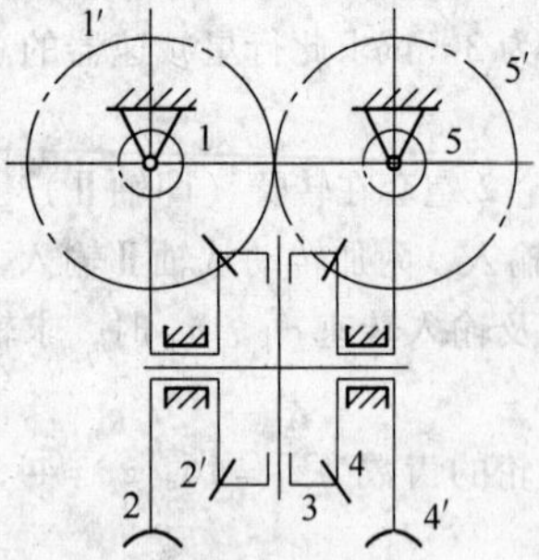

图 5-37

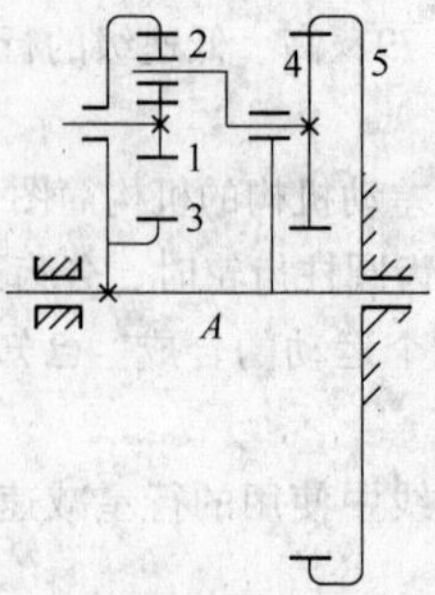

图 5-38

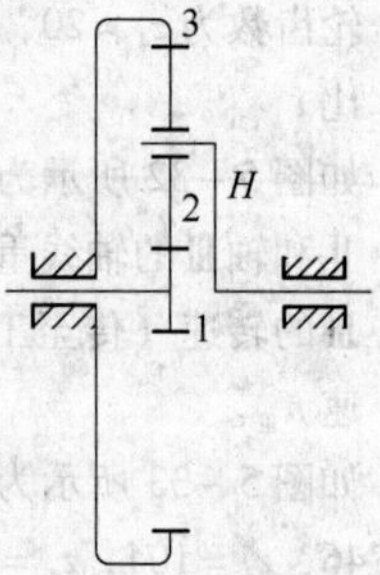

图 5-39

6 间歇运动机构

连杆机构、凸轮机构、齿轮机构和间歇运动机构是工程中最常用的几种基本机构。对于比较复杂的运动变换，单独使用某种基本机构往往难以满足实际生产过程的需要，因此，通常把若干种基本机构用一定的方式连接起来成为组合机构，以便得到单个基本机构所不能具有的运动性能。

在机械和仪表中，常常需要原动件做连续运动，而从动件则产生周期性时动时停的间歇运动，实现这种间歇运动的机构称为间歇运动机构。单方向做间歇运动的机构称为步进运动机构。间歇运动机构种类很多，本章介绍几种最常见的间歇运动机构。

6.1 槽轮机构

6.1.1 槽轮机构的工作原理

槽轮机构又称马耳他机构，如图 6－1 所示，它是由带圆销 A 的主动拨盘 1、具有径向槽的从动槽轮 2 和机架组成的步进运动机构。拨盘做匀速转动时，驱动槽轮做时转时停的单向间歇运动。当拨盘上圆销 A 未进入槽轮径向槽时，由于槽轮的内凹锁止弧 β 被拨盘的外凸锁止弧 α 卡住，故槽轮静止。图 6－1 所示位置是圆销 A 刚开始进入槽轮径向槽时的情况。这时锁止弧刚被松开，因此槽轮受圆销 A 的驱动开始沿顺时针方向转动；当圆销 A 离开径向槽时，槽轮的下一个内凹锁止槽又被拨盘的外凸锁止槽卡住，致使槽轮静止，直到圆销 A 在进入槽轮另一径向槽时，两者又重复上述的运动循环。

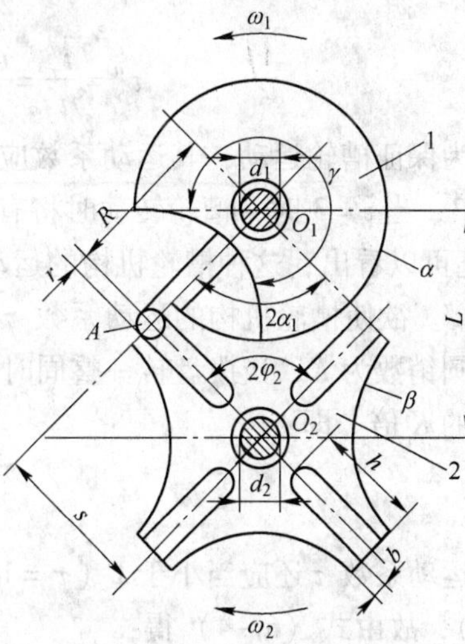

图 6－1 外啮合槽轮机构

1—主动拨盘；2—从动槽轮

槽轮机构有两种基本形式：一种是外啮合槽轮机构，如图 6－1 所示；另一种是内啮合槽轮机构，如图 6－2 所示。

除以上两种基本的槽轮机构以外，还有球面槽轮机构、多销槽轮机构等。由于槽轮机构的转角是不可调节的，因而它只能用于定转角的间歇运动机构中。槽轮机构结构简单，机械效率高，并且运动平稳，因此在自动机床转位机构、电影放映机卷片机构等自动机械中得到广泛的应用。

6.1.2 槽轮机构的主要参数

槽轮机构的主要参数是径向槽数 z 和拨盘圆销数 K。

如图6-1所示，为了使槽轮2在开始和终止转动时的瞬时角速度为零，以避免圆销A与槽轮发生撞击，圆销进入或脱出径向槽的瞬时，径向槽的中线应与圆销中心运动轨迹圆相切，即O_2A应与O_1A垂直。设z为均匀分布的径向槽数，当槽轮2转过$2\varphi_2=2\pi/z$弧度时，拨盘1相应转过的转角为：

$$2\alpha_1=\pi-2\varphi_2=\pi-\frac{2\pi}{z} \tag{6-1}$$

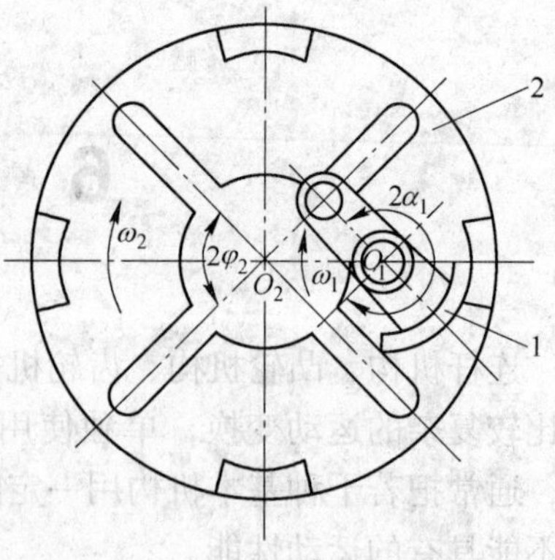

图6-2　内啮合槽轮机构
1—主动拨盘；2—从动槽轮

在一个运动循环内，槽轮2的运动时间t'与主动拨盘转一周的总时间t之比，称为槽轮机构的运动系数，用τ表示。槽轮停止时间t''与主动拨盘转一周的总时间t之比，称为槽轮的静止系数，用τ''表示。当拨盘匀速转动时，时间之比可用槽轮与拨盘相应的转角之比来表示。如图6-1所示，只有一个圆销的槽轮机构，t'、t''、t分别对应于拨盘的转角为$2\alpha_1$、$(2\pi-2\alpha_1)$、2π。因此，该槽轮机构的运动系数和静止系数分别为：

$$\tau=\frac{t'}{t}=\frac{2\alpha_1}{2\pi}=\frac{\pi-\frac{2\pi}{z}}{2\pi}=\frac{z-2}{2z}=\frac{1}{2}-\frac{1}{z} \tag{6-2}$$

$$\tau''=\frac{t''}{t}=\frac{t-t'}{t}=1-\tau=\frac{z+2}{2z}=\frac{1}{2}+\frac{1}{z} \tag{6-3}$$

为保证槽轮运动，其运动系数应大于零。由式（6-2）可知，槽轮的径向槽数z应不小于3，当$z=3$时，槽轮转动时将有较大的振动和冲击，所以一般取$z=4\sim8$。由式（6-2）还可以看出，这种槽轮机构的运动系数τ恒小于0.5，即槽轮的运动时间t'总小于静止时间t''。欲使槽轮机构的运动系数τ大于0.5，可在拨盘上装数个圆销。设拨盘上均匀分布的圆销数为K，当拨盘转一整周时，槽轮将被拨动K次。因此，槽轮的运动时间为单圆销时的K倍。即：

$$\tau=\frac{K(z-2)}{2z} \tag{6-4}$$

运动系数τ还应当小于1（$\tau=1$表示槽轮2与拨盘1一样做连续转动，不能实现间歇运动），故由式（6-4）得：

$$\frac{K(z-2)}{2z}<1$$

即

$$K<\frac{2z}{z-2} \tag{6-5}$$

由式（6-5）可知，当$z=3$时，圆销的数目可为1~5，当$z=4$或5时，圆销数目可为1~3，而当$z>6$时，圆销的数目为1或2。从提高生产效率观点看，希望槽数z小些为好，因为此时τ也相应减小，槽轮静止时间（一般为工作行程时间）增大，故可提高生产效率。但从动力特性考虑，槽数z适当增大较好，因为此时槽轮角速度减小，可减小振动和冲击，有利于机构正常工作。但槽数 $z>9$ 的槽轮机构比较少见。因为槽数过多，则槽轮机构尺寸较大，转动时惯性力矩也增大。另外，由式（6－2）可知，当 $z>9$ 时，槽数虽增加，运动系数 τ 的变化却不大，故 z 常取为 4～8。

6.2 棘轮机构

6.2.1 棘轮机构的工作原理及应用

图 6－3 所示为外啮合棘轮机构。它由摆杆 1、棘爪 2、棘轮 3、止回爪 4 和机架 5 组成。通常以摆杆为主动件、棘轮为从动件。当摆杆 1 连同棘爪 2 顺时针转动时，棘爪进入棘轮的相应齿槽，并推动棘轮转过相应的角度；当摆杆逆时针转动时，棘爪在棘轮齿顶上滑过。为了防止棘轮跟随摆杆反转，设置止回爪 4。这样，摆杆不断地做往复摆动，棘轮便得到单向的间歇运动。

棘轮机构还可以作成内啮合形式（见图 6－4）或移动棘轮（即棘条）形式（见图6－5），其工作原理和外啮合棘轮机构类似。

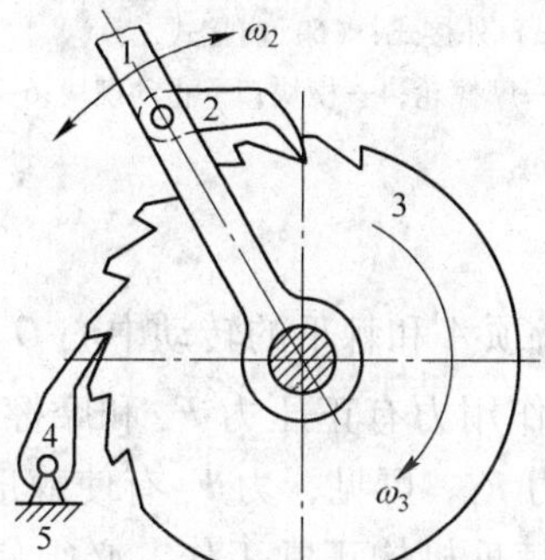

图 6－3 外啮合棘轮机构
1—摆杆；2—棘爪；3—棘轮；
4—止回爪；5—机架

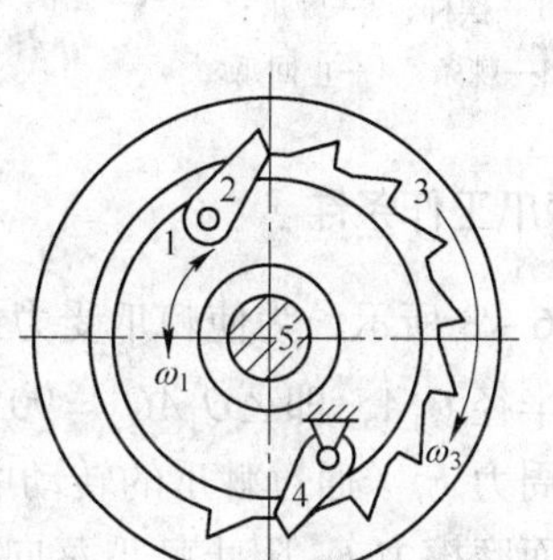

图 6－4 内啮合棘轮机构
1—心轴；2—棘爪；3—棘轮；
4—止回爪；5—支承轴

图 6－6 所示为摩擦式棘轮结构，它的工作原理与齿式棘轮机构相同。外接摩擦式棘轮用偏心扇形楔块 4 代替棘爪，用摩擦轮 3 代替棘轮。利用楔块与摩擦轮间的摩擦力与楔块偏心的几何条件来实现摩擦轮的单向间歇运动。当摆杆 2 逆时针转动时，楔块 4 在摩擦力的作用下楔紧摩擦轮，使摩擦轮 3 同向转动；摆杆 2 顺时针转动时摩擦轮静止不动。内接摩擦式棘轮通过扇形楔块 2 与从动轮 3 间的摩擦力推动从动轮间歇运动，它克服了齿式棘轮机构冲击噪声大及棘轮每次转过角度的大小不能无级调节的缺点，但其运动准确性较差。

棘轮机构除了能实现间歇运动外，还能实现超越运动。图 6－7 所示为自行车后飞轮上的棘轮机构。当脚蹬踏板时，经链轮 1 和链条 2 带动内圈具有棘齿的链轮 3 顺时针转动，再通过棘爪 4 的作用，使后轮轴 5 顺时针转动，从而驱使自行车前进。当自行车前进时，如果踏板不动，后轮轴 5 便会超越链轮 3 而转动，让棘爪 4 在棘轮齿背上划过，从而实现不蹬踏板的自由滑行。

图 6-5 棘条机构

1—摆杆；2—棘爪；
3—棘条；4—止回爪

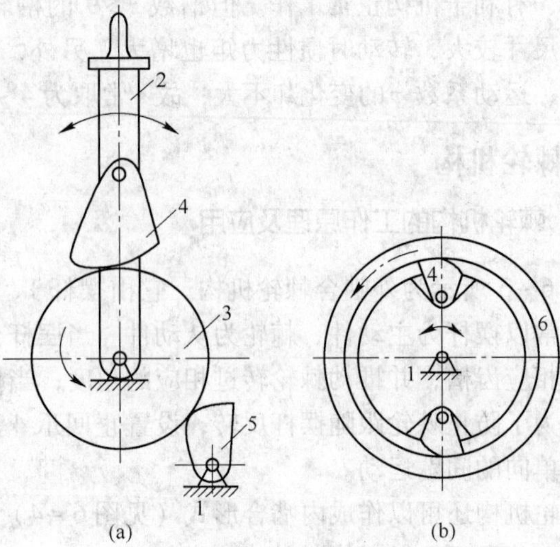

图 6-6 摩擦式棘轮

（a）外接式；（b）内接式

1—机架；2—摆杆；3—摩擦轮；4—楔块；5—止动楔块；6—从动轮

6.2.2 棘爪工作条件

如图 6-8 所示，为使棘爪受力最小，应使棘轮齿顶 A 和棘爪的转动中心 O_2 的连线垂直于棘轮半径 O_1A，即 $\angle O_1AO_2=90^\circ$。轮齿对棘爪的作用力有正压力 F_n 和摩擦力 F_μ。F_n 可分为圆周力 F_t（通过棘爪的转动中心 O_2）和径向力 F_r。可见，力 F_r 有使棘爪落到齿根的倾向，而摩擦力 F_μ 阻止棘爪落向齿根。为了保证棘爪机构正常工作，必须使棘爪顺利落到齿根而又不至于与齿脱开，这就要求轮齿工作面相对棘轮半径朝齿体内偏斜一角度 φ。φ 称为棘齿的偏斜角。

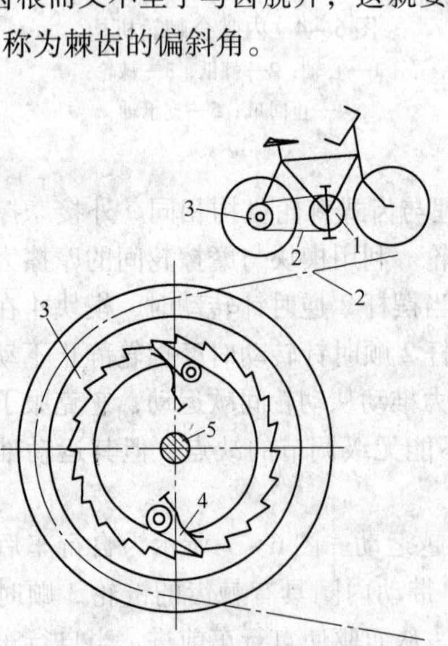

图 6-7 超越式棘轮机构

1，3—链轮；2—链条；4—棘爪；5—后轮轴

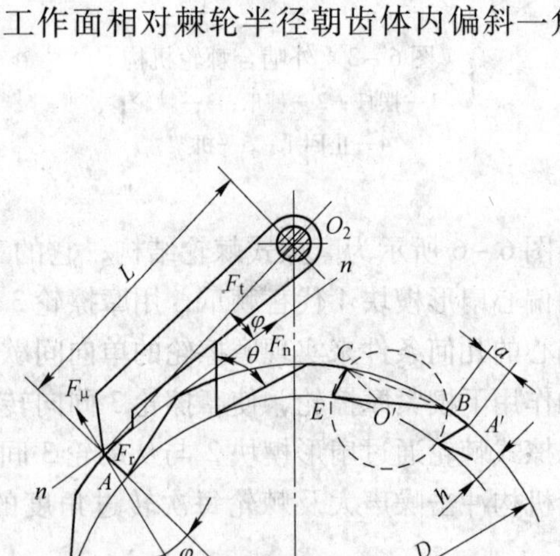

图 6-8 棘爪受力分析

偏斜角 φ 的大小可按式（6－6）求出：

$$F_r L > F_\mu L\cos\varphi = \mu F_n L\cos\varphi \tag{6-6}$$

因为

$$F_r = F_n \sin\varphi \tag{6-7}$$

有

$$\frac{\sin\varphi}{\cos\varphi} > \mu$$

$$\tan\varphi > \tan\rho \tag{6-8}$$

即

$$\varphi > \rho \tag{6-9}$$

式中，ρ 为齿与爪间的摩擦角，$\rho = \arctan\mu$。当 $\mu = 0.2$ 时，$\rho \approx 11.5°$。为安全起见，通常取 $\varphi = 20°$。

选定齿数 z 和按强度要求确定模数 m 后，棘轮棘爪的主要几何尺寸可按以下经验公式计算：

顶圆直径	$D = mz$
齿高	$h = 0.75m$
齿顶厚	$a = m$
齿槽夹角	$\theta = 60°$或$50°$
棘爪长度	$L = 2\pi m$

其他结构尺寸可参阅机械设计手册。

6.2.3 棘轮机构的使用特点

（1）棘轮机构结构简单，容易制造，常用作防止转动件反转的附加保险机构。

（2）棘轮的转角和动停时间比可调，常用于机构工况经常改变的场合。

（3）由于棘轮是在动棘爪的突然撞击下启动的，在接触瞬间，理论上是刚性冲击。故棘轮机构只能用于低速的间歇运动场合。

6.3 凸轮式间隙运动机构

凸轮式间歇运动机构在工程上又称为凸轮分度机构，它由主动凸轮和从动盘组成，转盘端面（或径向）上有周向均布的若干滚子。主动凸轮做等速回转运动时，从动盘（转盘）做单向间歇回转，这样实现交错轴间的分度运动。

凸轮式间歇运动机构常见有两种形式：一种是图 6－9 所示的圆柱凸轮间歇运动机构，凸轮呈圆柱形状，滚子均匀分布在转盘的端面上；另一种是图 6－10 所示的蜗杆凸轮间歇运动机构，凸轮上有一条突脊犹如蜗杆，滚子则均匀分布在转盘的圆柱面上，犹如蜗轮的齿。这种凸轮机构可以通过调整凸轮与转盘的中心距来消除滚子与凸轮突脊接触的间隙或补偿磨损。

凸轮式间隙运动机构的优点是结构简单、运转可靠、传动平稳、无噪声，适用于高速、中载和高精度分度的场合，故在轻工机械、冲压机械和其他自动机械中得到了广泛的应用。其缺点是：凸轮加工比较复杂，装配与调整要求也较高，因而使它的应用受到了限制。

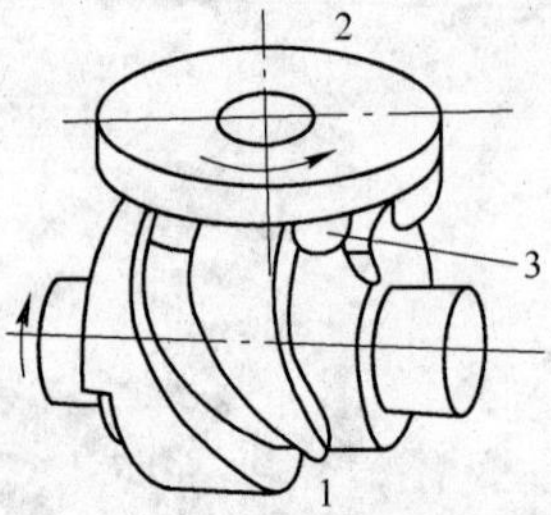

图 6－9　圆柱凸轮间歇运动机构

1—主动凸轮；2—从动盘；3—滚子

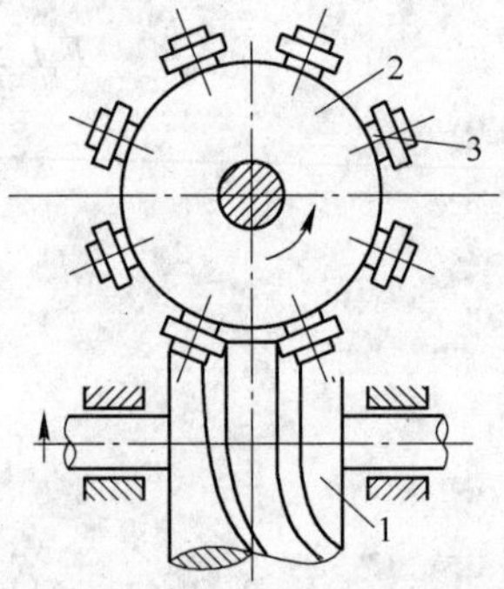

图 6－10　蜗杆凸轮间歇运动机构

1—主动凸轮；2—从动盘；3—滚子

6.4　不完全齿轮机构

图 6－11 所示为不完全齿轮机构。由图可以看出，这种机构的主动轮 1 为只有一个齿或几个齿的不完全齿轮，从动轮 2 可以是普通的完整齿轮，也可以由正常齿和带锁止弧的厚齿彼此相间地组成。当主动轮 1 的有齿部分作用时，从动轮 2 就转动；当主动轮 1 的无齿圆弧部分作用时，从动轮停止不动，因而当主动轮连续转动时，从动轮获得时转时停的间歇运动。不难看出，每当主动轮 1 连续转过 1 周时，图 6－11（a）、（b）、（c）所示机构的从动轮分别间歇地转过 1/8、1/4 和 1 周。为了防止从动轮在停歇期间游动，两轮轮缘上各装有锁止弧。

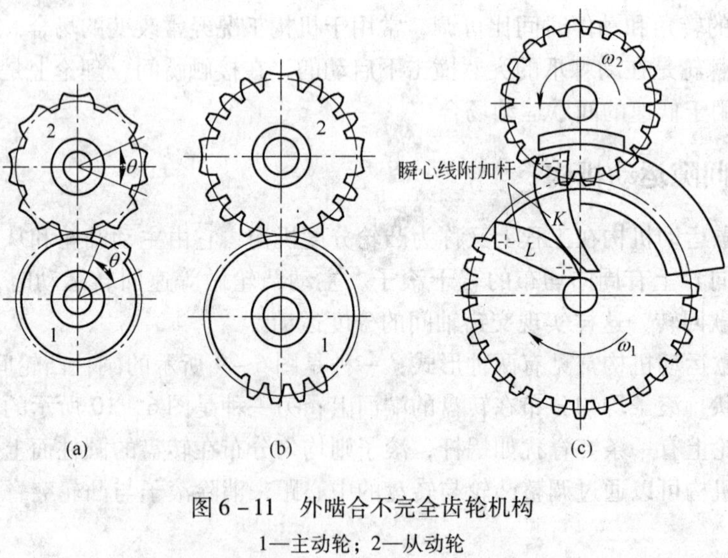

图 6－11　外啮合不完全齿轮机构

1—主动轮；2—从动轮

当主动轮匀速转动时，这种机构的从动轮在运动期间也保持匀速转动，但是当从动轮由停歇突然到达某一转速以及由某一转速突然停止时都会像等速运动规律的凸轮机构那样产生刚性冲击。因此，对于转速较高的不完全齿轮机构，可在两轮的端面分别装上瞬心线

附加杆 L 和 K（见图 6－11c），使从动件的角速度由零逐渐增加到某一数值从而避免冲击。

不完全齿轮机构有外啮合（见图 6－11）和内啮合（见图 6－12）两种形式，一般用外啮合形式。

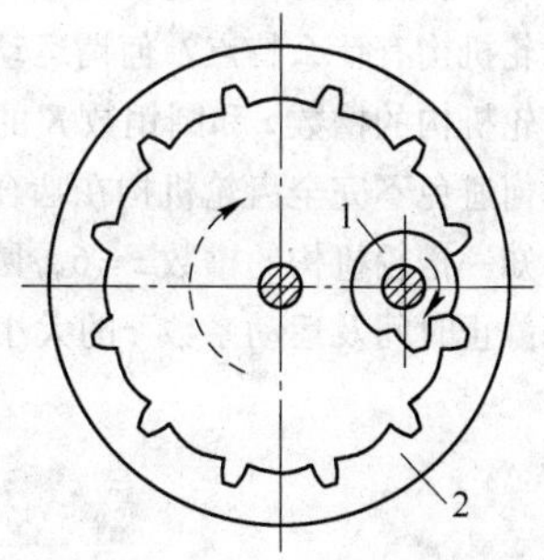

图 6－12　内啮合不完全齿轮机构
1—主动轮；2—从动轮

与其他间歇运动机构相比，不完全齿轮机构结构简单，制造方便，从动轮的运动时间和静止时间的比例不受机构结构的限制。其缺点是从动轮在转动开始和终止时，角速度有突变，冲击较大，故一般只适用于低速或轻载场合。

不完全齿轮机构常用于多工位自动机和半自动机工作台的间歇转位及某些间歇进给机构中。

小　结

（1）槽轮机构。槽轮机构是由槽轮、装有圆销的拨盘和机架组成的步进运动机构，可将主动拨盘的连续运转变换为槽轮的间歇转动，具有结构简单、机械效率高、运动平稳等特点，但槽轮每次转角的大小一经设计就不能改变。

（2）棘轮机构。棘轮机构是由摆杆、棘爪、棘轮、止回爪和机架组成的，它可将主动摆杆的连续往复摆动转换为从动棘轮的单向间歇转动。其棘轮轴的转角可以在较大范围内调节，且具有结构简单、加工方便、运动可靠等特点，但冲击、噪声大，且运动精度低。棘轮机构多用于速度较低、载荷不大、需单向或双向间歇送进的场合。此外，棘轮机构也常用作防止重物自行下坠的自锁机构。

（3）凸轮式间歇运动机构。凸轮式间歇运动机构由主动凸轮和从动盘组成，主动凸轮做等速回转运动时，从动盘做单向间歇回转，实现交错轴间的分度运动。其缺点是：凸轮加工比较复杂，装配与调整要求也较高，因而使它的应用受到了限制。凸轮式间隙运动机构的优点是结构简单、运转可靠、传动平稳、无噪声，适用于高速、中载和高精度分度的场合。

（4）不完全齿轮机构。不完全齿轮机构是由一个齿或几个齿的不完全齿轮的主动轮和普通的完整齿或由正常齿和带锁止弧的厚齿彼此相间地组成的从动轮组成，当主动轮连续转动时，从动轮获得时转时停的间歇运动。不完全齿轮机构常用于多工位自动机和半自动机工作台的间歇转位及某些间歇进给机构中。

习　题

6－1　棘轮机构的运动设计主要包括哪些内容？

6－2　为什么棘爪与棘轮轮齿接触处的公法线要位于棘轮与棘爪的转动中心之间？

6-3 已知一棘轮机构，棘轮模数 $m=5\text{mm}$，齿数 $z=12$，试确定机构的几何尺寸并画出棘轮的齿形。

6-4 槽轮机构有什么特点？何谓运动系数 τ，为什么 τ 必须大于零而且必须小于1？

6-5 槽轮机构的槽数 z 和圆销数 K 的关系如何？

6-6 如何避免不完全齿轮机构在啮合开始和终止时产生的冲击？从动轮停歇期间，如何防止其运动？

6-7 已知一槽轮机构的槽数 $z=6$，圆销数 $K=1$，若主动拨盘的转速为 $n_1=60\text{r/min}$，求槽轮的运动时间和静止时间及运动系数 τ 的大小。

7 机械零件设计概述

绝大部分机械零件都是在载荷作用下工作的。因此，在进行机械零件的设计时，要求在明确机械零件的结构和工作原理的基础上，应对机械零件进行载荷和应力的分析，从而了解该机械零件在工作过程中可能出现的各种失效形式和为防止该零件失效应该给出的工作能力计算准则，并在选择机械零件的材料及制造工艺时加以考虑。

7.1 机械零件的载荷和应力

7.1.1 载荷的分类

机械零件所受的载荷是进行机械零件设计的主要依据。载荷常用的分类方式有两种：

（1）静载荷和变载荷。不随时间变化或变化非常缓慢的载荷称为静载荷，如锅炉压力。随时间做周期性变化或非周期性变化的载荷称为变载荷，如汽车行驶在不平道路时，变速箱中的齿轮和轴所受的载荷。大部分机械零件都是在变载荷下工作的。

（2）工作载荷、名义载荷和计算载荷。机械零件正常工作时所受的实际载荷称为工作载荷。工作载荷的大小一般难以准确地确定，常用名义载荷代替。名义载荷指按照已知的原动机的功率，通过力学公式计算所得的载荷（如力 F、力矩 T、功率 P）。若已知原动机的额定功率 P（kW）和额定转速 n（r/min），则传动零件上的额定转矩为

$$T = 9.55 \times 10^6 P\eta i/n \quad (\mathrm{N \cdot mm}) \tag{7-1}$$

式中 η——由原动机到计算零件间的传动效率；

i——传动比。

名义载荷是机器在平稳工作条件下作用在零件上的载荷，它没有考虑原动机和工作机的工作性质、载荷在零件上分布的均匀性及其他因素的影响，通常与机械零件的实际受载有差距，因此设计时常引入载荷系数 K 来估计这些因素的综合影响。载荷系数 K 乘以名义载荷称为计算载荷（如 $F_c = KF, T_c = KT, P_c = KP$），设计机械零件时常按计算载荷进行计算。

7.1.2 应力的分类

7.1.2.1 应力的概念

零件所承受的载荷称为外力。在外力作用下，零件产生变形，各部分之间的相对位置便发生变化，从而使零件内部各部分之间产生相互作用力。这种由外力引起的零件内部的相互作用力称为内力。内力的大小及其在零件内部的分布方式与载荷作用下零件是否破坏、是否变形等因素密切相关。

以一根轴为例，假想将轴在 m—m 截面处切开，在截面上任意一点 C 处取微单元 ΔA，ΔA 上分布内力的合力为 ΔP，如图 7－1（a）所示，则 $p_m = \Delta P/\Delta A$ 称为面积 ΔA 上的平均应力。当 ΔA 趋于零时，有

$$p = \lim_{\Delta A \to 0} p_{\mathrm{m}} = \lim_{\Delta A \to 0} \frac{\Delta P}{\Delta A} \tag{7-2}$$

p 称为 C 点处的应力，表征 C 点处内力的分布密集程度。p 的方向一般既不与截面垂直，也不与截面相切。通常将 p 分解成与截面垂直的法向分量 σ 和与截面相切的切向分量 τ，如图 7－1（b）所示，σ 称为正应力，τ 称为切应力。应力的单位为 Pa（帕），常用单位为 MPa。

$$1\mathrm{Pa} = 1\mathrm{N/m^2}，1\mathrm{MPa} = 10^6\mathrm{Pa} = 1\mathrm{N/mm^2}$$

7.1.2.2 应力的分类

依据载荷的分类方式，应力的常用分类方式有以下三种。

A 静应力和变应力

不随时间变化或变化缓慢的应力称为静应力。静应力只能在静载荷下产生，例如锅炉内压力引起的应力。

随时间变化的应力称为变应力。大部分机械零件都是在变应力下工作的。变应力可能由变载荷产生，也可能由静载荷产生。如图 7－2 所示，受大小、方向都不改变的径向静载荷作用的滚动轴承，其外圈上点 a 处的应力为脉动循环变应力。常见的具有周期性的变应力称为循环变应力，它又可分为非对称循环变应力、脉动循环变应力和对称循环变应力三种基本类型（见图 7－3）。

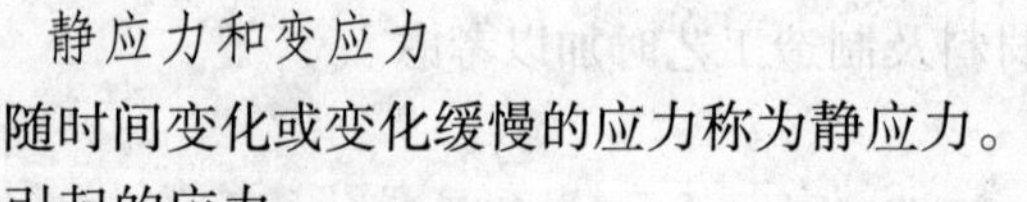

图 7－1 应力的概念

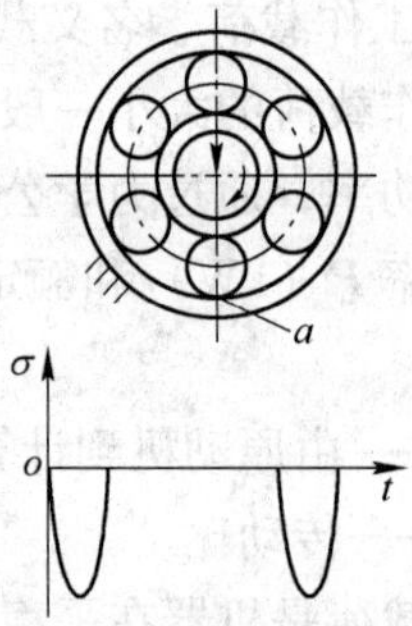

图 7－2 静载荷产生变应力

当变应力的最大应力为 $\sigma_{\max}$、最小应力为 $\sigma_{\min}$ 时，定义：

平均应力
$$\sigma_{\mathrm{m}} = \frac{\sigma_{\max} + \sigma_{\min}}{2}$$

应力幅
$$\sigma_{\mathrm{a}} = \frac{\sigma_{\max} - \sigma_{\min}}{2}$$

循环特性
$$r = \frac{\sigma_{\min}}{\sigma_{\max}}$$

则静应力有

$$\sigma_{\mathrm{m}} = \sigma_{\max} = \sigma_{\min}，\sigma_{\mathrm{a}} = 0，r = +1$$

非对称循环变应力有

$$\sigma_{\mathrm{m}} = \frac{\sigma_{\max} + \sigma_{\min}}{2}，\sigma = \frac{\sigma_{\max} - \sigma_{\min}}{2}，r = \frac{\sigma_{\min}}{\sigma_{\max}}$$

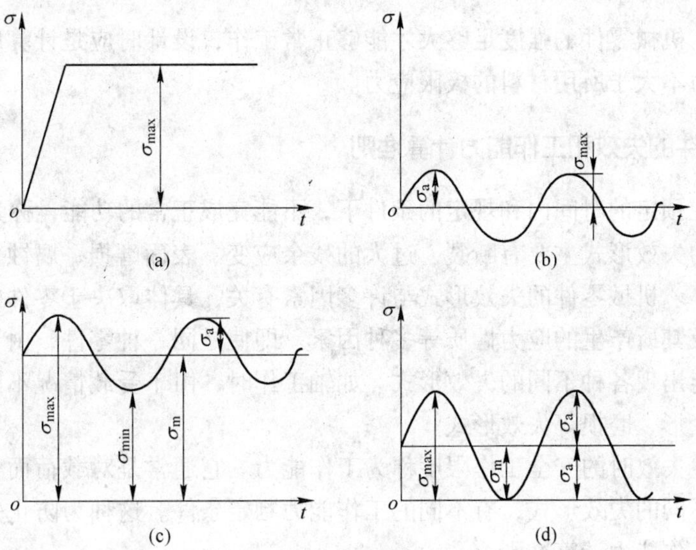

图 7-3 静应力以及周期性变应力的类型

(a) 静应力；(b) 对称循环变应力；(c) 非对称循环变应力；(d) 脉动循环应力

脉动循环变应力有

$$\sigma_{\mathrm{m}}=\sigma_{\mathrm{a}}=\frac{\sigma_{\max}}{2},\ \sigma_{\min}=0,\ r=0$$

对称循环变应力有

$$\sigma_{\mathrm{m}}=0,\ \sigma_{\mathrm{a}}=\sigma_{\max}=-\sigma_{\min},\ r=-1$$

变应力特性可用 $\sigma_{\max}$、$\sigma_{\min}$、σ_{m}、σ_{a}、r 五个参数中的任意两个来描述。

B 工作应力、名义应力和计算应力

根据工作载荷，由材料力学的公式计算出的应力称为工作应力；根据名义载荷，由材料力学的公式计算出的应力称为名义应力；根据计算载荷，由材料力学的公式计算出的应力称为计算应力。显然，计算应力等于载荷系数 K 与名义应力的乘积。

C 极限应力和许用应力

根据材料的特性和应力种类而选定的材料的某一力学性能的极限值称为极限应力。对于金属材料而言，常用的极限应力有弹性极限 $\sigma_{\mathrm{e}}(\tau_{\mathrm{e}})$、屈服极限 $\sigma_{\mathrm{s}}(\tau_{\mathrm{s}})$、强度极限 $\sigma_{\mathrm{b}}(\tau_{\mathrm{b}})$ 和疲劳极限 $\sigma_{\mathrm{r}}(\tau_{\mathrm{r}})$。

(1) 弹性极限 $\sigma_{\mathrm{e}}(\tau_{\mathrm{e}})$——表示机械零件的材料在此应力下产生弹性变形，去除载荷，变形可恢复的极限应力；

(2) 屈服极限 $\sigma_{\mathrm{s}}(\tau_{\mathrm{s}})$——表示材料在此应力下出现屈服现象，产生塑性变形，去除载荷，变形可部分恢复的极限应力；

(3) 强度极限 $\sigma_{\mathrm{b}}(\tau_{\mathrm{b}})$——表示材料出现断裂现象前所能承受的最大应力；

(4) 疲劳极限 $\sigma_{\mathrm{r}}(\tau_{\mathrm{r}})$——表示材料在变应力作用下出现疲劳断裂现象前所能承受的最大应力。

计算应力所允许达到的最大值称为许用应力。不经特别说明，本书用［ ］表示许用应力。

一般而言，机械零件的强度足够大才能够正常工作，设计时应是计算应力不大于许用应力，许用应力不大于所用材料的极限应力。

7.1.3 机械零件的失效和工作能力计算准则

机械零件在预定的时间内和规定的条件下，不能完成正常的功能，称为失效。

机械零件的失效形式主要有断裂、过大的残余应变、表面磨损、腐蚀、零件表面的接触疲劳和共振等。机械零件的失效形式与许多因素有关，具体取决于零件的工作条件、材质、受载状态及其所产生的应力性质等多种因素。即使是同一种零件，由于材质及工作情况不同，也可能出现各种不同的失效形式。如轴工作时，由于受载情况不同，可能出现断裂、过大塑性变形、磨损等失效形式。

零件不发生失效时的安全工作限度称为工作能力。它通常是对载荷而言的，可称为承载能力。对应不同的失效形式，有不同的工作能力判定条件。这种为防止失效而制定的判定条件，称为工作能力计算准则。

为了使零件能在预定时间内和规定工作条件下正常工作，设计机械零件时应满足下面的基本要求：

（1）强度。强度是指零件在载荷作用下抵抗塑性变形或断裂的能力，其大小常用应力表示。当强度为主要问题时，工作能力计算准则为计算应力不大于许用应力。

（2）刚度。刚度是指零件在载荷作用下抵抗弹性变形的能力。常用一定载荷作用下的变形量大小表示零件刚度的优劣。当刚度为主要问题时，工作能力计算准则为变形量不大于许用变形量。

（3）耐磨性。耐磨性是指在载荷作用下抵抗材料损失的能力。材料的磨损是一个复杂的过程，涉及物理、化学等多种因素的影响，计算复杂且难以精确，因此常用简单的条件性计算，用压强表示材料的磨损情况。当耐磨性为主要问题时，工作能力计算准则为压强不大于许用压强。

（4）振动。振动是指零件发生周期性弹性变形的现象。当机器或零件的自振频率与周期性外荷载的变化频率相等或相接近时，会产生共振，此时，振幅将急剧增大，这种现象称为失稳，即丧失振动稳定性。当振动稳定性为主要问题时，工作能力计算准则为改变零件的频率以避开外载荷的变化频率。

（5）温度。温度对机械零件的影响主要在于当温度过高时，易使润滑油黏度下降，工作表面出现较大的摩擦磨损，甚至发生胶合现象。工作能力计算准则为零件的最高工作温度不高于许用温度。

设计机械零件时，根据可能的主要失效形式，运用相应的工作能力计算准则，可确定零件的形状和主要尺寸。

7.2 机械零件的强度

7.2.1 静应力下的强度

机械零部件在静应力作用下，其失效形式为断裂或塑性变形。设计时危险剖面处的计算应力不超过许用应力，其强度条件可写成：

$$\sigma \leqslant [\sigma] = \frac{\sigma_{\lim}}{[S]}$$
$$\tau \leqslant [\tau] = \frac{\tau_{\lim}}{[S]} \quad (7-3)$$

式中 σ，τ——计算应力；

$\sigma_{\lim}$——极限正应力；

$\tau_{\lim}$——极限剪应力；

$[S]$——许用安全系数。

对于用塑性材料制成的零件，可按不发生塑性变形的条件进行计算。这时应取材料的屈服极限（σ_s、τ_s）作为极限应力，故许用应力为：

$$\sigma \leqslant [\sigma] = \frac{\sigma_s}{[S]}$$
$$\tau \leqslant [\tau] = \frac{\tau_s}{[S]} \quad (7-4)$$

对于用脆性材料制成的零件，按不发生断裂的条件进行计算，应取强度极限（σ_b、τ_b）作为极限应力，其许用应力为：

$$\sigma \leqslant [\sigma] = \frac{\sigma_b}{[S]}$$
$$\tau \leqslant [\tau] = \frac{\tau_b}{[S]} \quad (7-5)$$

7.2.2 变应力下的强度

作用在机械零部件上的载荷，无论是静载荷还是变载荷，均可能产生变应力。在变应力作用下，机械零部件的失效与在静应力作用下完全不同，因而，其强度条件的计算方法也有明显的区别。

7.2.2.1 疲劳断裂

变应力下，零件的失效形式是疲劳断裂。

疲劳断裂具有以下特征：

（1）疲劳断裂的最大应力远比静应力下材料的强度极限低，甚至比屈服极限低；

（2）无论脆性材料还是塑性材料，其疲劳断裂口均表现为无明显塑性变形的脆性突然断裂；

（3）疲劳断裂是损伤的积累，它的初期现象是在零件表面或表层形成微裂纹，这种微裂纹随着应力循环次数的增加而逐渐扩展，直至余下的未裂开的截面积不足以承受外载荷时，零件就突然断裂。

疲劳断裂是损伤达到一定程度即裂纹扩展到一定程度后才发生的突然断裂，因此疲劳断裂与应力循环次数（即使用期限或寿命）密切相关。

7.2.2.2 疲劳曲线

在循环特性为 r 的变应力作用下，经过 N 次循环后，材料不发生疲劳断裂的应力最大值称为疲劳强度极限 σ_{rN}、τ_{rN}，简称疲劳极限。表示应力循环次数 N 与疲劳极限之间的关系曲线称为疲劳曲线（$\sigma-N$ 或 $\tau-N$ 曲线），如图 7－4 所示。

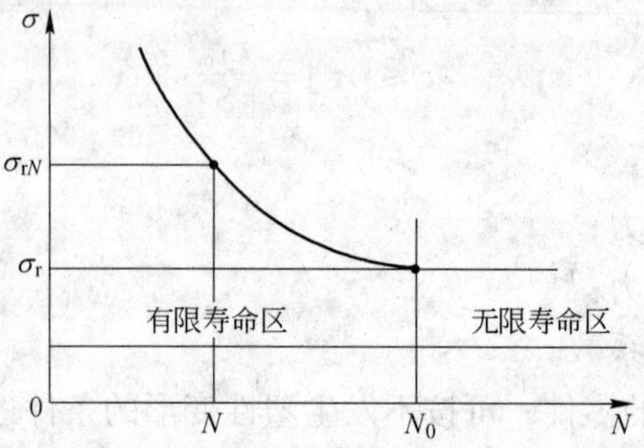

图 7－4 疲劳曲线

试验表明，零件（或材料）所受的应力增大，该零件（或材料）到破坏为止能承受的变应力循环次数减少；反之，应力减小，能承受的变应力循环次数增加。当应力减小到某一数值时，应力循环次数 N 超过某一数值 N_0 以后，曲线趋向水平，即应力循环次数可达“无数”次而材料不发生疲劳破坏。N_0 称为循环基数。对应于 N_0 的应力称为材料的疲劳极限。图 7－4 所示为对某种材料进行试验得出的应力和应力循环次数的关系曲线（$\sigma-N$ 曲线，或疲劳曲线）。图中，σ_r 即为该材料的疲劳极限，而 σ_{rN} 为应力循环次数为 N 时（有限寿命）的极限应力，称之为条件疲劳极限。从图中可以明显看出，零件（或材料）承受变应力的循环次数愈少，其极限应力愈高。试验研究指出，疲劳曲线可以用“σ_{mN} = 常数”表示。由上述关系，可求得条件疲劳极限 σ_{rN} 与应力循环次数 N 的关系为：

$$\sigma_{rN}=\sqrt[m]{\frac{N_0}{N}}\sigma_r=K_N\sigma_r \tag{7-6}$$

式中，m 为与材料性能、应力状态等有关的指数，其值可由有关手册查出。$K_N=\sqrt[m]{\frac{N_0}{N}}$ 称为寿命系数。因 $N \geqslant N_0$ 时，疲劳极限为 σ_r，原则上取 $K_N=1$。寿命系数的详细选取可查阅相关资料。

7.3 机械常用材料及制造工艺性

7.3.1 机械零件的常用材料

机械制造中最常用的材料是钢和铸铁，其次是有色金属合金，非金属材料如塑料、橡胶等在机械制造中也得到广泛的应用。

7.3.1.1 钢

钢的强度较高，塑性较好，可通过切削、轧制、锻造、冲压、焊接和铸造方法加工各种机械零件，并且可以用热处理和表面处理方法提高其机械性能，因此其应用极为广泛。

钢的种类很多。按用途分，钢可分为结构钢、工具钢和特殊用途钢。结构钢可用于加工机械零件和各种工程结构件。工具钢可用于制造各种刀具、模具等。特殊用途钢（不锈钢、耐热钢、耐腐蚀钢）主要用于特殊的工况条件下。按化学成分钢可分为碳素钢和合金钢。碳素钢的性能主要取决于含碳量，含碳量越多，其强度越高，但塑性越低。

碳素钢包括普通碳素结构钢和优质碳素结构钢。普通碳素结构钢（如 Q215、Q235）一般只保证机械强度而不保证化学成分，不宜进行热处理，通常用于不太重要的零件和工程结构件。碳素钢的性能主要取决于其含碳量。低碳钢的含碳量低于 0.25%，其强度极限和屈服极限较低，塑性很高，可焊性好，通常用于制作螺钉、螺母、垫圈和焊接件等。含碳量在 0.1% ~0.2% 间的低碳钢零件可通过渗碳淬火使其表面硬而心部韧，一般用于制造齿轮、链轮等要求表面耐磨而且耐冲击的零件。中碳钢的含碳量在 0.3% ~0.5% 之间，它的综合力学性能较好，可用于制造受力较大的螺栓、螺母、键、齿轮和轴等零件。含碳量在 0.55% ~0.7% 间的高碳钢具有高的强度和刚性，通常用于制作普通的板弹簧、螺旋弹簧和钢丝绳。

合金结构钢是在碳钢中加入某些合金元素冶炼而成的。每一种合金元素低于 2% 或合金元素总量低于 5% 的称为低合金钢。每一种合金元素含量为 2% ~5% 或合金元素总含量为 5% ~10% 的称为中合金钢。每一种合金元素含量高于 5% 或合金元素总含量高于 10% 的称为高合金钢。加入不同的合金元素可改变钢的机械性能并使其具有各种特殊性质。例如铬能提高钢的硬度，并在高温时能防锈耐酸；镍使钢具有良好的淬透性和耐磨性。但合金钢零件一般都需经过热处理才能提高其机械性能；此外，合金钢较碳素钢价格高，对应力集中亦较敏感，因此常用于不宜用碳素钢的场合。

用碳素钢或合金钢浇铸而成的铸件称为铸钢，通常用于制造结构复杂、体积较大的零件，但铸钢的液态流动性比铸铁差，且其收缩率比铸铁件大，故铸钢的壁厚常大于 10mm，其圆角和不同壁厚的过渡部分应比铸铁件大。

7.3.1.2 铸铁

常用的铸铁有灰铸铁、球墨铸铁、可锻铸铁、合金铸铁等。其中灰铸铁和球墨铸铁属脆性材料，不能碾压和锻造，不易焊接，但具有适当的易熔性和良好的液态流动性，因而可铸成形状复杂的零件。灰铸铁的抗压强度高，耐磨性、减振性好，对应力集中的敏感性小，价格便宜，但其抗拉强度较钢差，常用作机架或壳座。球墨铸铁强度较灰铸铁高且具有一定的塑性，球墨铸铁可代替铸钢和锻钢用来制造曲轴、凸轮轴、油泵齿轮、阀体等。

7.3.1.3 有色金属合金

有色金属合金具有良好的减摩性、跑合性、抗腐蚀性、抗磁性、导电性等特殊的性能。在工业中应用最广的是铜合金、轴承合金和轻合金，但有色金属合金比黑色金属价格贵。铜合金有青铜与黄铜之分，黄铜是铜与锡的合金，它具有很好的塑性和流动性，能碾压和铸造各种机械零件。青铜有锡青铜和无锡青铜两类，它们的减摩性和抗腐蚀性均较好。轴承合金（又称巴氏合金）为铜、锡、铅、锑的合金，其减摩性、导热性、抗胶合性较好，但强度低且价格较贵，主要用于制作滑动轴承的轴承衬。

7.3.1.4 非金属材料

非金属材料包括除金属材料以外几乎所有的材料。机械制造中应用的非金属材料种类很多，如橡胶、塑料、复合材料、陶瓷等。

（1）橡胶。橡胶有较好的缓冲、减振、耐热、绝缘等性能，富有弹性，常用做联轴器和减振器的弹性零件、橡胶带及绝缘材料等。

（2）塑料。塑料是合成高分子材料工业中生产最早、发展最快、应用最广的材料。塑料比重小，易制成形状复杂的零件，而且不同塑料具有不同的特点，如耐蚀性、减摩性、耐磨性、绝热性、抗振性等。

（3）复合材料。复合材料是将两种或两种以上不同性质的材料通过不同的工艺方法人工合成多相的复合材料，它主要由增强材料和基体材料组成。近年来以材料的功能复合为目的，应用于光、热、电、阻尼、润滑、生物等方面新的复合材料的不断问世，复合材料的应用范围正不断扩大。

（4）陶瓷。陶瓷材料具有高的熔点，在高温下有较好的化学稳定性，适宜用作高温材料。现代机械装置特别是高温机械部分，使用陶瓷材料将是一个重要的研究方向。此外，高硬度的陶瓷材料，具有摩擦系数小、耐磨、耐化学腐蚀、密度小、线膨胀系数小等特性，因此可应用于高温、中温、低温领域及精密加工的机械零件。

7.3.2 机械材料选用的原则

材料的选择是机械设计中的一个重要环节。从各种各样的材料中选择出合用的材料是一项受到多方面因素制约的工作，通常应考虑下面的原则：

（1）使用要求。使用要求是要保证零件在规定的使用期限内可靠地工作，这些要求主要包括载荷的大小和性质、应力的种类、零件尺寸的大小及质量等。如对于承受拉伸载荷为主的零件宜选用钢材，承受压缩载荷的零件应选铸铁，承受冲击载荷时应选择塑性材料。脆性材料原则上只适用于制造承受静载荷的零件。对外形复杂、尺寸较大的零件，若考虑用铸造毛坯，则应选用适合铸造的材料；若考虑用焊接毛坯，则应选用焊接性能较好的材料；尺寸小、外形简单、批量大的零件，适于冲压和模锻，所选材料就应具有较好的塑性。

（2）零件的工作条件。在腐蚀介质中工作的零件应选用耐腐蚀材料，在高温下工作的零件应选耐热材料，在湿热环境下工作的零件，应选防锈能力好的材料，如不锈钢、铜合金等。零件在工作中有可能发生磨损的部位，要提高其表面硬度，以增强耐磨性，此时应选择适于进行表面处理的淬火钢、渗碳钢、氮化钢。金属材料的性能可通过热处理和表面强化（如喷丸、滚压等）来提高和改善，因此要充分利用热处理和表面处理的手段来发挥材料的潜力。

（3）经济性。选择零件材料时，当用价格低廉的材料能满足使用要求时，就不应选择价格高的材料，这点对于大批量制造的零件尤为重要。此外还应考虑加工成本及维修费用。为了简化供应和储存的材料品种，对于小批制造的零件，应尽可能减少同一部设备上使用材料的品种和规格，使综合经济效益最高。

选择材料要综合考虑各种影响因素。通常，选用时可参考已有的类似零件的材料。

7.3.3 公差配合和表面粗糙度的选择

公差与配合是实现标准机械零件互换性的生产基础。表面粗糙度反映零件的表面质量，影响着零件的精度和强度。因此，合理选择公差配合和表面粗糙度是机械设计中极其重要的一环。

公差与配合的选择原则主要是在保证零件具有较好的使用性能的前提下，选择经济的公差等级，使零件的制造成本经济、合理。如果低等级能满足要求，一般不采用高等级。

表面粗糙度的选择主要是根据零件的工作条件和使用要求，同时考虑实际加工工艺的可能性和经济性。零件的表面粗糙度数值越小，零件表面越光滑，但工艺过程越复杂，加工周期越长，加工成本越高。因此，没有特殊要求，不应片面追求小的粗糙度数值。

7.3.4 机械零件的工艺性和标准化

要正确设计零件的结构，设计人员就必须熟悉制造零件的各种方法及工艺要求，在设计过程中，要虚心听取工艺方面的技术人员和工人的意见，使零件的结构设计更加合理。在具体生产条件下，如果所设计的机械零件既便于加工而且加工费用又很低，则这样的零件就称为具有良好的工艺性。有关工艺性的基本要求如下。

（1）选择合理的毛坯种类。零件的毛坯种类主要有铸件、锻件、轧制型材、冲压件和焊接件等。根据零件的要求和生产条件来选择合理的毛坯种类，这对零件的工作能力和经济性有很大影响。毛坯的种类又与零件的尺寸和形状以及生产批量有关。在大批量生产及有大型生产设备的条件下，宜采用模锻毛坯；对形状复杂、尺寸大的零件，宜采用铸造毛坯。而单件或小批量生产的零件，应避免用铸造或模锻毛坯，否则会因为模具使用率太低而造成成本增加，应采用焊接毛坯或自由锻毛坯。

（2）零件的结构要简单合理。零件形状愈复杂，制造愈困难，成本就愈高。因此，设计零件的结构形状时，最好采用最简单的表面（如平面、圆柱面、螺旋面）及其组合，同时还应当尽量使加工表面数目最少和加工面积最小。

机械中有许多零件（如螺钉、轴承）是通用的，将这些零件的结构形式、尺寸规格、材料性能、试验方法、质量鉴定等标准化，有利于采用先进的工艺方法进行规模化生产和专业化生产，降低生产成本，提高产品质量，同时简化设计工作，使设计人员可以集中精力设计新的和重要的结构。因此，机械零件的标准化在机械设计和制造中具有重大的意义。

零件标准是在总结了先进生产技术和经验的基础上制定出来的，在设计零件时，如无特殊要求，应采用国家标准。

小 结

（1）机械零件的载荷和应力。机械零件所受载荷是进行机械零件设计的主要依据。一般而言，机械零件的强度足够大才能够正常工作，工作应力应不大于许用应力，许用应力应不大于所用材料的一定条件下的极限应力。

（2）机械零件的强度。机械零件的强度是机械零件抵抗破坏的能力。机械零部件在静应力作用下，其失效形式为断裂或塑性变形。机械零部件在变应力作用下，其失效形式为疲劳破坏。作用在机械零部件上的载荷，无论是静载荷还是变载荷，均可能产生变应力。

（3）机械常用材料及制造工艺性。机械制造中最常用的材料是钢和铸铁，其次是有色金属合金、非金属材料。材料的选择是机械设计中的一个重要环节。零件的工艺性反映了零件加工的难易程度以及加工费用的高低。要求掌握工艺性的基本要求。

习 题

7-1 什么是机械零件的失效？机械零件主要有哪些失效形式？

7-2 什么是机械零件的工作应力、计算应力、极限应力和许用应力？

7-3 什么是零件的强度？强度条件是如何表示的？如何提高零件的强度？

7-4 什么是零件的刚度？刚度条件是如何表示的？提高零件刚度的措施有哪些？

7-5 机械零件设计中选择材料的原则是什么？

8 连　　接

为了满足制造、安装、维修和运输等方面的要求，在机器中广泛采用各种连接。常用的连接中，键连接、花键连接和销连接主要用于轴和轴上带毂零件之间的连接，属于轴毂连接。螺纹连接由于能经常装拆且互换性好，是应用最为广泛的一种连接形式。

8.1 键连接和花键连接

键和花键主要是用于轴与回转零件（如齿轮、带轮等）轮毂之间周向固定并传递运动、转矩，其中有的还可实现导向、轴向固定和传递轴向力。

8.1.1 键连接

键是一种标准零件，主要类型有平键连接、半圆键连接、楔键连接和切向键连接。设计时通常先根据各种键的应用特点选择键的类型，再确定键的尺寸，最后校核键连接的强度。

8.1.1.1 常见的键连接

A　平键连接

图 8 -1 所示为普通平键连接的结构形式。键的两侧面是工作面，工作时，靠键同键槽侧面的挤压来传递转矩。键的上表面和轮毂的键槽底面间留有间隙。平键连接具有结构简单、装拆方便、对中性较好等优点，因而得到广泛应用。但这种键连接不能承受轴向力，因而对轴上的零件不能起到轴向固定的作用。

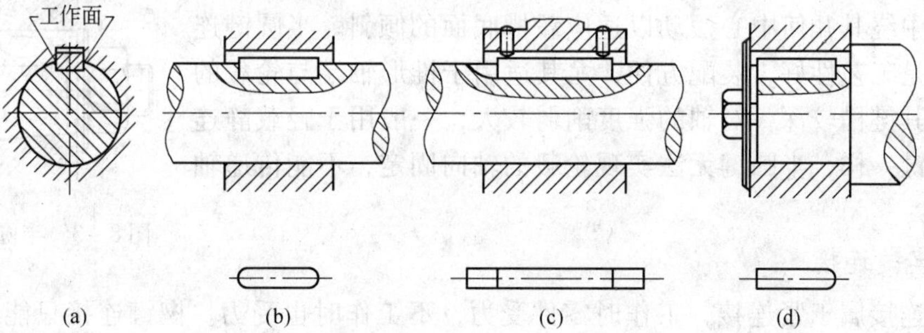

图 8 -1　普通平键连接

（a）平键连接；（b）圆头平键；（c）平头平键；（d）单圆头平键

按用途的不同，平键分为普通平键、导向平键和滑键三种。其中普通平键用于静连接，导向平键和滑键用于动连接。

普通平键按端部结构分，有圆头（A 型）、平头（B 型）及单圆头（C 型）三种，如

图 8－1 所示。圆头平键宜放在轴上用键槽铣刀铣出的键槽中，键在键槽中轴向固定良好。其缺点是键的头部侧面与轮毂上的键槽并不接触，因而键的圆头部分不能充分利用，而且轴上键槽端部的应力集中较大。平头平键是放在用盘铣刀铣出的键槽中，因而避免了上述缺点，但对于尺寸大的键，宜用紧固螺钉固定在轴上的键槽中，以防松动。单圆头平键则常用于轴端与毂类零件的连接。

当被连接的毂类零件在工作过程中必须在轴上做轴向移动时（如变速箱中的滑移齿轮），须采用导向平键或滑键。导向平键简称导键，如图 8－2（a）所示，是一种较长的平键，用螺钉固定在轴上的键槽中。为了便于拆卸，键上制有起键螺孔，以便拧入螺钉使键退出键槽。轴上的传动零件可沿导键做轴向滑移。当零件需滑移的距离较大时，因所需导向平键的长度过大，制造困难，故宜采用滑键，如图 8－2（b）所示。滑键固定在轮毂上，轮毂带动滑键在轴上的键槽中做轴向滑移。这样，只需在轴上铣出较长的键槽，而键可以做得较短。

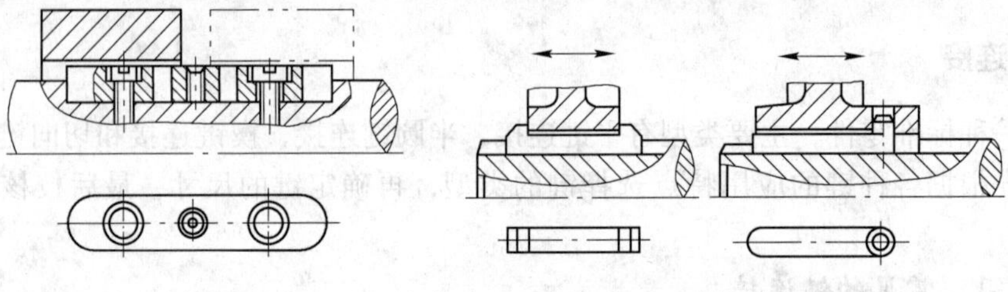

图 8－2　导向平键连接和滑键连接
（a）导向平键连接；（b）滑键连接

B　半圆键连接

半圆键是标准件，适用于静连接，其结构如图 8－3 所示。半圆键的工作面也是键的两个侧面。轴上键槽用与半圆键尺寸相同的键槽铣刀铣出，半圆键可在槽中绕其几何中心摆动以适应毂槽底面的倾斜。半圆键连接的特点是工艺性好，装配方便，尤其适用于锥形轴端与轮毂的连接；但其键槽较深，对轴的强度削弱较大，一般用于轻载静连接。同平键一样，半圆键无法实现轮毂的轴向固定，不能传递轴向力。

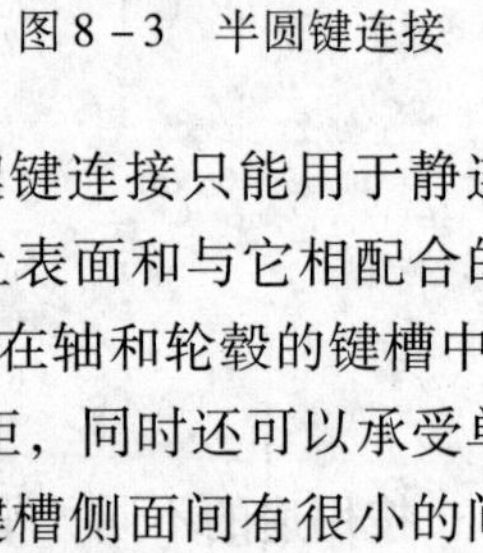

图 8－3　半圆键连接

C　楔键连接

楔键连接属于紧连接，工作时零件受力，不工作时也受力。楔键连接只能用于静连接，其结构如图 8－4 所示。楔键的上、下两面为工作面。楔键的上表面和与它相配合的轮毂键槽底面均有 1∶100 的斜度。装配时将楔键打入，使楔键楔紧在轴和轮毂的键槽中，楔键的上、下表面受挤压，工作时靠这个挤压产生的摩擦力传递转矩，同时还可以承受单向的轴向载荷，对轮毂起到单向的轴向固定作用。楔键的侧面与键槽侧面间有很小的间隙，当转矩过载而导致轴与轮毂发生相对转动时，键的侧面能像平键那样参加工作。因此，楔键连接在传递有冲击和振动的较大转矩时，仍能保证连接的可靠性。但由于键楔紧后，轴和轮毂的配合产生偏心和偏斜，因此楔键连接主要用于毂类零件的定心精度要求不高和低转速的场合。

楔键是标准件，按结构形式楔键分为普通楔键和钩头楔键两类。普通楔键有圆头、平头和单圆头三种形式。装配时，圆头楔键要先放入轴上键槽中，然后拍紧轮毂，如图 8 - 4 所示；平头、单圆头和钩头楔键则在轮毂装好后才将键放入键槽并打紧。钩头楔键的钩头供拆卸用，安装在轴端时，应注意加装防护罩，以免伤人。

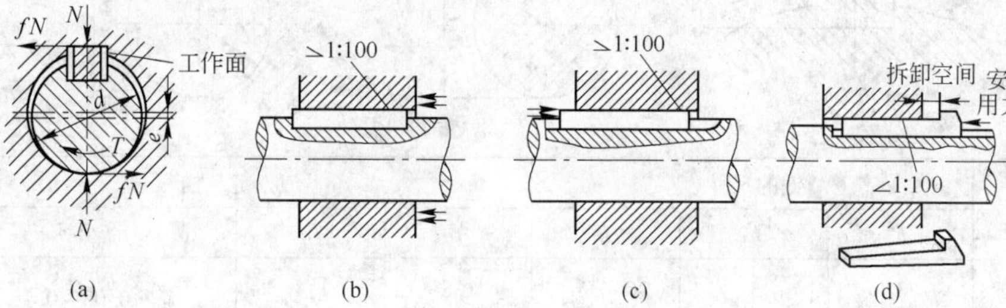

图 8 - 4 楔键连接

（a）楔键；（b）圆头楔键；（c）平头楔键；（d）钩头楔键

D 切向键连接

同楔键连接一样，切向键连接属于紧连接，也只能用于静连接，其结构如图 8 - 5 所示。切向键是由一对斜度为 1 : 100 的楔键组成。切向键的工作面是由一对楔键沿斜面拼合后相互平行的两个上下面，被连接的轴和轮毂上都制有相应的键槽。装配时，把一对楔键分别从轮毂两端打入，拼合而成的切向键就沿轴的切线方向楔紧在轴与轮毂之间。工作时，靠工作面上的挤压力和轴与轮毂间的摩擦力来传递转矩。用一个切向键时，只能传递单向转矩；当要传递双向转矩时，必须用两个切向键，两者间的夹角为 120° ~ 130°。切向键对中性差，常用于重型机械且对中性要求不高的场合。

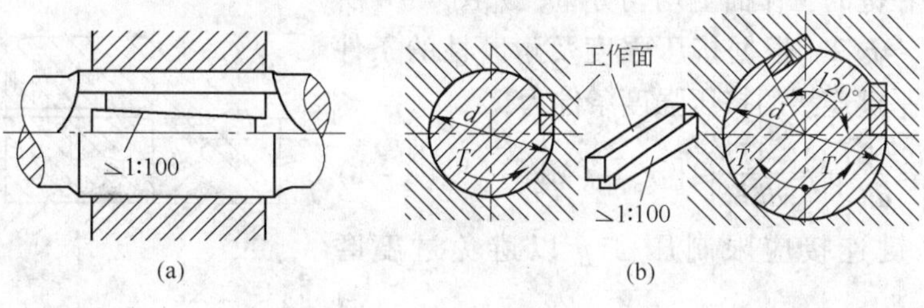

图 8 - 5 切向键连接

8.1.1.2 平键连接的选择与计算

设计键连接时，一般分为三步。先根据工作要求选择键的类型，再根据装键处的轴径 d 从标准（见表 8 - 1）中查取键的宽度 b 和高度 h，并参照轮毂长度从标准中选取键的长度 L，最后进行键连接的强度较核。

根据标准规定，键的材料一般采用极限不低于 600MPa 的材料制造，如 45 钢。平键连接的主要失效形式是工作面的压溃，除非有严重的过载，一般不会出现键的剪断。因此，通常只按工作面上挤压应力进行强度校核计算。导向平键连接的主要失效形式是过度磨损，因此，一般按工作面上的压强进行条件性强度校核计算。

表 8-1 普通平键和键槽的尺寸（摘自 GB/T 1095—2003、GB/T 1096—2003） mm

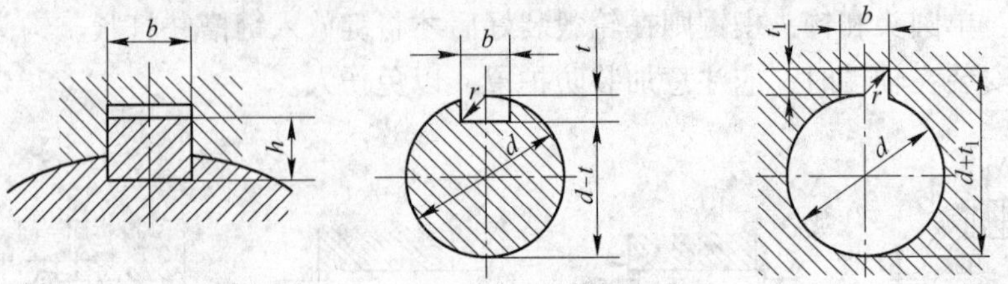

轴的直径 d	键的尺寸 b	键的尺寸 h	键的尺寸 L	键槽 t	键槽 t_1	键槽 半径 r
>8 ~ 10	3	3	6~36	1.8	1.4	0.08~0.16
>10 ~ 12	4	4	8~45	2.5	1.8	
>12 ~ 17	5	5	10~56	3.0	2.3	0.16~0.25
>17 ~ 22	6	6	14~70	3.5	2.8	
>22 ~ 30	8	7	18~90	4.0	3.3	
>30 ~ 38	10	8	22~110	5.0	3.3	0.25~0.4
>38 ~ 44	12	8	28~140	5.0	3.3	
>44 ~ 50	14	9	36~160	5.5	3.8	
>50 ~58	16	10	45~180	6.0	4.3	
>58 ~ 65	18	11	50~200	7.0	4.4	
>65 ~ 75	20	12	56~220	7.5	4.9	0.4~0.6
>75 ~ 85	22	14	63~250	9.0	5.4	

L 系列 6、8、10、12、14、16、18、20、22、25、28、32、36、40、45、50、56、63、70、80、90、100、110、125、140、160、180、200、250…

注：在工作图中，轴槽深用 $d-t$ 或 t 标注，毂槽深用 $d+t_1$ 或 t_1 标注。

假定载荷在键的工作面上均匀分布，如图 8-6 所示，并假设 $h' \approx h/2$。根据挤压强度及耐磨性的条件性计算，普通平键连接的挤压强度条件为：

$$\sigma_p = \frac{2T}{dh'L_c} \approx \frac{4T}{dhL_c} \leqslant [\sigma_p] \text{ (MPa)} \qquad (8-1)$$

对导向平键连接应限制压强 p 以避免过度磨损，即

$$p = \frac{2T}{dh'L_c} \approx \frac{4T}{dhL_c} \leqslant [p] \text{ (MPa)} \qquad (8-2)$$

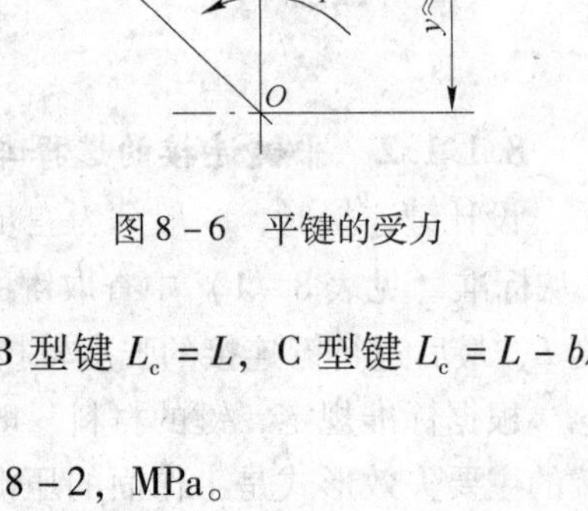

图 8-6 平键的受力

式中 T——传递的转矩，N·mm；

d——轴径，mm；

h——键的高度，mm；

L_c——键的计算长度（对 A 型键 $L_c = L - b$，B 型键 $L_c = L$，C 型键 $L_c = L - b/2$），mm；

$[\sigma_p]$，$[p]$——连接的许用挤压应力和许用压强，见表 8-2，MPa。

表8-2 键连接的许用挤压应力和许用压强 MPa

许用值	轮毂材料	载荷性质		
		静载荷	轻微冲击	冲击
$[\sigma_p]$	钢	125~150	100~120	60~90
	铸铁	70~80	50~60	30~45
$[p]$	钢	50	40	30

在设计使用中若单个键强度不够，可采用双键按180°对称布置。考虑载荷分布不均匀性，在强度校核中应按1.5个键进行计算。

8.1.2 花键连接

花键连接由周向均布多个键齿的花键轴与带有相应键齿槽的轮毂孔相配而成。花键齿的侧面为工作面，工作时有多个键齿同时传递转矩，所以花键连接的承载能力比平键连接高得多。花键连接的导向性好，齿根处的应力集中较小，适用于传递载荷大、定心精度要求高或者经常需要滑移的连接。

花键已经标准化，花键连接的齿数、尺寸、配合等均应按标准选取。例如矩形花键的齿数 z、小径 d、大径 D、键宽 B 等可以根据轴径查标准选定，其强度计算方法与平键相似。花键的加工需要专用设备。花键按齿形分为矩形花键、渐开线花键，可用于静连接和动连接。

（1）矩形花键。按齿高的不同，矩形花键的齿形尺寸在标准中规定了两个系列，即轻系列和中系列。轻系列的承载能力较小，多用于静连接或轻载连接；中系列用于中等载荷的连接。矩形花键的定心方式通常为小径定心，如图8-7（a）所示，即外花键和内花键的小径为配合面。矩形花键的特点是定心精度高，定心稳定性好，能用磨削的方法消除热处理引起的变形。矩形花键连接应用广泛。

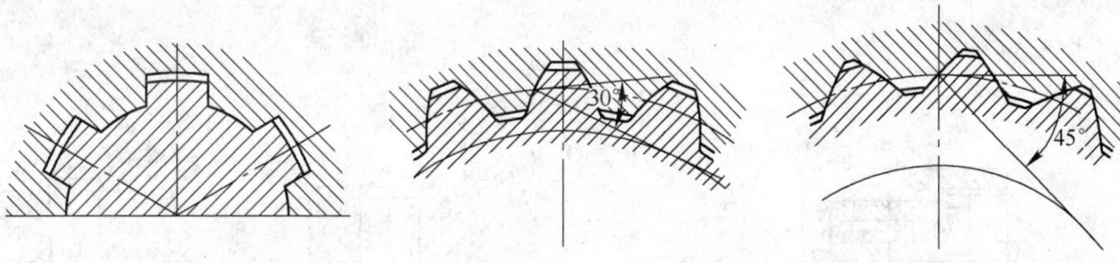

(a) (b) (c)

图8-7 花键连接

（a）矩形花键；（b）渐开线花键（$\alpha=30°$）；（c）渐开线花键（$\alpha=45°$）

（2）渐开线花键。渐开线花键的齿廓为渐开线，渐开线花键可以用制造齿轮的方法来加工，工艺性较好，制造精度也较高。与渐开线齿轮相比，渐开线花键齿较短，齿根较宽，不发生根切的最小齿数较少。渐开线花键的分度圆压力角有30°和45°两种，如图8-7（b）、（c）所示。压力角为45°的渐开线花键与压力角为30°的渐开线花键相比，由于齿形短，对连接件的削弱较少，但齿的工作面高度较小，故承载能力较低，多用于载荷较轻、直径较小的静连接，特别适用于薄壁零件的轴毂连接。渐开线花键的定心方式为齿形定心。当齿受载时，齿上的径向力能起到自动定心作用，有利于各齿均匀承载。

与平键连接比较，花键连接在强度、工艺和使用方面有下列优点：

(1) 因为在轴上与毂孔上直接而匀称地制出较多的齿与槽，故连接受力较为均匀；

(2) 因槽较浅，齿根处应力集中较小，对轴与毂的强度削弱较少；

(3) 齿数较多，总接触面积较大，因而可承受较大的载荷；

(4) 轴上零件与轴的对中性好（这对高速及精密机器很重要）；

(5) 导向性较好（这对动连接很重要）；

(6) 可用磨削的方法提高加工精度及连接质量。花键连接的缺点是齿根仍有应力集中，有时需用专门设备加工，成本较高。

8.2 销连接

销连接主要用于固定零件之间的相对位置（定位销），并能传递较小的载荷（连接销），它还可以用于过载保护（安全销）。

定位销通常不受载荷或只受很小的载荷，故不作强度校核计算，其直径可按结构确定，数目一般不少于两个。连接销的类型可根据工作要求选定，其尺寸可根据连接的结构特点按经验或规范确定，必要时再按剪切和挤压强度条件进行校核计算。安全销在机器过载时应能被剪断（见图 8-8），因此，销的直径应按过载时被剪断的条件确定。

按形状的不同，销可分为圆柱销、圆锥销和开口销等。这些销均已标准化。

圆柱销如图 8-9 所示，靠过盈配合固定在销孔中，如果多次装拆，其定位精度会降低，适用于不经常拆卸的场合。

圆锥销和销孔均有 1:50 的锥度（见图 8-10），因此安装方便，定位精度高，多次装拆不影响定位精度，适用于经常拆卸的场合。端部带螺纹的圆锥销（见图 8-11），可用于盲孔定位或装拆困难的场合。开尾圆锥销（见图 8-12）适用于有冲击、振动的场合。

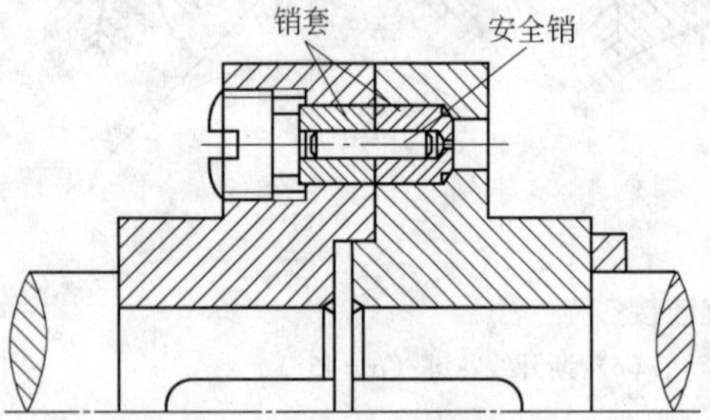

图 8-8 安全销

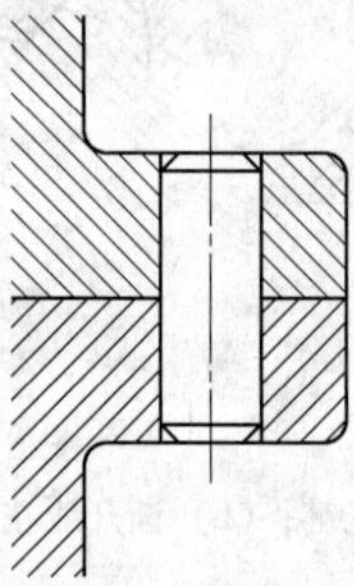
图 8-9 圆柱销

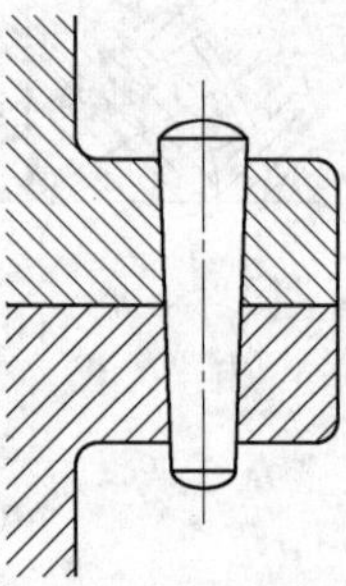
图 8-10 圆锥销

槽销上有碾压或模锻出的三条纵向沟槽，如图 8-13 所示。将槽销打入销孔后，由于材料的弹性使销挤紧在销孔中，不易松脱，因而能承受振动和变载荷。安装槽销的孔不需要铰制，加工方便，可多次装拆。

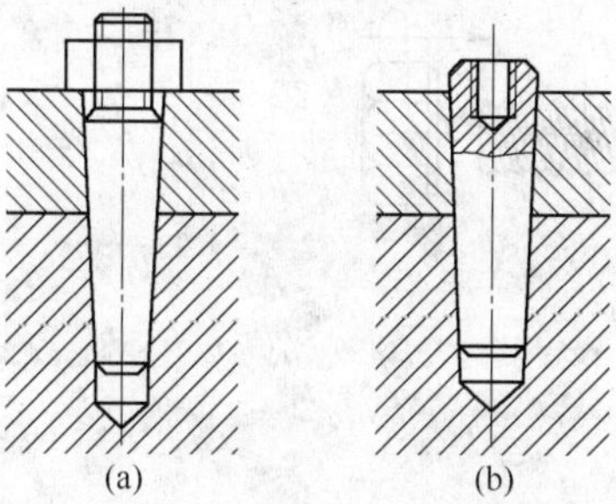

图 8－11 端部带螺纹的圆锥销
(a) 螺尾圆锥销；(b) 内螺纹圆锥销

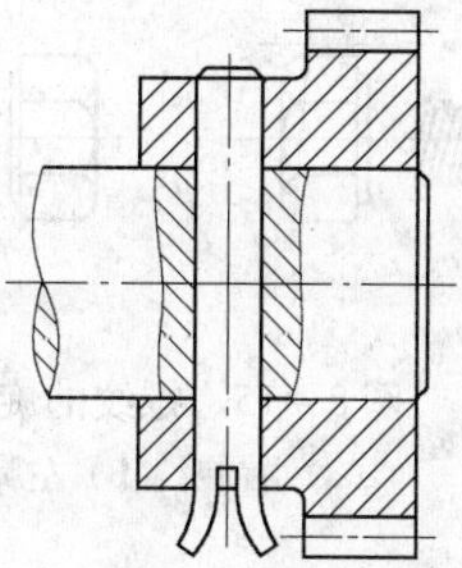

图 8－12 开尾圆锥销

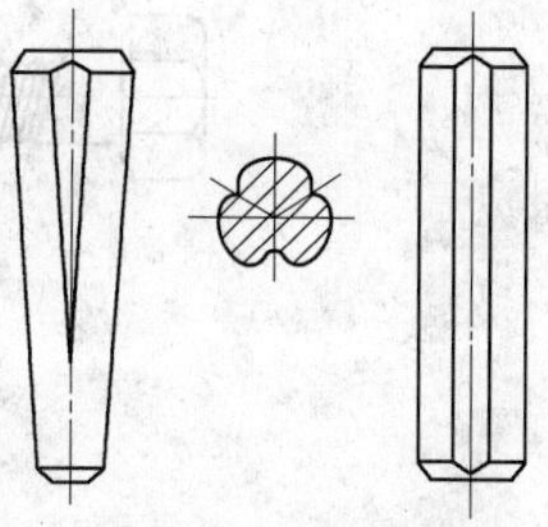

图 8－13 槽销

8.3 螺纹连接

螺纹连接是利用具有螺纹的零件所构成的连接，是应用最为广泛的一种可拆机械连接。

8.3.1 机械制造中的螺纹

8.3.1.1 螺纹的形成

如图 8－14 所示，将一倾斜角为 φ 的直线绕在圆柱体上，即可形成一条螺旋线。如果用一个平面图形（梯形、三角形或矩形）沿着螺旋线运动，并保持此平面图形始终在通过圆柱轴线的平面内，则此平面图形的轮廓在空间的轨迹便形成螺纹。根据平面图形的形状，螺纹牙形有矩形、三角形、梯形和锯齿形等。

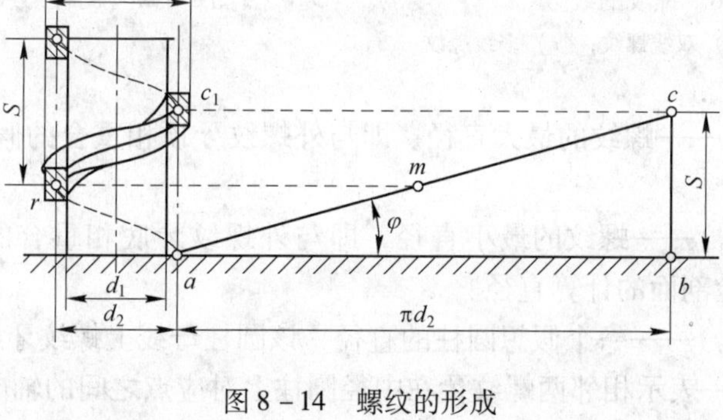

图 8－14 螺纹的形成

在圆柱体外表面上形成的螺纹称为外螺纹，如螺栓的螺纹；在圆柱体孔壁上形成的螺纹称为内螺纹，如螺母的螺纹。在圆锥体外（内）表面上形成的螺纹称为圆锥外（内）螺纹。

根据螺旋线的绕行方向，螺纹分为右旋螺纹和左旋螺纹，如图 8－15 所示。常用的是右旋螺纹，特殊情况下才用左旋螺纹。

根据螺纹线的数目，螺纹又可以分为单线螺纹、双线螺纹和多线螺纹，如图 8－16 所

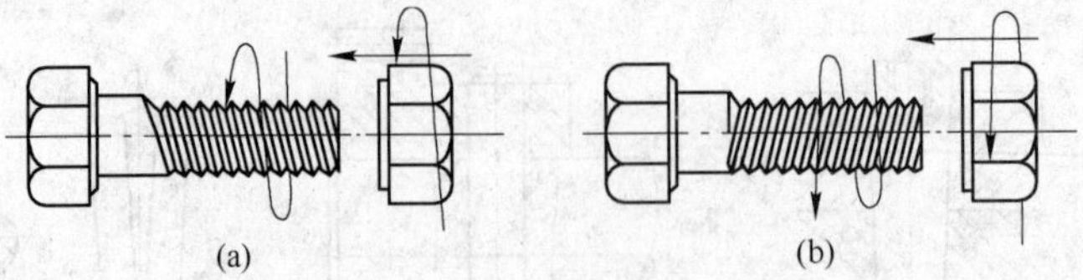

图 8－15　螺纹的旋向

(a) 右旋；(b) 左旋

示。单线螺纹是在一条螺纹线的基础上形成的（见图 8－16a）；若将圆柱体底面圆周分成两等份，沿同一方向以其两分点向圆周上绕相同的直角三角形，形成两条等距螺旋线，可形成双线螺纹（见图 8－16b）；同理，若将圆柱体底面圆周分成三等份、四等份等，则可形成多线螺纹（见图 8－16c）。为便于加工制造，工程上很少采用四线以上的螺纹。

8.3.1.2　螺纹的主要参数

以圆柱螺纹（见图 8－17）为例介绍螺纹的主要参数。

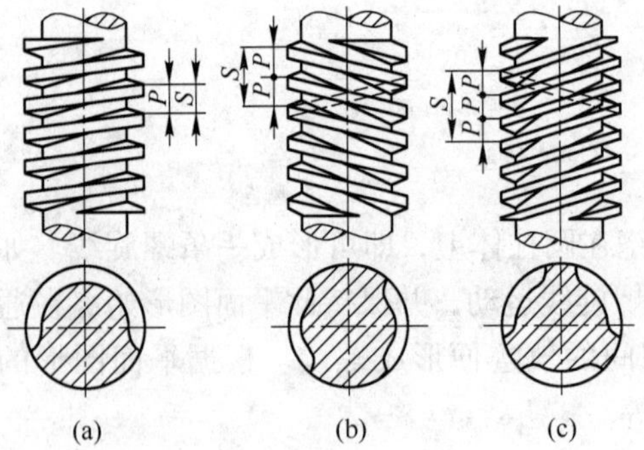

图 8－16　螺纹的线数

(a) 单线螺纹；(b) 双线螺纹；(c) 多线螺纹

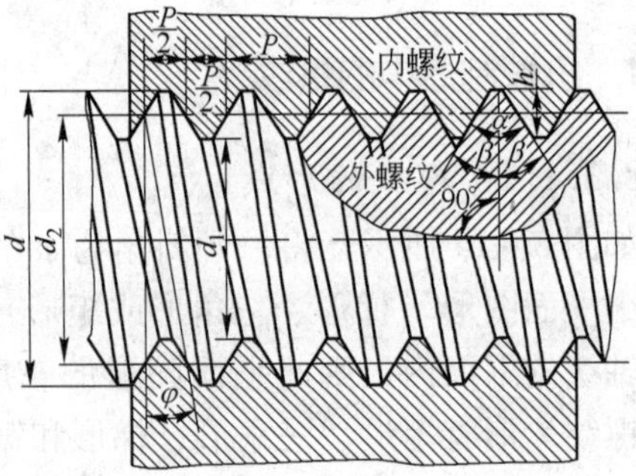

图 8－17　圆柱螺纹的主要参数

（1）大径 $d(D)$——螺纹的最大直径，即与外螺纹牙顶相重合的假想圆柱面直径。一般定为公称直径。

（2）小径 $d_1(D_1)$——螺纹的最小直径，即与外螺纹牙底相重合的假想圆柱面直径。一般作为外螺纹危险剖面的计算直径。

（3）中径 $d_2(D_2)$——一个假想圆柱的直径，该圆柱母线上螺纹牙厚等于牙间宽。

（4）螺距 P——表示相邻两螺纹牙在中径圆柱上对应点之间的轴向距离。

（5）导程 P_h——表示同一条螺纹线上相邻两螺纹牙在中径圆柱上对应点之间的轴向距离。导程 P_h、螺距 P 和线数 n 的关系为：

$$P_h = nP \tag{8-3}$$

（6）升角 φ——螺旋线的切线与螺纹轴线的垂线之间的夹角。螺纹的升角 φ 在不同的直径上大小不同，通常以中径上的升角表示。

$$\tan\varphi = \frac{P_h}{\pi d_2} = \frac{nP}{\pi d_2} \tag{8-4}$$

(7) 牙型角 α——螺纹轴线平面内螺纹牙两侧边的夹角。

(8) 牙型斜角 β——螺纹牙侧边与螺纹轴线的垂线间的夹角。

8.3.1.3 几种常用螺纹的特点和应用

螺纹是螺纹连接和螺旋传动的关键所在。除矩形螺纹外，其他螺纹都已经标准化。几种机械中常用螺纹的特点和应用如下。

A 用于连接的普通螺纹和管螺纹

(1) 普通螺纹。牙形为等边三角形，牙型角为 $\alpha = 60°$，外螺纹牙根允许有较大的圆角，以减少应力集中。同一公称直径的螺纹，可按螺距大小分为粗牙螺纹和细牙螺纹。一般的静连接常采用粗牙螺纹。细牙螺纹自锁性能好，同一公称直径的细牙螺纹比粗牙螺纹小径大、强度高，但不耐磨，常用于薄壁件或者受冲击、振动和变载荷的连接中。表 8-3 给出了普通粗牙螺纹的基本参数。

表 8-3 普通粗牙螺纹的基本参数（摘自 GB/T 196—2003） mm

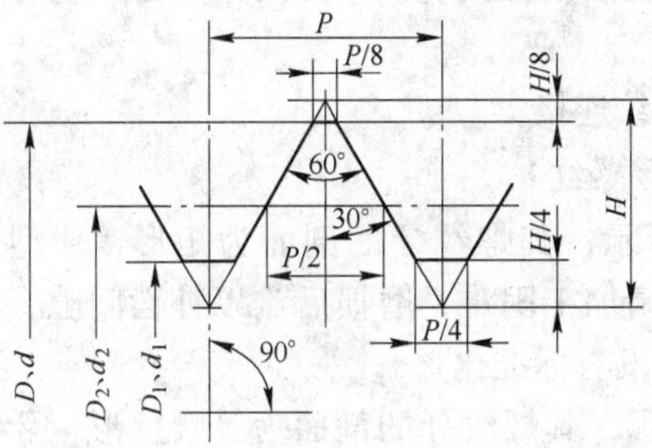

$H = 0.866P$；
$d_2 = d - 0.6495P$；
$d_1 = d - 1.0825P$；
D，d——内、外螺纹大径；
D_2，d_2——内、外螺纹中径；
D_1，d_1——内、外螺纹小径；
P——螺距
标记示例：M24（粗牙普通螺纹，直径 24mm，螺距 3mm）；
M24 × 1.5（细牙普通螺纹，直径 24mm，螺距 1.5mm）

公称直径（大径）D、d	粗牙			细牙
	螺距 P	中径 D_2、d_2	小径 D_1、d_1	螺距 P
3	0.5	2.675	2.459	0.35
4	0.7	3.545	3.242	0.5
5	0.8	4.480	4.134	0.5
6	1	5.350	4.917	0.75
8	1.25	7.188	6.647	1，0.75
10	1.5	9.026	8.376	1.25，1，0.75
12	1.75	10.863	10.106	1.5，1.25，1
14	2	12.701	11.835	1.5，1.25，1
16	2	14.701	13.835	1.5，1
18	2.5	16.376	15.294	2，1.5，1
20	2.5	18.376	17.294	2，1.5，1
22	2.5	20.376	19.294	2，1.5，1
24	3	22.051	20.752	2，1.5，1
27	3	25.051	23.752	2，1.5，1
30	3.5	27.727	26.211	3，2，1.5，1

（2）管螺纹。管螺纹为牙型角 $\alpha=55°$的三角螺纹。它以管子的内径（in）表示尺寸代号，以25.4mm（即1in）内的牙数表示螺距，牙顶呈圆弧，旋合螺纹间无径向间隙，紧密性好。管螺纹分为非螺纹密封的管螺纹和用螺纹密封的管螺纹，如图8－18所示。

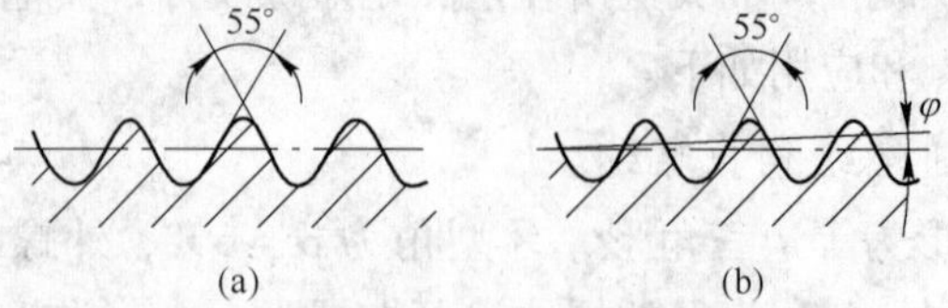

图8－18　管螺纹

（a）非螺纹密封的管螺纹；（b）螺纹密封的管螺纹

非螺纹密封的圆柱管螺纹，本身不具有密封性，如要求连接后具有密封性，可在密封面间添加密封物。用螺纹密封的管螺纹，外螺纹是圆锥外螺纹，分布在锥度1∶16（$\varphi=1°47'24''$）的圆锥管壁上，内螺纹可以是圆柱内螺纹或圆锥内螺纹，无需添加密封物即可保证连接的紧密性。

管螺纹适用于管子、管接头、旋塞、阀门等螺纹连接。

B　用于传动的矩形螺纹、梯形螺纹和锯齿形螺纹

（1）矩形螺纹。矩形螺纹如图8－19（a）所示，其螺纹牙的剖面为矩形，牙型角 $\alpha=0°$。矩形螺纹传动效率最高，但牙根强度弱，精加工困难，磨损后难以补偿间隙，对中精度低，故应用较少，已逐渐被梯形螺纹代替，没有标准化。

（2）梯形螺纹。梯形螺纹如图8－19（b）所示，其螺纹牙的剖面为等腰梯形，牙型角 $\alpha=30°$。与矩形螺纹相比，梯形螺纹传动效率低，但可避免矩形螺纹的缺点，广泛应用于车床丝杠、螺旋起重设备等传动中。

（3）锯齿形螺纹。锯齿形螺纹如图8－19（c）所示，其工作面的牙型斜角 $\beta=3°$，非工作面的牙型斜角 $\beta=30°$。锯齿形螺纹兼有矩形螺纹效率高和梯形螺纹牙根强度高的优点，但只能用于单向受力的传动。

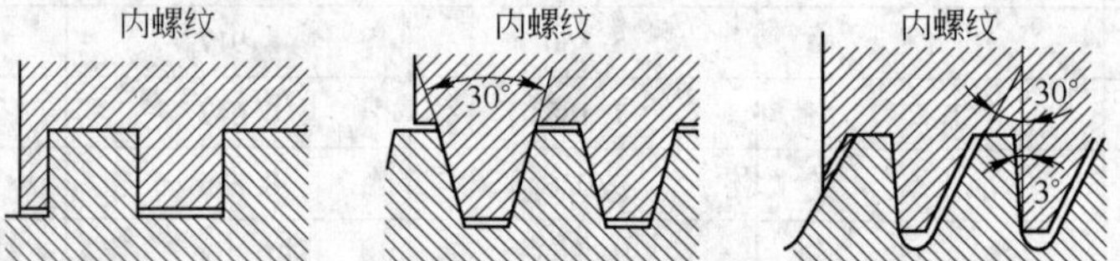

图8－19　矩形螺纹、梯形螺纹和锯齿形螺纹

（a）矩形螺纹；（b）梯形螺纹；（c）锯齿形螺纹

8.3.2　螺旋副的受力分析、效率和自锁

8.3.2.1　矩形螺纹

（1）受力分析。图8－20（a）所示为由具有螺纹的螺母和螺栓杆组成的螺旋副，螺

母上作用有轴向载荷 F_Q（包括外载荷和自重）。当拧紧螺母时，在螺母上作用有转矩 T，使螺母等速旋转并沿力 F_Q 的反向移动。为分析方便，可将螺母视为图 8－20（b）所示的一滑块受轴向载荷 F_Q，在水平驱动力 F_t 的推动作用下沿螺纹表面匀速上移。如将螺纹沿中径展开，则相当于图 8－21（a）所示滑块在水平力 F_t 的推动下沿斜面匀速上升。

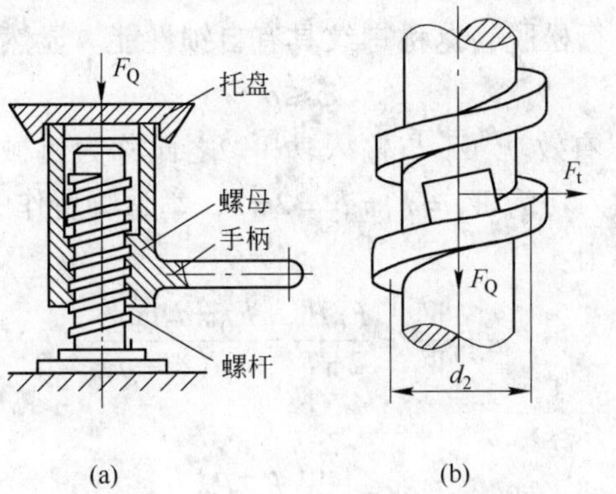

图 8－20 矩形螺纹副受力

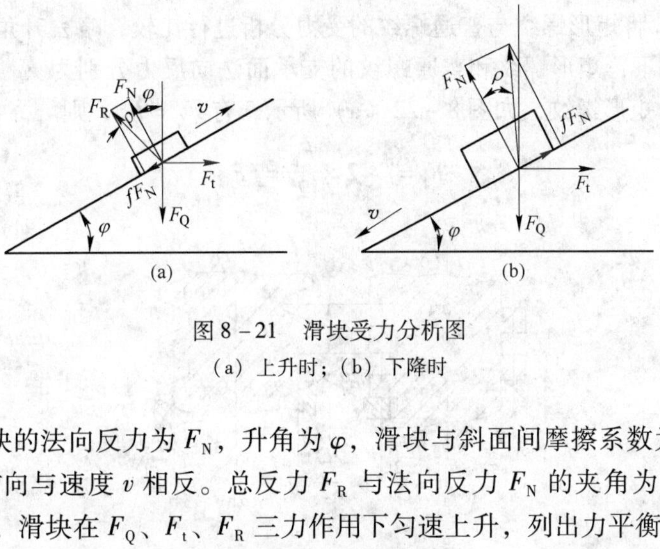

图 8－21 滑块受力分析图

（a）上升时；（b）下降时

设斜面对滑块的法向反力为 F_N，升角为 φ，滑块与斜面间摩擦系数为 f，则滑块所受摩擦力为 fF_N，方向与速度 v 相反。总反力 F_R 与法向反力 F_N 的夹角为 ρ，称为摩擦角，$\rho=\arctan f$。此时，滑块在 F_Q、F_t、F_R 三力作用下匀速上升，列出力平衡关系式为：

$$F_t - F_R\sin(\varphi+\rho)=0$$

$$F_R\cos(\varphi+\rho)-F_Q=0$$

可得：

$$F_t = F_Q\tan(\varphi+\rho) \tag{8-5}$$

F_t 为旋紧螺母时在螺纹中径 d_2 处施加的切向水平推力，则旋紧螺母克服螺纹副阻力所需的转矩成为拧紧螺母时的拧紧力矩，且有：

$$T = F_t\frac{d_2}{2} = F_Q\tan(\varphi+\rho)\frac{d_2}{2} \tag{8-6}$$

同理，当松开螺母时，相当于一滑块受轴向载荷 F_Q，在水平阻力 F_t 的作用下沿斜面等速下滑，如图 8－21（b）所示，可以得到所需的水平阻力：

$$F_t = F_Q \tan(\varphi - \rho) \tag{8-7}$$

（2）螺纹的自锁。由式（8－7）可知，如果 $\varphi \leqslant \rho$，则 F_t 为负值，这说明要想使滑块沿斜面等速下滑，必须施加一反方向的水平作用力 F_t。如果不施加拉力 F_t，则不论外载荷 F_Q 有多大，滑块也不会在其作用下自行下滑，即螺纹拧紧后，不论有多大的轴向载荷 F_Q，螺母都不会在其作用下自行松脱，这称螺纹具有自锁性能。显然，螺旋副的自锁条件为：

$$\varphi \leqslant \rho \tag{8-8}$$

（3）螺纹副的效率。有效功 W_2 与输入功 W_1 之比称为机械效率。螺母在拧紧力矩 T 的作用下转动一周时，输入功为 $W_1 = F_t \pi d_2 = 2\pi T$，举重物所作的有用功为 $W_2 = F_Q P_h$，则螺旋副旋紧螺母时的效率为：

$$\eta = \frac{W_2}{W_1} = \frac{F_Q P_h}{2\pi T} = \frac{F_Q \pi d_2 \tan\varphi}{\tan(\varphi + \rho)} \tag{8-9}$$

同理，松开螺母时的效率为：

$$\eta = \frac{\tan(\varphi - \rho)}{\tan\varphi} \tag{8-10}$$

8.3.2.2 非矩形螺纹

对于牙型角 $\alpha \neq 0°$ 的普通螺纹、梯形螺纹和锯齿形螺纹，其受力分析与矩形螺纹相似。如图 8－22 所示，将矩形螺纹与普通螺纹的受力分析进行比较，略去升角 φ 的影响，在轴向载荷 F_Q 的作用下，矩形螺纹和普通螺纹的支承面法向反力分别为 F_N 和 F'_N，摩擦力分别为 F_f 和 F'_f。对矩形螺纹，如图 8－22（a）所示，有 $F_Q = F_N$，则

$$F_f = f \times 2 \times \frac{F_N}{2} = f F_Q \tag{8-11}$$

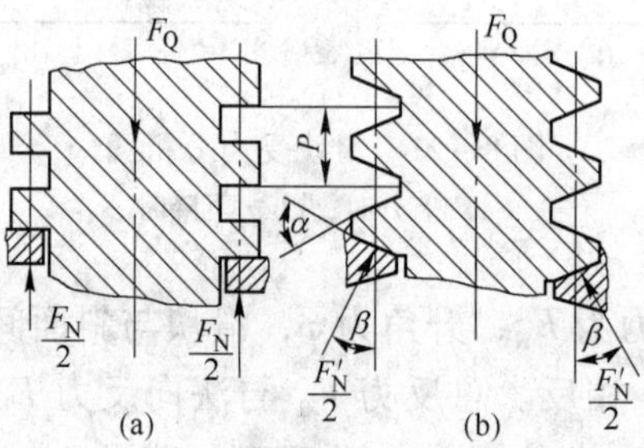

图 8－22　非矩形螺纹与矩形螺纹的受力分析

（a）矩形螺纹；（b）非矩形螺纹

对普通螺纹，如图 8－22（b）所示，有 $2 \times \frac{F'_N}{2} \cos\beta = F_Q$，可得 $F'_N = \frac{F_Q}{\cos\beta}$，则

$$F'_f = f \times 2 \times \frac{F'_N}{2} = \frac{f}{\cos\beta} F_Q \tag{8-12}$$

令

$$f_V = \frac{f}{\cos\beta},\ \rho_V = \arctan f_V \tag{8-13}$$

则式（8-11）可写成：

$$F'_{f}=f_{V}F_{Q} \tag{8-14}$$

由上述可知，由于非矩形螺纹$\beta\neq0°$，其法向反力增大，从而导致摩擦力增大。可见，将式（8-5）~式（8-10）中的ρ换成ρ_V，即可采用矩形螺纹的计算公式分析非矩形螺纹，有关公式如下：

旋紧螺母时水平推力
$$F_t=F_Q\tan(\varphi+\rho_V) \tag{8-15}$$

松开螺母时水平阻力
$$F_t=F_Q\tan(\varphi-\rho_V) \tag{8-16}$$

旋紧螺母时拧紧力矩
$$T=T_Q\tan(\varphi+\rho_V)\frac{d_2}{2} \tag{8-17}$$

自锁条件
$$\varphi\leqslant\rho_V \tag{8-18}$$

旋紧螺母时螺旋副效率
$$\eta=\frac{\tan\varphi}{\tan(\varphi+\rho_V)} \tag{8-19}$$

松开螺母时螺旋副效率
$$\eta=\frac{\tan(\varphi-\rho_V)}{\tan\varphi} \tag{8-20}$$

由以上分析可知，普通螺纹$\beta=\frac{\alpha}{2}=30°$，$f_V$大，即$\rho_V$大，易于满足自锁条件，自锁性能好，且牙根强度高，常用于连接；梯形螺纹（$\beta=15°$）、锯齿形螺纹（$\beta=3°$）、矩形螺纹（$\beta=0°$）的ρ_V小，故传动效率高，因此单头螺纹常用于要求自锁的场合，多头螺纹常用于要求传动效率高的场合。

8.3.3　螺纹连接件和螺纹连接的主要类型

8.3.3.1　螺纹连接件

常见的螺纹连接件有螺栓、双头螺柱、螺钉、紧定螺钉、螺母和垫圈等。这些连接件大多为标准件，设计时可按标准选用。

（1）普通螺栓。普通螺栓头部有多种形式，其中最常用的是六角头螺栓，如图8-23所示。通常普通螺栓也可以用于螺钉连接中。

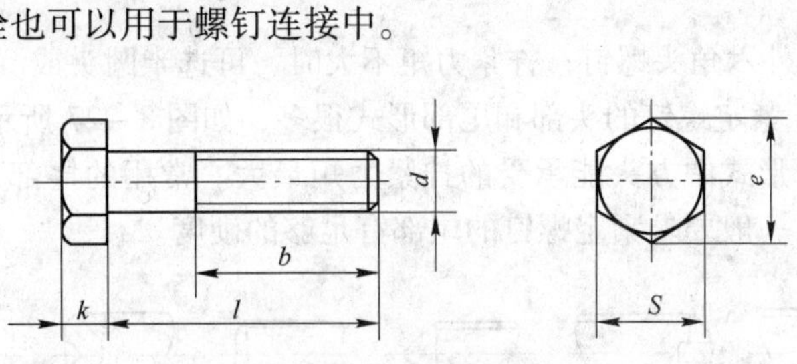

图8-23　六角头螺栓

（2）铰制孔螺栓。铰制孔螺栓头部的形式为六角形，如图8-24所示。其中螺栓的圆柱部分与被连接件的孔配合，以承受垂直于螺栓轴线方向的载荷。

（3）双头螺柱。双头螺柱（见图8-25）两端均制有螺纹，旋入被连接件螺纹孔的一端称为座端，另一端为螺母端。

（4）螺钉。螺钉的结构形状与螺栓类似，但螺钉头部形式较多，除六角头形以外还有内六角头、半圆头、沉头等形式，如图8-26所示，可根据拧紧力矩大小来选用。拧紧力

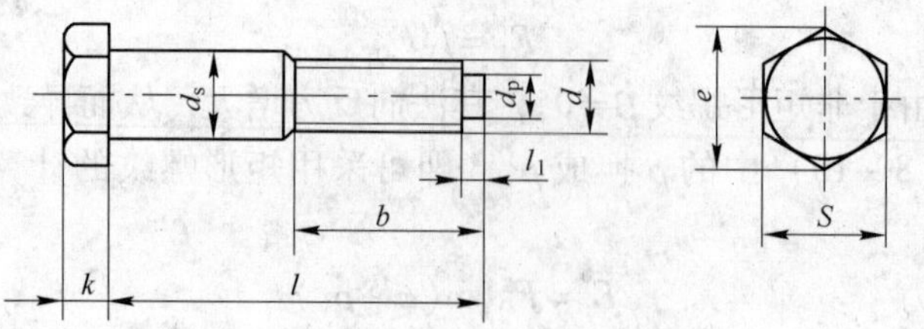

图 8-24 铰制孔螺栓

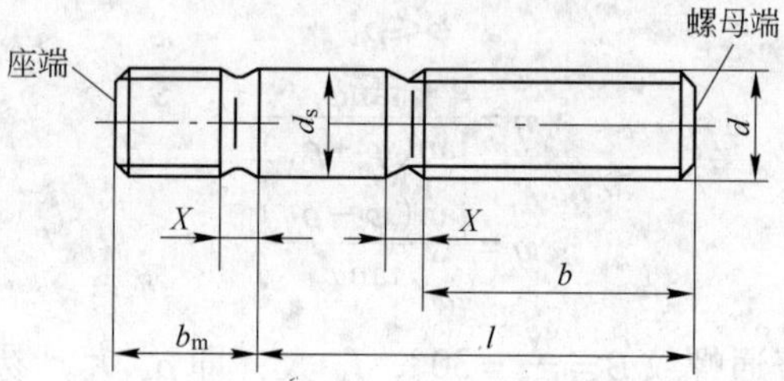

图 8-25 双头螺柱

图 8-26 螺钉头部形状

（a）内六角圆柱头；（b）十字槽半圆头；（c）十字槽沉头

矩较大时，可选内、外六角头螺钉；拧紧力矩不大时，可选半圆头或沉头螺钉。

（5）紧定螺钉。紧定螺钉的头部和尾部形式很多，如图 8-27 所示，可以适应不同拧紧程度的需要。头部形式中方头能承受的拧紧力矩最大。常用的尾部形状有锥端、平端、圆柱端和圆尖端等，一般要求紧定螺钉的尾部有足够的硬度。

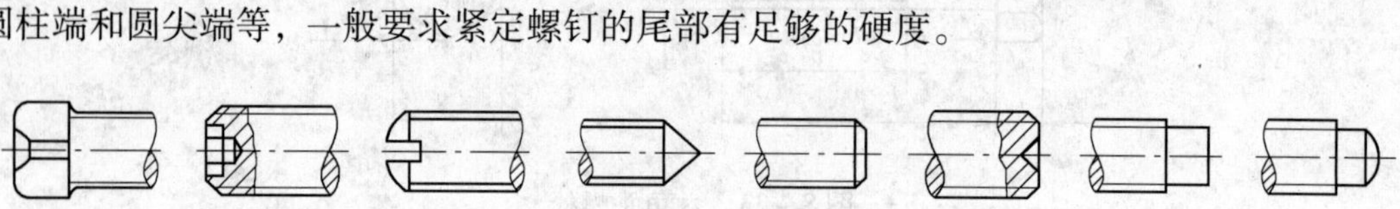

图 8-27 紧定螺钉的头部和末端形状

（a）方头；（b）内六角头；（c）带槽头；（d）锥端；（e）平端；（f）凹端；（g）圆柱端；（h）圆尖端

（6）螺母。螺母的形状有六角形、圆形、方形等（见图 8-28），其中以六角螺母应用最普遍。六角螺母按其厚度分为普通螺母、扁螺母和厚螺母。扁螺母用于尺寸受限制的地方，厚螺母用于经常装拆、易磨损的场合。

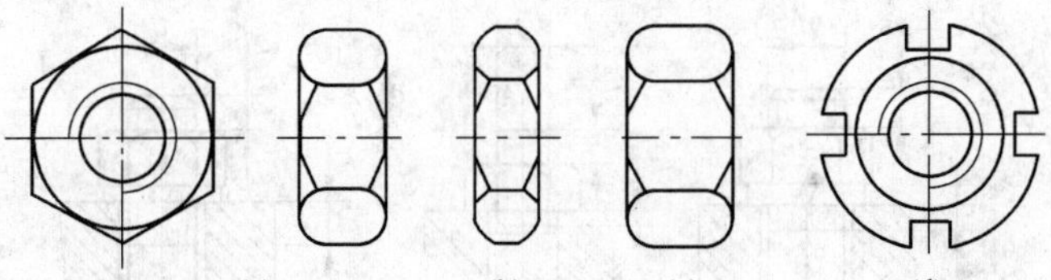

图 8-28　螺母

(a) 六角螺母；(b) 六角扁螺母；(c) 六角厚螺母；(d) 圆螺母

(7) 垫圈。垫圈是螺纹连接的辅助配件，多数螺纹连接都应加垫圈。常用的垫圈有平垫圈（见图 8-29a、b）和弹簧垫圈（见图 8-29c）。垫圈的作用是：增加被连接件的支承面积，减小接触处的压强，使螺母压力均匀分布到零件表面上，防止旋紧螺母时损伤被连接件表面。弹簧垫圈还兼有防松的作用。垫圈的尺寸可查《机械设计手册》。

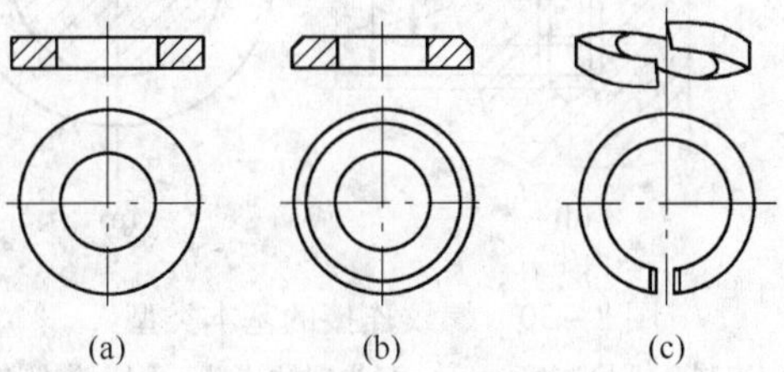

图 8-29　垫圈

(a) 平垫圈；(b) 倒角平垫圈；(c) 弹簧垫圈

8.3.3.2　螺纹连接的基本类型

螺纹连接可分为普通螺栓连接、铰制孔螺栓连接、双头螺柱连接、螺钉连接和紧定螺钉连接，如图 8-30 所示。

(1) 普通螺栓连接。普通螺栓连接是利用螺栓有螺纹一端穿过被连接件的通孔，旋紧螺母，从而将被连接件连成一体，孔壁和螺栓杆之间存在一定的间隙，如图 8-30 (a) 所示。由于被连接件的孔不需要加工螺纹，结构简单，装拆方便，所以广泛应用于被连接件不太厚、经常拆卸的场合。

(2) 铰制孔螺栓连接。铰制孔螺栓连接的螺栓杆与被连接件孔壁间采用过渡配合，如图 8-30 (b) 所示。由于被连接件的孔需要精加工，所以铰制孔螺栓连接兼有定位作用。

(3) 双头螺柱连接。双头螺柱连接是将两端均有螺纹的螺柱的一端拧入较厚的被连接件螺纹孔中，另一端穿过其余被连接件的孔，旋上螺母并拧紧，从而将被连接件连成一体，如图 8-30 (c) 所示。这种连接适用于一被连接件较厚、不宜制成通孔，且连接需经常拆卸的场合。

(4) 螺钉连接。螺钉连接不使用螺母，而是利用螺栓穿过被连接件的通孔，直接拧入另一被连接件的螺纹孔内实现连接，如图 8-30 (d) 所示。螺钉的这种连接结构比双头螺柱连接简单，但由于经常装拆易损坏螺纹孔，所以螺钉连接适用于被连接件之一较厚、

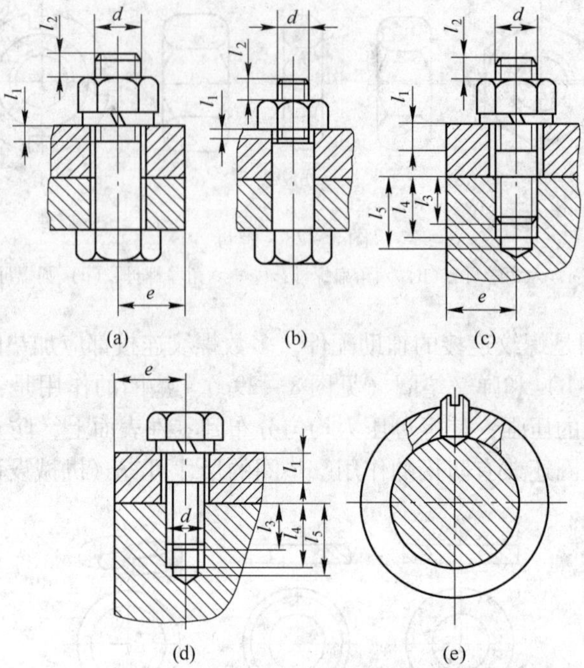

图 8－30 螺纹连接的基本类型

（a）普通螺纹连接；（b）铰制孔螺栓连接；（c）双头螺柱连接；（d）螺钉连接；（e）紧定螺钉连接

l_1—螺纹余留长度，静载荷 $l_1 \geqslant (0.3 \sim 0.5)d$，变载荷 $l_1 \geqslant 0.7d$，冲击载荷 $l_1 \geqslant d$，铰制孔螺栓 l_1 尽可能小；

l_2—螺纹伸出长度，$l_2 \approx (0.2 \sim 0.3)d$；$e$—螺栓轴线到边缘的距离 $e = d + (3 \sim 6)$ mm；l_3—螺纹旋入深度，

当螺孔材料为钢或青铜时 $l_3 \approx d$，铸铁 $l_3 \approx (1.25 \sim 1.5)d$，铝合金 $l_3 \approx (1.5 \sim 2.5)d$；

l_4—螺纹孔深度 $l_4 \approx l_3 + (2 \sim 2.5)d$；$l_5$—钻孔深度 $l_5 \approx l_4 + (0.5 \sim 1)d$

不宜制成通孔并且不经常拆卸的场合。

（5）紧定螺钉连接。紧定螺钉连接利用紧定螺钉旋入一被连接件，用其末端顶紧另一被连接件，以固定两者间的相对位置。这种连接可传递不大的力及转矩，多用于轴与轴上零件的固定，如图 8－30（e）所示。

普通螺栓、双头螺柱、螺钉连接，既可以用于承受轴向载荷也可以用于承受横向载荷，当用来承受横向载荷时，主要靠被连接件接合面间的摩擦力传递载荷。无论是承受轴向载荷还是用于承受横向载荷，普通螺栓、双头螺柱和螺钉都只受到沿轴向的拉力作用。

铰制孔螺栓连接只用于承受横向载荷，其靠孔与螺栓杆间的挤压和螺栓杆上的剪切来承受载荷。铰制孔螺栓连接虽承受横向载荷的能力强，但由于孔需精加工、安装困难，故无特殊需要，常采用普通螺栓、双头螺柱、螺钉连接来传递横向载荷。

8.3.4 螺纹连接的预紧和防松

8.3.4.1 螺纹连接的预紧

螺纹连接装配时，一般都要拧紧螺纹，使连接螺纹在承受工作载荷之前，受到预先作用的力，这就是螺纹连接的预紧，预先作用的力称为预紧力。螺纹连接预紧的目的在于增

加连接的可靠性、紧密性和防松能力。

对于一般的连接，在拧紧螺母时可凭经验控制拧紧力矩；对于较重要的连接，较方便的方法是使用测力矩扳手或定力矩扳手（见图8－31）控制，较精确的方法是测量拧紧时螺栓杆的伸长变形量或螺母的转角。

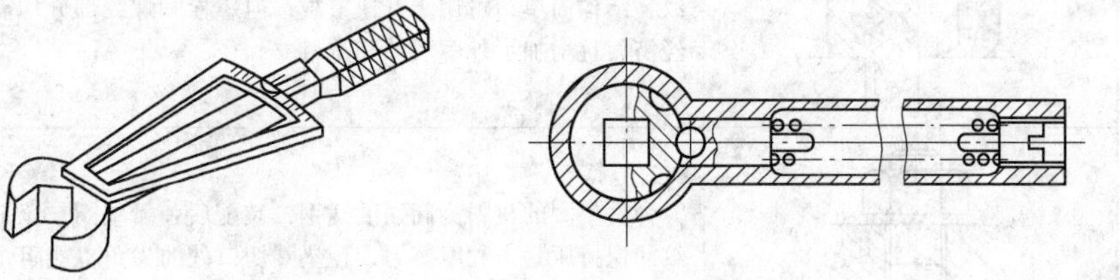

(a) (b)

图8－31 控制拧紧力矩用的扳手

（a）测力矩扳手；（b）定力矩扳手

螺纹连接的拧紧力矩（又称扳手力矩）T，用来克服螺纹副相对转动的阻力矩 T_1 和螺母环形底面与支承面之间的摩擦力矩 T_2，螺纹副相对转动的阻力矩 T_1 要克服螺栓头与支承面之间的摩擦力矩 T_3 和夹持力矩 T_4，故

$$T = T_1 + T_2 = F'\tan(\varphi + \rho_V)\ \frac{d_2}{2} + fF'\frac{1}{3}\frac{D_0^3 - d_0^3}{D_0^2 - d_0^2} \tag{8-21}$$

式中 F'——沿螺栓轴向的预紧力，N；

f——螺母与支承面间的摩擦系数，无润滑时可取0.1～0.2；

D_0，d_0——螺母支承面的外径和内径，mm；

d_2——螺纹中径，mm。

对于常用的M10～68粗牙普通螺纹的钢制螺栓，式（8－21）经过整理后得到：

$$T = k_t F' d \approx 0.2F'd \tag{8-22}$$

式中 k_t——拧紧力矩系数，$k_t \approx 0.1 \sim 0.3$；

d——螺纹公称直径。

特别提醒，小直径螺栓装配时不应施加过大的拧紧力矩，否则螺栓容易被拧断。因此，对于重要的、有强度要求的螺栓连接，如无控制拧紧力矩的措施，不宜采用小于M12的螺栓。

8.3.4.2 螺纹连接的防松

连接用的普通螺纹一般能满足式（8－18）的自锁条件，在静载荷和温度变化不大的情况下，通常不会自行松脱，同时，螺母、螺栓头与支承面间的摩擦力也有助于防松。但是，在冲击、振动或者变载荷的作用下，或者当温度变化很大时，螺纹副间的摩擦力可能减小或者瞬时消失，致使螺纹连接产生自动松脱现象，特别是在交通、化工和高压密闭容器等设备、装置中，螺纹连接的松动可能会造成重大事故的发生。为了保证螺纹连接的安全可靠，许多情况下螺栓连接都采取一些必要的防松措施。

螺纹连接的防松就是防止螺纹副的相对运动。按照工作原理来分，螺纹防松有摩擦防松、机械防松和永久放松三类。常用的螺纹防松方法见表8－4。

表8－4 螺纹连接常用的防松方法

防松方法		结构形式	原 理 与 特 点
摩擦防松	双螺母	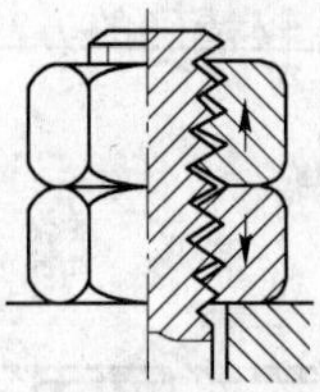	利用两螺母对顶拧紧，螺栓旋合段承受拉力而螺母受压，从而使螺纹间始终保持相当大的正压力和摩擦。该方式的特点是：纵向抵紧螺纹，结构简单，可用于低速重载；但螺栓和螺纹部分均需加长，不够经济，且增加了外廓尺寸和重量
	弹簧垫圈	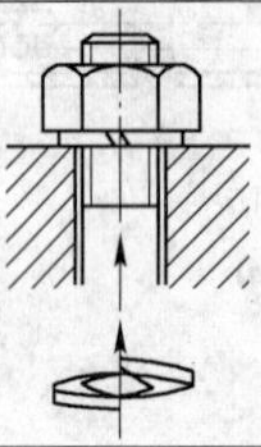	弹簧垫圈的材料为高强度锰钢，装配后弹簧垫圈被压平，弹力使螺纹间保持压紧力和摩擦力，且垫圈切口处的尖角也能阻止螺母转动松脱。该方式的特点是：纵向抵紧螺纹，结构简单，使用方便；但垫圈弹力不均，因而不十分可靠，多用于不重要的连接
	弹性锁紧螺母	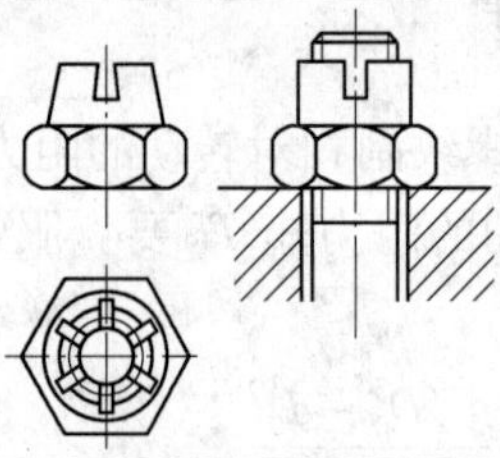	在螺母上部做成有槽的弹性结构，装配前这一部分的内螺纹尺寸略小于螺栓的外螺纹。装配时利用弹性，使螺母稍有扩张，螺纹之间得到紧密的配合，保持经常的表面摩擦力。该方式的特点是：横向抵紧螺纹，结构简单，防松可靠，可多次装拆而不降低防松性能
机械防松	止动垫圈	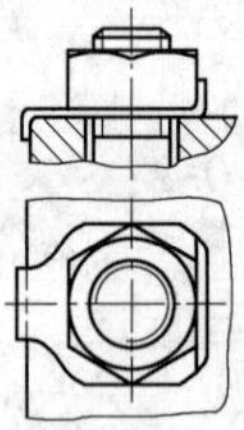	止动垫圈的形式很多，图示是将止动垫圈的一边弯起紧贴在螺母的侧面上，另一边弯下贴在被连接件的侧壁上，从而避免螺母转动而松脱。该方式的特点是：防松可靠，但只能用于连接部分可容纳弯耳的场合
	开口销与开槽螺母	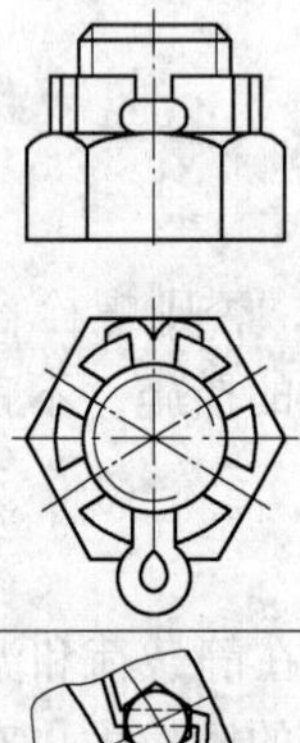	开槽螺母旋紧后，将开口销穿过螺母上的径向槽和螺栓末端的孔，从而把螺母与螺栓固连在一起。该方式的特点是：防松可靠，可用于承受冲击或载荷变化较大的连接
	串联钢丝	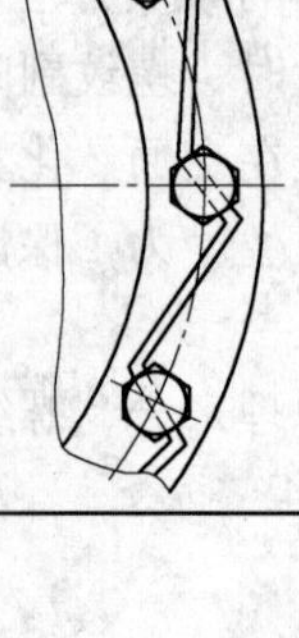	将钢丝依次穿过相邻螺栓钉头横孔，两端拉紧打结。由于钢丝穿联方向使得螺栓的拧紧与钢丝拉紧方向相一致，致使连接不能松动，防松效果较好，但安装较费工时，可用于螺钉数目不多且排列较密的连接

续表 8－4

防松方法		结构形式	原理与特点
永久防松	冲点	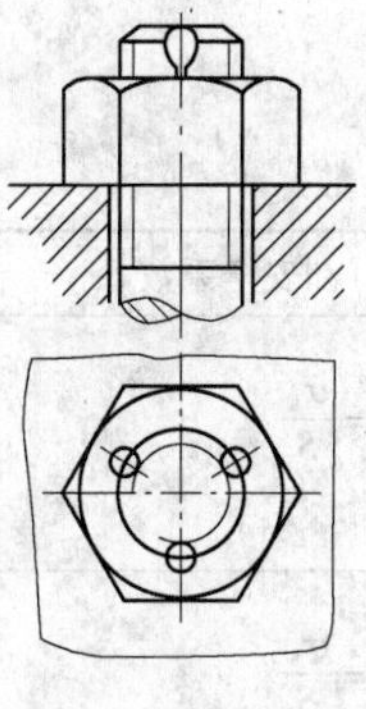	螺母拧紧后，用冲头在螺栓末端与螺母的旋合缝处冲点
	黏合	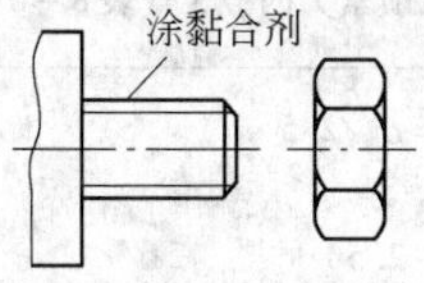	将黏合剂涂抹在螺纹旋合表面

8.3.5 螺栓连接的强度计算

螺栓连接通常是成组使用的，称为螺栓组。在进行螺栓组的设计计算时，首先要确定螺栓的数目和布置，然后再进行螺栓受力分析，从螺栓组中找出受力最大的螺栓，计算该螺栓所受的力。螺栓组的强度计算，实际上是计算螺栓组中受力最大的单个螺栓的强度。由于螺纹连接件已经标准化，各部分结构尺寸是根据等强度原则及经验确定的，所以，螺栓连接的设计只需根据强度理论进行计算，确定其螺纹直径，其他部分尺寸可查标准选定。

螺栓连接分为普通螺栓连接（受拉螺栓）和铰制孔用螺栓连接（受剪螺栓）两种。受拉力作用的普通螺栓连接，其主要失效形式是螺纹部分的塑性变形或断裂，经常装拆时也会因磨损而发生滑扣，其设计准则是保证螺栓拉伸强度；受剪切作用的铰制孔用螺栓连接，其主要失效形式是螺杆被剪断，螺栓杆或者被连接件的孔壁被压溃，故其设计准则为保证螺栓杆的剪切强度和连接的挤压强度。

8.3.5.1 松螺栓连接

松螺栓连接装配时不需要拧紧螺母，在承受工作载荷之前，螺栓不受力。图 8－32 所示的起重吊钩的螺栓连接就是典型的松螺栓连接。当承受工作载荷 F 时，螺栓杆受拉，其强度条件为：

$$\sigma=\frac{F}{\frac{\pi d_1^2}{4}}\leqslant[\sigma] \qquad (8-23)$$

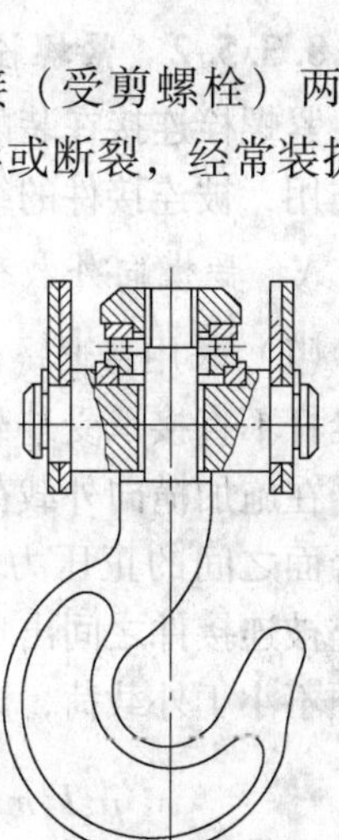

图 8－32 起重吊钩尾部的松螺栓连接

则设计公式为：

$$d_1 \geqslant \sqrt{\frac{4F}{\pi[\sigma]}} \tag{8-24}$$

式中 d_1——螺纹小径，mm；

$[\sigma]$——螺栓的许用应力，MPa，见表8-5。

表8-5 螺栓连接的许用应力和安全系数

连接情况	受载情况	许用应力 $[\sigma]$ 和安全系数 S
松连接	轴向静载荷	$[\sigma]=\frac{\sigma_s}{S}$ $S=1.2\sim1.7$（未淬火钢取小值）
紧连接	轴向静载荷 横向静载荷	$[\sigma]=\frac{\sigma_s}{S}$ 控制预紧力时 $S=1.2\sim1.5$；不控制预紧力时，S 查表8-6
铰制孔用螺栓连接	横向静载荷	$[\tau]=\sigma_s/2.5$ 被连接件为钢时，$[\sigma_p]=\sigma_s/1.25$ 被连接件为铸铁时，$[\sigma_p]=\sigma_b/(2\sim2.5)$
	横向变载荷	$[\tau]=\sigma_s/(3.5\sim5)$ $[\sigma_p]$按静载荷的$[\sigma_p]$值降低20%~30%

表8-6 不控制预紧力时紧螺栓的安全系数 S（静载荷）

材 料	[M6~M16)	[M16~M30)	[M30~M60)
碳 钢	4~3	3~2	2~1.3
合金钢	5~4	4~2.5	2.5

8.3.5.2 紧螺栓连接

紧螺栓连接在装配时需要把螺母拧紧，因此，在承受工作载荷前，螺栓受到预紧力 F' 的作用，被连接件的结合面之间存在正压力。这种连接应用广泛。

A 受横向外载荷 F_R 的紧螺栓连接，横向载荷方向与螺栓轴线垂直

（1）采用普通螺栓连接承受横向外载荷。如图8-33所示，螺栓杆与孔之间有间隙，螺栓杆不直接承受外载荷 F_R，而是靠被连接件的结合面之间的摩擦力来平衡外载荷。因此，在施加横向外载荷 F_R 的前后，螺栓所受轴向拉力以及结合面之间的正压力不变，等于 F'。为保证连接正常，应防止被连接件之间出现相对滑移，结合面之间的最大摩擦力必须不小于外载荷，即应满足

$$\mu_S F' mz \geqslant k_f F_R \quad 或 \quad F' \geqslant \frac{k_f F_R}{\mu_S mz} \tag{8-25}$$

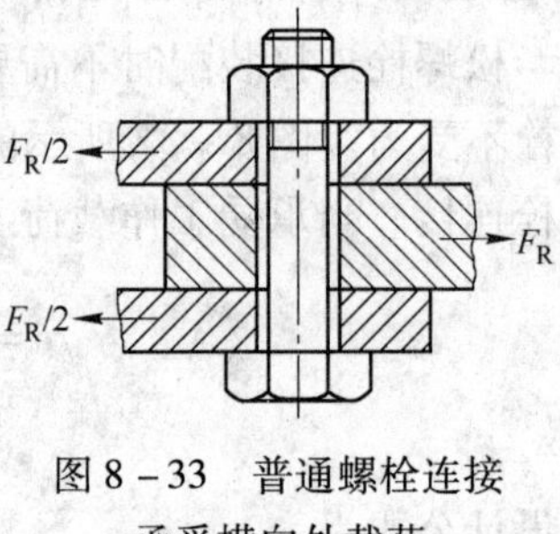

图8-33 普通螺栓连接承受横向外载荷

式中 μ_S——结合面间的摩擦系数，对于铸铁和钢表面，当结合面干燥时，$\mu_S=0.10\sim0.16$，当结合面有油时，$\mu_S=0.06\sim0.10$；

m——结合面个数；

z——螺栓个数；

k_f——考虑摩擦传力的可靠性系数，可取 $k_f = 1.1 \sim 1.5$。

当拧紧螺母后，由于预紧力 F' 的作用，螺栓杆的横截面上受拉应力，同时，旋合螺纹处的螺纹力矩 T_1 使螺栓杆受到扭转剪应力的作用。根据第四强度理论，对于标准普通螺栓，螺纹部分的强度校核公式可简化为：

$$\frac{1.3F'}{\pi d_1^2/4} \leqslant [\sigma] \tag{8-26}$$

则设计公式为：

$$d_1 \geqslant \sqrt{\frac{1.3 \times 4F'}{\pi[\sigma]}} \tag{8-27}$$

式中 d_1——螺纹小径，mm；

$[\sigma]$——螺栓的许用拉应力，见表 8－5，MPa。

由式（8－26）可知，扭转剪应力对螺栓强度的影响表现为：在校核螺栓强度时，应将轴向拉力增大 30%，再按纯拉伸计算。

式（8－25）中，当 $m = 1$，$z = 1$，$\mu_S = 0.12$，$k_f = 1.2$ 时，$F' \geqslant 10F_R$，即预紧力至少是外载荷的 10 倍以上才能保证被连接件之间不出现相对滑移。因此若横向外载荷较大，则螺栓的尺寸必然要很大。为避免此缺点，可以采用减载装置，如图 8－34 所示的减载销和减载套筒等，此时螺栓只起连接压紧作用。

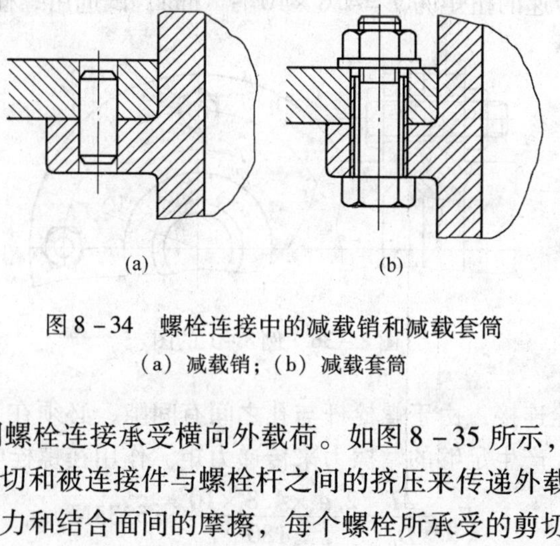

图 8－34 螺栓连接中的减载销和减载套筒

（a）减载销；（b）减载套筒

（2）采用铰制孔用螺栓连接承受横向外载荷。如图 8－35 所示，螺栓杆与孔之间无间隙，靠螺栓杆本身的剪切和被连接件与螺栓杆之间的挤压来传递外载荷，连接仅需要较小的预紧力。如忽略预紧力和结合面间的摩擦，每个螺栓所承受的剪切力大小相等，为：

$$F_S = \frac{F_R}{z} \tag{8-28}$$

式中 z——螺栓个数。

对于每个螺栓而言，剪切强度条件为：

$$\tau = \frac{4F_S}{\pi m d_0^2} \leqslant [\tau] \tag{8-29}$$

挤压强度条件为：

$$\sigma_p = \frac{F_S}{d_0 h} \leqslant [\sigma_p] \tag{8-30}$$

式中 d_0——螺栓杆的直径，mm；

h——挤压面高度，取 h_1 和 h_2 中的较小值，mm；

m——结合面个数；

$[\tau]$——螺栓杆的许用剪应力，见表 8-5，MPa；

$[\sigma_p]$——较弱零件（通常是被连接件）的许用挤压应力，见表 8-5，MPa。

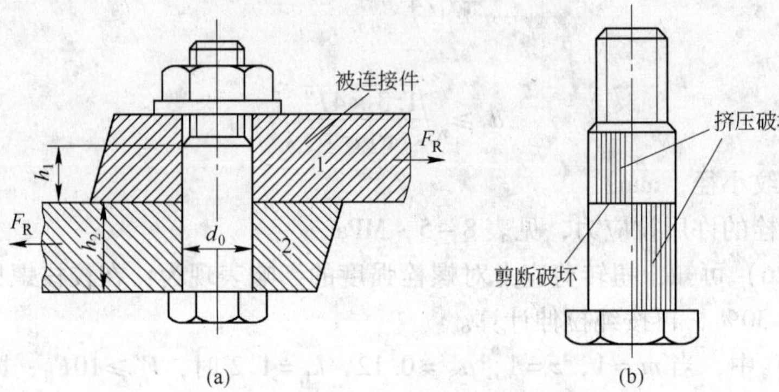

图 8-35 铰制孔用螺栓连接

【例 8-1】 图 8-36 所示为一凸缘联轴器，用 4 个螺栓连接。已知螺栓中心圆直径 $D_0 = 180$mm，联轴器传递的扭矩为 $T = 4.8 \times 10^5$N·mm，试选用螺栓。

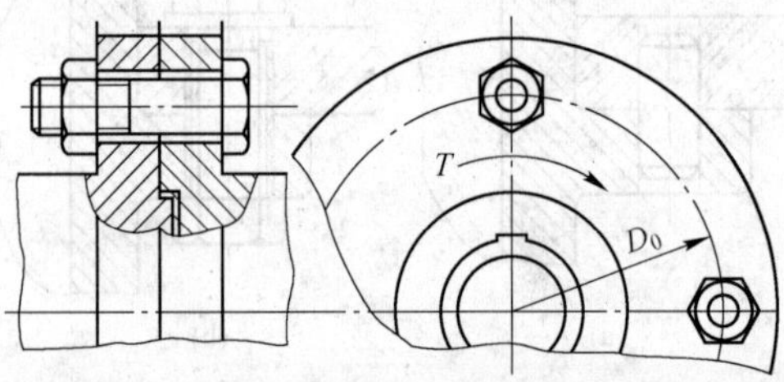

图 8-36 例 8-1 的图

解：采用普通螺栓连接，由于螺栓杆与孔之间有间隙，必须在工作前把螺栓拧紧，使两个半联轴器接触面上产生足够的摩擦力来传递力矩。作用在螺栓中心圆上的圆周力为：

$$F_R = \frac{2T}{D_0} = \frac{2.4 \times 4.8 \times 10^5}{180} = 5333\text{N}$$

此圆周力相当于式（8-25）中的横向载荷，取 $\mu_S = 0.2$，$k_f = 1.2$，由式（8-25）可得：

$$F' \geqslant \frac{k_f F_R}{\mu_S m z} = \frac{1.2 \times 5333}{0.2 \times 1 \times 4} = 8000\text{N}$$

代入式（8-27）中，有：

$$d_1 \geqslant \sqrt{\frac{1.3 \times 4F'}{\pi[\sigma]}}$$

不控制预紧力时，螺栓的许用拉应力与螺栓直径有关，先设 $d=16\text{mm}$，由表 8－6 中选用性能等级为 4.6 的螺栓材料，$\sigma_s=240\text{MPa}$，由表 8－7 中查得 M16 的螺栓安全系数 $S=3$，故 $[\sigma]=\frac{\sigma_s}{S}=\frac{240}{3}=80\text{MPa}$，因此：

$$d_1 \geqslant \sqrt{\frac{1.3\times 4F'}{\pi[\sigma]}}=\sqrt{\frac{1.3\times 4\times 8000}{\pi\times 80}}=12.87\text{mm}$$

查表 8－3 知 $d=16\text{mm}$ 时，$d_1=13.835\text{mm}$，与原假设接近，故可采用 M16 的普通螺栓。

B　受轴向外载荷的紧螺栓连接

轴向载荷是指外载荷 F 的方向与螺栓轴线相平行。螺栓和被连接件受载前后的受力与变形情况如图 8－37 所示。图 8－37（a）中连接未被拧紧。图 8－37（b）中螺母已被拧紧，但连接未承受工作载荷，此时，螺栓受到预紧力 F' 的作用，螺栓杆伸长，伸长量为 δ_1；被连接件的结合面之间存在正压力，大小也为预紧力 F'，被连接件压缩，压缩量为 δ_2。图 8－37（c）中紧螺栓承受轴向工作载荷 F，螺栓杆拉力由 F' 增大为总拉力 F_0，拉力增量为 F_0-F'，伸长量增加，增加量为 $\Delta\delta_1$；被连接件则由于螺栓的伸长而被放松，压力由 F' 减小为 F''，F'' 称为残余预紧力，压力减量为 $F'-F''$，压缩量减少，减少量为 $\Delta\delta_2$。此时，螺栓总拉力等于工作载荷与被连接件给它的残余预紧力之和，即

$$F_0=F+F'' \tag{8-31}$$

螺栓连接受轴向外载荷后，残余预紧力 F'' 为被连接件的结合面之间的剩余正压力。显然，$F''<F'$，并且，为保证连接正常工作并具有一定的刚性、紧密性，不出现如图 8－37（d）所示结合面间有缝隙的情况，应有 $F''>0$。实际中 F'' 可参照如下选择：对于一般的连接，外载荷无变化，$F''=(0.2\sim0.6)F$，外载荷有变化时，$F''=(0.6\sim1.0)F$；对于紧密性要求较严格的连接，$F''=(1.5\sim1.8)F$；对于地脚螺栓，$F''\geqslant F$。

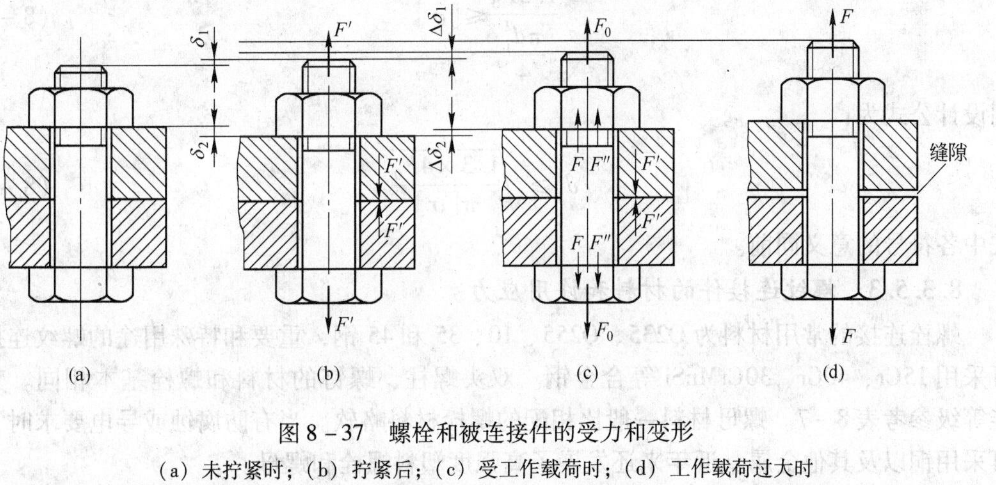

图 8－37　螺栓和被连接件的受力和变形

（a）未拧紧时；（b）拧紧后；（c）受工作载荷时；（d）工作载荷过大时

可将螺栓和被连接件的受力变形用曲线表示，如图 8－38 所示。

设螺栓的刚度为 c_1，被连接件的刚度为 c_2，根据图 8－38，由变形协调条件可得：

$$F''=F'-\frac{c_2}{c_1+c_2}F \tag{8-32}$$

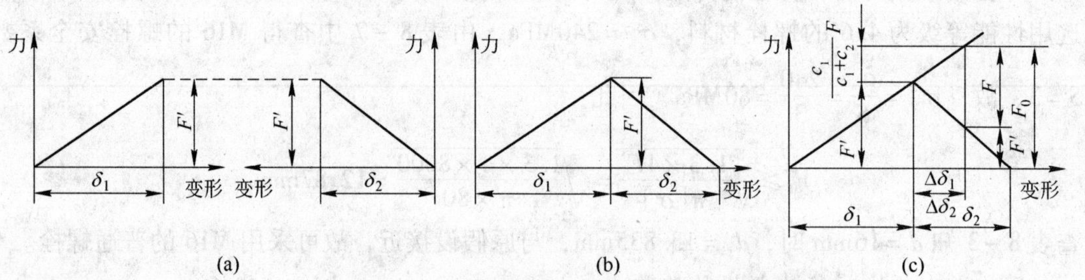

图 8－38　螺栓和被连接件的受力和变形曲线

（a）拧紧时；（b）a 图中两图合并；（c）受工作载荷时

$$F' = F'' + \frac{c_2}{c_1 + c_2}F \tag{8-33}$$

$$F_0 = F' + \frac{c_1}{c_1 + c_2}F \tag{8-34}$$

式（8－34）为螺栓总拉力的另一种表达式。

显然，F_0 值与螺栓连接相对刚度$\frac{c_1}{c_1 + c_2}$有关。相对刚度的大小与螺栓和被连接件的材料、结构、尺寸、工作载荷作用位置以及垫片等因素有关，一般可通过试验求出。被连接件为钢铁零件时，一般可根据垫片材料采用下列数据：金属（包括不用垫片）0.2～0.3、皮革 0.7、铜皮石棉 0.8、橡胶 0.9。

考虑到螺栓总拉力 F_0 的作用下可能需要补充拧紧，同样应将总拉力增大 30% 来考虑扭转应力的影响。螺纹部分的强度条件简化为：

$$\frac{1.3F_0}{\frac{\pi d_1^2}{4}} \leqslant [\sigma] \tag{8-35}$$

则设计公式为：

$$d_1 \geqslant \sqrt{\frac{1.3 \times 4F_0}{\pi[\sigma]}} \tag{8-36}$$

式中各符号的意义同前。

8.3.5.3　螺纹连接件的材料和许用应力

螺栓连接的常用材料为 Q235、Q255、10、35 和 45 钢，重要和特殊用途的螺纹连接件可采用 15Cr、40Cr、30CrMnSi 等合金钢。双头螺柱、螺钉的材料和螺栓基本相同。其性能等级参考表 8－7。螺母材料一般比相配的螺栓材料略软。当有防腐蚀或导电要求时，也可采用铜以及其他金属。近年来还发展了高强度塑料螺栓和螺母。

表 8－7　螺栓、螺钉、螺柱性能等级

性能等级	3.6	4.6	4.8	5.6	5.8	6.8	8.8	9.8	10.9	12.9
抗拉强度极限 σ_{bmin}/MPa	330	400	420	500	520	600	800	900	1040	1220

续表 8-7

性能等级	3.6	4.6	4.8	5.6	5.8	6.8	8.8	9.8	10.9	12.9
屈服强度 σ_{smin}/MPa	190	240	340	300	420	480	640	720	940	1100
硬度（HBS）	90	114	124	147	152	181	240	276	304	366
推荐材料	低碳钢	低碳钢或中碳钢					低碳合金钢或中碳钢淬火并回火		中碳钢，低中碳合金钢淬火并回火	合金钢

注：1. 性能等级的标记代号含义：小数点前的数字为抗拉强度极限 σ_b 的 1/100，小数点后的数字为屈服比的 10 倍，即（σ_s/σ_b）×10。

2. 规定性能等级的螺栓、螺母在图纸上只注性能等级，不应标出材料牌号。

【例 8-2】 一压力容器如图 8-39 所示。顶盖用 10 个螺栓压紧。已知容器的内径 $D=300$mm，容器内最大压力 $p=2$MPa，垫片宽度 $b=30$mm，试计算该螺栓直径。

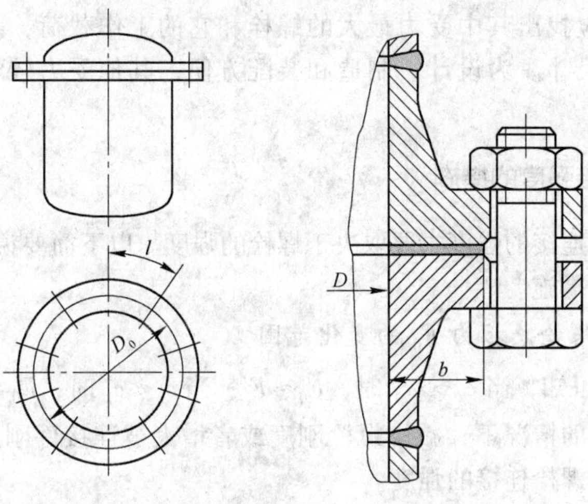

图 8-39 例 8-2 的图

解： 这是一个受轴向载荷的紧螺栓连接，应先求出单个螺栓所受的总拉力 F_0，然后按式（8-36）确定所需的螺栓直径。

图 8-39 中受压面积直径可取为 $D_p=D+\frac{2}{3}b=320$mm，则作用在每个螺栓上的外载荷为：

$$F=\frac{\frac{1}{4}\pi D_p^2 p}{z}=\frac{\frac{\pi}{4}\times320^2\times2}{10}=16.08\text{kN}$$

由于压力容器的连接具有紧密性要求，取残余预紧力为：

$$F''=1.6F=1.6\times16.08=25.73\text{kN}$$

由式（8-31）知每个螺栓所受的总拉力为：

$$F_0=F''+F=25.73+16.08=41.84\text{kN}$$

选用螺栓材料为 Q235 钢，性能等级为 4.8，由表 8-7 查得屈服极限 $\sigma_s=340$MPa，测量螺栓伸长来控制预紧力。由表 8-7 取安全系数 $[S]_s=1.5$，故螺栓材料的许用应力为：

$$[\sigma]=\frac{\sigma_s}{[S]_s}=\frac{340}{1.5}=226.67\text{MPa}$$

根据式（8-36）求得螺栓危险剖面直径为：

$$d_1\geqslant\sqrt{\frac{1.3\times4F_0}{\pi[\sigma]}}=\sqrt{\frac{4\times1.3\times41.84\times1000}{3.14\times226.67}}=17.48\text{mm}$$

由表 8-3 可查得公称直径 $d=22$mm 的粗牙普通螺纹的小径 $d_1=19.294$mm，满足强度要求，故可选用 10 个 M22 的螺栓。

应当指出的是，以上的分析是单个螺栓的计算方法。工程实际中常使用成组的螺栓连接，即螺栓组连接。在螺栓组连接的计算中，通常根据被连接件结构、扳手空间等预先规定螺栓的数目和分布，以及根据连接的工作情况及载荷进行分析。如果每个螺栓的受力均相同，即可按照以上单个螺栓的计算方法进行计算，例如例 8-1 和例 8-2。如果各螺栓受力情况不同，应找出其中受力最大的螺栓和它的工作载荷，再按照单个螺栓计算方法求出所需要的尺寸。为设计、制造和装配方便，其他受力较小的螺栓，也采用相同的尺寸。

8.3.6 提高螺栓连接强度的措施

一般来说，螺栓连接的强度主要取决于螺栓的强度。以下简要说明影响螺栓强度的主要因素和提高强度的措施。

8.3.6.1 降低螺栓总拉力 F_0 的变化范围

由式（8-34）可知，当 $c_2>>c_1$ 时，$F_0\approx F'$；当 $c_2\ll c_1$ 时，$F_0\approx F'+F$。因此，在预紧力和工作载荷不变的情况下，减小螺栓刚度或者增大被连接件刚度能够降低总拉力 F_0 的大小，有利于提高螺栓连接的强度。

在变应力作用时，螺栓的最大应力一定时，应力幅越小，疲劳强度越高。在工作载荷和残余预紧力不变的情况下，减小螺栓刚度或增大被连接件刚度都能达到减小应力幅的目的（见图 8-40），但预紧力应增大。

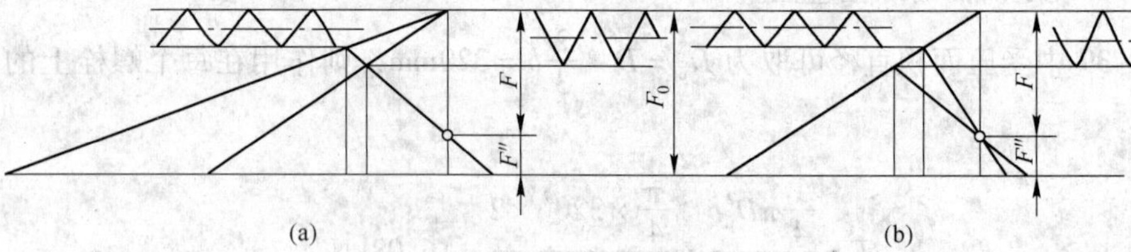

图 8-40 减少螺纹连接应力幅图

（a）减小螺栓的刚度；（b）增大被连接件的刚度

为了减小螺栓刚度，可减小螺栓光杆部分直径或采用空心螺栓（见图 8-41），有时也可适当增加螺栓的长度。

为了增大被连接件刚度，被连接件接合面不宜采用刚度小的垫片。图 8-42 所示的紧密连接用 O 形密封圈就比较好。

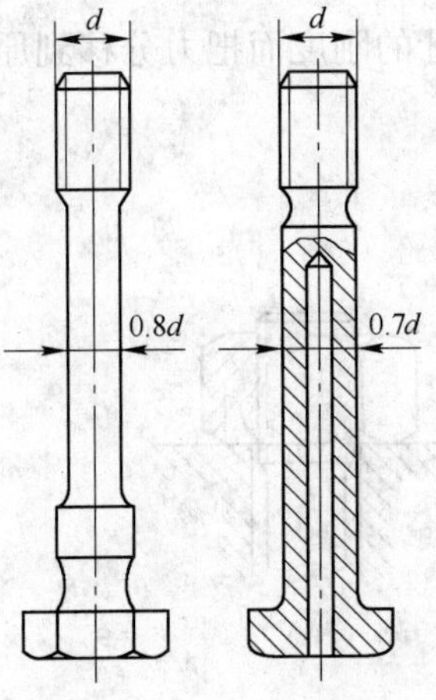

图 8－41 减小螺栓刚度

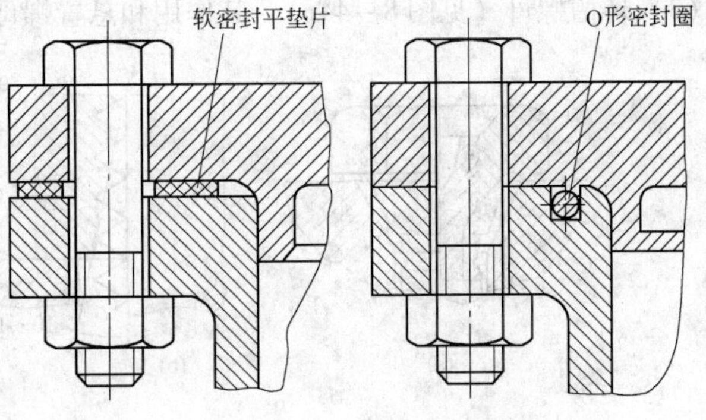

图 8－42 增大被连接件刚度

8.3.6.2 改善螺纹牙间的载荷分布

普通螺栓连接，螺杆受拉，螺母受压，即使是制造和装配精确的螺栓和螺母，传力时其旋合各圈螺纹牙的受力也不是均匀的。

如图 8－43 所示，螺栓杆拉力自下而上从 F 递减为零，并通过螺纹牙传给螺母；螺母体压力则自上而下由零递增为 F。螺栓受拉，螺距增大；而螺母受压，螺距减小。

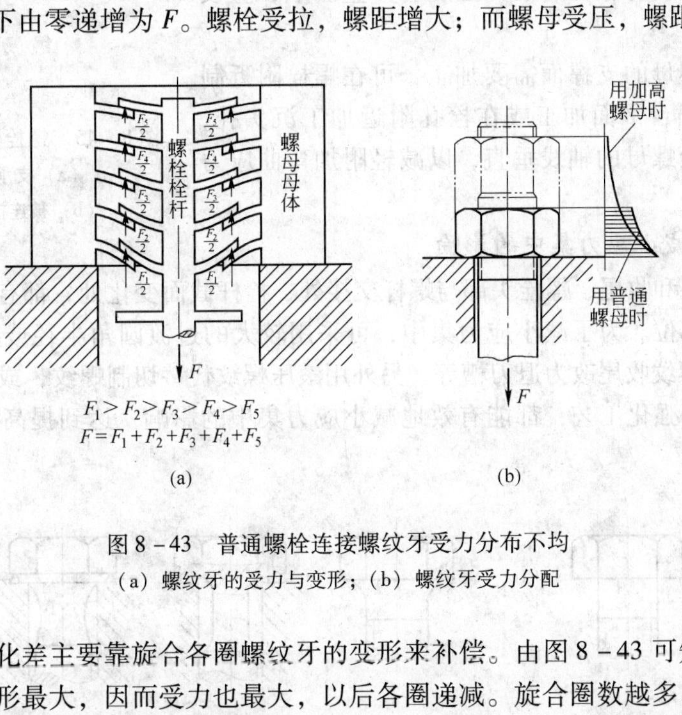

(a) (b)

图 8－43 普通螺栓连接螺纹牙受力分布不均

(a) 螺纹牙的受力与变形；(b) 螺纹牙受力分配

这种螺距变化差主要靠旋合各圈螺纹牙的变形来补偿。由图 8－43 可知，从传力算起的第一圈螺纹变形最大，因而受力也最大，以后各圈递减。旋合圈数越多，受力不均匀程度也越显著，到 8～14 圈以后，螺纹牙几乎不受力。因此，采用加高螺母以增加旋合圈数，对提高螺栓强度并没有多少作用。

一般来说，改善螺纹牙载荷分布不均的方法有：

（1）悬置螺母（见图8-44a），这样的结构螺母也可以承受拉伸，从而使螺母的变形与螺栓的变形一致，以减小两者的螺距变化差；

（2）内斜螺母（见图8-44b），可减小原受力大的螺纹牙的刚度而把力分移到原受力小的牙上；

（3）环槽螺母（见图8-44c），其作用和悬置螺母相似。

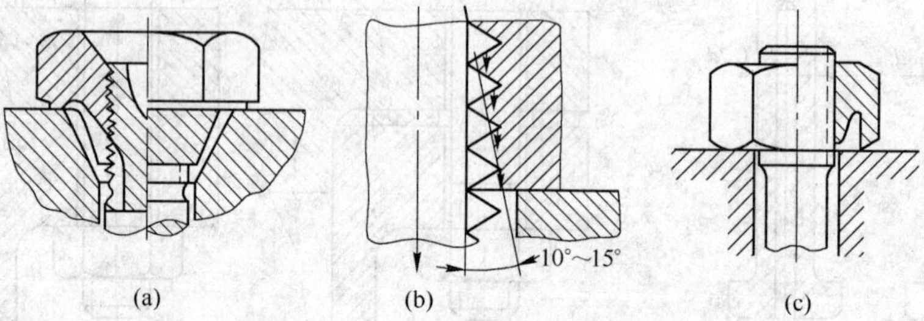

图8-44 使螺纹牙受力分布均匀的螺母
（a）悬置螺母；（b）内斜螺母；（c）环槽螺母

8.3.6.3 避免或减小附加应力

由于设计、制造或安装上的原因，有可能使螺栓受到附加弯曲应力（见图8-45），使螺纹根径截面上的最大应力显著增大。对螺栓的疲劳强度有严重影响，应设法避免。

螺栓头和螺母的支撑面需要加工，可在螺栓附近制造出凸台，在凸台平面加工或在栓孔附近加工沉头孔，使支撑面与螺栓螺母的轴线垂直，以减轻附加弯曲应力的影响。

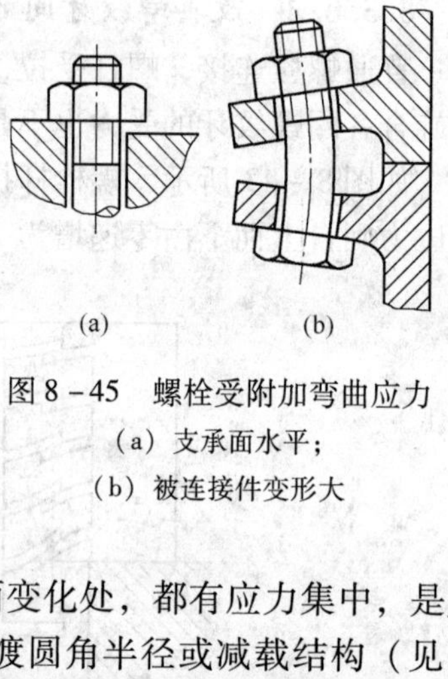

图8-45 螺栓受附加弯曲应力
（a）支承面水平；
（b）被连接件变形大

8.3.6.4 减小应力集中的影响

螺纹的牙根和收尾、螺栓头部与螺杆交接处、栓杆截面变化处，都有应力集中，是产生断裂的危险部位。为了减小应力集中，可采用较大的过渡圆角半径或减载结构（见图8-46），或将螺纹收尾改为退刀槽等。另外用滚压螺纹代替切制螺纹，或者在热处理后对螺纹进行滚压等强化工艺，都能有效地减小应力集中的影响，达到提高螺栓疲劳强度的目的。

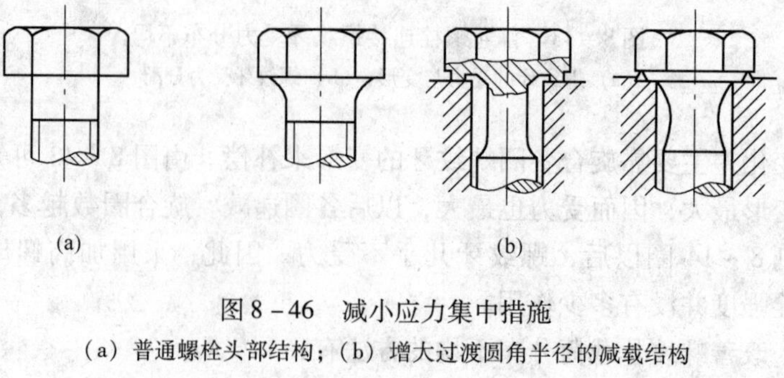

图8-46 减小应力集中措施
（a）普通螺栓头部结构；（b）增大过渡圆角半径的减载结构

8.4 螺旋传动

8.4.1 螺旋传动的分类

按结构分，螺旋传动分为普通螺旋传动、差动螺旋传动和滚珠螺旋传动。

8.4.1.1 普通螺旋传动

由螺杆与螺母组成的简单螺旋副，用以传递运动或动力的螺旋传动称普通螺旋传动，如图8－47所示。

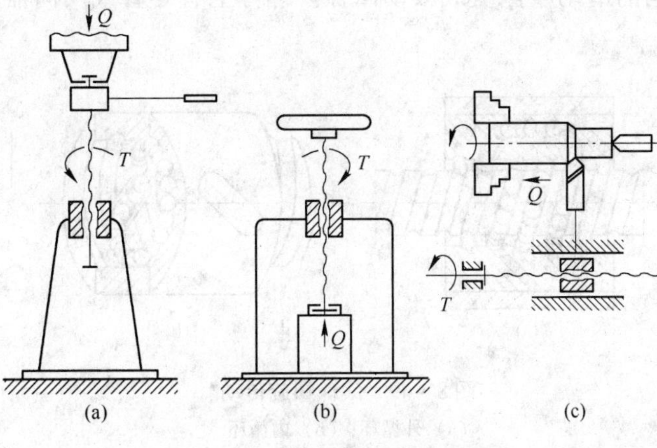

图8－47 普通螺旋传动

（a）螺旋千斤顶；（b）螺旋压力机；（c）车床刀架螺旋进给机构

图8－47（c）所示为车床加工工件情况，右旋丝杠按箭头方向原位回转，螺母带动刀具向左直线移动，与工件旋转运动相互作用对工件实施切削加工。设刀具位移为L(mm)，丝杠的转动圈数为N，丝杠的螺距为P(mm)，丝杠螺旋线的头数为Z，则

$$L = NP_h = NZP \tag{8-37}$$

式中 P_h——丝杠螺旋线的导程，mm。

螺母移动方向的判断方法为：用手握住丝杠的轴线，丝杠螺旋线左旋用左手，右旋用右手，四指指向为丝杠的转向，拇指指向为丝杠移动方向，拇指的反方向为螺母的移动方向。

8.4.1.2 差动螺旋传动

活动螺母与丝杠产生差动的螺旋传动称为差动螺旋传动。

图8－48所示为差动螺旋传动。丝杠1有两段螺纹，一段A与机架3的固定螺母连接，其导程为P_{ha}(mm)，一段B与活动螺母2连接，其导程为P_{hb}(mm)，设丝杠1的转动圈数为N，则活动螺母位移L(mm)为：

$$L = N(P_{ha} \pm P_{hb}) \tag{8-38}$$

若A、B两段螺纹旋向相反，式（8－38）用“＋”号，若旋向相同，则用“－”号。

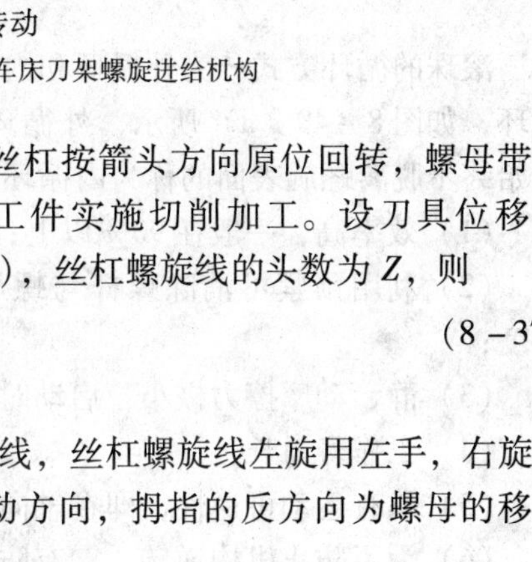

图8－48 微调差动螺旋

1—丝杠；2—活动螺母；3—机架

活动螺母移动方向判别方法为：用手握住丝杠，A 段螺纹左旋用左手，右旋用右手，四指指向为丝杠转向，若活动螺母位移 L 大于零，则活动螺母移动方向与拇指指向相同；若 L 等于零，则活动螺母静止；若 L 小于零，则活动螺母移动方向与拇指指向相反。

令 A、B 两段螺纹旋向相同，且 P_{ha} 稍大于 P_{hb}，由式（8－38）可知在较低转数下，可以得到很小的位移，这说明差动螺旋传动机构可以实现微量调节。

8.4.1.3 滚珠螺旋传动

如图 8－49 所示，滚珠螺旋传动是在螺杆和螺母的螺纹滚道内连续填装滚珠作为滚动体，使螺杆和螺母间的滑动摩擦变成滚动摩擦。螺母上有导管或反向器，使滚珠能循环滚动。

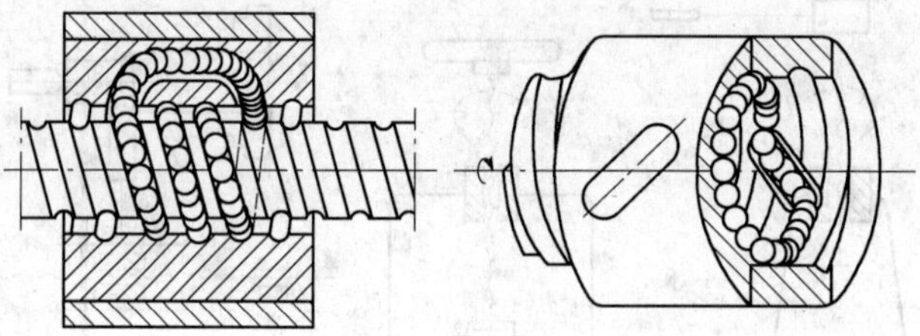

图 8－49 滚珠螺旋传动

（a）外循环；（b）内循环

滚珠的循环方式分为外循环和内循环两种，滚珠在循环过程中离开螺旋表面的称为外循环，如图 8－49（a）所示，外循环加工方便，但径向尺寸较大。滚珠在整个循环过程中始终不脱离螺旋表面的称为内循环，如图 8－49（b）所示。滚动螺旋传动的特点是：

（1）效率高，一般在 90% 以上；

（2）利用预紧可消除螺杆与螺母之间的轴向间隙，可得到较高的传动精度和轴向刚度；

（3）静、动摩擦力极小，启动时无颤动，低速时运动仍很稳定；

（4）工作寿命长；

（5）具有运动可逆性，即在轴向力作用下可由直线移动变为转动；

（6）为了防止机构逆转，需有防逆转装置；

（7）滚珠与滚道理论上为点接触，不宜传递大载荷，抗冲击性能较差；

（8）结构较复杂，材料要求较高，制造较困难。

滚珠螺旋传动主要用于对传动精度要求高的场合，如精密机床中的进给机构等。

8.4.2 滑动螺旋传动的设计

滑动螺旋传动是利用由螺杆和螺母组成的螺旋副来实现传动要求的。它主要用于将回转运动变为直线运动，同时传递运动和动力的场合。

8.4.2.1 螺旋传动的材料

螺杆（丝杠）的材料应具有足够的强度、较高的耐磨性，通常使用 45 钢和 50 钢，重要的场合还可用 40Cr、65Mn 钢等并进行热处理。螺母的材料应具有较高的耐磨性，与螺杆配合时的摩擦系数要低，通常选用铸造青铜，如 ZQSn10 - 1、ZQSn6 - 6 - 3 等，低速时可以选用耐磨铸铁。

8.4.2.2 滑动螺旋传动的设计计算

滑动螺旋传动的主要失效形式是工作表面的磨损，因此应根据耐磨条件计算螺杆的直径和螺母高度(注意圆整为标准值)。对于传力螺旋还应校核螺杆的强度和螺母螺纹牙的强度，对于长径比大的受压螺旋要校核螺杆的稳定性，对于要求自锁的螺旋还应校核其自锁性。

(1) 耐磨性计算。为限制螺旋工作表面过度的磨损，应对工作面的平均压强进行校核。

$$p_m = \frac{F_Q}{\pi d_2 h Z} \leqslant [p] \tag{8-39}$$

式中 p_m——工作面平均压强，MPa；

$[p]$——螺旋副的许用压强，见表 8 - 8，MPa；

F_Q——螺旋副所受的轴向载荷，N；

d_2——螺纹中径，mm；

h——螺纹工作高度，mm；

Z——螺杆与螺母接触的螺纹圈数，通常 $Z \leqslant 10$。

表 8 - 8 螺旋副的许用压强 [p]

配对材料		钢对铸铁	钢对青铜	淬火钢对青铜
许用压强 /MPa	速度 $v<12$m/s	4 ~ 7	7 ~ 10	10 ~ 13
	低速、人力驱动	10 ~ 18	15 ~ 25	—

令 $\psi = \frac{H}{d_2}$，H 为螺母高度，$H=\psi d_2$，$Z=H/P$，P 为螺纹的螺距，代入式 (8 - 39)，经整理得：

$$d_2 \geqslant \sqrt{\frac{F_Q P}{\pi h \psi [p]}} \tag{8-40}$$

对于梯形螺纹 $h=0.5P$，锯齿形螺纹 $h=0.75P$，代入式 (8 - 40) 分别得到：

梯形螺纹
$$d_2 \geqslant 0.8\sqrt{\frac{F_Q}{\psi [p]}} \tag{8-41}$$

锯齿形螺纹
$$d_2 \geqslant 0.65\sqrt{\frac{F_Q}{\psi [p]}} \tag{8-42}$$

ψ 对于整体螺母可取 1.2 ~ 2.5，剖分螺母可取 2.5 ~ 3.5。计算出 d_2 按标准确定螺纹公称直径、中径、小径以及螺距。

(2) 螺纹牙强度校核。螺纹牙的失效为螺母螺纹牙沿牙根的剪断，故应校核螺母螺纹牙根部的剪切强度。

$$\tau = \frac{F_Q}{\pi D b Z} \leqslant [\tau] \tag{8-43}$$

式中 τ——螺母螺纹牙根部的剪应力，MPa；

$[\tau]$——螺母材料的许用剪应力，对于铸铁螺母 $[\tau]=40\text{MPa}$，对于青铜螺母 $[\tau]=30\sim40\text{MPa}$；

D——螺母的公称直径，mm；

b——螺母螺纹牙根部厚度，mm，一般 $b=0.65P$。

(3) 螺杆强度校核。螺杆的危险剖面可近似看成直径为小径 d_1 的圆，在危险剖面内作用着由轴向载荷 F_Q 产生的拉应力（或压应力）和由螺纹力矩 T_1 产生的扭应力，即螺杆的危险截面是受拉（压）扭复合作用的。根据第四强度理论，危险截面作用的当量应力 σ_e 为：

$$\sigma_e=\sqrt{\sigma^2+3\tau^2}=\sqrt{\left(\frac{4F_Q}{\pi d_1^2}\right)^2+3\left(\frac{T_1}{\pi d_1^3/16}\right)^2}\leqslant[\sigma] \tag{8-44}$$

式中　$[\sigma]$——螺杆材料的许用应力，碳素钢可取 $[\sigma]=50\sim80\text{MPa}$。

(4) 自锁条件校核。对于要求自锁的螺旋传动，应使其螺旋升角 φ 不大于螺旋传动的当量摩擦角 ρ_V。

$$\varphi=\arctan\frac{P_h}{\pi d_2}=\arctan\frac{nP}{\pi d_2} \tag{8-45}$$

$$\rho_V=\arctan\frac{f}{\cos\beta} \tag{8-46}$$

式中　P_h——螺纹导程，mm；

n——螺纹的头数；

f——工作面的摩擦系数，钢对青铜 $f=0.1$，钢对铸铁 $f=0.12\sim0.15$；

β——螺纹牙型斜角，(°)。

为自锁可靠，通常 φ 比 ρ_V 小1°以上。

(5) 螺杆稳定性校核。螺杆长径比 $L/d_1\geqslant7.5$ 时，若螺杆受压，可能产生纵向弯曲，出现失稳现象，故对 $L/d_1\geqslant7.5\sim10$ 的受压螺杆要进行稳定性的校核，其内容可参阅有关资料。

小　结

(1) 键连接是一种可以通过键实现轴与轴上零件周向固定，并能传递运动和扭矩的连接。有些键连接还可以实现轴上零件的轴向固定。还有一些键连接还可以引导轴上零件的轴向移动。键连接属于可拆连接，结构简单、装拆方便，而且具有工作可靠、标准化等特点，在机械中应用广泛。通过本章学习应掌握键与花键连接的类型、结构、特点和应用。掌握键连接尺寸选择方法以及平键的强度计算方法。

(2) 销为标准件，其类型很多，基本类型有圆柱销和圆锥销两种。其中圆锥销有1∶50的锥度，有带螺纹和不带螺纹之分。销连接的功用主要有定位，即固定零件的相对位置，连接轴与轴上零件并传递运动与扭矩以及安全装置中的过载保护零件三种。通过本章学习应掌握销的基本选择方法。

(3) 掌握螺纹形成的原理和各主要参数（螺纹大径、螺纹中径、螺纹小径、螺距、导程、牙型角、升角）的意义。

（4）了解各种牙型螺纹的特点和应用，能合理选用螺纹的类型。

- 螺纹
  - 按加工表面分
    - 内螺纹：在圆柱、圆锥孔壁加工螺纹
    - 外螺纹：在圆柱、圆锥外表面加工螺纹
  - 按螺纹旋向分
    - 右旋螺纹：顺时针方向旋入
    - 左旋螺纹：逆时针方向旋入
  - 按螺旋线的数目分
    - 单线螺纹：沿一条螺旋线形成的螺纹
    - 多线螺纹：沿两条或两条以上在轴向等距分布的螺旋线所形成的螺纹
  - 按螺纹用途分
    - 连接螺纹：三角螺纹
      - 公制普通螺纹
        - 粗牙螺纹
        - 细牙螺纹
      - 管螺纹
        - 非螺纹密封管螺纹
        - 螺纹密封管螺纹
    - 传动螺纹
      - 梯形螺纹：强度高，对中性好，效率较高
      - 矩形螺纹：强度低，对中性差，效率高
      - 锯齿形螺纹：用于单向传动

（5）掌握螺纹连接预紧和防松的原理和方法。

（6）掌握螺旋副的受力分析、效率和自锁的计算方法。

（7）重点掌握螺栓连接的强度计算，正确分析螺纹连接的各类工作载荷，并选择相应的计算公式。

- 松螺栓连接
- 紧螺栓连接
  - 受横向外载荷 F_R 的紧螺栓连接
    - 普通螺栓连接承受横向外载荷
    - 铰制孔用螺栓连接承受横向外载荷
  - 受轴向外载荷的紧螺栓连接

受轴向外载荷的紧螺栓连接的强度计算是本章的难点。

（8）掌握螺栓组连接的受力分析，目的是要找出螺栓组中受力最大的单个螺栓，并求出该螺栓所受的总载荷，然后应用强度计算公式求出直径。

（9）掌握提高螺纹连接强度的措施，特别是提高螺纹连接的疲劳强度，要适当减少螺栓的刚度，提高被连接件的刚度。掌握螺旋传动的分类方法、各种螺旋传动的名称及相应的计算。

习　题

8-1 单键连接时如果强度不够应采取什么措施？若采用双键，对平键和楔键而言，分别应该如何布置？

8-2 平键和楔键的工作原理有何不同？

8-3 螺纹的主要参数有哪些？螺距和导程有什么区别？如何判断螺纹的线数和旋向？

8-4 螺纹的重要参数大径、中径、小径各有什么意义？

8-5 为什么螺纹连接大多数要预紧？什么是螺纹连接的预紧力？常用的控制预紧力的方法有哪些？

8-6 拧紧的螺栓为什么会松脱？防松的根本问题是什么？请举三个防松的例子。

8-7 什么是螺纹的牙型角？普通螺纹、管螺纹、矩形螺纹与梯形螺纹牙型角各是多少？锯齿形螺纹牙型角是如何表达的？

8－8 相同公称直径的粗牙普通螺纹与细牙普通螺纹相比，哪个自锁性能好，哪个强度高？为什么薄壁零件的连接常采用细牙螺纹？

8－9 什么是螺纹的自锁现象？自锁条件如何？螺旋副的传动效率如何计算？

8－10 试问螺纹的升角为多大时，螺旋副效率可达到最高值？

8－11 什么情况下宜采用双头螺柱连接，什么情况下宜采用螺钉连接？

8－12 螺纹连接的主要失效形式和计算准则是什么？

8－13 普通螺栓紧连接，为什么受横向载荷也只按拉伸强度计算？为何计算时将拉力增大30%？若采用铰制孔用螺栓时是否也这样考虑，为什么？

8－14 为什么受预紧力和工作拉力的普通紧螺栓连接，其总拉力不等于预紧力和工作拉力之和？

8－15 受预紧力和工作拉力的普通紧螺栓连接中螺栓和被连接件的刚度对螺栓受力各有什么影响？

8－16 常用的提高螺纹连接强度的措施有哪些？

8－17 螺旋传动按用途可分为几类？试举例说明。

8－18 设计套筒联轴器与轴连接用的平键。已知轴径 $d=36$mm，轴头长度为 $L=40$mm，联轴器为铸铁材料，承受静载荷，套筒外径 $D=100$mm。要求画出连接的结构图，并计算连接传递的转矩。

8－19 已知轴和带轮的材料分别为钢和铸铁，带轮与轴配合直径 $d=40$mm，轮毂长度 $l=80$mm，传递的功率为 $P=10$kW，转速 $n=1000$r/min，载荷性质为轻微冲击。

（1）试选择带轮与轴连接用的A型普通平键；

（2）按1∶1比例绘制连接剖视图，并注出键的规格和键槽尺寸。

8－20 如图8－50所示，两根梁用8个4.6级普通螺栓与两块钢盖板相连接，梁受到的拉力 $F=28$kN，摩擦系数 $f=0.2$，控制预紧力，试确定所需螺栓的直径。

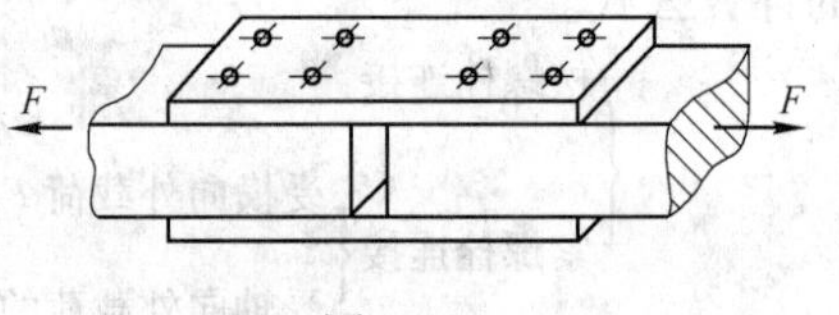

图8－50

8－21 受轴向载荷的紧螺栓连接，被连接钢板间采用橡胶垫片。已知预紧力 $F'=1500$N，当轴向工作载荷 $F=1000$N 时，求螺栓所受的总拉力及被连接件之间的残余预紧力。

8－22 图8－51所示凸缘联轴器允许传递的最大转矩 $T=630$N·m，两半联轴器采用4个M12的铰制孔用螺栓连接，螺栓规格为M12×60，螺栓的性能等级为8.8级，联轴器材料为HT200，试校核其连接强度。

8－23 铰制孔用螺栓组连接的三种方案如图8－52所示。已知 $L=300$mm，$a=60$mm，试求螺栓组连接的各方案中受力最大的螺栓所受的力为多少？三个方案中哪个方案较好？

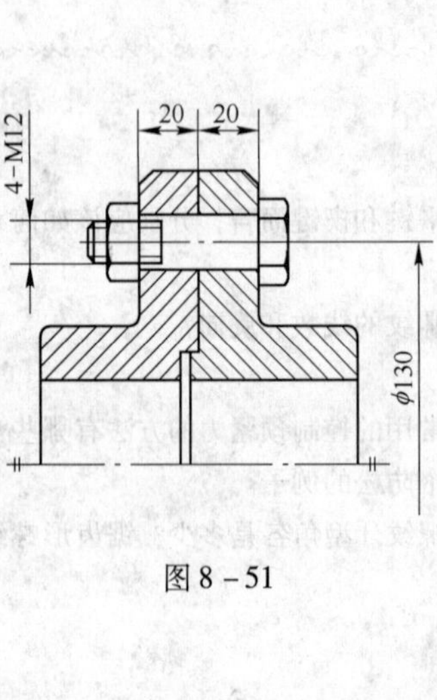

图8－51

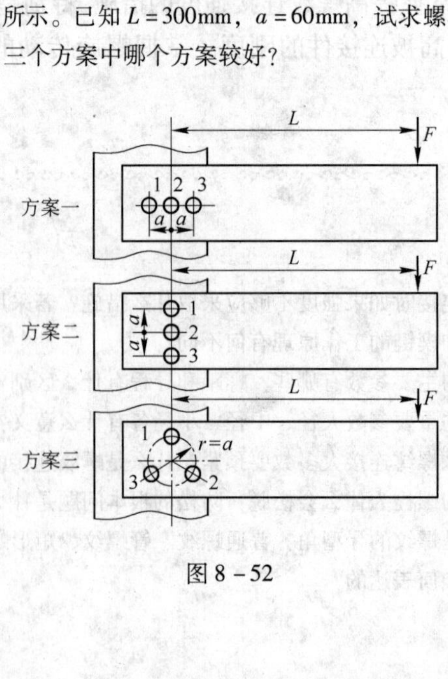

图8－52

8-24 如图8-53所示的底板螺栓组连接受外力 F_e 的作用。外力 F_e 作用在包含 x 轴并垂直于底板接合面的平面内。试分析底板螺栓组的受力情况，并判断哪个螺栓受力最大，保证连接安全工作的必要条件有哪些？

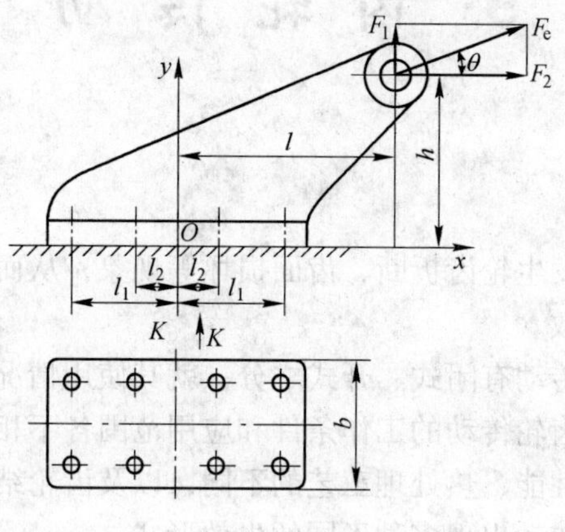

图8-53

8-25 试指出下列图8-54中的错误结构，并画出正确的结构图。

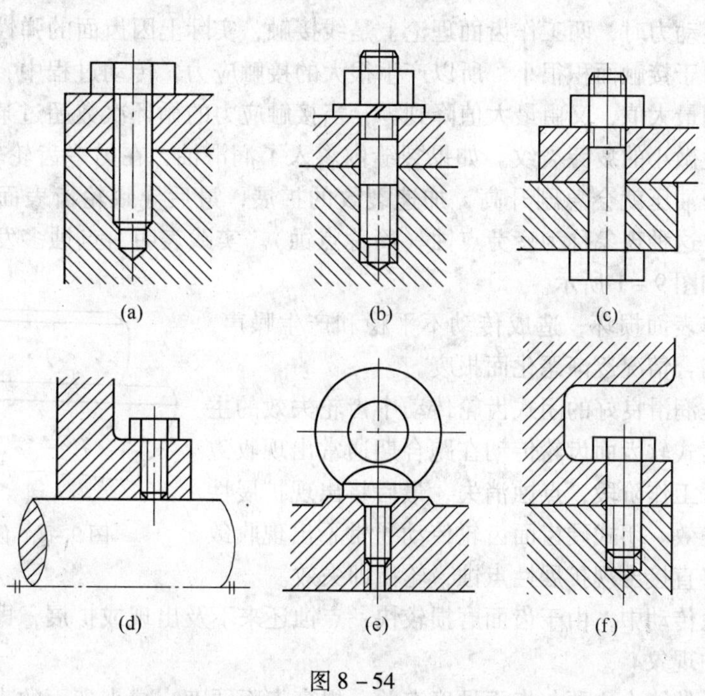

图8-54

（a）螺钉连接；（b）双头螺柱连接；（c）铰制孔用螺栓连接；

（d）紧定螺钉连接；（e）吊环螺钉连接；（f）螺钉连接

9 齿轮传动

9.1 齿轮的失效形式

齿轮在传动过程中，发生轮齿折断、齿面损坏等现象，从而失去正常工作的能力，这种现象称为齿轮轮齿的失效。

就其工作条件，齿轮传动有闭式、开式之分；就其使用情况，齿轮传动有低速、高速及轻载、重载之分。由于齿轮传动的工作条件和应用范围各不相同，影响失效的因素也不相同。此外，齿轮材料的性能、热处理工艺的不同，以及齿轮结构的尺寸大小和加工精度等级的差别，均会使齿轮传动出现多种不同的失效形式。

9.1.1 齿面点蚀

齿轮在传递动力时，两工作齿面理论上是线接触，实际上因齿面的弹性变形会形成很小的面接触。由于接触面积很小，所以产生很大的接触应力。传动过程中，齿面间的接触应力从零增大到最大值，又由最大值降到零，当接触应力的循环次数超过某一极限时，工作齿面便会产生微小的疲劳裂纹。如果裂缝内渗入了润滑油，在另一齿轮轮齿的挤压下，封闭在裂缝内的油压就会急剧升高，加速裂纹的扩展，最后导致轮齿表面小块金属的剥落，形成小坑。这种现象称为疲劳点蚀（简称点蚀）。实践表明，点蚀多发生在齿根表面靠近节线处，如图 9－1 所示。

点蚀使工作表面损坏，造成传动不平稳和产生噪声，齿轮会因轮齿啮合情况逐渐恶化而报废。

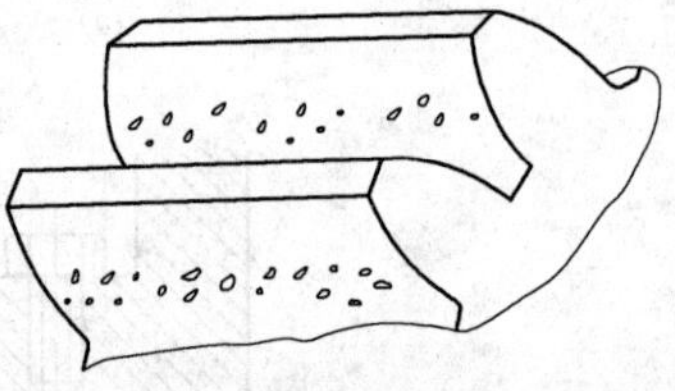

图 9－1 齿面点蚀

齿面点蚀是润滑良好的闭式齿轮传动中齿轮失效的主要形式之一。闭式软齿面齿轮传动在跑合期通常出现收敛性点蚀，在正常工作阶段，点蚀消失，最后将出现扩展性点蚀，轮齿即失效。闭式硬齿面齿轮传动通常不出现收敛性点蚀，最后将直接出现扩展性点蚀，轮齿即失效。

在开式齿轮传动中，由于齿面磨损较快，点蚀还来不及出现或扩展，即被磨掉，所以一般看不到点蚀现象。

齿面抗点蚀的能力主要与齿面硬度有关，提高齿面硬度、减小齿面的表面粗糙度值和增大润滑油的黏度均有利于防止点蚀。

9.1.2 齿面磨损

齿轮在传动过程中，不仅受到载荷的作用，而且接触的齿面间（除节点处外）还有相对滑动，使齿面发生磨损。齿面磨损的速度符合预定的设计期限，则为正常磨损。正常磨损的齿面很光亮，没有明显的痕迹，在规定的磨损量内，并不影响齿轮的正常工作。但齿面磨损严重时，渐开线齿廓被损坏，使齿侧间隙增大而引起传动不平稳，产生冲击和噪声，甚至会因齿厚过度磨薄发生轮齿折断。

产生齿面磨损的原因主要有：

(1) 齿轮在传动过程中，工作齿面间有相对滑动，引起研磨磨损。

(2) 齿面不干净，有金属微粒、尘埃、污物等进入轮齿啮合区域，引起磨粒磨损。

(3) 润滑不好。

齿面磨损是润滑条件不好、易受灰尘及有害物质侵袭的开式齿轮传动的主要失效形式之一。

为减小齿面磨损，应尽可能采用润滑条件良好的闭式齿轮传动，同时，提高齿面硬度，减小轮齿齿面表面粗糙度值。

9.1.3 齿面胶合

在重载传动中，齿轮副两齿轮工作齿面金属表面尖峰直接接触而形成“焊接”的现象，称为齿面胶合。产生齿面胶合的原因有以下两种：

(1) 高速重载的闭式齿轮传动中，由于散热不好，导致润滑油油温升高，黏度降低，使轮齿齿面间的润滑油膜破坏，工作齿面发生金属表面尖峰熔焊。

(2) 低速重载的传动中，由于工作齿面之间压力很大，润滑油膜易从两齿面接触处被挤出来，不易形成润滑油膜，工作齿面发生金属表面尖峰压焊。

当两工作齿面金属表面尖峰形成焊点后，会使较软轮齿的齿面发生撕脱、划伤、咬死的现象，并因相对滑动在较软的工作齿面上形成与滑动方向一致的撕裂沟痕，这就形成了齿面胶合。传动中，靠近节线的齿顶表面处相对速度较大，因此胶合常发生在该部位（见图 9－2）。

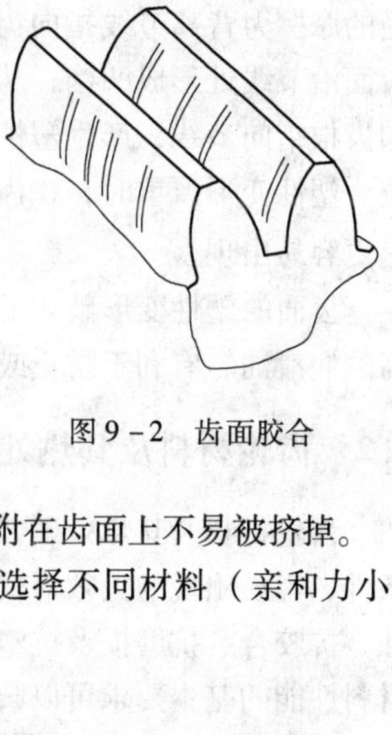

图 9－2 齿面胶合

齿面发生胶合现象后，将因严重损坏而失效。

为防止产生齿面胶合，对于低速运动，可采用黏度大的润滑油；对于高速传动，可采用硫化润滑油，使其较牢固地吸附在齿面上不易被挤掉。

提高齿面的硬度和减小轮齿表面粗糙度，以及两啮合轮齿选择不同材料（亲和力小）等措施均可减少胶合的发生。

9.1.4 轮齿折断

齿轮轮齿在传递动力时，相当于一根悬臂梁。齿根处受到的弯曲应力最大，且在齿根的过渡圆角处具有较大的应力集中。传递载荷时，轮齿从啮合开始到啮合结束，随着啮合点位置的变化，齿根处的应力从零增到最大值，然后又逐渐减小为零。在交变应力的作用下，在轮齿根部的应力集中处便会产生疲劳裂纹。随着重复次数的增加，裂纹逐渐扩展，最终导致轮齿折断（见图 9－3）。这种折断称为疲劳折断。

图 9－3 轮齿折断

此外，用脆性较大的材料（如铸铁、淬火钢等）制成的齿轮，在受到短时过载或过大的冲击载荷时，常会引起轮齿的突然折断。这种折断称为过载折断。

轮齿折断是开式齿轮传动和闭式硬齿面齿轮传动中轮齿的主要失效形式。轮齿折断常常是突然发生的，不仅使机器不能正常工作，甚至还会造成重大事故，因此应引起特别注意。

防止轮齿折断的措施如下：

（1）选择适当的模数和齿宽，保证轮齿的强度。

（2）采用合适的材料和热处理方法。

（3）减小齿根处的应力集中，齿根圆角不宜过小；轮齿表面粗糙度值要小；使齿根危险截面处的最大弯曲应力值不超过材料的许用应力值。

9.1.5 齿面塑性变形

若轮齿材质为塑性材料，轮齿表面硬度不高，当工作于低速重载频繁启动的条件下，在较大的载荷和摩擦力的作用下，可能使齿面表层金属沿相对滑动方向发生局部的塑性流动，出现齿面的塑性变形（见图9-4）。主动轮所受的摩擦力背离节线指向齿顶和齿根，产生塑性变形时在齿面沿节线处形成凹沟；从动轮所受摩擦力则分别由齿顶和齿根指向节线，产生塑性变形时在齿面沿节线处形成凸棱。塑性变形严重时，在齿顶边缘处会出现飞边（主动轮上更容易出现）。

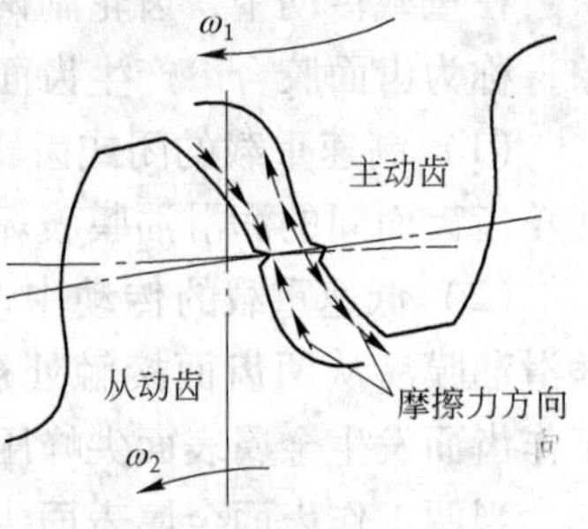

图9-4 齿面塑性变形

齿面的塑性变形破坏了齿廓的形状，导致齿轮轮齿失效。提高齿面硬度和采用黏度较高的润滑油，有利于防止或减轻齿面的塑性变形。

9.2 齿轮材料及其热处理

齿轮材料及其热处理方式的选择，要根据齿轮传动所受载荷的性质、精度要求、工作条件、容易出现的失效形式等因素综合确定。设计齿轮传动时，应使表面具有较高的抗点蚀、抗胶合、抗磨损及抗塑性变形的能力，齿根要具有较高的抗折断能力。因此，对齿轮材料性能的基本要求可以归纳为：

（1）齿轮表面层有足够的硬度和高的耐磨性；

（2）齿轮轮齿要有足够的弯曲强度和冲击韧性；

（3）易于加工，能进行热处理及表面处理，使其能达到所需的硬度及表面粗糙度。

常用的齿轮材料是锻钢，其次是铸钢和铸铁。目前塑料齿轮的应用也日渐增多。

9.2.1 锻钢

大多数齿轮都采用锻钢制造，常用的是含碳量在0.15%～0.6%的碳钢或合金钢。齿轮的热处理和化学热处理，主要采用下列方法：

（1）正火。正火处理可使材料晶粒细化，提高机械强度、韧性，消除内应力，改善切削性能。一般用于机械强度要求不高的中碳钢齿轮。

（2）调质。适用于调质处理的钢有 40、45、38SiMnMo、40Cr、40CrNi 等，调质后的齿轮具有以下特点：

1）调质齿轮硬度不是很高（≤350HB），而机械强度较高。

2）在综合循环次数很大的情况下，尽量用调质齿轮而不使用淬火齿轮，因为在这种情况下淬火到很高的硬度，对齿轮承载能力的提高并不显著。

3）调质处理的齿轮可以进行精加工。为了使小齿轮和大齿轮的使用寿命相接近，同时为了减少胶合的危险，常使小齿轮的齿面硬度比大齿轮的稍高一些，见表 9－1。

表 9－1　齿轮工作齿面硬度及其组合应用举例

齿面类型	齿轮种类	热处理		两轮工作齿面硬度差	工作齿面硬度举例		应用举例
		小齿轮	大齿轮		小齿轮	大齿轮	
软齿面（HB≤350）	直齿	调质	调质	$0 < HB_{1min} - HB_{2max} \leq 25$	240～270HB 260～290HB	200～230HB 220～250HB	中低速重载
	斜齿和人字齿	调质	正火、正火＋调质	$HB_{1min} - HB_{2max} \geq 40$	240～270HB 260～290HB 270～300HB	160～190HB 180～210HB 200～230HB	
软硬齿面组合（$HB_1 > 350$，$HB_2 \leq 350$）	斜齿和人字齿	表面淬火	调质	齿面硬度差很大	45～50HRC	270～300HB 200～230HB	中低速重载
		渗碳	调质		56～62HRC	200～230HB	
硬齿面（HB＞350）	直齿、斜齿和人字齿	表面淬火	表面淬火	齿面硬度大致相同	45～50HRC		高速重载
		渗碳	渗碳		56～62HRC		

（3）整体淬火。整体淬火常用的齿轮材料是 40Cr、40CrNi 和 CrNiMoA 等合金钢。齿轮在整体淬火后再低温回火，轮齿的整个剖面硬度接近一致，表面硬度可达 50HRC 以上。整体淬火后的齿轮轮齿常发生挠曲，故在淬火后齿轮轮齿还须进行磨削或研磨等精加工。

（4）表面淬火。表面淬火齿轮常采用的材料有 40Cr 和 45 钢，齿面硬度可达 50HRC，而齿芯部仍为调质时的硬度。表面淬火的齿轮抵抗疲劳点蚀、磨粒磨损和胶合的能力高，又由于保持有足够的韧性，能承受不大的冲击载荷。这种齿轮一般用于中等冲击的齿轮传动。

（5）渗碳淬火。渗碳淬火的齿轮多采用低碳合金钢，如 15Cr、20Cr、20CrMnMo、20CrMnTi 等。表面硬度一般可达 58～63HRC，通常渗碳淬火后要进行磨齿。这种齿轮可以承受很大的冲击载荷。

（6）氮化、氰化。表面氮化是一种化学处理，由于氮化处理温度不高，轮齿的变形较小，不需进行最后的磨齿。因此内齿轮和其他很难实现磨削的齿轮，宜于采用氮化处理。齿面经氮化可以达到很高的硬度（65～68HRC）。氮化齿轮的缺点是不能用于有冲击载荷或有严重磨损的场合。常用的氮化钢有 20Cr 和 38CrMoAl 等。

氰化适用于中碳钢齿轮，强化层较薄，因此不允许磨齿。氰化比氮化及渗碳淬火的成本低。

9.2.2 铸钢

铸钢常用于制造要求强度高、毛坯形状复杂的大型齿轮（直径 $d>400\sim600$mm）。铸钢的强度高、耐磨性好，通常要对铸件进行正火及退火处理，以消除齿轮中的残余应力和硬度差异，常用的铸钢有 ZG45、ZG55 等。

9.2.3 铸铁

铸铁的性质较脆，其抗弯强度、耐冲击和耐磨性能都较低，但是有较好的抗胶合和抗点蚀的能力，易于铸造和加工。

铸铁常用于低速、中载、无冲击及振动的开式齿轮传动中，铸铁齿轮材料一般采用 HT200 ~ HT400。

球墨铸铁的力学性能及抗冲击性能远比普通铸铁高，在闭式齿轮传动中，有球墨铸铁代替铸钢的倾向。常用的球墨铸铁有 QT500－5、QT600－2 等。

9.2.4 工程塑料

对于高速轻载的齿轮传动，可选用酚醛塑料、尼龙和加布胶木等。这种材料的力学性能虽不如钢铁，但在缓冲、吸振和降低噪声方面有突出的优点。由于工程塑料的导热性差，与其啮合的配对齿轮仍应采用钢和铸铁制造，以利于散热。

齿轮的常用材料及其力学性能见表 9－2。

表 9－2 齿轮的常用材料及其力学性能

材料	热处理	剖面尺寸/mm		材料力学性能/MPa		硬度	
		直径 d	壁厚 s	σ_b	σ_s	HB	HRC（表面淬火）
45	正火	≤100	≤50	588	294	169 ~ 217	40 ~ 50
		101 ~ 300	51 ~ 150	569	284	162 ~ 217	
	调质	≤100	≤50	647	373	229 ~ 286	
		101 ~ 300	51 ~ 150	628	343	217 ~ 255	
42SiMn	调质	≤100	≤50	785	510	229 ~ 286	45 ~ 55
		101 ~ 200	51 ~ 100	735	461	217 ~ 269	
		201 ~ 300	101 ~ 150	686	441	217 ~ 255	
40MnB	调质	≤200	≤100	735	490	241 ~ 286	45 ~ 55
		201 ~ 300	101 ~ 150	686	441	242 ~ 286	
38SiMnMo	调质	≤100	≤50	735	588	229 ~ 286	45 ~ 55
		101 ~ 300	51 ~ 150	683	539	217 ~ 269	
35CrMo	调质	≤100	≤50	735	539	207 ~ 269	48 ~ 55
		101 ~ 300	51 ~ 150	686	490	207 ~ 269	

续表 9－2

材　料	热处理	剖面尺寸/mm		材料力学性能/MPa		硬　度	
		直径 d	壁厚 s	σ_b	σ_s	HB	HRC（表面淬火）
40Cr	调质	≤100	≤50	735	539	241～286	56～62
		101～300	51～150	686	490	241～286	57～63
20Cr	渗碳淬火	≤60		637	392		48～55
	氮化						
20CrMnTi	渗碳淬火	15		1079	834		56～62
	氮化						53～60
38CrMnAlA	调质、氮化	30		981	834	229	>850HV
ZG45	正火			569	314	163～207	
ZG55	正火			637	343	179～207	
ZG35CrMnSi	正火、回火			686	343	163～217	
	调质			785	588	179～269	
HT300				294		187～255	
HT350				343		197～269	
HT400				392		207～269	
QT500－5				490	343	147～241	
QT600－2				588	412	229～302	
KTZ500－4				490	333	179～241	
KTZ600－3				588	412	201～269	
夹布胶木				100		25～55	

9.3 标准直齿圆柱齿轮传动的疲劳强度计算

9.3.1 轮齿受力分析

如图 9－5 所示，在一对标准安装的标准直齿圆柱齿轮传动中，若不计摩擦力，则作用在轮齿上的法向力 F_n 将垂直作用于齿面。设小齿轮 1 为主动轮，为计算方便，在节点 C 上将 F_n 分解成切向力 F_t 和径向力 F_r。

$$\begin{aligned} &\text{切向力} \quad F_{t1}=\frac{2000T_1}{d_1}\ (\mathrm{N}) \\ &\text{径向力} \quad F_{r1}=F_t\tan\alpha\ (\mathrm{N}) \\ &\text{法向力} \quad F_n=\frac{F_t}{\cos\alpha}\ (\mathrm{N}) \end{aligned} \tag{9-1}$$

式中　T_1——小齿轮上的转矩，N·m，$T_1=9550\dfrac{P}{n_1}$；

d_1——小齿轮分度圆直径，mm；

α——压力角，$\alpha=20°$；

P——传递的功率，kW；

n_1——小齿轮的转速，r/min。

如图9－5所示，切向力 F_t 的方向在主动轮上与运动方向相反，在从动轮上与运动方向相同。径向力 F_r 的方向，分别指向各自的轮心。

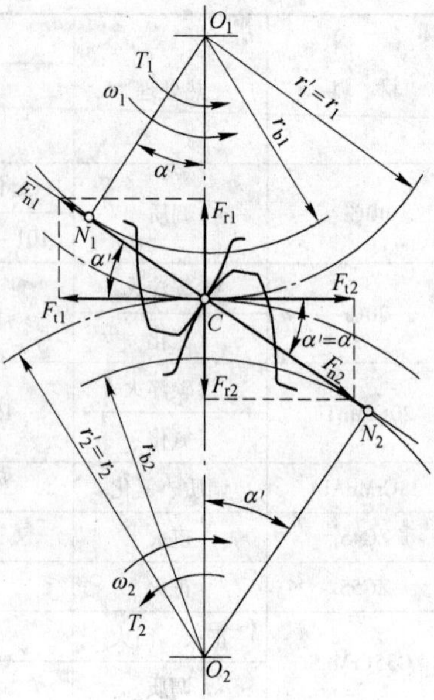

图9－5 直齿圆柱齿轮传动的作用力

9.3.2 计算载荷

上述的法向力 F_n 为名义载荷，理论上，F_n 应沿齿宽均匀分布；但在实际工作中，由于原动机和工作机的特性不同，齿轮的制造误差和安装误差，齿轮、轴、轴承受载后变形，以及工作时载荷和速度的变化，齿轮上实际作用的载荷大于名义载荷。因此，计算齿轮强度时，应用计算载荷 $F_C=KF_n$ 来取代名义载荷 F_n。K 为载荷系数。

$$K=K_AK_VK_\beta K_\alpha \tag{9-2}$$

式中 K_A——使用系数；

K_V——动载系数；

K_β——齿向载荷分布系数；

K_α——齿间载荷分配系数。

（1）使用系数 K_A。使用系数 K_A 是考虑由于齿轮啮合外部因素引起附加外部动载荷影响的系数，见表9－3所示。影响 K_A 的主要因素是原动机和工作机的工作特性。

表9－3 使用系数 K_A

原动机工作特性	工作机工作特性			
	均匀平稳	轻微冲击	中等冲击	严重冲击
均匀平稳	1.00	1.25	1.50	1.75
轻微冲击	1.10	1.35	1.60	1.85
中等冲击	1.25	1.50	1.75	2.0
严重冲击	1.50	1.75	2.0	2.25 或更大

（2）动载系数 K_V。由于齿轮制造精度、运转速度、轮齿变形及安装误差等轮齿内部因素引起的基圆齿距误差，由此产生附加内部动载荷。引入动载荷系数 K_V 是考虑齿轮传动附加内部动载荷影响的系数，如表9－4所示。

表9－4 动载系数

精度等级	齿面硬度（HB）	圆周速度 v/m·s^{-1}			
		<3	3～8	8～12.5	12.5～20
6	≤350	1/1	1.2/1	1.3/1	1.45/1.2
	>350	1/1	1.15/1	1.25/1	1.35/1.1

续表 9－4

精度等级	齿面硬度（HB）	圆周速度 v/m·s^{-1}			
		<3	3～8	8～12.5	12.5～20
7	≤350	1.15/1	1.35/1	1.45/1.2	—/1.3
	>350	1.15/1	1.25/1	1.35/1.1	—/1.1
8	≤350	1.25/1.1	1.45/1.2	—/1.4	—
	>350	1.2/1.1	1.35/1.3	—/1.3	—

注：1. 调质齿轮在进行接触疲劳强度计算时，应将表中小数部分的数值降低一半。例如表值为 1.2，则取为 $K_V=1.1$。

2. 硬齿面齿轮受载较大时，K_V 值可适当降低。

3. 圆锥齿轮的圆周速度是指齿宽中点处的速度。

4. 本表中数据，分子用于直齿轮，分母用于斜齿轮。

图 9－6（a）表示基圆齿距 $p_{b1}<p_{b2}$ 的情况，这时第一对轮齿应该在 A 点开始啮合，由于基圆齿距 $p_{b1}<p_{b2}$，故第一对轮齿在 A' 处进入啮合。当 $p_{b1}<p_{b2}$，瞬时传动比 $i=\dfrac{r_2-\Delta r}{r_1+\Delta r}<\dfrac{r_2}{r_1}$，这种情况产生的冲击称为啮入冲击。

图 9－6（b）表示基圆齿距 $p_{b1}>p_{b2}$ 的情况，这时第一对轮齿应该在 E 点脱离啮合，由于第二对轮齿在此时尚未进入啮合，要待第一对轮齿离开啮合线一段距离后，第二对轮齿才开始啮合，故最终导致第一对轮齿在 E' 点脱开。当 $p_{b1}>p_{b2}$，瞬时传动比 $i=\dfrac{r_2+\Delta r}{r_1-\Delta r}>\dfrac{r_2}{r_1}$，这种情况产生的冲击称为啮出冲击。

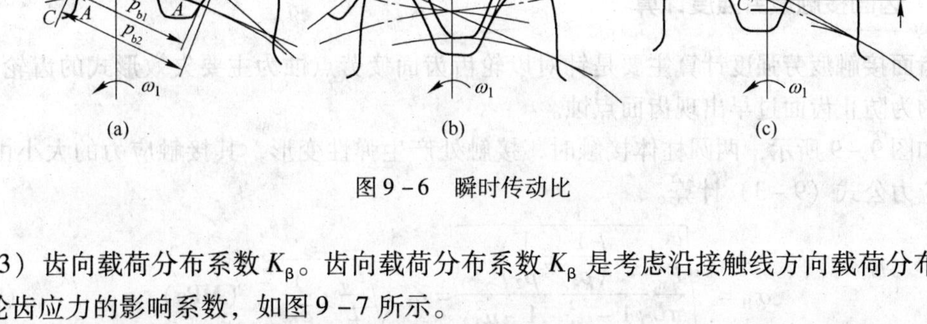

图 9－6　瞬时传动比

（3）齿向载荷分布系数 K_β。齿向载荷分布系数 K_β 是考虑沿接触线方向载荷分布不均匀对轮齿应力的影响系数，如图 9－7 所示。

影响 K_β 的主要因素有：齿轮的制造和安装误差，轮齿、轴系及机体的刚度，齿轮在轴上相对于轴承的位置，轮齿的宽度及齿面硬度等。

（4）齿间载荷分配系数 K_α。齿间载荷分配系数 K_α 是考虑同时啮合的各对轮齿载荷分配不均匀对轮齿应力的影响系数，如图 9－8 所示。

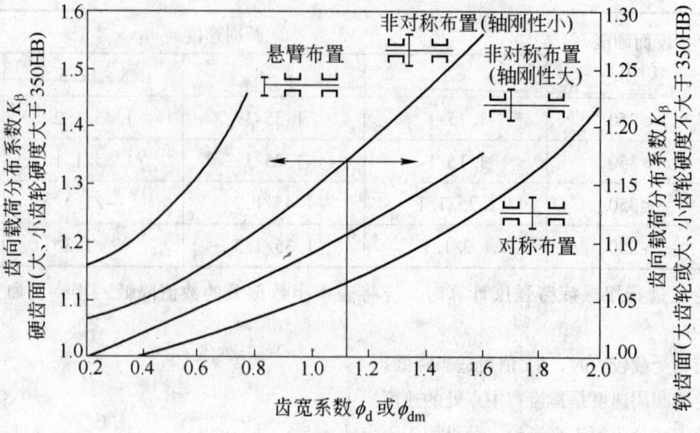

图 9-7 齿向载荷分布系数 K_β

$\phi_d = \frac{b}{d_1}$ —圆柱齿轮；$\phi_{dm} = \frac{b}{d_{m1}} = \frac{\varphi_R \sqrt{u^2+1}}{2-\varphi_R}$ —圆锥齿轮

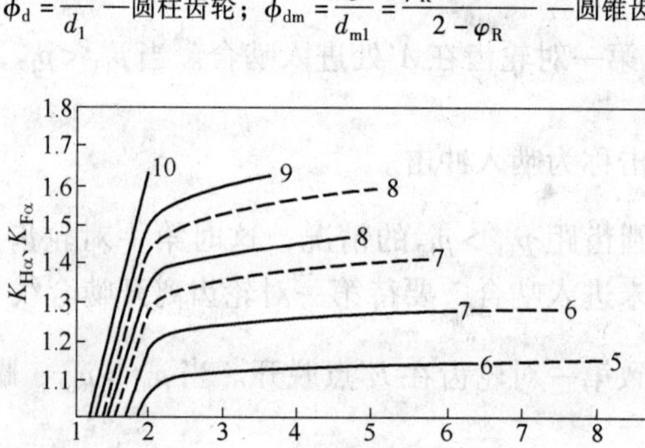

图 9-8 齿间载荷分配系数 K_α

——调质钢；－－－－渗碳淬火钢、氮化钢；

$K_{H\alpha}$—接触齿间载荷分配系数；$K_{F\alpha}$—弯曲齿间载荷分配系数；ε_r—重合度

9.3.3 齿面接触疲劳强度计算

齿面接触疲劳强度计算主要是针对以轮齿齿面疲劳点蚀为主要失效形式的齿轮传动，其目的为防止齿面过早出现齿面点蚀。

如图 9-9 所示，两圆柱体接触时，接触处产生弹性变形，其接触应力的大小由赫兹接触应力公式（9-3）计算。

$$\sigma_H = \sqrt{\frac{F_n}{\pi L} \frac{\left(\frac{1}{\rho_1} \pm \frac{1}{\rho_2}\right)}{\left(\frac{1-\mu_1^2}{E_1} + \frac{1-\mu_2^2}{E_2}\right)}} = Z_E \sqrt{\frac{F_n}{L} \cdot \frac{1}{\rho_\Sigma}} \quad (\text{MPa}) \tag{9-3}$$

$$Z_E = \sqrt{\frac{1}{\pi\left(\frac{1-\mu_1^2}{E_1} + \frac{1-\mu_2^2}{E_2}\right)}} \quad (\sqrt{\text{MPa}})$$

式中 F_n——正压力，N；

L——接触线长度，mm；

ρ_Σ——综合曲率半径，$\frac{1}{\rho_\Sigma}=\frac{1}{\rho_1}\pm\frac{1}{\rho_2}$，正号用于外接触，负号用于内接触，mm；

Z_E——材料弹性系数；

E_1，E_2——两圆柱体材料的弹性模量，MPa；

μ_1，μ_2——两圆柱体材料的泊松比。

齿面接触疲劳强度计算的计算点定在节点，因两齿轮在节点接触时，只有一对轮齿啮合，轮齿受的法向力最大，且点蚀通常发生在齿根表面节线附近，如图 9－10 所示。

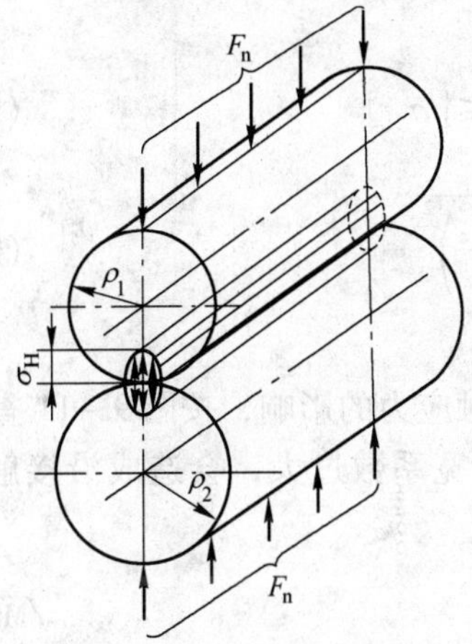

图 9－9 两圆柱体接触

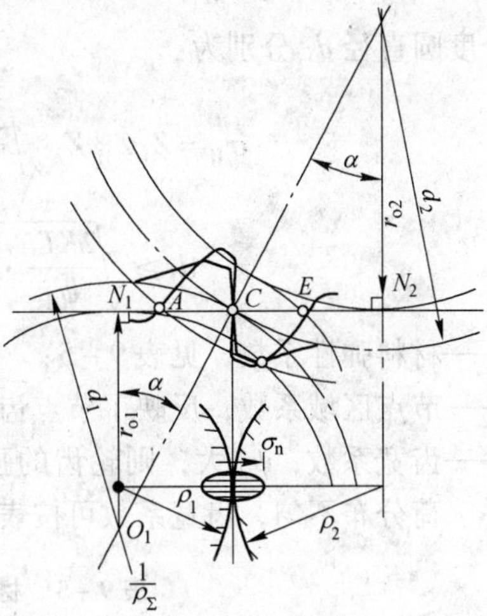

图 9－10 齿面接触疲劳强度计算的计算点

节点 C 处的法向计算载荷为：

$$F_{ca}=KF_n=\frac{KF_t}{\cos\alpha}$$

由 $\rho_1=\frac{d_1}{2}\sin\alpha$，$\rho_2=\frac{d_2}{2}\sin\alpha$ 得：

$$\frac{1}{\rho_\Sigma}=\frac{1}{\rho_1}\pm\frac{1}{\rho_2}=\frac{\rho_2\pm\rho_1}{\rho_1\rho_2}=\frac{2(d_2\pm d_1)}{d_1d_2\sin\alpha} \tag{9-4}$$

令齿数比
$$u=\frac{z_2}{z_1}=\frac{d_2}{d_1}$$

代入式（9－4）得：

$$\frac{1}{\rho_\Sigma}=\frac{2}{d_1\sin\alpha}\frac{u\pm1}{u} \tag{9-5}$$

法向力
$$F_n=F_t/\cos\alpha=\frac{2KT_1}{d_1\cos\alpha}$$

因为齿轮传动的端面重合度通常为 $1<\varepsilon_\alpha<2$，所以承受载荷的接触线长度 L 大于齿轮的宽度 b，且随重合度的增加，单齿啮合区域缩小，接触应力下降，为考虑这一影响，引

入重合度系数 Z_ε。即

$$L=\frac{b}{Z_\varepsilon^2},\ b=\psi_d\ d_1$$

$$Z_\varepsilon=\sqrt{\frac{4-\varepsilon_\alpha}{3}}$$

式中 ε_α——端面重合度，$\varepsilon_\alpha=\left[1.88-3.2\left(\frac{1}{z_1}\pm\frac{1}{z_2}\right)\right]\cos\beta$，其中“+”号用于外啮合，“-”号用于内啮合，$\beta$ 为齿轮分度圆螺旋角。

令 ψ_d 为齿宽系数，$\psi_d=\frac{b}{d_1}$。将相关参数代入赫兹公式（9-3）中得最大接触应力 σ_H 和小齿轮分度圆直径 d_1 分别为：

$$\sigma_H=Z_EZ_H\ Z_\varepsilon\sqrt{\frac{2KT_1}{bd_1^2}\cdot\frac{u\pm1}{u}}\leqslant[\sigma_H] \tag{9-6}$$

$$d_1\geqslant\sqrt[3]{\frac{2KT_1}{\psi_d}\cdot\frac{u\pm1}{u}\left(\frac{Z_EZ_HZ_\varepsilon}{[\sigma_H]}\right)^2} \tag{9-7}$$

式中 Z_E——材料弹性系数，见表9-5；

Z_H——节点区域系数，反映了节点齿廓形状对接触应力的影响，按图9-11查取；

ψ_d——齿宽系数，ψ_d 大，则轮齿的强度高，但齿宽系数过大，会造成沿接触线载荷分布不匀，齿宽系数可按表9-6选取。

表9-5 材料弹性系数 Z_E　　$\sqrt{\text{MPa}}$

小齿轮材料＼大齿轮材料	钢	铸 钢	铸 铁	球墨铸铁	夹布胶木
钢	189.8	188.9	165.4	181.4	56.4
铸钢	188.9	188.0	161.4	180.5	
铸铁	165.4	161.4	146.0	156.6	
球墨铸铁	181.4	180.5	156.5	173.9	

表9-6 齿宽系数 $\psi_d=b/d_1$

齿轮相对于轴承的位置	齿面硬度	
	软齿面（大轮或大、小轮硬度不大于350HB）	硬齿面（大、小轮硬度大于350HB）
对称布置	0.8~1.4	0.4~0.9
非对称布置	0.6~1.2	0.3~0.6
悬臂布置	0.3~0.4	0.2~0.25

式（9-6）、式（9-7）分别为直齿圆柱齿轮传动齿面接触疲劳强度的校核公式和设计公式。式中正号用于外啮合，负号用于内啮合。

由式（9-7）可知，齿轮的接触疲劳强度取决于小齿轮的分度圆直径或中心距。

9.3.4 齿根弯曲疲劳强度计算

弯曲疲劳强度计算主要是针对以轮齿疲劳折断为主要失效形式的齿轮传动。轮齿的折断与齿根弯曲应力有关。将轮齿视为悬臂梁，当一对齿轮开始啮合时，载荷 F_n 作用在齿顶，此时弯曲力臂 h_F 最长，齿根部分所产生的弯曲应力最大，但其前对齿尚未脱离啮合（因重合度 $\varepsilon > 1$），载荷由两对轮齿来承受。考虑到加工和安装误差的影响，为了安全起见，对精度不是很高的齿轮传动，进行强度计算时仍假设载荷全部作用于单对轮齿上，其误差引入一个重合度系数 Y_ε 来修正。

如图 9－12 所示，因受载轮齿被视作一悬臂梁，齿根危险截面位置用 30°切线法确定，即作位于与轮齿对称线成 30°角且与齿根圆角相切的斜线，两切点连线即是危险截面位置（齿轮折断的实际情况与此基本相符）。危险截面处的齿厚为 S_F。

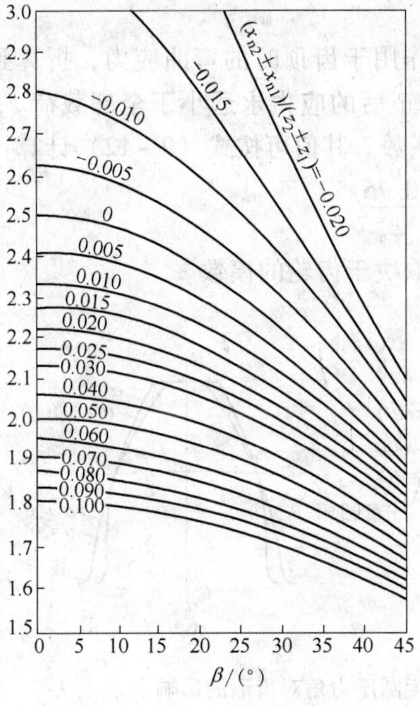

图 9－11 节点区域系数

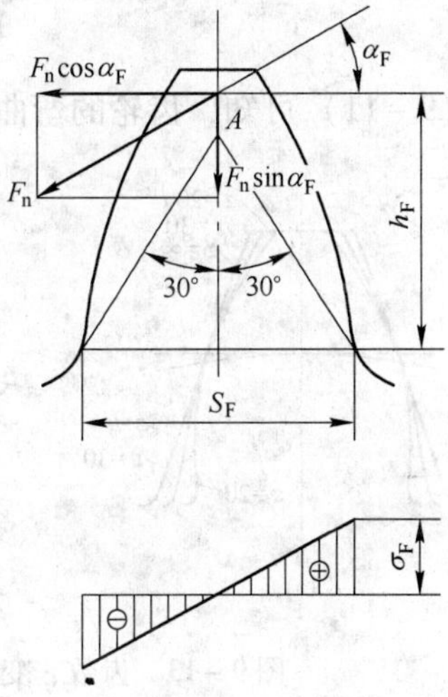

图 9－12 齿根的危险截面

如图 9－12 所示，危险截面除作用弯曲应力外，还作用着切应力、压应力，此外，齿根处还存在着应力集中，这些影响用一个应力修正系数 Y_S 表示。

经推导可得齿根危险截面弯曲应力的简化校核公式如下：

$$\sigma_F = \frac{M}{W} = \frac{F_n \cos\alpha_F h_F}{\dfrac{bS_F^2}{6}} = \frac{F_t}{bm} \frac{6\left(\dfrac{h_F}{m}\right)\cos\alpha_F}{\left(\dfrac{S_F}{m}\right)^2 \cos\alpha} = \frac{F_t}{bm} Y_F \tag{9-8}$$

$$Y_F = \frac{6\left(\dfrac{h_F}{m}\right)\cos\alpha_F}{\left(\dfrac{S_F}{m}\right)^2 \cos\alpha} \tag{9-9}$$

在实际计算时，还应计入载荷系数 K、应力修正系数 Y_S 和重合度系数 Y_ε，并将 $F_t = 2T_1/d_1$ 代入式（9-8），得到齿根弯曲疲劳强度的校核公式和设计公式如下：

$$\sigma_F = \frac{2KT_1}{bd_1 m} Y_F Y_S Y_\varepsilon \leqslant [\sigma]_F \tag{9-10}$$

$$m \geqslant \sqrt[3]{\frac{2KT_1}{\psi_d z_1^2 [\sigma]_F} Y_F Y_S Y_\varepsilon} \tag{9-11}$$

式中　Y_F——齿形系数，由于 h_F 与 S_F 和模数 m 成正比，故齿形系数与模数无关，反映了轮齿几何形状对齿根弯曲应力的影响，齿数、变位系数、分度圆压力角增大，均可使齿厚增厚，Y_F 减小、σ_F 减小，见图 9-13，对符合基准齿形的圆柱外齿轮，齿形系数可查图 9-14；

Y_S——应力修正系数，用以考虑齿轮过渡圆角处的应力集中和剪应力以及压应力对齿根应力的影响，可查图 9-15；

Y_ε——重合度系数，是假设全部载荷 F_n 作用于齿顶时的弯曲应力，折算到单齿啮合区最高点时的应力修正系数，修正后的应力永远小于全部载荷 F_n 作用于齿顶时的应力，故 Y_ε 是小于 1 的系数。其值可按式（9-12）计算：

$$Y_\varepsilon = 0.25 + \frac{0.75}{\varepsilon_\alpha} \tag{9-12}$$

由式（9-11）可知，齿轮的弯曲疲劳强度取决于齿轮的模数。

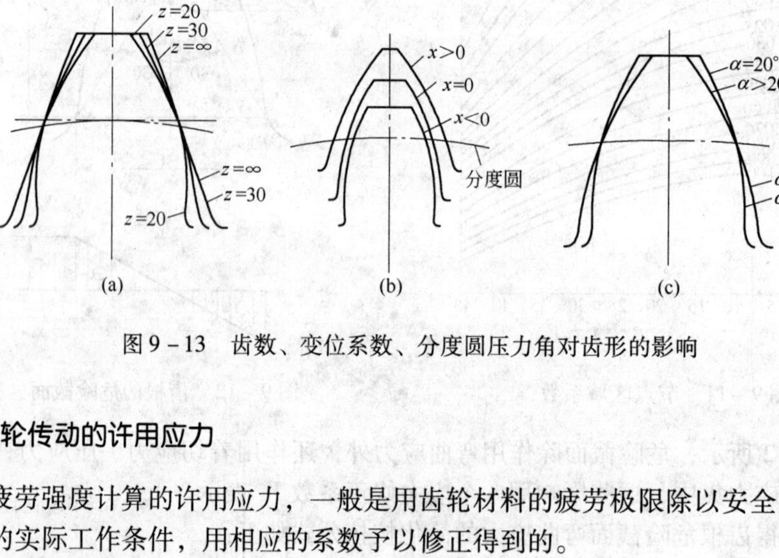

图 9-13　齿数、变位系数、分度圆压力角对齿形的影响

9.3.5　齿轮传动的许用应力

齿轮疲劳强度计算的许用应力，一般是用齿轮材料的疲劳极限除以安全系数，并根据齿轮传动的实际工作条件，用相应的系数予以修正得到的。

9.3.5.1　许用接触应力 $[\sigma]_H$

许用接触应力可按式（9-13）计算。

$$[\sigma]_H = \frac{\sigma_{Hlim} Z_N}{S_H} \tag{9-13}$$

式中　σ_{Hlim}——试验齿轮的齿面接触疲劳极限，可查图 9-16，MPa；

S_H——接触安全系数，可查表 9-7；

Z_N——接触疲劳强度计算的寿命系数，可查图 9-17。

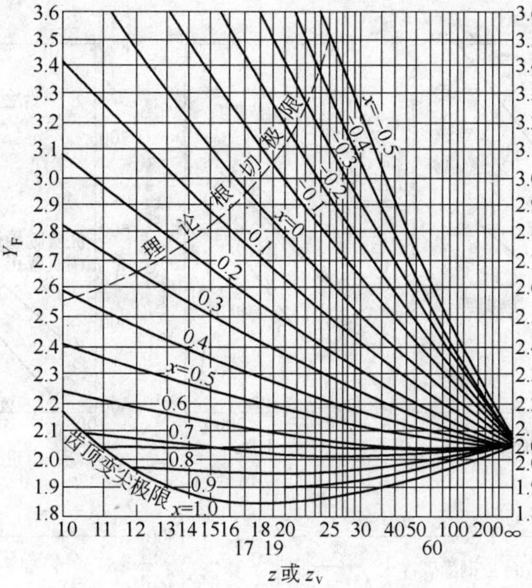

$\alpha_n=20^\circ, h_a^*=1.0, C^*=0.25, \rho_{ao}=0.38m_n$

图 9－14　齿形系数 Y_F

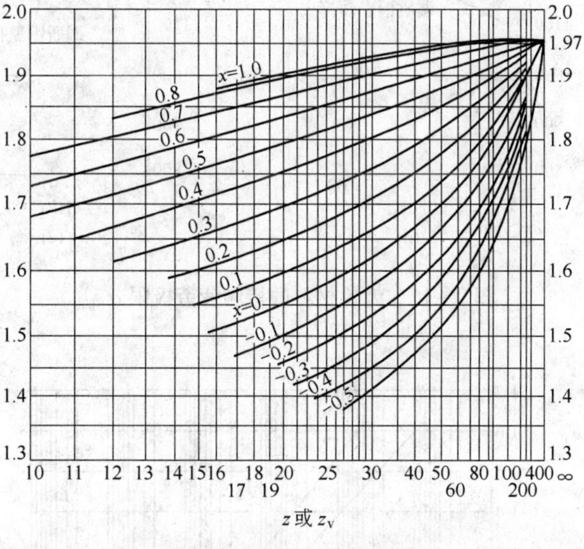

$\alpha_n=20^\circ, h_a^*=1.0, C^*=0.25, \rho_{ao}=0.38m_n$

图 9－15　应力修正系数 Y_S

表 9－7　最小安全系数 S_H、S_F

失效概率	S_H、S_F
≤1/10000	1.5
≤1/1000	1.25
≤1/100	1.00
≤1/10	0.85（点蚀前可能出现塑性变形）

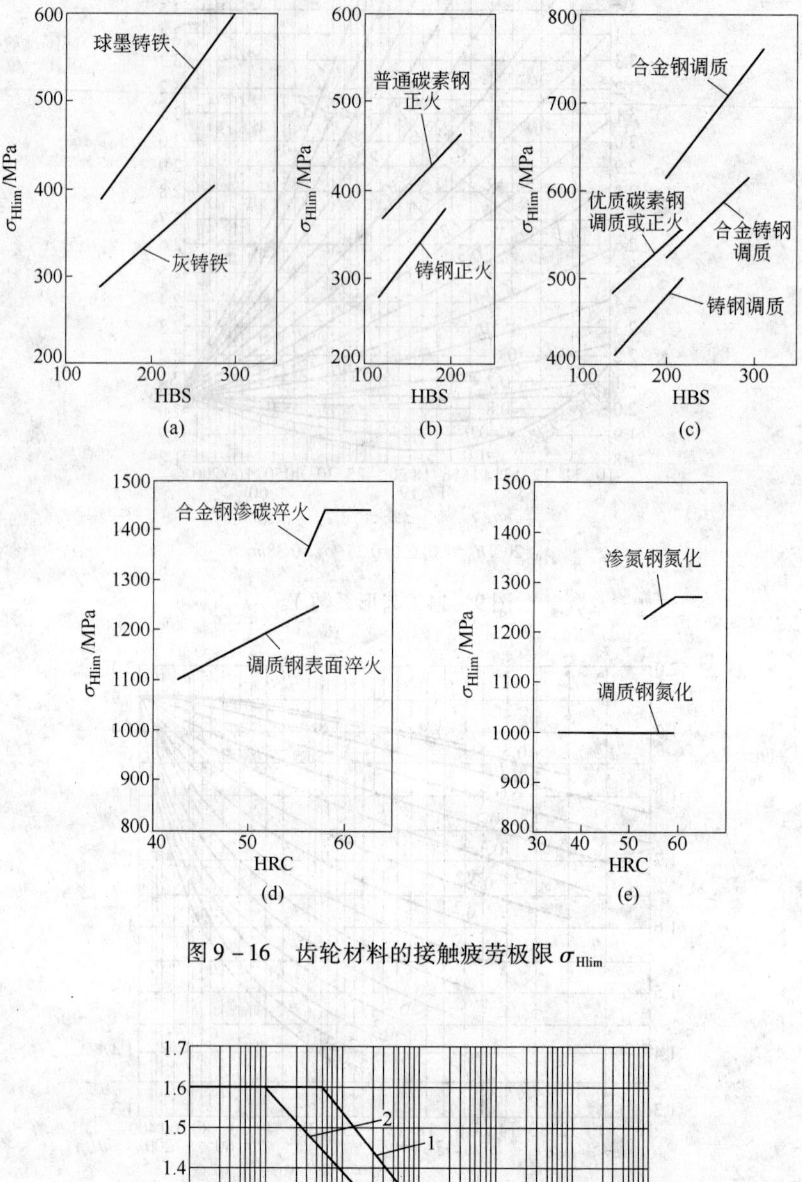

图 9－16 齿轮材料的接触疲劳极限 σ_{Hlim}

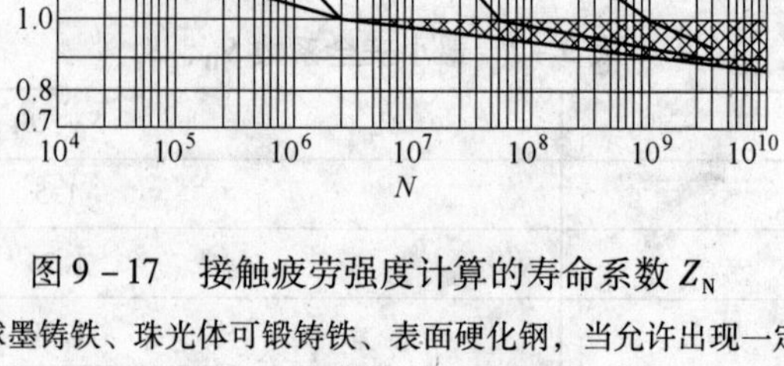

图 9－17 接触疲劳强度计算的寿命系数 Z_N

1—调质钢、球墨铸铁、珠光体可锻铸铁、表面硬化钢，当允许出现一定量点蚀时；2—调质钢、球墨铸铁、珠光体可锻铸铁、表面硬化钢；3—经气化氮化的调质钢或氮化钢、灰铸铁；4—调质钢经液化氮化

为查出接触疲劳强度计算的寿命系数，首先计算齿轮工作的应力循环次数 N。载荷稳定时，齿轮工作的应力循环次数 N 计算为：

$$N = 60jnt_{\mathrm{h}} \tag{9-14}$$

式中　n——齿轮转速，r/min；

j——齿轮转一周，同一侧齿面啮合的次数；

t_{h}——齿轮的工作寿命，h。

9.3.5.2　许用弯曲应力 $[\sigma]_{\mathrm{F}}$

齿轮传动单向受载时，许用弯曲应力按式（9-15）计算：

$$[\sigma]_{\mathrm{F}} = \frac{\sigma_{\mathrm{Flim}} Y_{\mathrm{N}} Y_{\mathrm{X}}}{S_{\mathrm{F}}} \tag{9-15}$$

式中　S_{F}——弯曲疲劳强度的最小安全系数，见表 9-7；

Y_{N}——弯曲疲劳强度计算的寿命系数，见图 9-18；

Y_{X}——尺寸系数，见图 9-19；

σ_{Flim}——齿轮材料的弯曲疲劳极限，见图 9-20。

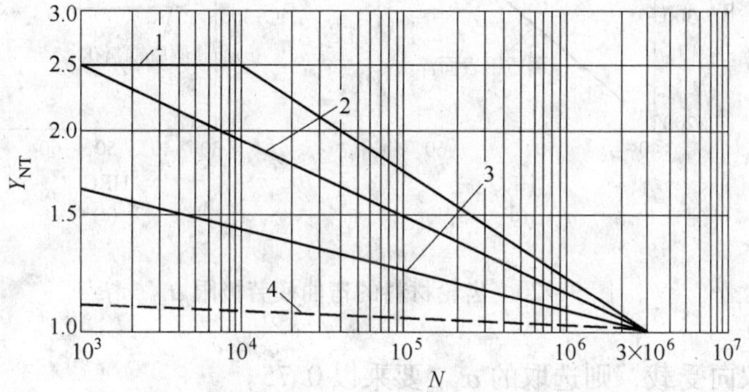

图 9-18　弯曲疲劳强度计算的寿命系数

1—结构钢、调质钢、球墨铸铁、珠光体可锻铸铁；2—渗碳淬火钢、表面硬化钢；3—经气体氮化的调质钢或氮化钢、灰铸铁；4—调质钢经液体氮化

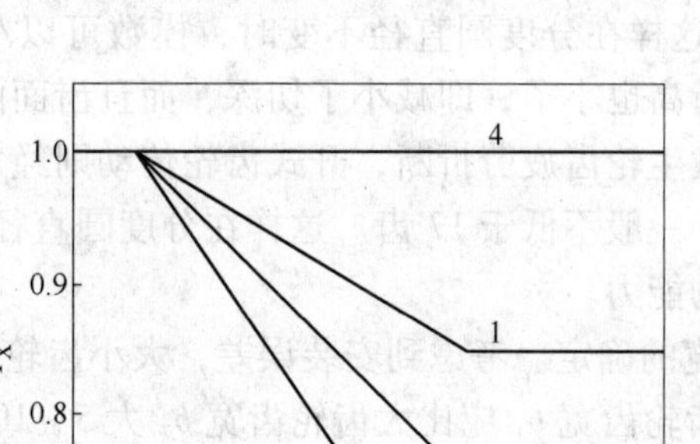

图 9-19　尺寸系数

1—调质钢、球墨铸铁、珠光体可锻铸铁；2—表面硬化钢；3—灰铸铁；4—静载荷下的所有材料

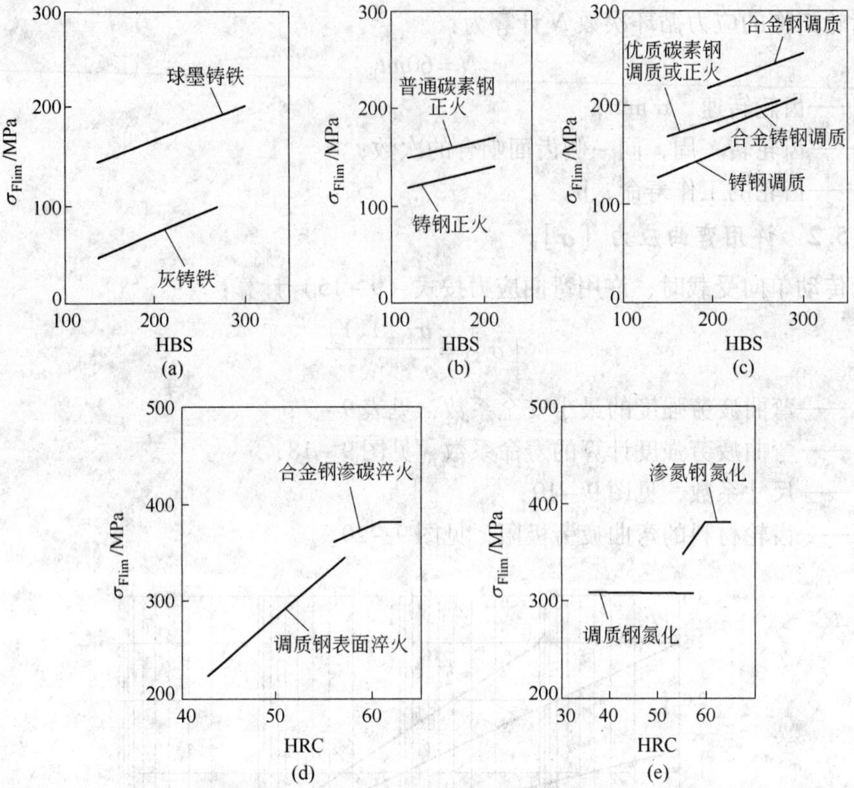

图 9 - 20 齿轮材料的弯曲疲劳极限 σ_{Flim}

齿轮传动若双向受载，则选取的 σ_{Flim} 要乘以 0.75。

9.3.6 齿轮传动强度计算准则

（1）小齿轮齿数的选择。闭式软齿面齿轮传动经常发生齿面点蚀，小齿轮齿数选得多一些，一般 24 ~ 40 齿。这样在分度圆直径不变时，模数可以小一些，从而齿顶圆可小一些，减小了毛坯尺寸，齿高也小了，即减小了切深，而且齿面间的相对滑动也减少了。闭式硬齿面齿轮传动经常发生轮齿疲劳折断，开式齿轮传动则经常发生磨损后的断齿，故小齿轮的齿数选得少一些，一般不低于 17 齿。这样在分度圆直径不变时，模数可以大一些，提高轮齿的抗疲劳断齿的能力。

（2）大、小齿轮齿宽的确定。考虑到安装误差，大小齿轮的齿宽不应相同，大齿轮齿宽应为设计齿宽 b_2，小齿轮齿宽 b_1 应比大齿轮齿宽 b_2 大 5 ~ 10mm。

（3）齿轮传动的设计准则。闭式软齿面齿轮传动由于经常发生齿面点蚀，应该用齿面接触疲劳强度进行设计，设计时应将较小的许用接触应力代入公式进行设计，算出中心距 a 后再根据 $m = (0.01 \sim 0.02)a$ 确定模数。用齿根弯曲疲劳强度进行校核，大小齿轮应分别校核。闭式硬齿面齿轮传动与开式齿轮传动由于经常发生轮齿折断，故应该用齿根弯曲疲劳强度进行设计，设计时应将较大的 $\frac{Y_{F1}Y_{S1}}{[\sigma_F]_1}$、$\frac{Y_{F2}Y_{S2}}{[\sigma_F]_2}$ 值代入公式进行设计。闭式硬齿面齿轮传动用齿面接触疲劳强度进行校核，校核时用较小的许用接触应力，开式齿轮传动不进行齿面接触疲劳强度的校核，而是将模数扩大1.1～1.2以考虑磨损的影响。

（4）材料的选择。由于小齿轮的应力循环次数比大齿轮的多，容易失效，故一般小齿轮的材料要选得好一些，且齿面的硬度也应比大齿轮的高。具体的可参考相关资料。

【例9-1】 设计一个二级减速器中的低速级直齿圆柱齿轮传动。已知：电动机驱动，单向运转，齿轮在轴上对称布置，载荷有不大的冲击，传动功率 $P=17\text{kW}$，主动齿轮转速 $n_1=400\text{r/min}$，传动比 $i=3.5$。机器每日双班，每班工作8h，每年使用300天，使用年限15年。

解： 根据有不大的冲击载荷，大小齿轮均选用45钢，大齿轮正火处理，硬度200HB，小齿轮调质处理，硬度255HB，采用标准齿轮。

（1）计算许用接触应力。

1）总工作时间 t：

$$t=15\times300\times8\times2=7.2\times10^4\text{h}$$

2）应力循环次数 N：

$$N_1=60n_1jt=60\times400\times1\times7.2\times10^4=1.728\times10^9$$

$$N_2=\frac{N_1}{i}=\frac{1.728\times10^9}{3.5}=0.49\times10^9$$

3）接触疲劳寿命系数 Z_N：查图9-17得

$$Z_{N1}=1,\ Z_{N2}=1.05$$

4）接触疲劳强度极限 σ_{Hlim}：查图9-16得

$$\sigma_{Hlim1}=590\text{MPa},\ \sigma_{Hlim2}=540\text{MPa}$$

5）接触疲劳强度安全系数 S_H：查表9-7，失效概率不大于1/100时，$S_H=1$。

6）许用接触应力 $[\sigma]_H$：

$$[\sigma]_{H1}=\frac{Z_{N1}\sigma_{Hlim1}}{S_H}=\frac{1\times590}{1}=590\text{MPa}$$

$$[\sigma]_{H2}=\frac{Z_{N2}\sigma_{Hlim2}}{S_H}=\frac{1.05\times540}{1}=567\text{MPa}$$

（2）计算小齿轮直径。

1）小齿轮传递扭矩 T_1：

$$T_1=9.55\times10^6\times\frac{P_1}{n_1}=9.55\times10^6\times\frac{17}{400}=4.05\times10^5\text{N}\cdot\text{mm}$$

2）齿宽系数 ψ_d：查表9-6得，$\psi_d=1$。

3）使用系数 K_A：查表9-3（轻微冲击）得，$K_A=1.25$。

4）动载系数 K_V：查表9-4，设 $v<3\text{m/s}$，7级精度，则

$$K_{HV}=1.08\ （接触）$$

$$K_{FV}=1.15\ （弯曲）$$

5）齿向载荷分布系数 K_β：查表9-6得，$\psi_d=1$，齿轮对称布置，查图9-7得，$K_\beta=1.06$。

6）齿间载荷分布系数 K_α：取 $z_1=40$，$z_2=i\cdot z_1=3.5\times40=140$

$$\varepsilon_{\alpha}=\left[1.88-3.2\left(\frac{1}{z_1}+\frac{1}{z_2}\right)\right]\cos\beta=\left[1.88-3.2\left(\frac{1}{40}+\frac{1}{140}\right)\right]=1.77$$

查图9－8得：$K_{\alpha}=1.01$。

7）载荷系数K：

$$K_{H}=K_{A}K_{HV}K_{\alpha}K_{\beta}=1\times1.08\times1.06\times1.01=1.16\text{（接触）}$$

$$K_{F}=K_{A}K_{FV}K_{\alpha}K_{\beta}=1\times1.15\times1.06\times1.01=1.23\text{（弯曲）}$$

8）弹性系数Z_{E}：查表9－5得，$Z_{E}=189.8\sqrt{\text{MPa}}$。

9）节点区域系数：查图9－11得，$Z_{H}=2.5$。

10）重合度系数Z_{ε}：

$$Z_{\varepsilon}=\sqrt{\frac{4-\varepsilon_{\alpha}}{3}}=\sqrt{\frac{4-1.77}{3}}=0.86$$

11）小齿轮直径d_1：

$$d_1\geqslant\sqrt[3]{\left(\frac{Z_{E}Z_{H}Z_{\varepsilon}}{[\sigma]_{H2}}\right)^2\frac{2K_{H}T_1}{\psi_{d}}\frac{u+1}{u}}=\sqrt[3]{\left(\frac{189.8\times2.5\times0.86}{567}\right)^2\times\frac{2\times1.16\times4.05\times10^5}{1}\times\frac{3.5+1}{3.5}}$$

$d_1=85.5\text{mm}$

圆整取86mm。

12）验证圆周速度v：

$$v=\frac{\pi d_1n_1}{60\times1000}=\frac{3.14\times86\times400}{60\times1000}=1.8\text{m/s}$$

与假设相符。

（3）确定传动尺寸。

1）中心距a：

$$a=\frac{d_1(i+1)}{2}=\frac{86(3.5+1)}{2}=193.5\text{mm}$$

2）齿轮直径d：

$$d_1=\frac{2a}{i+1}=\frac{2\times193.5}{3.5+1}=86\text{mm}$$

$$d_2=d_1\times i=86\times3.5=301\text{mm}$$

3）模数m：

$$m=(0.01\sim0.02)a=(0.01\sim0.02)\times193.5=2\text{mm}$$

4）齿数z：

$$z_1=\frac{d_1}{m}=\frac{86}{2}=43$$

$z_2=z_1\times i=43\times3.5=150.5$，圆整为$z_2=150$

齿数与初设计相似，不再重复。

5）齿宽b：

$$b=\psi_{d}d_1=1\times86=86\text{mm}$$

取$b_1=90\text{mm}$，$b_2=86\text{mm}$

（4）许用弯曲应力。

1）应力循环次数 N：

$$N_1 = 60n_1jt = 60\times400\times1\times7.2\times10^4 = 1.728\times10^9$$

$$N_2 = \frac{N_1}{i} = \frac{1.728\times10^9}{3.5} = 0.49\times10^9$$

2）弯曲疲劳寿命系数 Y_N：查图 9－18 得，$Y_{N1} = Y_{N2} = 1$。

3）尺寸系数 Y_X：查图 9－19 得，$Y_X = 1$。

4）弯曲疲劳强度安全系数 S_F：查表 9－7，失效概率不大于 1/100 时，$S_F = 1$。

5）弯曲疲劳强度极限 σ_{Flim}：查图 9－20 得

$$\sigma_{Flim1} = 200\text{MPa}$$

$$\sigma_{Flim2} = 180\text{MPa}$$

6）许用弯曲应力 $[\sigma]_F$：

$$[\sigma]_{F1} = \frac{Y_N Y_X \sigma_{Flim1}}{S_F} = \frac{1\times1\times200}{1} = 200\text{MPa}$$

$$[\sigma]_{F2} = \frac{Y_N Y_X \sigma_{Flim2}}{S_F} = \frac{1\times1\times180}{1} = 180\text{MPa}$$

（5）验算齿根弯曲应力。

1）齿形系数 Y_F：查图 9－14 得

$$Y_{F1} = 2.39$$

$$Y_{F2} = 2.15$$

2）应力修正系数 Y_S：查图 9－15 得

$$Y_{S1} = 1.67$$

$$Y_{S2} = 1.84$$

3）重合度系数 Y_ε：

$$Y_\varepsilon = 0.25 + \frac{0.75}{\varepsilon_\alpha} = 0.25 + \frac{0.75}{1.77} = 0.67$$

4）齿根弯曲应力 σ_F：

$$\sigma_{F1} = \frac{2K_F T_1}{b_1 d_1 m} Y_{F1} Y_{S1} Y_\varepsilon = \frac{2\times1.23\times4.05\times10^5}{90\times86\times2}\times2.39\times1.67\times0.67 = 172\text{MPa} < [\sigma]_{F1}$$

$$\sigma_{F2} = \frac{2K_F T_1}{b_2 d_1 m} Y_{F2} Y_{S2} Y_\varepsilon = \frac{2\times1.23\times4.05\times10^5}{86\times86\times2}\times2.15\times1.84\times0.67 = 178.5\text{MPa} < [\sigma]_{F2}$$

弯曲强度满足条件。

9.4 斜齿圆柱齿轮传动的疲劳强度计算

9.4.1 斜齿圆柱齿轮传动受力分析

图 9－21 所示为斜齿圆柱齿轮传动的受力情况。若不计摩擦力，按分度圆上受力进行分析，以主动小齿轮为研究对象，作用于齿宽中点处的法向力 F_n 垂直于齿面。为了便于计算，把 F_n 分解为互相垂直的 F_t、F_r 和 F_a 三个分力。力大小计算公式为：

$$F_t = \frac{2T_1}{d_1}$$

$$F_r = F_t \tan\alpha_t = \frac{F_t \tan\alpha_n}{\cos\beta}$$

$$F_a = F_t \tan\beta$$

$$F_n = \frac{F_t}{\cos\alpha_t \cos\beta_b} = \frac{F_t}{\cos\alpha_n \cos\beta}$$

式中 d_1——小齿轮分度圆直径，mm；

T_1——小齿轮传递的转矩，N · mm；

α_n——分度圆柱上的法面压力角，$\alpha_n = 20°$；

α_t——分度圆柱上的端面压力角；

β_b——基圆柱上的螺旋角；

β——分度圆柱上的螺旋角。

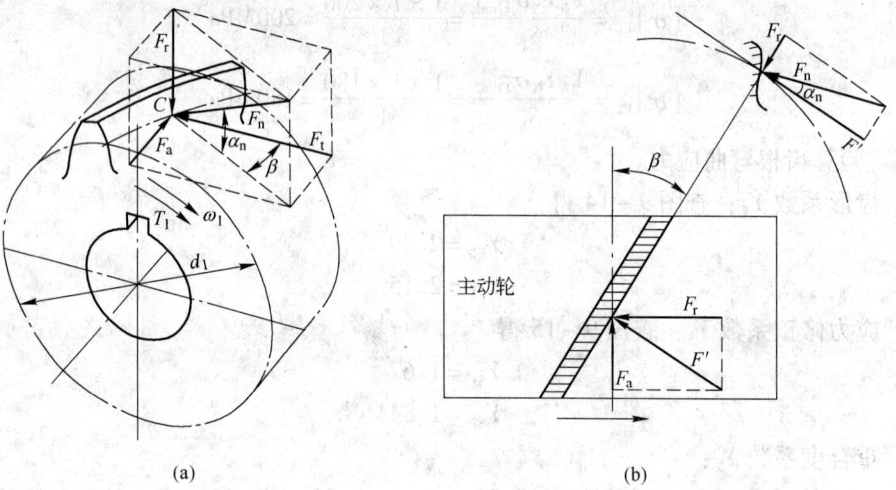

图 9－21 斜齿圆柱齿轮传动轮齿上的作用力

根据作用与反作用定律可知，两轮所受法向切向、径向、轴向分力，大小分别相等，方向分别相反。主动轮和从动轮所受的切向力、径向力的方向，与直齿圆柱齿轮传动情况相同。其所受轴向力的方向取决于齿轮螺旋线方向和齿轮的转向，可用下面方法确定：根据主动轮轮齿螺旋线方向对应用左手或右手，主动轮的转向对应四指弯曲方向，则大拇指所指方向为主动轮所受轴向力方向（见图 9－22）。从动轮所受轴向力方向由作用反作用关系确定。

在斜齿圆柱齿轮传动强度计算时亦应代入计算载荷，计算载荷为：

$$F_{tc} = KF_t$$

式中，载荷系数 $K = K_A K_V K_\beta K_\alpha$，各系数的意义及查取与直齿圆柱齿轮传动强度计算相同。

9.4.2 齿面接触疲劳强度计算

斜齿圆柱齿轮传动齿面接触疲劳强度计算，应按在节点处的法面当量直齿圆柱齿轮传动进行。

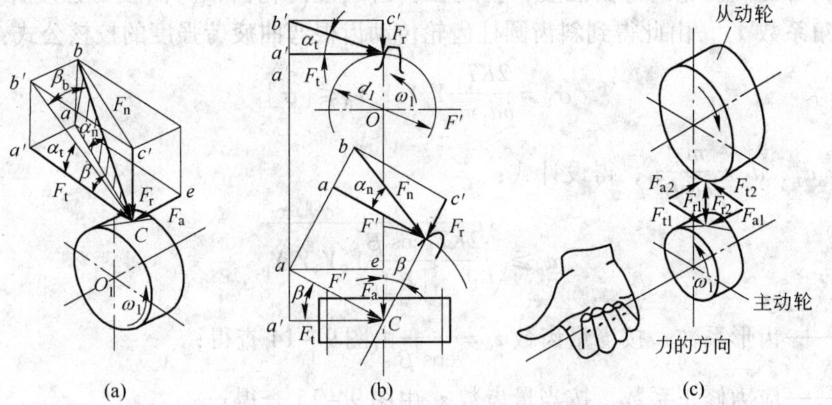

图9-22 作用力方向的判别

在赫兹公式中：

$$\rho_1=\frac{d_1'\sin\alpha_1'}{2\cos\beta_b}$$

$$\rho_2=\frac{d_2'\sin\alpha_1'}{2\cos\beta_b}$$

$$F_n=\frac{F_t}{\cos\alpha_t\cos\beta_t}=\frac{F_t}{\cos\alpha_n\cos\beta}=\frac{2T_1}{d_1\cos\alpha_n\cos\beta}$$

$$L=\frac{b}{z_\varepsilon^2\cos\beta_b}$$

式中 z_ε——重合度系数，它与斜齿轮的端面重合度 ε_α 和轴向重合度 $\varepsilon_\beta\left(\varepsilon_\beta=\frac{b\sin\beta}{\pi m_n}\right)$有关，

当 $\varepsilon_\beta<1$ 时 $z_\varepsilon=\sqrt{\frac{4-\varepsilon_\alpha}{3}(1-\varepsilon_\beta)+\frac{\varepsilon_\beta}{\varepsilon_\alpha}}$，当 $\varepsilon_\beta\geqslant1$ 时 $z_\varepsilon=\sqrt{\frac{1}{\varepsilon_\alpha}}$。

斜齿圆柱齿轮传动的接触线倾斜有利于提高齿面接触疲劳强度，引入螺旋角系数 z_β（$z_\beta=\sqrt{\cos\beta}$）并考虑其影响。

将上述的 F_n、L、$\frac{1}{\rho_\Sigma}=\frac{1}{\rho_1}\pm\frac{1}{\rho_2}$代入赫兹公式中，再计入载荷系数 K、螺旋角系数 Z_β，得到斜齿圆柱齿轮传动的齿面接触疲劳强度的校核公式和设计公式：

$$\sigma_H=Z_EZ_HZ_\varepsilon Z_\beta\sqrt{\frac{2KT_1}{bd_1^2}\frac{u\pm1}{u}}\leqslant[\sigma]_H\ (\text{MPa}) \tag{9-16}$$

$$d_1\geqslant\sqrt[3]{\left(\frac{Z_EZ_HZ_\varepsilon Z_\beta}{[\sigma]_H}\right)^2\frac{2KT_1}{\psi_d}\frac{u\pm1}{u}}\ (\text{mm}) \tag{9-17}$$

9.4.3 齿根弯曲疲劳强度计算

斜齿圆柱齿轮传动的齿根弯曲疲劳强度的计算，应按在节点处的法面当量直齿圆柱齿轮传动进行。因为斜齿轮传动的重合度较大，同时齿面接触线相对于齿轮轴线是倾斜的，故载荷作用的位置以及危险剖面形状和位置都是变化的，这就使应力计算非常复杂。考虑接触线倾斜可提高齿轮的弯曲强度，为此在斜齿圆柱齿轮齿根弯曲疲劳强度计算公式中，引入螺旋角系数 Y_β，由此得到斜齿圆柱齿轮传动齿根弯曲疲劳强度的校核公式：

$$\sigma_F=\frac{2KT_1}{bd_1m_n}Y_FY_SY_\varepsilon Y_\beta\leqslant[\sigma]_F \tag{9-18}$$

代入 $b=\psi_d d_1$，$d_1=\frac{m_n}{\cos\beta}z_1$，得设计式：

$$m_n\geqslant\sqrt[3]{\frac{2KT_1\cos^2\beta}{\psi_d z_1^2[\sigma]_F}Y_FY_SY_\varepsilon Y_\beta} \tag{9-19}$$

式中 Y_F——齿形系数，按当量齿数 $z_v=\frac{z}{\cos^3\beta}$由图 9－14 查得；

Y_S——应力修正系数，按当量齿数 z_v 由图 9－15 查得；

Y_ε——重合度系数；

Y_β——螺旋角系数，$Y_\beta=1-\frac{\beta}{140°}$；

z_1——小齿轮齿数；

ψ_d——齿宽系数。

斜齿轮所受的轴向力 F_a 随着螺旋角 β 的增大而增大，从而增大轴承及传动装置的尺寸，同时使传动效率降低。然而若螺旋角过小，则又不能显示出斜齿轮传动平稳的优越性。因此一般推荐 $\beta=8°\sim15°$。人字齿轮传动因轴向力互相抵消，一般取 $\beta=25°\sim40°$。

【例 9－2】 两级齿轮减速器中一对低速级斜齿圆柱齿轮传动。原动机是电动机，工作机是货物提升机（中等冲击载荷）。齿轮相对于支撑位置不对称，轴的刚性较大，单向运转，已知传递功率 $P=10\text{kW}$，小齿轮转速 $n_1=400\text{r/min}$，传动比 $i=3.5$。要求结构紧凑，机器每日双班，每班工作 8h，每年使用 300 天，使用年限 10 年。试设计该对斜齿圆柱齿轮传动。

解：小齿轮选用 45 钢，调质处理 270HB，大齿轮选用 45 钢，正火处理 200HB。

（1）许用接触应力。

1）总工作时间 t：

$$t=10\times300\times8\times2=4.8\times10^4\text{h}$$

2）应力循环次数 N：

$$N_1=60n_1jt=60\times400\times1\times4.8\times10^4=115.2\times10^7$$

$$N_2=\frac{N_1}{i}=\frac{115.2\times10^7}{3.5}=32.9\times10^7$$

3）接触疲劳寿命系数 Z_N：查图 9－17 得，$Z_{N1}=1$，$Z_{N2}=1.08$。

4）接触疲劳强度极限 σ_{Hlim}：查图 9－18 得，$\sigma_{Hlim1}=600\text{MPa}$，$\sigma_{Hlim2}=540\text{MPa}$。

5）接触疲劳强度安全系数 S_H：查表 9－7，失效概率不大于 1/100 条件下有 $S_H=1$。

6）许用接触应力 $[\sigma]_H$：

$$[\sigma]_{H1}=\frac{Z_{N1}\sigma_{Hlim1}}{S_H}=\frac{1\times600}{1}=600\text{MPa}$$

$$[\sigma]_{H2}=\frac{Z_{N2}\sigma_{Hlim2}}{S_H}=\frac{1.08\times540}{1}=629.86\text{MPa}$$

（2）计算小齿轮直径 d_1 与相关尺寸。

1）小齿轮传递扭矩 T_1：

$$T_1 = 9.55 \times 10^6 \times \frac{P_1}{n_1} = 9.55 \times 10^6 \times \frac{10}{400} = 2.38 \times 10^5 \text{N} \cdot \text{mm}$$

2）齿宽系数 ψ_d：查表 9-6 得，$\psi_d = 0.8$。

3）使用系数 K_A：查表 9-3（中等冲击）得，$K_A = 1.5$。

4）动载系数 K_V：查表 9-4，设 $v < 3\text{m/s}$，7 级精度，则

$$K_{HV} = 1 \text{（接触）}$$

$$K_{FV} = 1 \text{（弯曲）}$$

5）齿向载荷分布系数 K_β：查表 9-6 得，$\psi_d = 0.8$，齿轮非对称布置，轴刚性较大。查图 9-7 得，$K_\beta = 1.07$。

6）齿间载荷分布系数 K_α：取 $z_1 = 28$，$z_2 = i \cdot z_1 = 3.5 \times 28 = 98$，$\beta = 15°$，则有

$$\varepsilon_\alpha = \left[1.88 - 3.2\left(\frac{1}{z_1} + \frac{1}{z_2}\right)\right]\cos\beta = \left[1.88 - 3.2\left(\frac{1}{28} + \frac{1}{98}\right)\right]\cos 15° = 1.674$$

$$\varepsilon_\beta = \frac{b\sin\beta}{\pi m_n} = \frac{\psi_d z_1}{\pi}\tan\beta = \frac{0.8 \times 28}{3.14}\tan 15° = 1.91$$

$$\varepsilon_r = \varepsilon_\alpha + \varepsilon_\beta = 1.67 + 1.91 = 3.58$$

查图 9-8 得 $K_\alpha = 1.26$。

7）载荷系数 K：

$$K_H = K_A K_{HV} K_\alpha K_\beta = 1 \times 1 \times 1.07 \times 1.26 = 1.35 \text{（接触）}$$

$$K_F = K_A K_{FV} K_\alpha K_\beta = 1 \times 1 \times 1.07 \times 1.26 = 1.35 \text{（弯曲）}$$

8）弹性系数 Z_E：查表 9-5 得，$Z_E = 189.8\ \sqrt{\text{MPa}}$。

9）节点区域系数，查图 9-11 得，$Z_H = 2.42$。

10）重合度系数 Z_ε：因为 $\varepsilon_\beta = 1.91 > 1$，所以取 $\varepsilon_\beta = 1$，则

$$Z_\varepsilon = \sqrt{\frac{1}{\varepsilon_\alpha}} = \sqrt{\frac{1}{1.67}} = 0.77$$

11）螺旋角系数 Z_β：

$$Z_\beta = \sqrt{\cos\beta} = \sqrt{\cos 15°} = 0.98$$

12）小齿轮直径 d_1：

$$d_1 \geqslant \sqrt[3]{\left(\frac{Z_E Z_H Z_\varepsilon Z_\beta}{[\sigma]_{H_1}}\right)^2 \frac{2K_H T_1}{\psi_d} \frac{u+1}{u}}$$

$$= \sqrt[3]{\left(\frac{189.8 \times 2.42 \times 0.77 \times 0.98}{600}\right)^2 \times \frac{2 \times 1.58 \times 2.35 \times 10^5}{0.8} \times \frac{3.5+1}{3.5}}$$

$$= 73.57\text{mm}$$

13）验证圆周速度 v：

$$v = \frac{\pi d_1 n_1}{60 \times 1000} = \frac{3.14 \times 73.57 \times 400}{60 \times 1000} = 1.54\text{m/s}$$

与初值相符。

14）确定齿轮传动主要几何尺寸：

① 中心距 a。

$$a=\frac{d_1(i+1)}{2}=\frac{73.57(3.5+1)}{2}=165.53\text{mm}$$

② 实际分度圆直径 d_1。

$$d_1=\frac{2a}{i+1}=\frac{2\times165.53}{3.5+1}=73.57\text{mm}$$

③ 端面模数 m_t 和法面模数 m_n。

$$m_t=\frac{d_1}{z_1}=\frac{73.57}{28}=2.6275\text{mm}$$

取 $m_n=2.5$mm。

④ 螺旋角 β。

$$\beta=\arccos\frac{m_n}{m_t}=\frac{2.5}{2.6275}=17.26°$$

与初估值不符，应重新计算。

15）重新计算上述内容。取 $z_1=30$，$z_2=i\cdot z_1=3.5\times30=105$，$\beta=15°$，前面计算不变的部分为：$K_A=1$，$K_V=1$，$K_\beta=1.07$。

$$\varepsilon_\alpha=\left[1.88-3.2\left(\frac{1}{z_1}+\frac{1}{z_2}\right)\right]\cos\beta=\left[1.88-3.2\left(\frac{1}{30}+\frac{1}{105}\right)\right]\cos15°=1.693$$

$$\varepsilon_\beta=\frac{b\sin\beta}{\pi m_n}=\frac{\psi_d z_1}{\pi}\tan\beta=\frac{0.8\times30}{3.14}\tan15°=2.04$$

$$\varepsilon_r=\varepsilon_\alpha+\varepsilon_\beta=1.63+2.04=3.67$$

查图 9－8 得 $K_\alpha=1.26$。

16）载荷系数 K：

$$K_H=K_AK_{HV}K_\alpha K_\beta=1\times1\times1.07\times1.26=1.35\text{（接触）}$$

$$K_F=K_AK_{FV}K_\alpha K_\beta=1\times1\times1.07\times1.26=1.35\text{（弯曲）}$$

17）弹性系数 Z_E：查表 9－5 得 $Z_E=189.8\sqrt{\text{MPa}}$。

18）节点区域系数：查图 9－11 得 $Z_H=2.43$。

19）重合度系数 Z_ε：因为 $\varepsilon_\beta=1.91>1$，所以取 $\varepsilon_\beta=1$，则

$$Z_\varepsilon=\sqrt{\frac{1}{\varepsilon_\alpha}}=\sqrt{\frac{1}{1.693}}=0.7685$$

20）螺旋角系数 Z_β：

$$Z_\beta=\sqrt{\cos\beta}=\sqrt{\cos15°}=0.98$$

21）计算小齿轮直径 d_1：

$$d_1\geqslant\sqrt[3]{\left(\frac{Z_EZ_HZ_\varepsilon Z_\beta}{[\sigma]_{H1}}\right)^2\frac{2K_HT_1}{\psi_d}\frac{u+1}{u}}$$

$$=\sqrt[3]{\left(\frac{189.8\times2.43\times0.77\times0.98}{600}\right)^2\times\frac{2\times1.35\times2.38\times10^5}{0.8}\times\frac{3.5+1}{3.5}}$$

$$=70.3\text{mm}$$

取 $d_1=77.65$mm。

22）验证圆周速度 v：

$$v=\frac{\pi d_1 n_1}{60\times1000}=\frac{3.14\times77.65\times400}{60\times1000}=1.625\text{m/s}$$

与估值相符。

23）确定齿轮传动主要几何尺寸：

① 中心距 a。

$$a=\frac{d_1(i+1)}{2}=\frac{77.65(3.5+1)}{2}=174.7125\text{mm}$$

② 实际分度圆直径 d_1。

$$d_1=\frac{2a}{i+1}=\frac{2\times174.7125}{3.5+1}=77.65\text{mm}$$

$$d_2=i\times d_1=3.5\times77.65=271.775\text{mm}$$

③ 端面模数 m_t 和法面模数 m_n。

$$m_t=\frac{d_1}{z_1}=\frac{77.65}{30}=2.588\text{mm}$$

取 $m_n=2.5\text{mm}$。

④ 螺旋角 β。

$$\beta=\arccos\frac{m_n}{m_t}=\frac{2.5}{2.588}=14.98°$$

与初估取值相近，不必再修改。

⑤ 齿宽 b。

$$b_2=\psi_d d_1=0.8\times77.65=62.12\text{mm}$$

$$b_1=70\text{mm}$$

b_2 圆整为 65mm。

（3）验算弯曲疲劳强度。

1）许用弯曲应力。

① 应力循环次数 N：

$$N_1=60n_1jt=60\times400\times1\times4.8\times10^4=115.2\times10^7$$

$$N_2=\frac{N_1}{i}=\frac{115.2\times10^7}{3.5}=32.9\times10^7$$

② 弯曲疲劳寿命系数 Y_N：查图 9－18 得 $Y_{N1}=Y_{N2}=1$。

③ 尺寸系数 Y_X：查图 9－19 得 $Y_{X1}=Y_{X2}=1$。

④ 弯曲疲劳强度安全系数 S_F：查表 9－7，失效概率不大于 1/100 条件下，$S_F=1$。

⑤ 弯曲疲劳强度极限 σ_{Flim1}，查图 9－20 得

$$\sigma_{\text{Flim1}}=200\text{MPa}$$

$$\sigma_{\text{Flim2}}=180\text{MPa}$$

⑥ 许用弯曲应力 $[\sigma]_F$。

$$[\sigma]_{F1}=\frac{Y_{N1}Y_{X1}\sigma_{\text{Flim1}}}{S_F}=\frac{1\times1\times200}{1}=200\text{MPa}$$

$$[\sigma]_{F2}=\frac{Y_{N2}Y_{X2}\sigma_{Flim2}}{S_F}=\frac{1\times1\times180}{1}=180\text{MPa}$$

2）验算齿根弯曲应力。

① 齿形系数 Y_F：

$$z_{v1}=\frac{z_1}{\cos^3\beta}=\frac{30}{\cos^3 14.98°}=31.06$$

$$z_{v2}=iz_{v1}=3.5\times31.06=108.71$$

查图 9－14 得，$Y_{F1}=2.5$，$Y_{F2}=2.2$。

② 应力修正系数 Y_S：

查图 9－15 得，$Y_{S1}=1.62$，$Y_{S2}=1.8$。

③ 重合度系数 Y_ε：

$$Y_\varepsilon=0.25+\frac{0.75}{\varepsilon_\alpha}=0.25+\frac{0.75}{1.693}=0.693$$

④ 螺旋角系数 Y_β：

$$Y_\beta=1-\frac{\beta}{140°}=1-\frac{14.98°}{140°}=0.893$$

⑤ 齿根弯曲应力 σ_F：

$$\sigma_{F1}=\frac{2K_FT_1}{b_1d_1m_n}Y_{F1}Y_{S1}Y_\varepsilon Y_\beta=\frac{2\times1.35\times2.38\times10^5}{70\times77.65\times2.5}\times2.5\times1.62\times0.693\times0.893$$

$$=118.52\text{MPa}<[\sigma]_{F1}$$

$$\sigma_{F2}=\frac{2K_FT_1}{b_2d_1m_n}Y_{F2}Y_{S2}Y_\varepsilon Y_\beta=\frac{2\times1.35\times2.38\times10^5}{70\times77.65\times2.5}\times2.2\times1.8\times0.693\times0.893$$

$$=115.89\text{MPa}<[\sigma]_{F2}$$

弯曲强度满足条件。

9.5 圆锥齿轮传动的疲劳强度计算

9.5.1 直齿圆锥齿轮传动受力分析

一对标准直齿圆锥齿轮传动，如图 9－23 所示，以主动轮 1 为研究对象，所受法向力 F_n 作用于齿宽中点法平面内，垂直指向齿廓。在齿宽中部节点处把 F_n 分解成切向力 F_t、径向力 F_r 和轴向力 F_a。根据力矩平衡方程和几何关系可得力大小计算公式为：

$$F_t=\frac{2T_1}{d_{m1}}$$

$$F_{r1}=F_t\tan\alpha\cos\delta_1 \qquad (9-20)$$

$$F_{a1}=F_t\tan\alpha\sin\delta_1$$

式中 T_1——主动轮所受转矩，N · mm；

d_{m1}——主动轮平均分度圆直径，mm；

δ_1——主动轮半锥顶角；

α——压力角，$\alpha=20°$。

根据作用力与反作用力可知，两轮法向力及切向分力大小相等，方向相反。主、从动

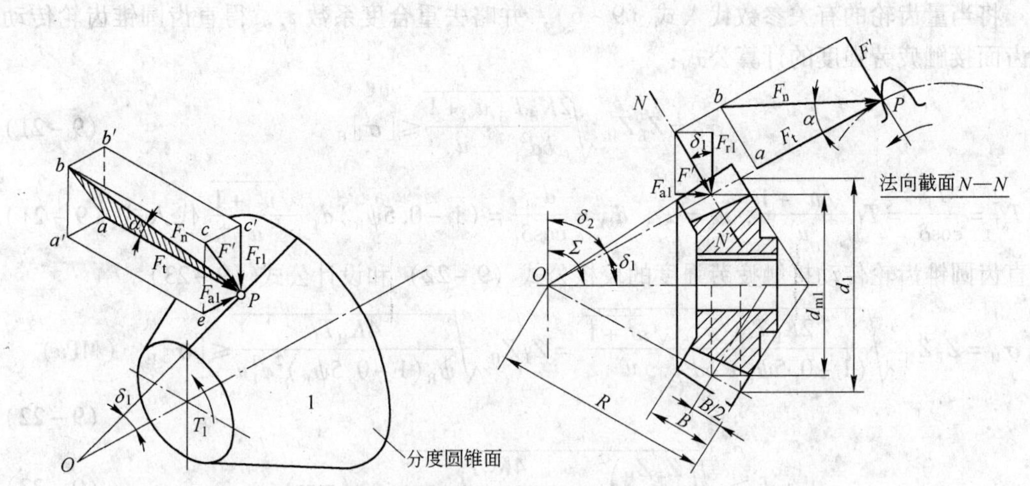

图 9－23　直齿圆锥齿轮传动

轮所受切向力、径向力的方向与直齿圆柱齿轮传动相同。必须注意的是：主动轮所受的轴向力 F_{a1} 与从动轮受的径向力 F_{r2} 大小相等，方向相反；从动轮所受的轴向力 F_{a2} 与主动轮所受的径向力 F_{r1} 大小相等，方向相反，且各轮的轴向力均指向各轮的大端。

9.5.2　齿面接触疲劳强度计算

直齿圆锥齿轮传动的齿面接触疲劳强度可按齿宽中点处的当量直齿圆柱齿轮传动进行分析，圆锥齿轮的当量齿轮分度圆半径为齿宽中点处背锥的母线长度，模数为齿宽中点处的平均模数 m_m，当量齿轮的齿宽等于 b。将齿宽中点处的背锥展开，可以画出直径为 d_{v1} 和 d_{v2} 的两个当量齿轮，如图 9－24 所示。

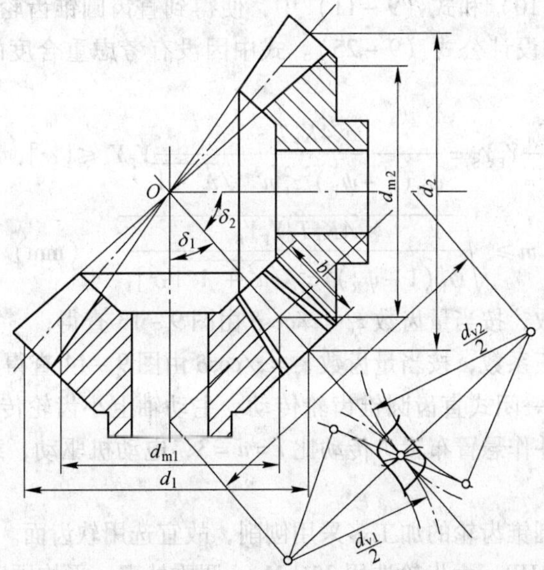

图 9－24　直齿圆锥齿轮当量齿轮

将当量齿轮的有关参数代入式（9-6），并略去重合度系数 z_ε，得直齿圆锥齿轮传动的齿面接触疲劳强度的计算公式：

$$\sigma_H = Z_E Z_H \sqrt{\frac{2K_H T_{v1}}{bd_{v1}^2}\frac{u_v+1}{u_v}} \leqslant [\sigma]_H \tag{9-21}$$

将 $T_{v1}=\frac{T_1}{\cos\delta_1}=T_1\frac{\sqrt{u^2+1}}{u}$，$u_v=u^2$，$d_{v1}=\frac{d_{m1}}{\cos\delta_1}=(1-0.5\psi_R)d_1\frac{\sqrt{u^2+1}}{u}$ 代入式（9-21）得直齿圆锥齿轮传动接触疲劳强度的校核公式（9-22）和设计公式（9-23）。

$$\sigma_H = Z_E Z_H \sqrt{\frac{2K_H T_{v1}}{(1-0.5\psi_R)^2 bd_1^2}\frac{\sqrt{u^2+1}}{u}} = Z_E Z_H \sqrt{\frac{4K_H T_1}{\psi_R(1-0.5\psi_R)^2 d_1^3 u}} \leqslant [\sigma]_H \quad (\text{MPa}) \tag{9-22}$$

$$d_1 \geqslant \sqrt[3]{\left(\frac{Z_E Z_H}{[\sigma]_H}\right)^2 \frac{4K_H T_1}{\psi_R(1-0.5\psi_R)^2 u}} \quad (\text{mm}) \tag{9-23}$$

式中 K_H——载荷系数，忽略重合度的影响，略去 K_α，则 $K_H=K_A K_V K_\beta$；

ψ_R——齿宽系数，$\psi_R=\frac{b}{R}$，齿宽系数大齿宽就大，但齿宽系数过大，齿面接触不均，载荷集中严重，同时，小端齿形过小，加工困难，故 $\psi_R=\frac{b}{R}$ 不宜取得过大，一般 $\psi_R \leqslant \frac{1}{3}$。

9.5.3 齿根弯曲疲劳强度计算

同理将 $T_{v1}=\frac{T_1}{\cos\delta_1}=T_1\frac{\sqrt{u^2+1}}{u}$，$d_{v1}=\frac{d_{m1}}{\cos\delta_1}=(1-0.5\psi_R)d_1\frac{\sqrt{u^2+1}}{u}$，$m_m=(1-0.5\psi_R)m$ 代入式（9-10）和式（9-11）中，便得到直齿圆锥齿轮传动弯曲疲劳强度的校核公式（9-24）和设计公式（9-25）。式中因没有考虑重合度的影响略去 Y_ε 和 K_α，所以公式为：

$$\sigma_F = \frac{2K_F T_{v1}}{bd_{v1}m_m} Y_F Y_S = \frac{4K_F T_1}{\psi_R(1-\psi_R)^2 z_1^2 m^3 \sqrt{u^2+1}} Y_F Y_S \leqslant [\sigma]_F \quad (\text{MPa}) \tag{9-24}$$

$$m \geqslant \sqrt[3]{\frac{4K_F T_1 Y_F Y_S}{\psi_R(1-\psi_R)^2 z_1^2 \sqrt{u^2+1}\,[\sigma]_F}} \quad (\text{mm}) \tag{9-25}$$

式中 Y_F——齿形系数，按当量齿数 $z_v=z/\cos\delta$ 由图 9-13 查得；

Y_S——应力修正系数，按当量齿数 $z_v=z/\cos\delta$ 由图 9-14 查得。

【例 9-3】 设计一闭式直齿圆锥齿轮传动。主动轴上小齿轮传递的功率 $P_1=10\text{kW}$，转速 $n_1=980\text{r/min}$，并作悬臂布置。传动比 $i=u=3$，电动机驱动，载荷平稳，单向运转，要求寿命 15000h。

解： 考虑到直齿圆锥齿轮的加工多采用刨削，故宜选用软齿面。小齿轮选用 40Cr，调质处理，平均硬度 280HB，大齿轮选用 35CrMo，调质处理，平均硬度 240HB。

（1）齿面接触疲劳强度计算。

1）齿数和精度等级：取 $z_1=24$，$z_2=72$，估计 $v_m=3\sim8\text{m/s}$，选用8级精度。

2）载荷系数 K：

① 使用系数 K_A：查表9-3得 $K_A=1$。

② 动载荷系数 K_V：查表9-4得 $K_V=1.23$（接触）；$K_V=1.45$（弯曲）。

③ 齿向载荷分布系数 K_β：取 $\psi_R=0.3$，则

$$\psi_{dm}=\frac{\psi_R\sqrt{u^2+1}}{2-\psi_R}=\frac{0.3\sqrt{3^2+1}}{2-0.3}=0.56$$

查图9-7得 $K_\beta=1.13$。

④ 计算载荷系数 K：

$$K_H=K_AK_VK_\beta=1\times1.23\times1.13=1.39\text{（接触）}$$
$$K_F=K_AK_VK_\beta=1\times1.45\times1.13=1.64\text{（弯曲）}$$

3）小锥齿轮传递扭矩 T_1：

$$T_1=9.55\times10^6\frac{P_1}{n_1}=9.55\times10^6\times\frac{10}{980}=97448.99\text{N}\cdot\text{mm}$$

4）弹性系数 Z_E：查表9-5得 $Z_E=189.8\sqrt{\text{MPa}}$。

5）节点区域系数 Z_H：查图9-11得 $Z_H=2.5$。

6）许用接触应力 $[\sigma]_H$：

① 接触疲劳强度极限 σ_{Hlim1}：查图9-16得 $\sigma_{Hlim1}=730\text{MPa}$，$\sigma_{Hlim2}=660\text{MPa}$。

② 接触疲劳强度安全系数 S_H：查表9-7，在失效概率不大于1/100的条件下，$S_H=1$。

③ 应力循环次数 N：

$$N_1=60n_1jt=60\times980\times1\times1.5\times10^4=88.2\times10^7$$

$$N_2=\frac{N_1}{i}=\frac{88.2\times10^7}{3}=29.4\times10^7$$

④ 接触疲劳强度寿命系数 Z_N：查图9-17得 $Z_{N1}=1$，$Z_{N2}=1.08$。

⑤ 计算许用接触应力 $[\sigma]_H$：

$$[\sigma]_{H1}=\frac{\sigma_{Hlim1}Z_{N1}}{S_H}=\frac{730\times1}{1}=730\text{MPa}$$

$$[\sigma]_{H2}=\frac{\sigma_{Hlim2}Z_{N2}}{S_H}=\frac{660\times1.08}{1}=712.8\text{MPa}$$

7）小齿轮大端分度圆直径 d_1：

$$d_1\geqslant\sqrt[3]{\frac{4K_HT_1}{\psi_R(1-0.5\psi_R)^2u}\left(\frac{Z_EZ_H}{[\sigma]_H}\right)^2}=\sqrt[3]{\frac{4\times1.39\times97448.99}{0.3(1-0.5\times0.3)^2\times3}\left(\frac{189.8\times2.5}{712.8}\right)^2}=71.74\text{mm}$$

8）验算圆周速度：

小轮平均直径 $d_{m1}=(1-0.5\psi_R)d_1=(1-0.5\times0.3)\times71.74=60.98\text{mm}$

平均圆周速度 $v_m=\frac{\pi d_{m1}n_1}{60\times1000}=\frac{3.14\times60.98\times980}{60\times1000}=3.13\text{m/s}$

与估值相符。

9）确定传动尺寸：

① 大端模数 m：

$$m=\frac{d_1}{z_1}=\frac{71.74}{24}=2.99\text{mm}$$

取 $m=3\text{mm}$。

② 实际大端分度圆直径 d：

$$d_1=mz_1=3\times24=72\text{mm}$$

$$d_2=id_1=3\times72=216\text{mm}$$

③ 锥距 R：

$$R=\frac{m}{2}\sqrt{z_1^2+z_2^2}=\frac{3}{2}\sqrt{24^2+72^2}=113.84\text{mm}$$

④ 齿宽 b：

$$b=\psi_R\cdot R=0.3\times113.84=34.152\text{mm}$$

取 $b=35\text{mm}$。

（2）齿根弯曲疲劳强度计算。

1）齿形系数 Y_F：

$$\cos\delta_1=\frac{u}{\sqrt{u^2+1}}=\frac{3}{\sqrt{3^2+1}}=0.95$$

$$\cos\delta_2=\frac{1}{\sqrt{u^2+1}}=\frac{1}{\sqrt{3^2+1}}=0.32$$

$$z_{v1}=\frac{z_1}{\cos\delta_1}=\frac{24}{0.95}=25.26$$

$$z_{v2}=\frac{z_2}{\cos\delta_2}=\frac{72}{0.32}=225$$

查图 9－14 得 $Y_{F1}=2.62$，$Y_{F2}=2.1$。

2）应力修正系数 Y_S：查图 9－15 得 $Y_{S1}=1.58$，$Y_{S2}=1.88$。

3）许用弯曲应力 $[\sigma]_F$：查图 9－20 得弯曲疲劳强度极限 $\sigma_{Flim1}=250\text{MPa}$，$\sigma_{Flim2}=230\text{MPa}$；查表 9－7，在失效概率不大于 1/100 条件下，弯曲疲劳安全系数 $S_F=1$；查图 9－18 得弯曲疲劳寿命系数 $Y_{N1}=Y_{N2}=1$；查图 9－19 得尺寸系数 $Y_X=1$。因此许用弯曲应力 $[\sigma]_F$ 为：

$$[\sigma]_{F1}=\frac{\sigma_{Flim1}Y_{N1}Y_X}{S_F}=\frac{250\times1\times1}{1}=250\text{MPa}$$

$$[\sigma]_{F2}=\frac{\sigma_{Flim2}Y_{N2}Y_X}{S_F}=\frac{230\times1\times1}{1}=230\text{MPa}$$

4）验算齿根弯曲疲劳强度：

$$\sigma_{F1}=\frac{4K_FT_1Y_{F1}Y_{S1}}{\psi_R\ (1-0.5\psi_R)^2z_1^2m^3\ \sqrt{u^2+1}}=\frac{4\times1.39\times97448.99\times2.62\times1.58}{0.3(1-0.5\times0.3)^2\times24^2\times3^3\times\sqrt{3^2+1}}$$
$$=210.41\text{MPa}<[\sigma]_{F1}$$

$$\sigma_{F2}=[\sigma]_{F1}\frac{Y_{F2}Y_{S2}}{Y_{F1}Y_{S1}}=210.41\times\frac{2.1\times1.88}{2.62\times1.58}=200.67\text{MPa}<[\sigma]_{F2}$$

弯曲强度满足要求。

9.6 齿轮结构

齿轮传动的强度设计只确定了齿轮的材料与主要尺寸参数，为了制造齿轮，还应确定出齿轮的全部形状和尺寸，即进行齿轮的结构设计。齿轮结构一般包括轮缘、轮毂、轮辐等部分。这些结构的尺寸设计，通常是根据长期生产实践所积累的经验数据或公式进行确定的。这种设计方法，不仅能够满足结构的强度要求，而且还能使设计的齿轮结构具有良好的工艺性。在进行齿轮的结构设计时，还应综合考虑毛坯材料、加工方法、技术要求以及成本等因素。下面介绍几种常用的圆柱齿轮结构。

齿轮强度计算和几何尺寸计算，主要是确定齿轮的模数、分度圆直径、齿顶圆直径、齿根圆直径、齿宽等；而轮缘、轮辐和轮毂等结构尺寸和结构形式，需通过结构设计来确定。齿轮的结构有锻造、铸造、装配式及焊接齿轮等结构形式，具体的结构应根据工艺要求及经验公式确定。

当圆柱齿轮齿根圆到键槽底面的径向距离 $e \leqslant 2\text{mm}$（圆锥齿轮 $e \leqslant 1.6\text{mm}$）时，可将齿轮与轴做成一体称为齿轮轴（见图 9－25）。

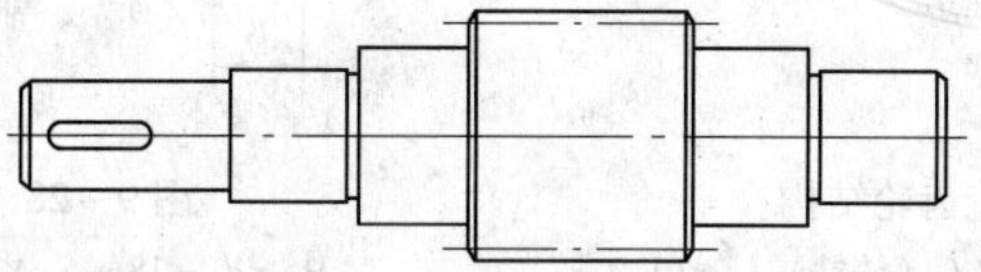

图 9－25 齿轮轴

当齿顶圆直径 $d_a \leqslant 500\text{mm}$ 时，一般都用锻造齿轮（见图 9－26）；当 $d_a > 500\text{mm}$ 时，一般都用铸造齿轮（见图 9－27）。

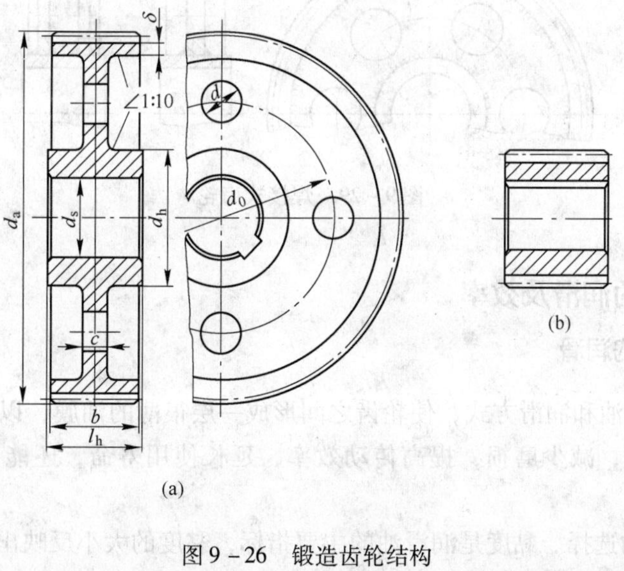

图 9－26 锻造齿轮结构

$d_h = 1.6d_s$；$l_h = (1.2 \sim 1.5)d_s$，并使 $l_h \geqslant b$；$c = 0.3b$；$\delta = (2.5 \sim 4)m_n$，

但不小于 8mm；d_0 和 d 按结构取定，当 d 较小时可不开孔

对于大型齿轮（$d_a > 600$mm），为节省贵重材料，可用优质材料做的齿圈套装于铸钢或铸铁做的轮心上（见图 9－28）。

对于单件或小批量生产的大型齿轮，可做成焊接结构的齿轮（见图 9－29）。

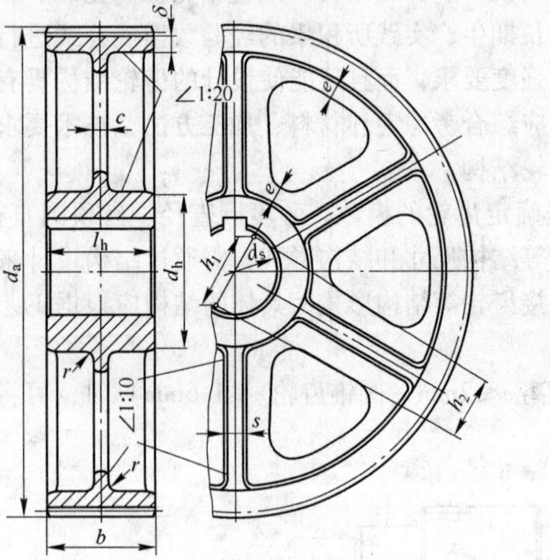

图 9－27　铸造齿轮结构

$d_h = 1.6d_s$（铸钢），$d_h = 1.8d_s$（铸铁）；$l_h = (1.2 \sim 1.5)d_s$，并使 $l_h \geqslant b$；$c = 0.2b$，但不小于 10mm；$\delta = (2.5 \sim 4)m_n$，但不小于 8mm；$h_1 = 0.8d_s$；$h_2 = 0.8h_1$；$s = 0.15h_1$，但不小于 10mm；$e = 0.8\delta$

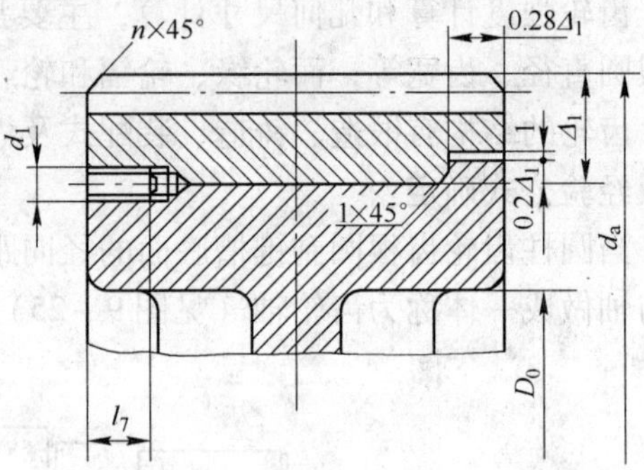

图 9－28　装配式齿轮

$D_0 = d_a - 18m_n$；$\Delta_1 = 5m_n$；$d_1 = 0.05d_{sh}$；$l_7 = 0.15d_{sh}$；d_{sh}—齿轮孔径；骑缝螺钉数为 4～8 个

图 9－29　焊接式齿轮

9.7　齿轮传动的润滑及效率

9.7.1　齿轮传动的润滑

合理选择润滑油和润滑方式，使轮齿之间形成一层很薄的油膜，以避免两轮齿直接接触，降低摩擦因数，减少磨损，提高传动效率，延长使用寿命，还能起到散热和防锈等作用。

（1）润滑油的选择。黏度是润滑油的主要指标，黏度的大小反映出油的稀稠。润滑油的黏度选择可根据齿轮材料及圆周速度确定，具体可查表 9－8。润滑油的牌号由黏度值确定。

表9-8 齿轮传动润滑油黏度推荐表

齿轮材料	强度极限 σ_b/MPa	圆周速度 v/m·s^{-1}						
		<0.5	0.5~1	1~2.5	2.5~5	5~12.5	12.5~25	>25
钢	470~1000	460	320	220	150	100	68	46
	1000~1250	1000	460	320	220	150	100	68
	1250~1580	1000	460	460	320	220	150	100
渗碳或表面淬火钢	—	1000	460	460	320	220	150	100
塑料、铸铁青铜	—	320	220	150	100	68	46	—

（2）润滑方式。半开式及开式齿轮传动，或速度较低的闭式齿轮传动，可采用人工定期添加润滑油或润滑脂的方式进行润滑。

闭式齿轮传动通常采用油润滑，其润滑方式根据齿轮的圆周速度 v 来定，当 $v \leqslant 12$m/s 时可用油浴式（见图9-30）。油浴润滑是将大齿轮浸入油池一定的深度，齿轮转动时把润滑油带到啮合区。齿轮浸油深度可根据齿轮的圆周速度大小而定，对圆柱齿轮通常不宜超过一个齿高，但一般亦不应小于10mm；对圆锥齿轮应浸入全齿宽，至少应浸入齿宽的一半。多级齿轮传动中，当几个大齿轮直径不相等时，可采用惰轮油浴润滑（见图9-31）。当齿轮的圆周速度 $v > 12$m/s 时，应采用喷油润滑（见图9-32），喷油润滑是用油泵以一定的压力供油，借喷嘴将润滑油喷到齿面上。

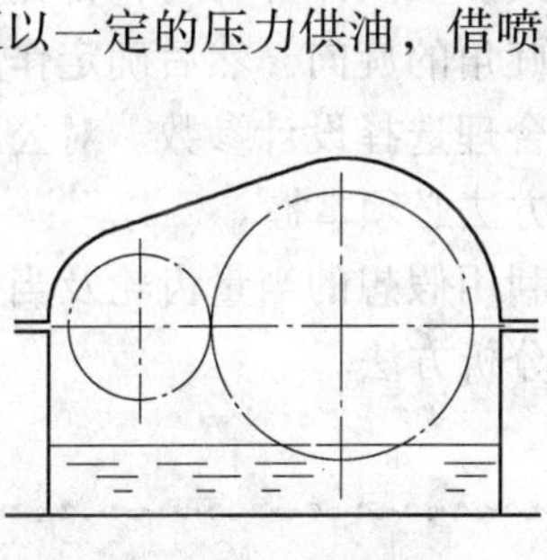
图9-30 油浴润滑

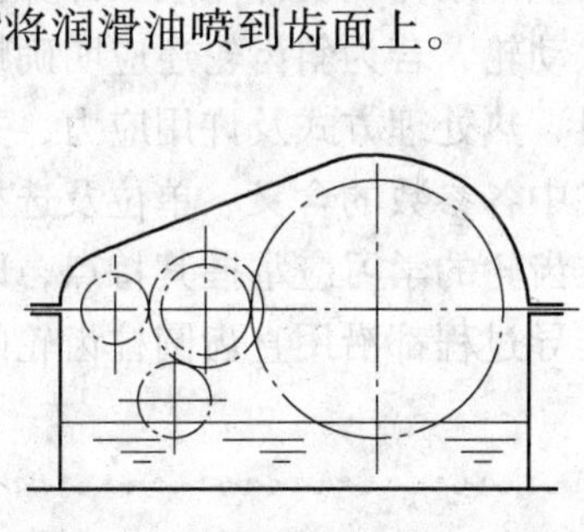
图9-31 采用惰轮的油浴润滑

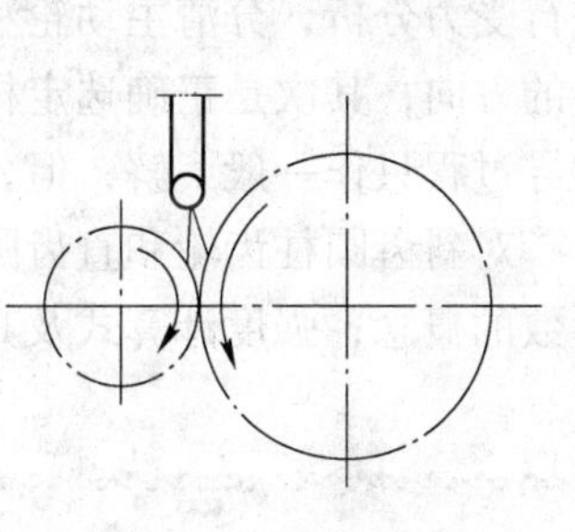
图9-32 喷油润滑

对于开式齿轮传动，由于工作条件差，常采用手工定期加注润滑油（低速可用脂润滑）的方式进行润滑。

9.7.2 齿轮传动的效率

闭式齿轮传动的功率损失包括三部分：轮齿啮合摩擦损失、轴承摩擦损失和齿轮的搅油损失。所以齿轮传动的总效率为：

$$\eta = \eta_1 \eta_2 \eta_3$$

式中 η_1——啮合效率，8级以上的齿轮传动，近似地取 $\eta_1 = 0.98$；

η_2——轴承效率，滚动轴承取 $\eta_2 = 0.99$，滑动轴承取 $\eta_2 = 0.98$；

η_3——搅油效率，η_3 与齿轮浸油面积、圆周速度和油的黏度有关，一般近似地取 $\eta_3 = 0.96 \sim 0.99$。

对于采用滚动轴承的中速中载齿轮传动，满载时的平均总效率 η 列于表9-9中。

表 9-9 采用滚动轴承的齿轮传动平均效率

传动装置	结构形式		
	6 级或 7 级精度的闭式传动	8 级精度的闭式传动	开式传动
圆柱齿轮	0.98	0.97	0.95
锥齿轮	0.97	0.96	0.93

小结

本章重点为标准直齿圆柱齿轮传动的设计原理及强度计算方法。而斜齿圆柱齿轮传动和直齿圆锥齿轮传动，应从当量转化的观点，采用对比的方法分析其受力特点及计算特点。

本章难点是如何针对不同工况，确定设计准则，进行强度计算。而在强度计算中，斜齿轮轴向力的判定及各分力大小的计算和各主要参数的选择为其难点。

在学习齿轮强度计算时，应遵循如下思路：明确齿轮传动的工况；分析在此工况下通常会产生何种失效；为防止失效应采用什么设计准则及计算公式。在具体计算时，首先要进行受力分析，分清主动轮和从动轮，若为斜齿轮还应明确螺旋角的旋向，然后确定作用力的方向；其次是正确选定材料、热处理方式及许用应力，并合理选择设计参数。对公式推导过程只作一般了解，但公式中各参数的含义、单位及选择方法必须掌握。

对斜齿圆柱齿轮和直齿圆锥齿轮的学习应掌握其特点，即利用假想的当量齿轮及当量齿数的概念；强度计算式及其推导过程都沿用直齿圆柱齿轮的分析方法。

习题

9-1 试说明齿轮的几种主要失效形式产生的原因。闭式软齿面、开式齿轮和闭式硬齿面齿轮传动各以何种失效形式为主？设计准则是什么？

9-2 选择齿轮材料时，应考虑哪些问题？为何小齿轮的材料要选得比大齿轮好些（或小齿轮的齿面硬度取得大些）？

9-3 试列表比较直齿圆柱齿轮、斜齿圆柱齿轮、直齿圆锥齿轮的受力情况，说明总压力的大小与各分力的大小及方向。

9-4 齿形系数的含义是什么？它与什么参数有关？

9-5 齿宽系数的大小对传动有何影响？设计齿轮时应如何选择？

9-6 在直齿圆柱齿轮传动中，小齿轮的齿宽为什么要加宽 5～10mm？直齿圆锥齿轮传动中的小轮是否也应加宽，为什么？

9-7 齿轮精度主要有哪几项要求？

9-8 一对直齿圆柱齿轮传动，两轮的材料和热处理方法已定，传动比不变，在满足下列条件下，如何调整齿轮的参数和几何尺寸？

(1) 主要提高齿面接触强度，不降低齿根弯曲强度。

（2）主要提高齿根弯曲强度，基本上不增加结构尺寸。

9－9 降低齿轮最大接触应力的最有效的措施是什么？降低齿轮最大弯曲应力的最有效的措施是什么？

9－10 试设计单级直齿圆柱齿轮减速器中的齿轮传动。已知传递功率 $P=7.5\text{kW}$，小齿轮转速 $n_1=970\text{r/min}$，大齿轮转速 $n_2=250\text{r/min}$；电动机驱动，工作载荷比较平稳，单向传动，小齿轮齿数已选定 $z_1=25$，材料选45钢调质220HBS，大齿轮材料选45钢正火200HBS，该传动每日单班，每班工作8h，每年使用300天，使用年限15年。

9－11 试设计齿轮减速器中一对斜齿圆柱齿轮传动。已知转速 $n_1=1460\text{r/min}$，传递功率 $P=10\text{kW}$，传动比 $i=3.5$，齿数 $z_1=25$，单向运转，电动机驱动，载荷中等冲击，该传动每日双班，每班工作8h，每年使用300天，使用年限13年。

9－12 有一闭式直齿圆锥齿轮传动，已知 $z_1=16$，$P_1=7.5\text{kW}$，$n_1=970\text{r/min}$，$i=2.7$，电动机驱动，长期双向运转，载荷为中等冲击，要求结构紧凑。该传动每日双班，每班工作8h，每年使用300天，使用年限10年。试设计此传动。

9－13 试设计一对开式直齿圆锥齿轮传动。已知转速 $n_1=970\text{r/min}$，传动比 $i=3$，传动功率 $P=7.5\text{kW}$，电动机驱动，双向运转，载荷中等冲击。要求结构紧凑，小齿轮材料建议采用40Cr表面淬火，该传动每日双班，每班工作8h，每年使用300天，使用年限10年。

10 蜗 杆 传 动

10.1 蜗杆传动概述

蜗杆传动（见图 10－1）用于传递交错轴间的回转运动和动力，通常两轴交错角为 90°。蜗杆类似于螺杆，有左旋和右旋之分，除特殊要求外，一般均应采用右旋蜗杆；蜗轮可以看成是一个具有凹形轮缘的斜齿轮，其齿面与蜗杆齿面相共轭。在蜗杆传动中，一般以蜗杆为主动件。这种传动由于结构紧凑、传动比大、传动平稳以及在一定的条件下具有自锁性等优点，应用颇为广泛；其不足之处是传动效率低、常需耗用有色金属等。蜗杆传动通常用于减速装置，但也有个别机器用作增速装置。

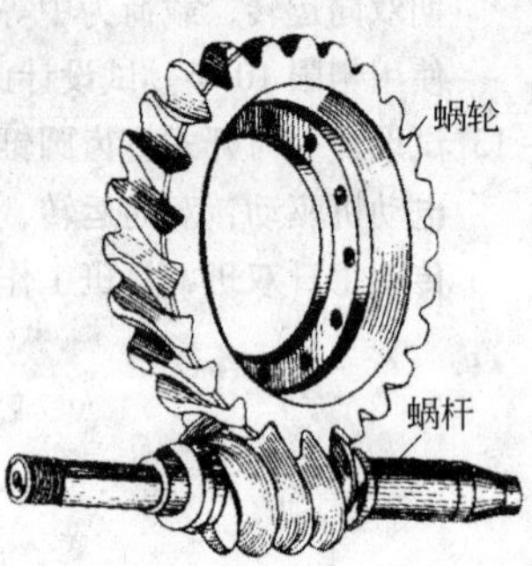

图 10－1 蜗杆传动

10.1.1 蜗杆传动的分类

按照蜗杆的形状的不同，蜗杆传动分为圆柱蜗杆传动（见图 10－2a）、环面蜗杆传动（见图 10－2b）和锥蜗杆传动（见图 10－2c）。环面蜗杆和锥蜗杆制造较困难，安装要求较高，因而应用不如圆柱蜗杆广泛。

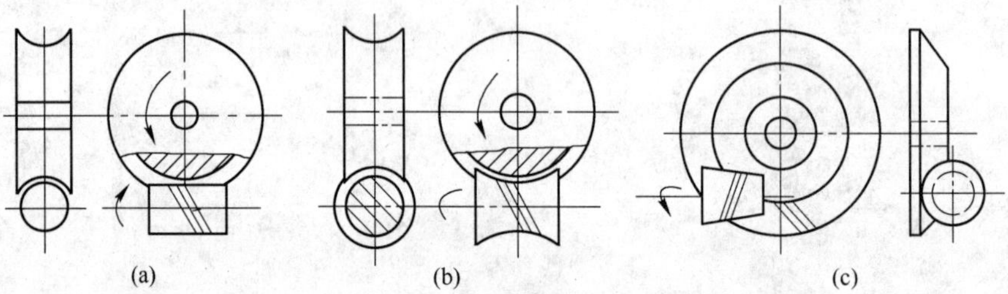

图 10－2 蜗杆传动的类型

（a）圆柱蜗杆传动；（b）环面蜗杆传动；（c）锥蜗杆传动

由于所采用的加工方法不同，圆柱蜗杆又有阿基米德蜗杆（ZA 蜗杆）、渐开线蜗杆（ZI 蜗杆）、法向直廓蜗杆（ZN 蜗杆）。

阿基米德蜗杆（见图 10－3a）的螺旋面可在车床上用梯形车刀加工，加工时必须使刀具切削刃的顶面通过蜗杆的轴线，加工方法与加工普通梯形螺纹时相同。阿基米德螺杆具有加工简便的优点，故在机械中应用最广。其缺点是难以进行磨削，因而精度不高。

渐开线蜗杆（见图 10－3b），在与蜗杆基圆柱相切的剖面内，齿廓是直线。这种齿廓可以用平面砂轮来磨削，容易得到高精度，但需要专用机床。其应用范围不及阿基米德蜗杆广泛。

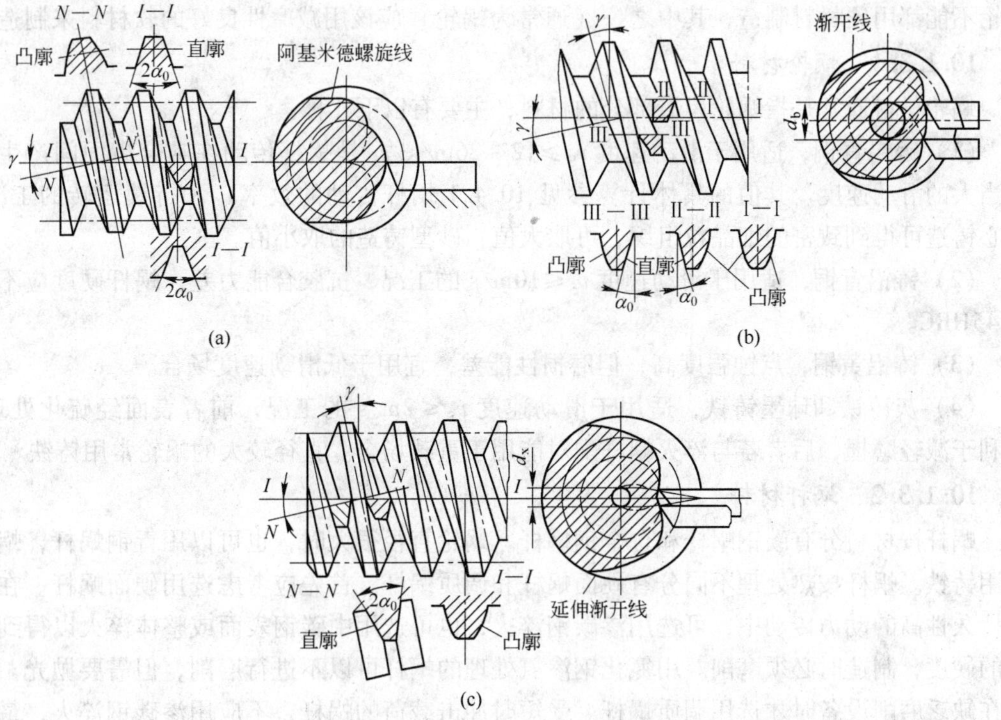

图 10-3 圆柱蜗杆的几种类型

（a）阿基米德蜗杆（ZA 蜗杆）；（b）渐开线蜗杆（ZI 蜗杆）；（c）法向直廓蜗杆（ZN 蜗杆）

法向直廓蜗杆（见图 10-3c），在螺旋线的法向剖面内，齿廓是直线，这种蜗杆适用于螺旋线的导程角很大的场合。用直母线的砂轮在普通螺纹磨床上可进行蜗杆的磨削，能得到极接近于延伸渐开线的齿廓。切制蜗杆的滚刀也用同样的方法磨削，因而蜗杆与蜗轮能得到正确的啮合。

10.1.2 蜗杆传动的失效形式

齿轮传动的失效形式在蜗杆传动中也会发生。由于蜗杆传动的相对滑动速度较大，发热量大，效率较低，所以主要失效形式常为齿面磨损、齿面胶合和齿面点蚀。但由于目前对磨损和胶合尚缺乏完善的计算方法和数据，因此对于蜗杆传动的强度，通常是仿照圆柱齿轮的齿面接触疲劳强度和齿根弯曲疲劳强度进行条件性计算，并在选取许用应力时，适当考虑胶合和磨损因素的影响。

在蜗杆传动中，由于蜗杆材料的强度较蜗轮高且齿形连续，因而在强度计算中只对蜗轮的轮齿进行计算。对于闭式蜗杆传动，蜗轮齿圈多用锡青铜制造，其轮齿的主要失效形式为疲劳点蚀，故通常按蜗轮齿面接触疲劳强度进行计算；此外考虑胶合的因素，传动连续工作时，还应进行热平衡计算。对于开式蜗杆传动，通常只计算蜗轮齿根弯曲疲劳强度。蜗杆轴本身的强度和刚度计算方法与轴相同。

10.1.3 蜗杆传动的材料选择

考虑到蜗杆传动难以保证高的接触精度，滑动速度较大以及蜗杆变形等原因，蜗杆、蜗轮不能都用硬材料制造，其中之一（通常为蜗轮）应该用减摩性良好的软材料来制造。

10.1.3.1 蜗轮材料

蜗轮材料通常是指蜗轮齿冠部分的材料，主要有以下几种：

（1）铸锡青铜，适用于滑动速度 $v_S \geqslant 12 \sim 26\text{m/s}$（$v_S$ 是蜗杆传动在啮合齿面间产生的相当大的滑动速度。其值的具体计算参见 10.4.1 蜗杆传动的效率）和持续运转的工况，离心铸造可得到致密的细晶粒组织，可取大值，砂型铸造的取小值。

（2）铸铝青铜，适用于滑动速度 $v_S \leqslant 10\text{m/s}$ 的工况，抗胶合能力差，蜗杆硬度应不低于 45HRC。

（3）铸铝黄铜，点蚀强度高，但磨损性能差，宜用于低滑动速度场合。

（4）灰铸铁和球墨铸铁，适用于滑动速度 $v_S \leqslant 2\text{m/s}$ 的工况，前者表面经硫化处理，有利于减轻磨损，后者若与淬火蜗杆配对能用于重载场合。直径较大的蜗轮常用铸铁。

10.1.3.2 蜗杆材料

蜗杆按材料分有碳钢蜗杆和合金钢蜗杆。蜗轮直径很大时，也可以用青铜蜗杆，蜗轮则用铸铁。蜗杆按热处理不同分有硬面蜗杆和调质蜗杆。首先应考虑选用硬面蜗杆。在要求持久性高的动力传动中，可选用渗碳钢淬火，也可选用中碳钢表面或整体淬火以得到必要的硬度，制造时必须磨削。用氮化钢渗氮处理的蜗杆可以不进行磨削，但需要抛光。只有在缺乏磨削设备时才选用调质蜗杆。受短时冲击载荷的蜗杆，不应用渗碳钢淬火，最好用调质钢。铸铁蜗轮与镀铬蜗杆配对时，有利于提高传动的承载能力和降低滑动速度。

10.1.4 蜗杆传动的结构设计

10.1.4.1 蜗杆结构

蜗杆螺旋部分的直径不大，所以常和轴做成一体，称为蜗杆轴。常见的蜗杆轴结构如图 10－4 所示，其中图 10－4（a）、图 10－4（b）所示的结构既可以车制，也可以铣制，图10－4（c）所示的结构由于齿根圆直径小于相邻轴段直径，因此只能铣制。图 10－4（b）所示结构的刚度较其他两种差。

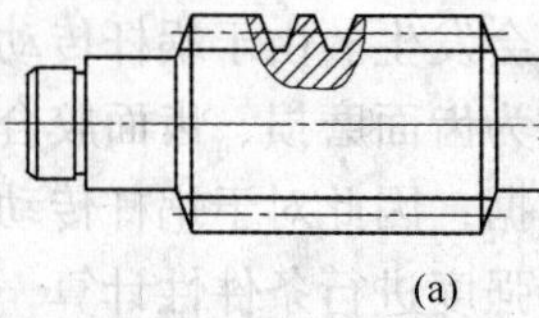

(a)

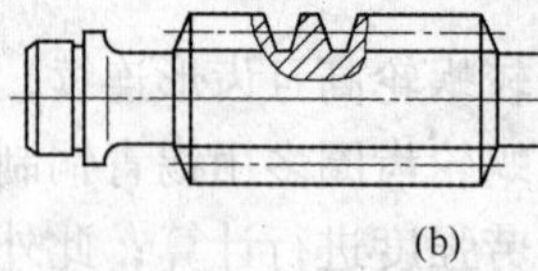

(b)

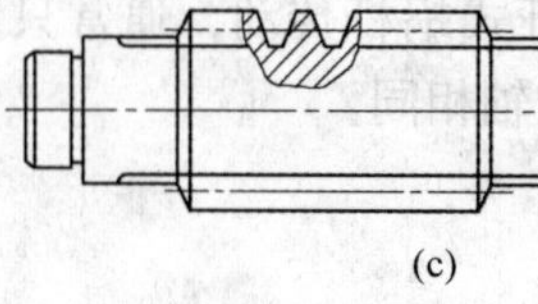

(c)

图 10－4 蜗杆轴的结构

10.1.4.2　蜗轮结构

常用的蜗轮结构形式有以下几种：

（1）齿圈式（见图 10－5a）——这种结构由青铜齿圈及铸铁轮心所组成。齿圈与轮心多用 H7/R6 配合，并加装 4～6 个紧定螺钉（或用螺钉拧紧后将头部锯掉），以增强连接的可靠性。螺钉直径取（1.2～1.5）m（m 为蜗轮的模数）。螺钉拧入深度为（0.3～0.4）B（B 为蜗轮宽度）。为了便于钻孔，应将螺孔中心线由配合缝向材料较硬的轮心部分偏移 2～3mm。这种结构多用于尺寸不太大或工作温度变化较小的地方，以免热胀冷缩影响配合的质量。

（2）螺栓连接式（见图 10－5b）——可用普通螺栓连接，或用铰制孔用螺栓连接，螺栓的尺寸和数目可参考蜗轮的结构尺寸取定，然后做适当的校核。这种结构装拆比较方便，多用于尺寸较大或容易磨损的蜗轮。

（3）整体浇铸式（见图 10－5c）——主要用于铸铁蜗轮或尺寸很小的青铜蜗轮。

（4）拼铸式（见图 10－5d）——这是在铸铁轮心上加铸青铜齿圈，然后切齿。它只用于成批制造的蜗轮。

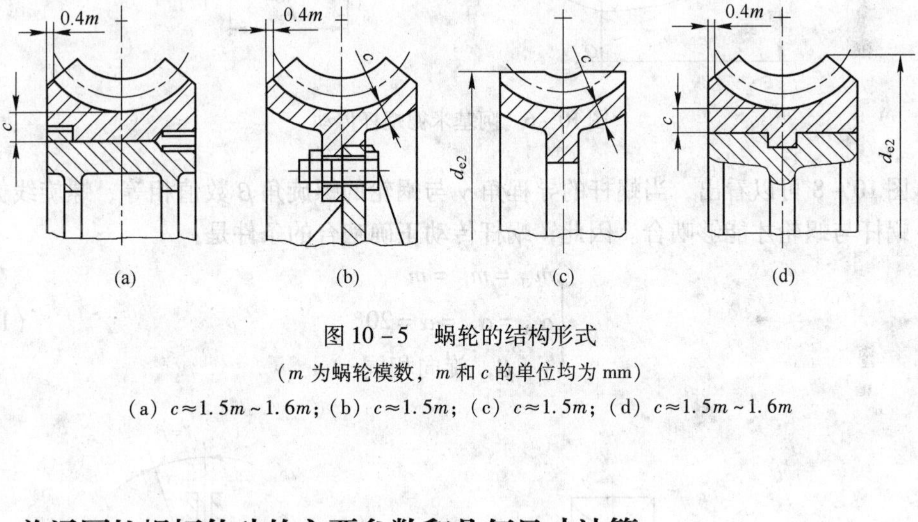

图 10－5　蜗轮的结构形式

（m 为蜗轮模数，m 和 c 的单位均为 mm）

（a）$c \approx 1.5m \sim 1.6m$；（b）$c \approx 1.5m$；（c）$c \approx 1.5m$；（d）$c \approx 1.5m \sim 1.6m$

10.2　普通圆柱蜗杆传动的主要参数和几何尺寸计算

图 10－6 所示为阿基米德蜗杆传动，通过蜗杆轴线并和蜗轮轴线垂直的平面称为中间平面。

10.2.1　普通圆柱蜗杆传动的主要参数及其选择

（1）模数和压力角。在中间平面内，蜗杆具有齿条形状的直线齿廓，其两侧边夹角 $2\alpha = 40°$，蜗杆与蜗轮的啮合相当于齿条与渐开线齿轮的啮合。因此蜗杆的轴向模数 m_{x1}、轴向压力角 α_{x1} 应分别与蜗轮的端面模数 m_{t2}、端面压力角 α_{t2} 相等，并符合标准值。蜗杆传动标准压力角 α 通常为 20°。

（2）蜗杆导程角和蜗轮螺旋角。蜗杆分度圆柱螺旋线上任一点的切线与端面间所夹的锐角称为蜗杆的导程角，用 γ 表示，如图 10－7 所示。将蜗杆分度圆柱展开，则有：

$$\tan\gamma = \frac{s}{\pi d_1} = \frac{z_1 p_{x1}}{\pi d_1} = \frac{z_1 \pi m}{\pi d_1} = \frac{z_1 m}{d_1} = \frac{z_1}{q} \tag{10-1}$$

式中　z_1——蜗杆头数（即蜗杆螺旋线的线数）；

p_{x1}——蜗杆的轴向齿距；

s——蜗杆螺旋线的导程；

q——蜗杆的直径系数，$q = \dfrac{d_1}{m}$。

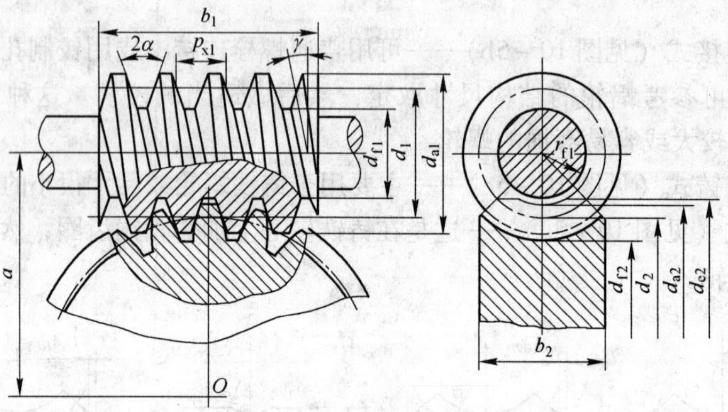

图 10－6　阿基米德蜗杆传动

从图 10－8 可以看出，当蜗杆的导程角 γ 与蜗轮的螺旋角 β 数值相等、螺旋线方向相同时，蜗杆与蜗轮才能够啮合。因此，蜗杆传动正确啮合的条件是：

$$\begin{cases} m_{x1} = m_{t2} = m \\ \alpha_{x1} = \alpha_{t2} = \alpha = 20^\circ \\ \gamma = \beta，\text{旋向相同} \end{cases} \tag{10-2}$$

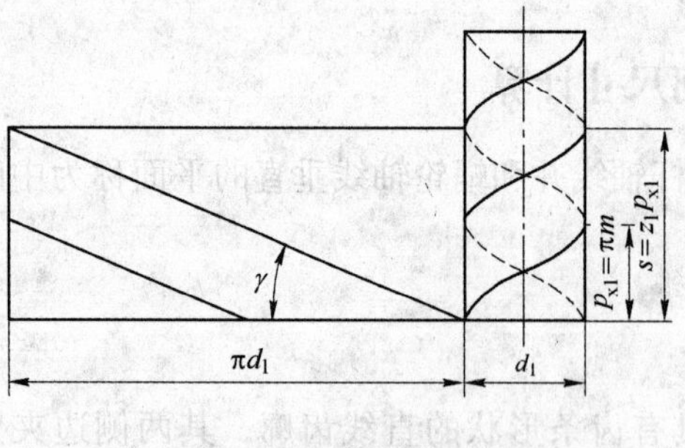

图 10－7　蜗杆的导程角

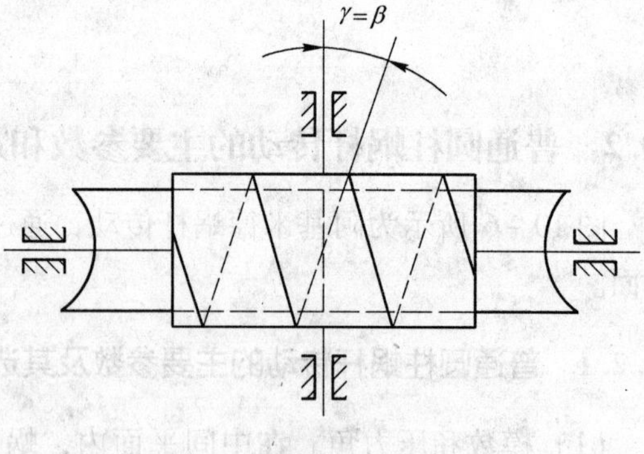

图 10－8　蜗杆导程角和蜗轮螺旋角的关系

（3）蜗杆的分度圆直径 d_1。在蜗杆传动中，为了保证蜗杆与配对蜗轮的正确啮合，常用与蜗杆具有同样尺寸的蜗轮滚刀来加工与其配对的蜗轮。这样，只要有一种尺寸的蜗杆，就得有一种对应的蜗轮滚刀。对于同一模数，可以有很多不同直径的蜗杆，因而对每一模数就要配备很多蜗轮滚刀。显然，这样很不经济。为了限制蜗轮滚刀的数目及便于滚刀的标准化，就对每一标准模数规定了一定数量的蜗杆分度圆直径 d_1，定义比值 $q=\frac{d_1}{m}$ 为蜗杆的直径系数。

d_1 与 q 已有标准值，常用的标准模数 m、蜗杆分度圆直径 d_1 及直径系数 q 见表 10－1。如果采用非标准滚刀或飞刀切制蜗轮。d_1 与 q 值可不受标准的限制。

表 10－1 普通圆柱蜗杆基本尺寸和参数及其蜗轮参数的匹配

中心距 a /mm	模数 m /mm	分度圆直径 d/mm	m^2d_1 /mm^3	蜗杆头数 z_1	直径系数 q	分度圆导程角 γ	蜗轮齿数 z_2	变位系数 x
40 50	1	18	18	1	18.00	3°10′47″	62 82	0 0
40	1.25	20	31.25	1	16.00	3°34′35″	49	−0.500
50 63		22.4	35	1	17.92	3°11′38″	62 82	+0.040 +0.440
50	1.6	20	51.2	1	12.50	4°34′26″	51	−0.500
				2		90°5′25″		
				4		17°44′41″		
63 80		28	71.68	1	17.50	3°16′14″	62 82	+0.125 +0.250
40	2	22.4	89.6	1	11.20	5°06′08″	29	−0.100
80 100		35.5	142	1	17.75	3°10′47″	62 82	+0.125
50	2.5	28	175	1	11.20	5°06′08″	29	−0.100
100		45	281.25	1	18.00	3°10′47″	62	0
63	3.15	35.5	352.25		11.27	5°04′15″	29	−0.1349
125		56	555.66		11.778	3°13′10″	62	−0.2063
100	5	50	1250	1	10.00	5°42′38″	31	−0.500
200		90	2250	1	18.00	3°10′47″	62	0
160	8	80	5120	1	10.00	5°42′38″	31	−0.500
(200)				2		11°18′36″	(41)	(−0.500)
(225)				4		21°48′05″	(47)	(−0.375)
(250)				6		30°57′50″	(52)	(+0.250)

(4) 蜗杆头数 z_1。蜗杆头数 z_1 可根据要求的传动比和效率来选定。单头蜗杆传动的传动比可以较大，但效率较低。如需提高效率，应增加蜗杆的头数。但蜗杆头数过多，又会给加工带来困难，所以，通常蜗杆头数取为 1、2、4、6。

(5) 蜗杆传动的传动比 i。当蜗杆主动时，蜗杆的螺旋面推动蜗轮的轮齿使蜗轮转动。因此在中间平面节点处，蜗杆的轴向速度 v_{x1} 等于蜗轮的圆周速度 v_2，即 $v_{x1}=v_2$。而

$$v_{x1} = sn_1 = z_1 p_{x1} n_1$$
$$v_2 = \pi d_2 n_2 = \pi m z_2 n_2$$

所以

$$z_1 n_1 = z_2 n_2$$

故传动比为

$$i = \frac{n_1}{n_2} = \frac{z_2}{z_1} \tag{10-3}$$

值得注意的是，因为 $z_2 = d_2/m$，$z_1 = d_1 \tan\gamma/m$，所以 $i = d_2/(d_1 \tan\gamma) \neq d_2/d_1$。

（6）蜗轮齿数 z_2。蜗轮齿数 z_2 主要根据传动比来确定。注意：为了避免用蜗轮滚刀切制蜗轮时产生根切与干涉，理论上应使 $z_{2\min} \geqslant 17$。但在 $z_2 < 26$ 时，啮合区显著减小，影响传动的平稳性；而在 $z_2 > 30$ 时，则可始终保持有两对以上的齿啮合，所以通常规定 $z_2 > 28$。对于动力传动，z_2 一般不大于 80。这是由于当蜗轮直径不变时，z_2 越大，模数就越小，这将削弱轮齿的弯曲强度；当模数不变时，蜗轮尺寸将要增大，使相啮合的蜗杆支承间距加长，这将降低蜗杆的弯曲刚度，容易产生挠曲而影响正常的啮合。z_1、z_2 的推荐值见表 10－2（具体选择时可考虑表 10－1 中的匹配关系），当设计非标准或分度传动时，z_2 的选择可不受限制。

表 10－2 蜗杆头数 z_1 与蜗轮齿数 z_2 的推荐值

$i = z_2/z_1$	z_1	z_2	$i = z_2/z_1$	z_1	z_2
5	6	29 ~ 31	14 ~ 30	2	29 ~ 61
7 ~ 15	4	29 ~ 61	29 ~ 82	1	29 ~ 82

（7）蜗杆传动的标准中心距 a。蜗杆传动的标准中心距为

$$a = \frac{1}{2}(d_1 + d_2) = \frac{1}{2}(q + d_2)m \tag{10-4}$$

标准普通圆柱蜗杆传动的基本尺寸和参数列于表 10－1。设计普通圆柱蜗杆减速装置时，在按接触强度或弯曲强度确定了中心距 a 或 $m^2 d_1$ 后，一般应使 a 按表 10－1 中的数据确定蜗杆与蜗轮的尺寸和参数，并按表值予以匹配。如可自行加工蜗轮滚刀或减速器箱体时，也可不按表 10－1 选配参数。

10.2.2 蜗杆传动的几何尺寸计算

蜗杆传动的几何尺寸及其计算公式见表 10－3 和图 10－6。

表 10－3 标准圆柱蜗杆传动的几何尺寸及其计算公式

名　称	代　号	公式与说明
齿　距	p	$p_{x1} = p_{t2} = \pi m$
齿顶高	h_a	$h_a = h_a^* m = m$，其中 $h_a^* = 1$
顶　隙	c	$c = c^* m = 0.2m$，其中 $c^* = 0.2$
齿根高	h_f	$h_f = h_a + c = 1.2m$
齿　高	h	$h = h_a + h_f = 2.2m$

续表 10－3

名称	代号	公式与说明
蜗杆分度圆直径	d_1	由表 10－2 取标准值
蜗杆齿顶圆直径	d_{a1}	$d_{a1}=d_1+2h_a=d_1+2m$
蜗杆齿根圆直径	d_{f1}	$d_{f1}=d_1-2h_f=d_1-2.4m$
蜗杆导程角	γ	$\tan\gamma=\dfrac{mz_1}{d_1}$
蜗杆齿宽	b_1	$b_1\geqslant(11.5+0.08z_2)m$
蜗轮分度圆直径	d_2	$d_2=mz_2$
蜗轮喉圆直径	d_{a2}	$d_{a2}=d_2+2h_a=m(z_2+2)$
蜗轮齿根圆直径	d_{f2}	$d_{f2}=d_2-2h_f=m(z_2-2.4)$
蜗轮外圆直径	d_{e2}	当 $z_1=1$ 时，$d_{e2}\leqslant d_{a2}+2m$ 当 $z_1=2\sim3$ 时，$d_{e2}\leqslant d_{a2}+1.5m$ 当 $z_1=4$ 时，$d_{e2}\leqslant d_{a2}+m$
蜗轮螺旋角	β	$\beta=\gamma$，与蜗杆螺旋线方向相同
蜗轮齿宽	b_2	$b_2\leqslant0.7d_{a1}$
中心距	a	$a=\dfrac{d_1+d_2}{2}=\dfrac{d_1+mz_2}{2}$
蜗轮咽喉母圆半径	r_{g2}	$r_{g2}=a-\dfrac{d_{a2}}{2}$

注：采用变位蜗杆传动，可在一定条件下配凑中心距或改变传动比。关于变位蜗杆传动的理论与计算参见机械设计等有关资料。

10.3 蜗杆传动强度计算

10.3.1 蜗杆传动受力分析

蜗杆传动的受力分析和斜齿圆柱齿轮传动相似。在进行蜗杆传动的受力分析时，通常不考虑摩擦力的影响。

图 10－9 所示是以右旋蜗杆为主动件，并沿图示的方向旋转时，蜗杆螺旋面上的受力情况。设 F_n 为集中作用于节点 P 处的法向载荷，它作用于法向截面 $Pabc$ 内，如图 10－9（a）所示，F_n 可分解为三个互相垂直的分力，即圆周力 F_t、径向力 F_r 和轴向力 F_a。显然，在蜗杆与蜗轮间，相互作用着 F_{t1} 与 F_{a2}、F_{r1} 与 F_{r2} 和 F_{a1} 与 F_{t2} 这三对大小相等、方向相反的力（见图 10－9c）。

蜗杆圆周力 F_{t1} 和蜗轮轴向力 F_{a2} 是一对作用与反作用力，因为蜗杆为主动件，所以其圆周力 F_{t1} 的方向与蜗杆受力点的圆周速度方向相反。蜗杆轴向力 F_{a1} 和蜗轮圆周力 F_{t2} 是一对作用与反作用力。蜗杆轴向力 F_{a1} 的方向可用主动蜗杆左、右手定则来判断。当蜗杆为主动件时，若为右旋蜗杆，而 F_{a1} 的方向可用右手定则确定；若为左旋蜗杆，则用左手定则确定。所谓的左（右）手定则，是指以左（右）手握拳时，四指所示的方向表示蜗杆的回转方向，则拇指伸直所指的方向就表示蜗杆所受轴向力 F_{a1} 的方向。从动件蜗轮圆周

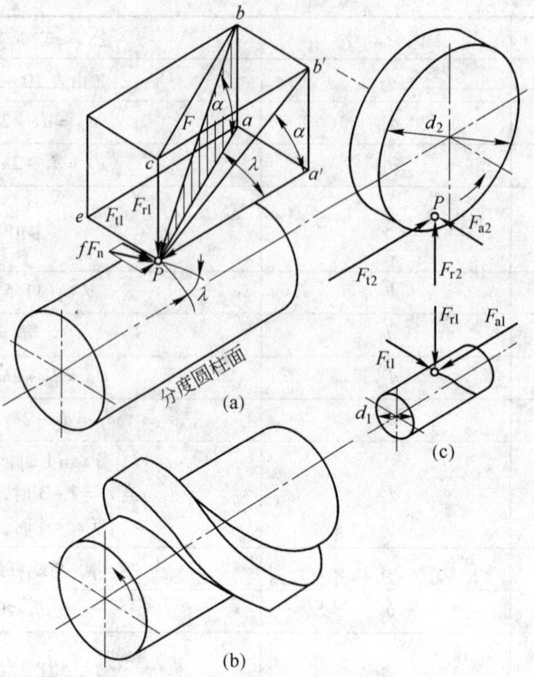

图 10-9　蜗杆传动的受力分析

力 F_{t2} 的方向与蜗轮受力点的圆周速度方向相同，据此可以判断蜗轮的转动方向。

当不计摩擦力的影响时，各力的大小可按式（10-5）计算：

$$\begin{cases} F_{t1} = -F_{a2} = \dfrac{2T_1}{d_1} \\ F_{t2} = -F_{a1} = \dfrac{2T_2}{d_2} \\ F_{r1} = -F_{r2} = F_{t2}\tan\alpha \end{cases} \tag{10-5}$$

式中　T_1，T_2——蜗杆及蜗轮上的公称转矩；

d_1，d_2——蜗杆及蜗轮的分度圆直径。

【例 10-1】　已知蜗轮的转向及蜗杆的螺旋方向如图 10-10 所示，试确定：

（1）蜗轮轮齿的螺旋方向；

（2）蜗杆（主动）的转动方向；

（3）各分力的方向。

解：（1）蜗轮轮齿的螺旋方向与蜗杆旋向相同，也是左旋。

（2）蜗杆（主动）的转动方向用左手定则判断，即用左手握蜗杆轴线，拇指指向向下，与 n_2 方向相反，四指指向为蜗杆的 n_1 转向。

（3）各分力的方向分析（见图 10-11）：径向力分别指向杆心、轮心，主动蜗杆所受圆周力方向，与 n_1 转向相反。从动蜗轮所受圆周力方向，与 n_2 转向相同。主动蜗杆所受轴向力方向，用左手定则判断，用左手握蜗杆轴线，四指指向为蜗杆 n_1 的转向，拇指指向为蜗杆所受轴向力的方向。蜗轮所受圆周力的方向与蜗杆所受轴向力的方向相反。

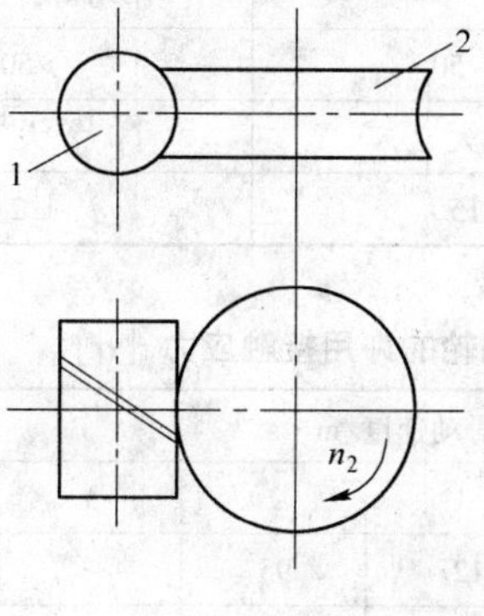

图 10－10 例 10－1 的图

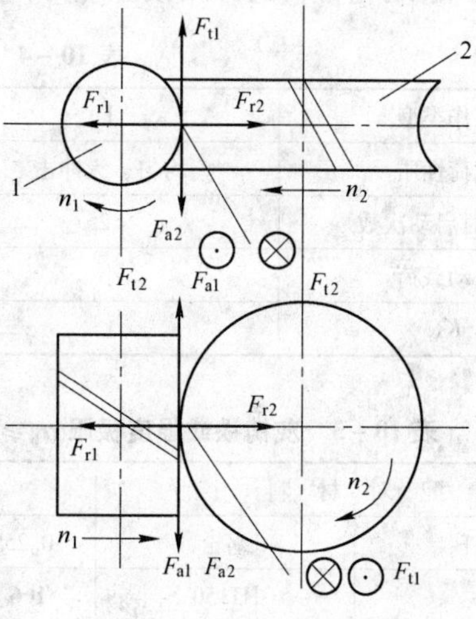

图 10－11 例 10－1 图解

10.3.2 蜗杆传动强度的计算

蜗杆传动的强度计算主要为蜗轮轮齿的齿面接触疲劳强度计算和轮齿的弯曲疲劳强度计算。在这两种计算中，蜗轮轮齿都是薄弱环节。对于闭式传动，传动尺寸主要取决于齿面的接触疲劳强度以防止齿面的点蚀和胶合，但必须校核轮齿的弯曲疲劳强度。对于开式传动，传动尺寸主要取决于轮齿的弯曲疲劳强度，无需进行齿面接触疲劳强度计算。

10.3.2.1 蜗轮轮齿齿面接触疲劳强度计算

蜗轮轮齿齿面接触疲劳强度计算与齿轮类似，仍以 $\sigma_H = Z_E \sqrt{\frac{F_n}{b}\left(\frac{1}{\rho_1}+\frac{1}{\rho_2}\right)}$ 为基础，按蜗杆传动在节点处的啮合条件来计算蜗轮齿面的接触应力，其接触疲劳强度校核公式为：

$$\sigma_H = 500\sqrt{\frac{K_H T_2}{m^2 d_1 z_2^2}} \leqslant [\sigma]_H \tag{10-6}$$

设计公式为

$$m^2 d_1 \geqslant \left[\frac{500}{z_2[\sigma]_H}\right]^2 K_H T_2 \tag{10-7}$$

式中 d_1——蜗杆的分度圆直径，mm；

T_2——作用在蜗轮轴上的转矩，N·mm；

K_H——载荷系数，$K_H = K_A K_\beta K_V$（K_A 是工作情况系数，可按表 10－4 选取。K_β 是载荷分布系数。如果载荷是稳定的，蜗轮轮齿由于材料较软将很快地完成跑合，从而使载荷集中现象得到消除，这时可取 $K_\beta = 1$。如果载荷是变化的，则由于蜗杆的变形不固定，就不可能用跑合的方法使载荷分布均匀，这时可取 $K_\beta = 1.1 \sim 1.3$，刚度大的蜗杆取小值，反之取大值。K_V 是动载荷系数，由于蜗杆传动比齿轮传动平稳，所以动载荷系数较小，当 $v_2 \leqslant 3\text{m/s}$ 时，$K_V = 1 \sim 1.1$，当 $v_2 > 3\text{m/s}$ 时，$K_V = 1.1 \sim 1.2$）；

$[\sigma]_H$——蜗轮材料的许用接触应力，见表 10－5、表 10－6，MPa。

表 10－4 工作情况系数 K_A

工作类型	Ⅰ	Ⅱ	Ⅲ
载荷性质	均匀、无冲击	不均匀、小冲击	不均匀、大冲击
每小时启动次数	<25	25～50	>50
启动载荷	小	较大	大
K_A	1	1.15	1.2

表 10－5 灰铸铁或强度极限 $\sigma_b \geqslant$ 300MPa 的青铜蜗轮的许用接触应力 $[\sigma]_H$ MPa

配对材料		滑动速度/m·s^{-1}					
蜗杆	蜗轮	0.25	0.5	1	2	3	4
20、20Cr 渗碳淬火 45 钢表面淬火	HT150	166	150	127	95	—	—
	HT200	202	182	154	115	—	—
	ZCuAl10Fe3	190	180	173	163	154	149
45 钢调质	HT150	139	125	106	79	—	—
	HT200	168	152	128	96	—	—

表 10－6 抗拉强度极限 σ_b <300MPa 的青铜蜗轮的许用接触应力 $[\sigma]_H$ MPa

蜗轮材料	铸造方法	蜗杆齿面硬度	
		≤45HRC	>45HRC
ZCuSn10Pb1	砂型铸造	150	180
	金属型铸造	220	268
ZCuSn5Pb5Zn5	砂型铸造	113	135
	金属型铸造	128	140
	离心铸造	158	183

10.3.2.2 蜗轮轮齿齿根弯曲疲劳强度计算

蜗轮轮齿因弯曲强度不足而失效的情况，多发生在蜗轮齿数较多或开式传动中，因此，对闭式蜗杆传动通常只作弯曲强度的校核计算，而且这种计算是必须进行的。因为校核蜗轮轮齿的弯曲强度不只是为了判别其弯曲断裂的可能性，对那些承受重载的动力蜗杆副，蜗轮轮齿的弯曲变形量还会直接影响到蜗杆副的运动平稳性精度。

蜗轮轮齿齿根弯曲疲劳的近似校核式和设计式分别为：

$$m^2 d_1 \geqslant \frac{1.53 K_A T_2}{z_2 \cos\gamma [\sigma]_F} Y_{Fa} \tag{10-8}$$

$$\sigma_F = \frac{1.53 K_A T_2}{d_1 d_2 m \cos\gamma} Y_{Fa} \leqslant [\sigma]_F \tag{10-9}$$

式中 Y_{Fa}——齿形系数，按蜗轮当量齿数 $z_v = z_2/\cos^3\gamma$ 查表 10－7，设计时若导程角 γ 尚未确定，可根据蜗杆头数作如下估取：当 $z_1 = 1$ 时，$\gamma = 3° \sim 8°$，当 $z_1 = 2$

时，$\gamma = 8° \sim 16°$，当 $z_1 = 4$ 时，$\gamma = 16° \sim 30°$；

$[\sigma]_F$——蜗轮的许用齿根弯曲应力，见表 10-8，MPa。

表 10-7 蜗轮的齿形系数 Y_{Fa}

蜗轮当量齿数 z_v	20	24	26	28	30	32	35	37
齿形系数 Y_{Fa}	2.24	2.14	2.10	2.04	1.99	1.94	1.86	1.82
蜗轮当量齿数 z_v	40	45	50	60	80	100	150	300
齿形系数 Y_{Fa}	1.76	1.68	1.64	1.59	1.52	1.47	1.44	1.40

表 10-8 蜗轮的许用齿根弯曲应力 $[\sigma]_F$ MPa

蜗轮材料	铸造方法	单齿侧工作	双齿侧工作
ZCuSn10Pb1	砂型铸造	50	35
	金属型铸造	67	50
ZCuSn5Pb5Zn5	砂型铸造	39	32
	金属型铸造	39	32
	离心铸造	45	40
ZCuAl10Fe3	砂型铸造	84	78
	金属型铸造	93	86
HT150	砂型铸造	40	25
HT200	砂型铸造	48	30

10.3.3 蜗杆轴的刚度校核

蜗杆受力后如产生过大的变形，就会造成轮齿上的载荷集中，影响蜗杆与蜗轮的正确啮合，所以蜗杆还须进行刚度校核。校核蜗杆的刚度时，通常是把蜗杆螺旋部分看作以蜗杆齿根圆直径为直径的轴段，主要是校核蜗杆的弯曲刚度，其最大挠度 y（mm）按 $y = \frac{\sqrt{F_{t1}^2 + F_{r1}^2}}{48EI}L'^3$ 作近似计算，并得其刚度条件为：

$$y = \frac{\sqrt{F_{t1}^2 + F_{r1}^2}}{48EI}L'^3 \leqslant [y] \tag{10-10}$$

式中 F_{t1}——蜗杆所受的圆周力，N；

F_{r1}——蜗杆所受的径向力，N；

E——蜗杆材料的弹性模量，MPa；

I——蜗杆危险截面的惯性矩，$I = \frac{\pi d_{f1}^4}{64}$（$d_{f1}$ 为蜗杆齿根圆直径），mm^4；

L'——蜗杆两端支承间的跨距，视具体结构要求而定，初步计算时可取 $L' \approx 0.9d_2$（d_2 为蜗轮分度圆直径），mm；

$[y]$——最大许用挠度，$[y] = \frac{d_1}{1000}$（d_1 为蜗杆分度圆直径），mm。

10.4 蜗杆传动的效率及润滑

10.4.1 蜗杆传动的效率

闭式蜗杆传动（蜗杆减速器）的总效率 η 一般包括三部分：轮齿的啮合效率 η_1、考虑轴承摩擦损耗时的效率 η_2 和考虑箱体内润滑油搅动时的效率 η_3，即

$$\eta = \eta_1 \eta_2 \eta_3 \tag{10-11}$$

10.4.1.1 啮合效率 η_1

蜗杆传动的总效率主要取决于啮合效率 η_1，当蜗杆主动时，则

$$\eta_1 = \frac{\tan\gamma}{\tan(\gamma + \rho')} \tag{10-12}$$

$$\rho' = \arctan f'$$

式中 ρ'——当量摩擦角，ρ' 值可根据滑动速度 v_S 查表 10-9 选取；

f'——当量摩擦系数。

当 $\gamma \leqslant \rho'$ 时，蜗杆传动满足自锁条件，即只能蜗杆带动蜗轮，蜗轮带不动蜗杆。

蜗杆传动效率低，源于工作面滑动速度较大。滑动速度 v_S 是蜗杆传动在啮合齿面间产生的相对速度。v_S 方向沿着齿面螺旋线，由图 10-12 得：

$$v_S = \frac{v_1}{\cos\gamma} = \frac{v_2}{\sin\gamma} \tag{10-13}$$

式中 v_1——蜗杆分度圆圆周速度；

v_2——蜗轮分度圆圆周速度；

γ——蜗杆导程角。

由式（10-13）分析出 $v_S > v_1$，$v_S > v_2$，从而分析出蜗杆传动相对滑动速度较大，使传动效率下降。

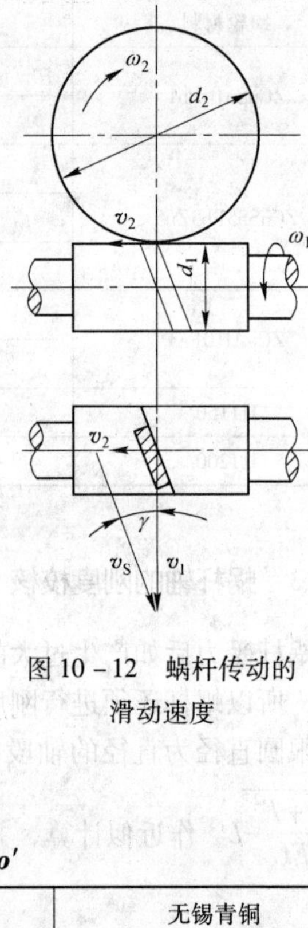

图 10-12 蜗杆传动的滑动速度

表 10-9 当量摩擦系数 f' 和当量摩擦角 ρ'

蜗轮材料	锡青铜				无锡青铜	
蜗杆齿面硬度	硬度大于45HRC		其他情况		硬度大于45HRC	
滑动速度 v_S/m·s^{-1}	f'	ρ'	f'	ρ'	f'	ρ'
0.01	0.11	6.28°	0.12	6.84°	0.18	10.2°
0.10	0.08	4.57°	0.09	5.14°	0.13	7.4°
0.50	0.055	3.15°	0.065	3.72°	0.09	5.14°
1.00	0.045	2.58°	0.055	3.15°	0.07	4°
2.00	0.035	2°	0.045	2.58°	0.055	3.15°
3.00	0.028	1.6°	0.035	2°	0.045	2.58°
4.00	0.024	1.37°	0.031	1.78°	0.04	2.29°

续表 10－9

蜗轮材料	锡青铜				无锡青铜	
蜗杆齿面硬度	硬度大于45HRC		其他情况		硬度大于45HRC	
滑动速度 $v_S/m\cdot s^{-1}$	f'	ρ'	f'	ρ'	f'	ρ'
5.00	0.022	1.26°	0.029	1.66°	0.035	2°
8.00	0.018	1.03°	0.026	1.49°	0.03	1.72°
10.0	0.016	0.92°	0.024	1.37°		
15.0	0.014	0.8°	0.020	1.15°		
24.0	0.013	0.74°				

注：1. 硬度大于45HRC的蜗杆，其f'、ρ'值是指经过磨削和跑合并有充分润滑的情况。
2. 蜗轮材料为灰铸铁时，可按无锡青铜查取f'、ρ'。

10.4.1.2 轴承摩擦损耗效率 η_2

近年来，蜗杆传动大多采用滚动轴承，其摩擦损耗效率 $\eta_2=0.99$；对于滑动轴承，其摩擦损耗效率 $\eta_2=0.98\sim0.99$。

10.4.1.3 箱体内润滑油搅动时的效率 η_3

当蜗轮浸入油中的深度不大于齿高时，η_3 可按式（10－14）确定。

$$\eta_2=1-\frac{2.8\times10^{-5}\times v_2b_2\sqrt{\nu}}{P_2} \tag{10-14}$$

式中 v_2——蜗轮圆周速度，m/s；

ν——在工作温度时润滑油的运动黏度，m^2/s；

P_2——蜗轮轴的传动功率，kW；

b_2——蜗轮宽度，mm。

如果蜗轮浸入油中，仍用式（10－14）计算，这时 v_2 应改为蜗杆的圆周速度 v_1，b_2 应改为蜗杆螺纹长度 b_1。

在一般情况下，$\eta_3>0.99$，故可忽略不计。

在设计之初，为了近似地求出蜗轮轴上的扭矩 T_2，总传动效率 η 值可从表 10－10 估取。

表 10－10 η 值的初选

蜗杆头数 z_1	1	2	4 或 6	要求反行程自锁时
总传动效率 η	0.70～0.75	0.75～0.82	0.82～0.92	<0.5

10.4.2 蜗杆传动的润滑

润滑对蜗杆传动来说，具有特别重要的意义。因为当润滑不良时，传动效率将显著降低，并且会带来剧烈的磨损和产生胶合破坏的危险，所以往往采用黏度大的矿物油进行良好的润滑。一般在润滑油中还常加入添加剂，使其提高抗胶合能力。

蜗杆传动所采用的润滑油、润滑方法及润滑装置与齿轮传动的基本相同。

（1）润滑油的种类很多，需根据蜗杆、蜗轮配对材料和运转条件合理选用。在钢蜗杆配青铜蜗轮时，常用的润滑油见表 10－11。

表 10－11 蜗杆传动常用的润滑油

全损耗系统用油牌号 L－AN	68	100	150	220	320	460	680
运动黏度 ν_{40}/cSt	61.2～74.8	90～110	135～165	198～242	288～352	414～506	612～748
黏度指数（不小于）	90						
闪点（开口，不低于）/℃	180		200				220
倾点（不高于）/℃	−8						−5

注：其余指标可参看国标，表中 $1cSt = 10^{-6}m^2/s$。

（2）润滑油黏度及给油方法，一般根据相对滑动速度及载荷类型进行选择。对于闭式传动，常用的润滑油黏度及给油方法查表 10－12；对于开式传动，常采用黏度较高的齿轮油或润滑脂。如果采用喷油润滑，喷油嘴要对准蜗杆啮入端；蜗杆正反转时，控制一定的油压。

表 10－12 蜗杆传动常用的润滑油黏度及给油方法

滑动速度 v_S/m · s^{-1}	<1	<2.5	<5	>5～10	>10～15	>15～25	>25
工作条件	重载	重载	中载	—	—	—	—
黏度 ν_{40}/mm^2 · s^{-1}	900	500	350	220	150	100	80
给油方法	油池润滑			油池润滑或喷油润滑	压力喷油润滑及其压力/MPa		
					0.07	0.2	0.3

（3）对闭式蜗杆传动采用油池润滑时，在搅油损耗不致过大的情况下，应有适当的油量。这样不仅有利于动压油膜的形成，而且有助于散热。对于蜗杆下置式或蜗杆侧置式的传动，浸油深度应为蜗杆的一个齿高；当为上置蜗杆时，浸油深度约为蜗轮外径的 1/3。

10.5 蜗杆传动热平衡计算

蜗杆传动由于效率低，所以工作时发热量大。在闭式传动中，如果产生的热量不能及时散逸，会使油温不断升高而使润滑油稀释，从而增大摩擦损失，甚至发生胶合。所以，必须根据单位时间内的发热量 Q_1 等于同时间内的散热量 Q_2 的条件进行热平衡计算，以保证油温处于规定的范围内。

在单位时间内，蜗杆传动由于摩擦损耗产生的热量为：

$$Q_1 = 1000P_1(1-\eta)$$

以自然冷却方式从箱体外壁散发到空气中去的热量为：

$$Q_2 = \alpha_s A(t-t_0)$$

式中 P_1——蜗杆传动的输入功率，kW；

η——蜗杆传动的效率；

α_s——散热系数，$\alpha_s = 12 \sim 18W/(m^2 \cdot ℃)$，当周围空气流通良好时取大值；

A——散热面积，m^2，指内壁能被油飞溅到，外壁为周围空气所冷却的箱体表面积，初步计算，无散热片时 $A = 0.3\left(\frac{a}{100}\right)^{1.8}$，有散热片时 $A = 0.33\left(\frac{a}{100}\right)^{1.75}$

a(mm) 为中心距；

t——箱体内油的工作温度，一般应小于 60～70℃，最高不超过 80℃；

t_0——环境温度，一般取 $t_0=20℃$。

当达到热平衡时，$Q_1=Q_2$，这时润滑油的工作温度为：

$$t=t_0+\frac{1000P_1(1-\eta)}{\alpha_s A} \tag{10-15}$$

推得保持正常工作油温所需的散热面积为：

$$A\geqslant\frac{1000P_1(1-\eta)}{\alpha_s(t-t_0)} \tag{10-16}$$

或者要求箱体内的油温 t 和周围空气温度 t_0 之差 Δt 不超过允许值，即

$$\Delta t=t-t_0=\frac{1000P_1(1-\eta)}{\alpha_s A}\leqslant[\Delta t]=40\sim50℃ \tag{10-17}$$

如果油温超过限定温度，或箱体散热面积不足时，可以采取下列措施：

（1）在箱体外铸出或焊上散热片，以增大散热面积 A；

（2）在蜗杆轴上装置风扇（见图 10－13a）以增大散热系数，用这种方法 α_s 可达到 $20\sim28\text{W}/(\text{m}^2\cdot℃)$；

（3）在油池中装置蛇形冷却水管（见图 10－13b）；

（4）采用压力喷油循环润滑（见图 10－13c）。

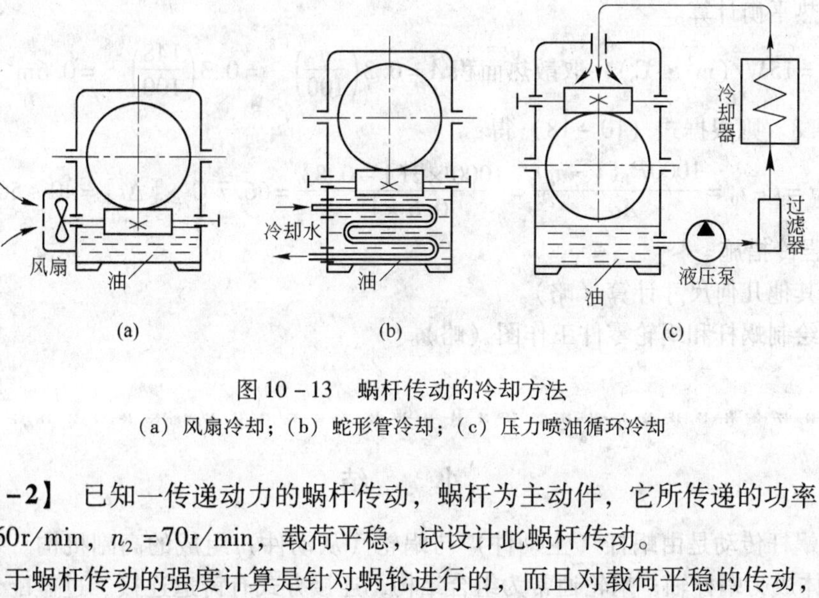

图 10－13　蜗杆传动的冷却方法

（a）风扇冷却；（b）蛇形管冷却；（c）压力喷油循环冷却

【例 10－2】　已知一传递动力的蜗杆传动，蜗杆为主动件，它所传递的功率 $P=3\text{kW}$，转速 $n_1=960\text{r/min}$，$n_2=70\text{r/min}$，载荷平稳，试设计此蜗杆传动。

解：由于蜗杆传动的强度计算是针对蜗轮进行的，而且对载荷平稳的传动，蜗轮轮齿接触强度和热平衡计算所限定的承载能力，通常都能满足弯曲强度的要求，因此，本题只需进行接触强度和热平衡计算。

（1）蜗轮轮齿齿面接触强度计算。

1）选材料，确定许用接触应力 $[\sigma]_H$。蜗杆用 45 钢，表面淬火 45～50HRC；蜗轮用 ZCuSn10Pb1 砂型铸造。由表 10－6 查得 $[\sigma]_H=180\text{MPa}$。

2）选蜗杆头数 z_1，确定蜗轮齿数 z_2。传动比 $i=n_1/n_2=960/70=13.71$，因传动比不算大，为了提高传动效率，可选 $z_1=2$，则 $z_2=iz_1=13.71\times2=27.42$，取 $z_2=27$。

3）确定作用在蜗轮上的转矩 T_2。因 $z_1=2$，故初步选取 $\eta=0.80$，则

$$T_2=9.55\times10^6\times\frac{P_2}{n_2}=9.55\times10^6\times\frac{P_1\eta}{n_2}=9.55\times10^6\times\frac{3\times0.8}{70}=327428.4\text{N}\cdot\text{mm}$$

4）确定载荷系数 K。因载荷平稳，取 $K_A=1$、$K_\beta=1$、估计速度大于 3m/s，取 $K_V=1.2$，则

$$K=K_AK_\beta K_V=1\times1\times1.2=1.2$$

由式（10－8）得

$$m^2d_1\geqslant\left(\frac{500}{z_2[\sigma_H]}\right)^2KT_2=\left(\frac{500}{27\times180}\right)^2\times1.2\times327428.4=4158.8\text{mm}^3$$

由表 10－1，取 $m=8$mm，$d_1=80$mm。

5）计算主要几何尺寸。

蜗杆分度圆直径 $d_1=80$mm

直径系数

$$q=\frac{d_1}{m}=\frac{80}{8}=10$$

蜗轮分度圆直径 $d_2=mz_2=8\times27=216$mm

中心距 $a=\frac{1}{2}(d_1+d_2)=0.5\times(80+216)=148$mm

（2）热平衡计算。

取 $\alpha_s=15\text{W}/(\text{m}^2\cdot℃)$，取散热面积 $A=0.3\left(\frac{a}{100}\right)^{1.8}=0.3\left(\frac{148}{100}\right)^{1.8}=0.6\text{m}^2$，取总传动效率 $\eta=0.8$。则根据式（10－18）得：

$$\Delta t=t-t_0=\frac{1000P_1(1-\eta)}{A\alpha_s}=\frac{1000\times3(1-0.8)}{0.6\times15}=66.7℃>[\Delta t]=40\sim50℃$$

故需采取强冷措施。

（3）其他几何尺寸计算（略）。

（4）绘制蜗杆和蜗轮零件工作图（略）。

小 结

（1）蜗杆传动是由蜗杆（主动件）与蜗轮（从动件）组成的高副机构。蜗杆通常与轴做成一体成为蜗杆轴；蜗轮通常为组合结构，连接方式有铸造连接、过盈配合连接和螺栓连接。蜗杆与蜗轮均为特殊的斜齿轮。蜗杆是由交错轴斜齿轮传动演变而成的。一个齿轮，当它只有一个或几个旋转齿，且与蜗轮啮合组成交错轴齿轮副时，该齿轮成为蜗杆。一个齿轮，当它作为交错轴齿轮副中的齿轮而与配对蜗杆相啮合时，该齿轮成为蜗轮。

（2）蜗杆的分类：按照蜗杆形状分类，分为圆柱蜗杆、环面蜗杆、锥蜗杆；按照蜗杆螺旋线方向分类，分为左旋蜗杆、右旋蜗杆；按照蜗杆头数分类，分为单头蜗杆、多头蜗杆。

（3）蜗杆传动方向的判定：蜗杆齿的旋向和蜗轮轮齿的旋向是一致的。蜗杆、蜗轮轮

齿旋向的判别方法与螺纹旋向的判别方法是相同的，可以采用左右手定则来判别。

（4）蜗杆传动的主要参数：蜗杆的轴向模数 m_{x1} 和蜗轮的端面模数 m_{t2} 相等，且等于标准值。蜗杆的轴向齿形角 α_{x1} 和蜗轮的端面齿形角 α_{t2} 为标准值。蜗杆的分度圆导程角 γ_1 是在蜗杆分度圆柱上螺旋线的切线方向与端平面之间所夹的锐角，正确啮合时 γ_1 应与蜗轮的分度圆的螺旋角 β_2 相等。

（5）了解蜗杆传动的主要参数、传动比及主要几何尺寸计算。

（6）掌握蜗杆传动的受力分析和效率。

（7）蜗杆传动的强度计算是本章的重点。应该明确，蜗杆传动失效形式首先是胶合，其次才是点蚀和磨损，但目前对胶合和磨损的计算还缺乏妥善的方法，因而通常只仿照圆柱齿轮进行齿面及齿根强度的条件性计算。蜗杆传动失效通常发生在蜗轮上，因此在选取许用应力时，根据蜗轮的特性来考虑胶合和磨损失效因素的影响。

（8）重点掌握蜗杆传动热平衡计算。要控制蜗杆传动的温升：

$$\Delta t = t - t_0 = \frac{1000P_1(1-\eta)}{\alpha_s A} \leqslant [\Delta t] = 40 \sim 50^\circ\mathrm{C}$$

若温升过高，则应采取强冷措施。

习　题

10－1 如图 10－14 所示，蜗杆传动均是以蜗杆为主动件。试在图上标出蜗轮（或蜗杆）的转向，蜗轮齿的螺旋线方向，蜗杆、蜗轮所受各分力的方向。

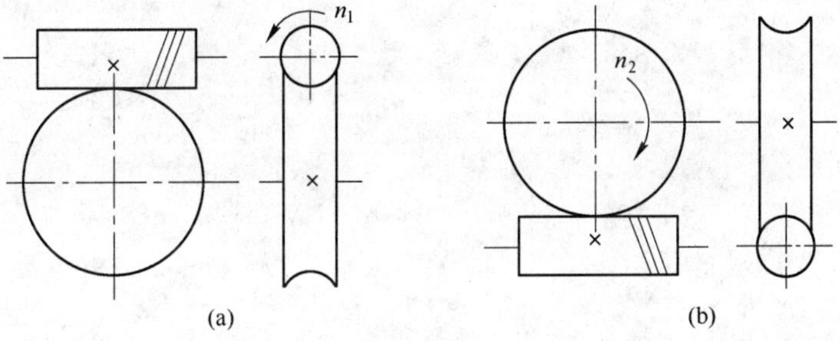

图 10－14

10－2 蜗杆传动是如何由齿轮传动演变过来的？试分析蜗杆传动的优缺点。

10－3 为什么设计闭式蜗杆传动时，必须进行热平衡计算？如果热平衡计算不能满足要求时，可采取哪些措施？

10－4 试述蜗杆传动的失效形式。

10－5 试设计轻纺机械中的一单级蜗杆减速器，传递功率 $P_1 = 8.5\mathrm{kW}$，主动轴转速 $n_1 = 1460\mathrm{r/min}$，传动比 $i = 20$，载荷平稳，单向工作，长期连续运转，润滑情况良好，工作寿命 $L_h = 15000\mathrm{h}$。

10－6 设计一闭式蜗杆传动。已知蜗杆输入功率 $P_1 = 7\mathrm{kW}$，转速 $n_1 = 1460\mathrm{r/min}$，蜗轮转速 $n_1 = 73\mathrm{r/min}$，载荷平稳。要求使用寿命 5 年，每年工作 300 天，每天工作 8h，蜗杆布置在下方。

10－7 验算一混料机用闭式圆柱蜗杆的接触疲劳强度和弯曲疲劳强度。已知：蜗杆头数 $z_1 = 2$，蜗杆分度

圆直径 $d_1=80\text{mm}$，模数 $m=6.3\text{mm}$，传动比 $i=25$，蜗杆下置，由电动机直接驱动。转速 $n_1=1430\text{r/min}$，功率 $P_1=3\text{kW}$，载荷稳定，使用寿命为 12000h。蜗杆采用 45 钢表面淬火，表面硬度大于 45HRC，已磨光并抛光。蜗轮用 ZCuSn10P1，金属模制造，传动润滑良好。

10－8 有一蜗杆减速器，已知：蜗杆轴功率 $P_1=4\text{kW}$，传动总功率 $\eta=0.82$，散热率 $\alpha_s=14\text{W}/(\text{m}^2\cdot℃)$，允许油温为 75℃，减速器中心距 $a=250\text{mm}$。试对该减速器进行热平衡核算。

10－9 某蜗杆减速器的传动效率 $\eta=0.8$，减速器的表面传热系数 $\alpha_s=10.5\text{W}/(\text{m}^2\cdot℃)$，散热面积 $A=1.5\text{m}^2$。蜗杆输入功率 $P_1=5.5\text{kW}$ 时，若要求润滑油的工作温度 $t\leqslant80℃$，试对该减速器进行热平衡计算。若不满足要求时，请提出三种改善热平衡状况的措施。（注：取环境温度 $t_0=20℃$）

11　带传动与链传动

带传动和链传动都是由主动轮、从动轮和中间挠性件（带或链）组成。常用的带传动是靠带与带轮之间的摩擦（或啮合），链传动则是依靠链和链轮之间的啮合，将主动轴的运动和转矩传递给从动轴。由于带传动和链传动都是利用中间挠性件（带或链）进行传动的，故适用于距离较大的传动。带传动和链传动都具有结构简单、维护方便和成本低廉等优点，在生产中广泛应用。

11.1　带传动概述

带传动是由固连于主动轴上的带轮1（主动轮）、固连于从动轴上的带轮3（从动轮）和紧套在两轮上的传动带2组成的，如图11－1所示。当原动机驱动主动轮转动时，带和带轮间的摩擦（或啮合），拖动从动轮一起转动，并传递动力。

11.1.1　带传动的传动形式和类型

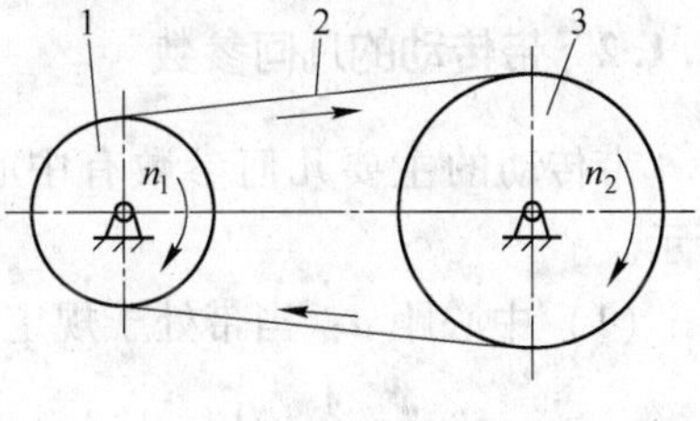

图11－1　带传动示意图
1—主动轮；2—传动带；
3—从动轮

根据胶带与带轮接触的情况，带传动分为摩擦类带传动与啮合类带传动。摩擦类带传动是靠带与带轮间的摩擦来传递运动和动力的，主要有平带传动与V带传动。啮合类带传动是靠带与带轮间的啮合来传递运动和动力的，通常为同步带传动。

带传动的主要传动形式有开口传动（见图11－2a)、交叉传动（见图11－2b）和半交叉传动（见图11－2c）。在开口传动中，两轴平行、两轮的回转方向相同，其带速范围一般为$v \leqslant 20 \sim 50$m/s。在交叉传动中，两轴平行但回转方向相反。半交叉传动用于两轴交错的情况，其速度范围通常不超过15m/s，且传递功率相对较小，只能单向传动。

摩擦类带传动具有下列特点：

（1）能缓冲吸振、传动平稳、无噪声。

（2）靠摩擦传动，磨损大、效率低、寿命低。

（3）有弹性滑动，传动比不准确。

（4）有中间挠性件，适于远距离传动。

（5）结构尺寸大。结构简单，制造安装方便，成本低。

（6）压轴力大。

（7）过载打滑，有安全保护的功能。

（8）适用于传动比要求不高，要求过载保护，中心距较大场合；不可用于易燃、易爆处。通常$v = 5 \sim 25$m/s，传动比$i \leqslant 7$。

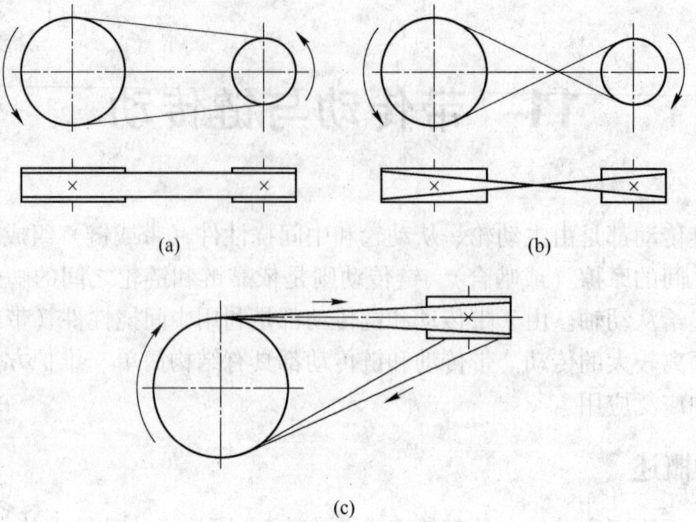

图 11 - 2 带传动形式

(a) 开口传动；(b) 交叉传动；(c) 半交叉传动

11.1.2 带传动的几何参数

带传动的主要几何参数有中心距 a、带轮直径 d、带长 L 和包角 α 等，如图 11 - 3 所示。

（1）中心距 a：当带处于规定张紧力时，两带轮轴线间的距离。

$$a \approx \frac{1}{8}\left\{2L - \pi(d_1 + d_2) + \sqrt{[2L - \pi(d_1 + d_2)]^2 - 8(d_2 - d_1)^2}\right\}$$

（2）带轮直径 d：在 V 带传动中，指带轮的基准直径，用 d_d 表示带轮的基准直径。

（3）带长 L：对 V 带传动，指带的基准长度，用 L_d 表示带的基准长度。

$$L = 2a\cos\beta + (\pi - 2\beta)\frac{d_1}{2} + (\pi + 2\beta)\frac{d_2}{2}$$

$$\approx 2a + \frac{\pi}{2}(d_1 + d_2) + \frac{(d_2 - d_1)^2}{4a} \qquad (11-1)$$

根据计算所得的带长 L，选用带的基准长度。

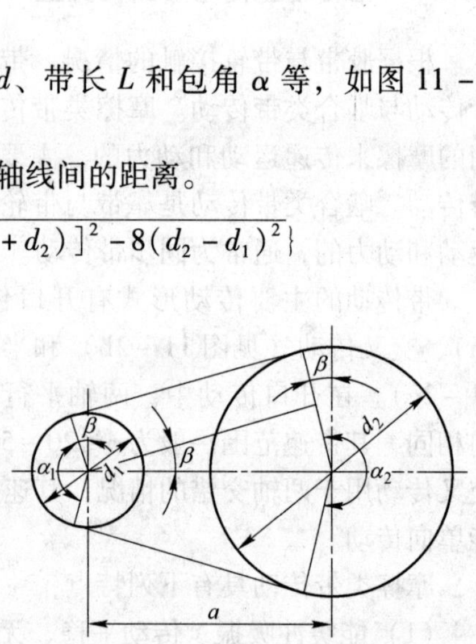

图 11 - 3 带传动的几何参数

（4）包角 α：带与带轮接触弧所对的中心角。

$$\alpha \approx \pi \pm 2\beta \qquad (11-2)$$

因 β 角很小，以 $\beta = \sin\beta = \dfrac{d_2 - d_1}{2a}$ 代入式（11 - 2）得：

$$\alpha = \pi \pm \frac{d_2 - d_1}{a} = 180° \pm \frac{d_2 - d_1}{a} \times 57.3° \qquad (11-3)$$

式中，“+”号用于大轮包角 α_2，“-”号用于小轮包角 α_1。

11.1.3 带的类型

常见的带传动有平带传动（见图 11-4a）、V 带传动（见图 11-4b）、多楔带传动（见图 11-4c）和同步带传动（见图 11-4d）等。

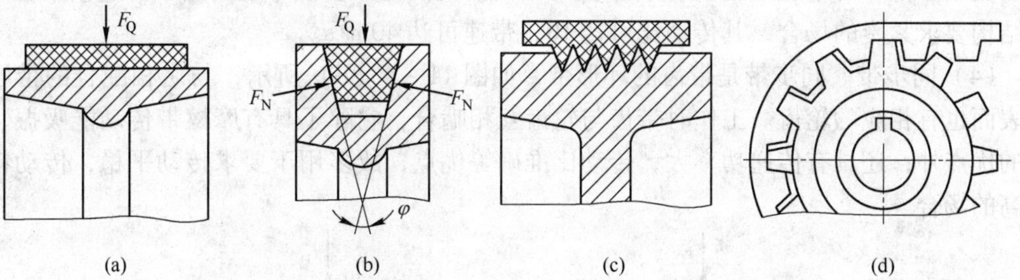

图 11-4 带传动的类型
（a）平带传动；（b）V 带传动；（c）多楔带传动；（d）同步带传动

（1）平带。平带横截面为扁平矩形，工作面是与带轮表面接触的内表面，如图 11-4（a）所示。平带传动结构简单，带轮制造容易，带长可根据需要剪截后接成封闭环形。在传动中心距较大情况下，应用较多。

常用的平带有帆布芯平带、编织平带（棉织、毛织和缝合棉布带）、锦纶片复合平带等数种。其中以帆布芯平带应用最广，其规格可查阅国家标准或手册。

平带由于可扭曲，可用于交叉传动和半交叉传动。

（2）V 带。在一般机械传动中，应用最广的是 V 带传动。V 带截面呈等腰梯形，带轮上也做有相应的轮槽。传动时，V 带只和轮槽的两个侧面接触，即以两个侧面为工作面。根据槽面摩擦原理，在同样张紧力下，V 带传动较平带传动能产生更大的摩擦力。这是其性能上的最大优点。此外，V 带传动的传动比较大、结构紧凑以及 V 带多已标准化并大量生产，因而其应用比平带传动广泛得多。

如图 11-5 所示，若带对带轮的压紧力均为 F_Q，平带工作面和 V 带工作面的正压力分别为：

$$F_N = F_Q$$

$$F'_N = \frac{F_Q}{2\sin\frac{\varphi}{2}}$$

工作时，平带传动和 V 带传动产生的极限摩擦力分别为：

$$F_\mu = \mu F_N = \mu F_Q$$

$$F'_\mu = 2\mu F'_N = 2\mu\frac{F_Q}{2\sin\frac{\varphi}{2}} = \frac{\mu}{\sin\frac{\varphi}{2}}F_Q = \mu_v F_Q$$

式中 φ——V 带带轮槽角；

μ_v——当量摩擦系数，$\mu_v = \mu/\sin\frac{\varphi}{2}$，将 $\varphi = 32° \sim 38°$代入得 $\mu_v = (3.63 \sim 3.07)\mu$。

显然，$F'_{\mu} > F_{\mu}$，V 带传递功率的能力比平带传动大得多。在传递相同的功率时，若采用 V 带传动将得到比较紧凑的结构。在一般机械中，多采用 V 带传动。但 V 带传动只能用于开口传动。

（3）多楔带。多楔带兼有平带和 V 带的优点：柔性好，摩擦力大，能传递的功率高，并解决了多根 V 带长短不一而使各带受力不均匀的问题。多楔带主要用于传递较大功率而且结构要求紧凑的场合，其传动比可达 10，带速可达 40m/s。

（4）同步带。同步带是带齿的环形带，如图 11－4（d）所示，与之相配合的带轮工作表面也有相应的轮齿。工作时带齿与轮齿互相啮合，它除了具有摩擦带传动能吸振、缓冲的优点外，还具有传递功率大，传动比准确等优点，故多用于要求传动平稳，传动精度较高的场合。

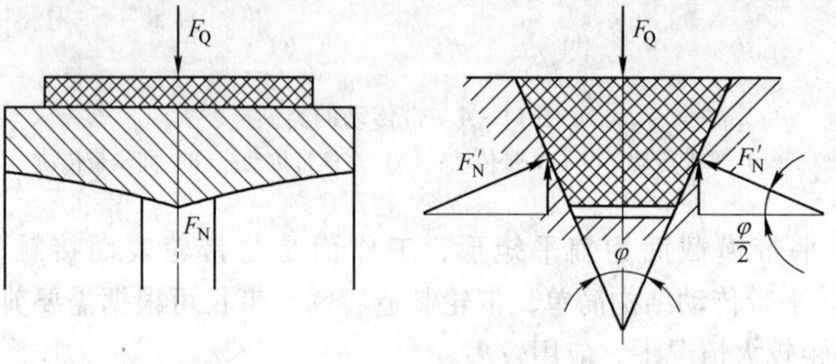

图 11－5　平带与 V 带的受力比较

11.1.4　普通 V 带的结构和规格

V 带有普通 V 带、窄 V 带、联组 V 带、齿形 V 带、大楔角 V 带、宽 V 带等多种类型，一般多使用普通 V 带，现在使用窄 V 带的也日渐广泛。

窄 V 带采用合成纤维绳或钢丝绳作承载层，与普通 V 带比较，当高度相同时，其宽度比普通 V 带小约 30%。窄 V 带传递功率的能力比普通 V 带大，允许速度和曲挠次数高，传动中心距小，适用于大功率且结构要求紧凑的传动。

普通 V 带有 Y、Z、A、B、C、D、E 七种型号，各型号的基本尺寸数据见表 11－1，详细数据见 GB/T 13575.1—2008。窄 V 带有 SPZ、SPA、SPB、SPC 四种型号（见 GB 11544—1997）。

表 11－1　V 带和带轮轮槽截面的基本尺寸及参数

V 带型号 / 尺寸	Y	Z	A	B	C	D	E	V 带截面
顶宽 b/mm	6.0	10.0	13.0	17.0	22.0	32.0	38.0	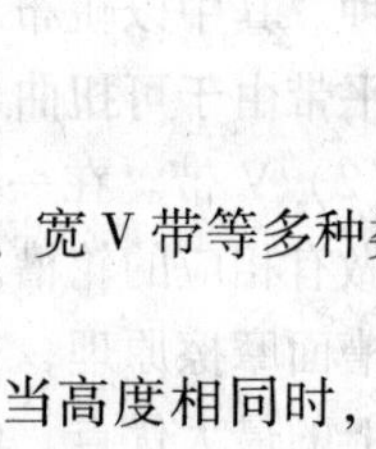
节宽 b_p/mm	5.3	8.5	11.0	14.0	19.0	27.0	32.0	
高度 h/mm	4.0	6.0	8.0	11.0	14.0	19.0	25.0	
楔角 α	40°							
单位长度质量 q/kg · m^{-1}	0.02	0.06	0.10	0.17	0.30	0.63	0.92	

续表 11-1

V带型号 / 尺寸	Y	Z	A	B	C	D	E	V带截面
基准宽度 b_d/mm	5.3	8.5	11.0	14.0	19.0	27.0	32.0	
顶宽 $b\approx$/mm	6.3	10.1	13.2	17.2	23.0	32.7	38.7	
基准线上槽高 h_{amin}/mm	1.6	2.0	2.75	3.5	4.8	8.1	9.6	
基准线下槽高 h_{fmin}/mm	4.7	7.0	8.7	10.8	14.3	19.9	23.4	
槽间距 e/mm	8±0.3	12±0.3	15±0.3	19±0.4	25.5±0.5	37±0.6	44.5±0.7	
第一槽对称面至轮端面的距离 f_{min}/mm	7±1	8±1	10^{+2}_{-1}	12.5^{+2}_{-1}	17^{+2}_{-1}	23^{+3}_{-1}	29^{+4}_{-1}	
轮缘厚度 δ_{min}/mm	5	5.5	6	7.5	10	12	15	
轮槽角 φ 32° 相应的基准直径 d_d	≤60	—	—	—	—	—	—	
轮槽角 φ 34° 相应的基准直径 d_d	—	≤80	≤118	≤190	≤315	—	—	
轮槽角 φ 36° 相应的基准直径 d_d	>60	—	—	—	—	≤475	≤600	
轮槽角 φ 38° 相应的基准直径 d_d	—	>80	>118	>190	>315	>475	>600	
轮槽角 φ 极限偏差	±1°				±30′			
带轮的外径 d_a/mm	$d_a=d_d+2h_a$							

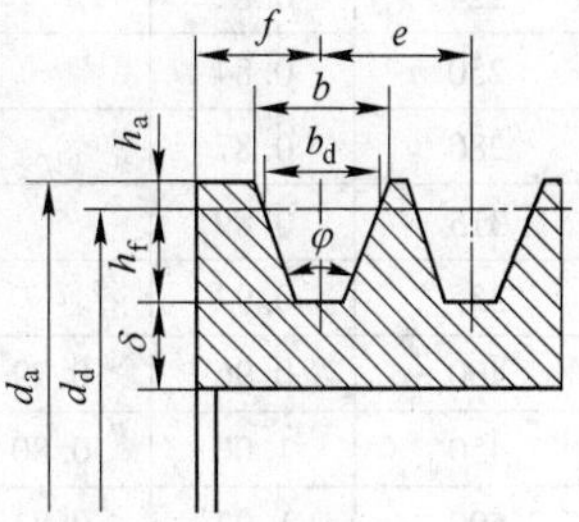

标准普通 V 带都制成无接头的环形。其结构如图 11-6 所示，由顶胶、承载层、底胶和包布等部分组成。承载层分为帘布芯和绳芯两种结构。帘布芯 V 带制造方便。绳芯 V 带柔韧性好，抗弯强度高，适用于转速较高，载荷不大和带轮直径较小的场合。

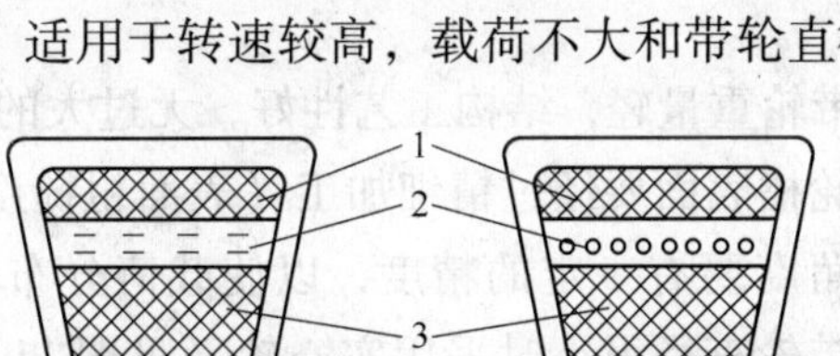

图 11-6 普通 V 带结构

（a）帘布芯结构；（b）绳芯结构

1—顶胶；2—承载层；3—底胶；4—包布

普通 V 带的楔角是 40°。带弯曲时，顶胶受拉，横向要收缩；底胶受压，横向要伸长，楔角将减小。为保证带和带轮轮槽工作面的良好接触，带轮轮槽的楔角应适当减小。标准中规定轮槽的楔角可以是 32°、34°、36°、38°。

当带弯曲时，顶胶伸长，底胶缩短，两者之间既不受拉也不受压（长度不变）的一层称为中性层。中性层组成的面称为节面，节面的宽度称为节宽 b_p。V 带的截面高度 h 与其

节宽 b_p 之比称为相对高度，相对高度已标准化，普通 V 带的相对高度约为 0.7。窄 V 带的相对高度约为 0.9。

V 带配装在带轮上，和节宽 b_p 相对应的带轮直径称为基准直径 D。V 带在规定的张紧力下，位于带轮基准直径上的周线长度称为基准长度 L_d（见表 11－2）。

表 11－2 普通 V 带的基准长度 L_d 系列和带长修正系数 K_L

基准长度 L_d/mm	K_L				基准长度 L_d/mm	K_L			
	Y	Z	A	B		Z	A	B	C
200	0.81				1600	1.04	0.99	0.92	0.83
224	0.82				1800	1.06	1.01	0.95	0.86
250	0.84				2000	1.08	1.03	0.98	0.88
280	0.87				2240	1.10	1.06	1.00	0.91
315	0.89				2500	1.30	1.09	1.03	0.93
355	0.92				2800		1.11	1.05	0.95
400	0.96	0.79			3150		1.13	1.07	0.97
450	1.00	0.80			3550		1.17	1.09	0.99
500	1.02	0.81			4000		1.19	1.13	1.02
560		0.82			4500			1.15	1.04
630		0.84	0.81		5000			1.18	1.07
710		0.86	0.83		5600				1.09
800		0.90	0.85		6300				1.12
900		0.92	0.87	0.82	7100				1.15
1000		0.94	0.89	0.84	8000				1.18
1120		0.95	0.91	0.86	9000				1.21
1250		0.98	0.93	0.88	10000				1.23
1400		1.01	0.96	0.90					

V 带轮结构设计要求带轮重量轻，结构工艺性好，无过大的铸造内应力、质量分布均匀，高速时要经动平衡，轮槽表面要经过精细加工（表面粗糙度一般为 1.6μm），以减轻带的磨损。各轮槽尺寸与角度要有一定的精度，以使载荷分布较均匀。带轮有实心、腹板、孔板、轮辐式四种。带轮直径很小时采用实心轮（见图 11－7），中等直径采用腹板或孔板轮（见图 11－8 和图 11－9），大直径时采用轮辐轮（见图 11－10）。

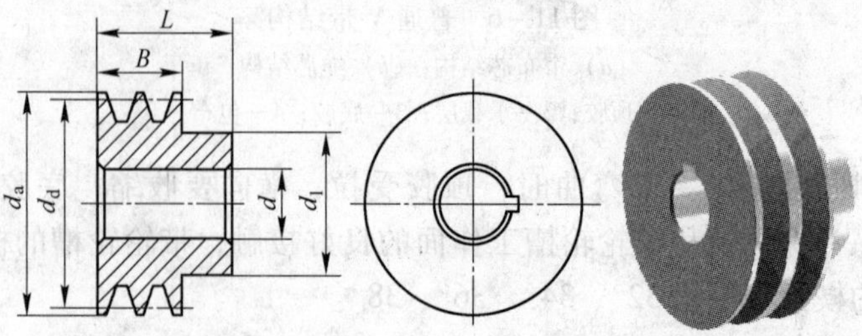

图 11－7 实心式 V 带轮

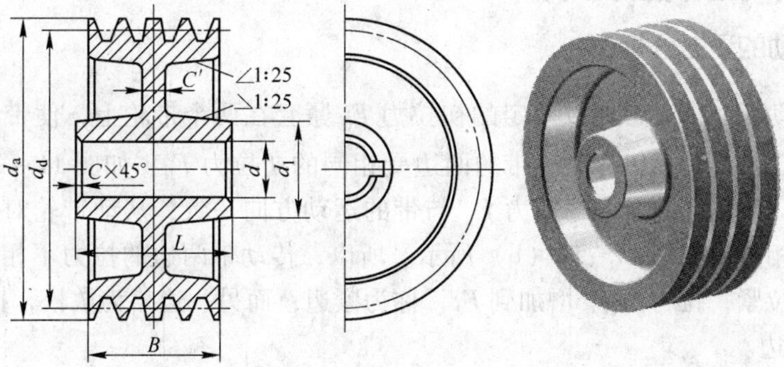

图 11－8　腹板式 V 带轮

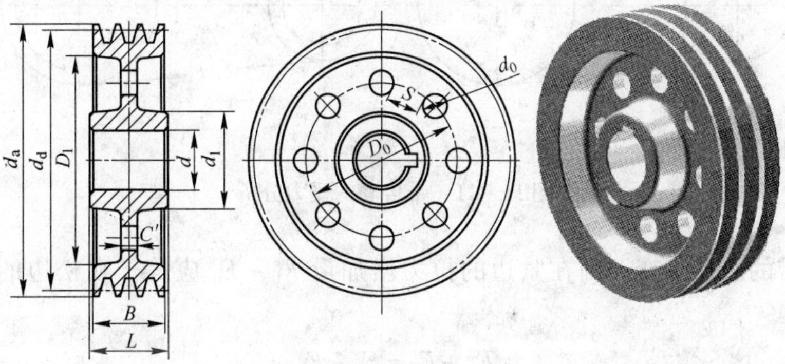

图 11－9　孔板式 V 带轮

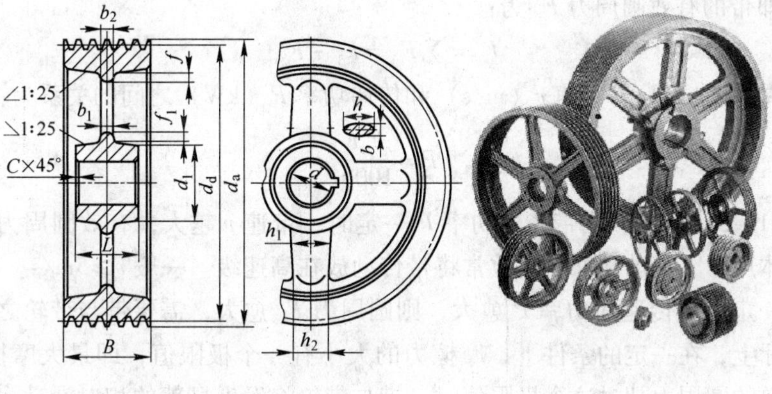

图 11－10　轮辐式 V 带轮

带轮轮缘的尺寸见表 11－1，其他尺寸可由经验公式确定。

带轮最常用的材料是灰铸铁，当带速 $v \leqslant 30\text{m/s}$，用 HT150 或 HT200；当 $v \leqslant 25\text{m/s}$ 时宜采用球墨铸铁或铸钢，也可采用钢板冲压焊接；小功率传动可用铸铝或工程塑料等材料。

11.2 带传动的工作能力分析

11.2.1 带传动的受力分析

安装带传动时，传动带即以一定的初拉力 F_0 紧套在两个带轮上，使带与带轮的接触面产生正压力。带传动没工作时，带的两边受相同的初拉力 F_0，如图 11－11（a）所示。带传动工作时，主动轮对带的摩擦力 F_μ 与带的运动方向一致；从动带轮对带的摩擦力与带的运动方向相反，如图 11－11（b）所示。所以，传动带两边的拉力不相等。带绕上主动轮的一边被拉紧，拉力由 F_0 增加到 F_1，称为紧边；而另一边略为放松，拉力由 F_0 减少到 F_2，称为松边。

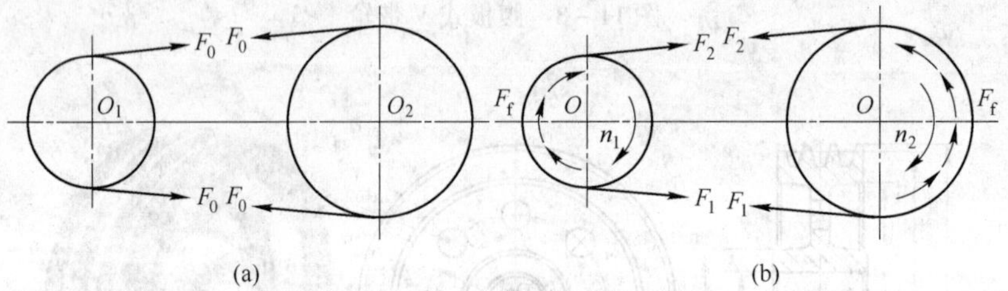

图 11－11 带传动的受力分析

设环形带的总长不变，则在紧边的拉力增加量 $F_1 - F_0$ 应等于在松边的拉力减少量 $F_0 - F_2$，即

$$F_1 - F_0 = F_0 - F_2$$

$$F_1 + F_2 = 2F_0$$

两边拉力之差称为带传动的有效圆周力 F_e，其值等于带和带轮接触面上各点摩擦力的总和 $\sum F_\mu$，即带的有效圆周力 F_e 为：

$$F_e = \sum F_\mu = F_1 - F_2 \tag{11-4}$$

有效圆周力 F_e（N），带速 v（m/s）和传递功率 P（kW）之间的关系为：

$$P = \frac{F_e v}{1000} \tag{11-5}$$

由式（11－5）可知，当带传递功率 P 一定时，带速 v 越大，有效圆周力 F_e 就越小，为了减小整体尺寸、振动和冲击，故常将带传动放在高速级。一般 $v \geqslant 5\text{m/s}$。

当带速一定时，传递的功率 P 愈大，则圆周力 F_e 愈大，需要带与带轮之间的摩擦力也愈大。实际上，在一定的条件下，摩擦力的大小有一个极限值，即最大摩擦力 $\sum F_{\mu\max}$，若带所需传递的圆周力超过这个极限值时，带与带轮将发生显著的相对滑动，这种现象称为打滑。出现打滑时，虽然主动轮还在转动，但带和从动轮都不能正常运动，甚至完全不动，这就使传动失效。经常出现打滑将使带的磨损加剧，传动效率降低，故在带传动中应防止出现打滑。

在一定条件下当摩擦力达到极限值时，带的紧边拉力 F_1 与松边拉力 F_2 之间的关系可用柔韧体摩擦的欧拉公式来表示：

$$\frac{F_1}{F_2}=e^{\mu\alpha} \tag{11-6}$$

式中 e——自然对数的底；

F_1，F_2——紧边和松边拉力，N；

μ——带与带轮间的摩擦系数（对于V带传动，用当量摩擦系数μ_v）；

α——带在带轮上的包角，rad。

由式（11-4）、式（11-5）和式（11-6）可得极限有效拉力

$$F_{ec}=F_1-F_2=F_1\left(1-\frac{1}{e^{\mu_v\alpha}}\right)$$

$$F_{ec}=2F_0\frac{e^{\mu_v\alpha}-1}{e^{\mu_v\alpha}+1}=2F_0\frac{1-e^{-\mu_v\alpha}}{1+e^{-\mu_v\alpha}} \tag{11-7}$$

紧边拉力F_1和F_{ec}的关系为：

$$F_1=F_{ec}\cdot\frac{e^{\mu_v\alpha}}{e^{\mu_v\alpha}-1}$$

带在正常传动情况下，必须使有效圆周力$F_e<F_{ec}$。由式（11-7）可知，F_{ec}与下列因素有关：

（1）初拉力F_0。F_{ec}与F_0成正比。F_0越大，带与带轮之间的正压力越大，传动时的摩擦力就越大。若F_0过小，则带的传动能力不能充分发挥，容易发生打滑。但F_0过大，带的寿命降低，轴和轴承受力大。

（2）摩擦系数μ_v。μ_v越大，F_{ec}也越大。摩擦系数与带和带轮材料、表面状况及工作环境条件有关。

（3）包角α。α越大，F_{ec}也越大。因为α增加，带与带轮接触弧间摩擦力总和增加，从而提高承载能力。由式（11-6）可知，增大包角和增大摩擦系数，都可提高带传动所能传递的圆周力。对于带传动，在一定的条件下，μ_v为一定值，而且$\alpha_2>\alpha_1$，所以摩擦力的最大值取决于α_1。

11.2.2 带传动的弹性滑动和打滑

11.2.2.1 弹性滑动

传动带在拉力作用下要产生弹性伸长，工作时，由于紧边和松边的拉力不同，因而弹性伸长量也不同。如图11-12所示，在带从紧边a点转到松边c点的过程中，拉力由F_1逐渐减小到F_2，使得弹性伸长量随之逐渐减小，因而带沿主动轮的运动是一面绕进，一面向后收缩。而带轮是刚性体，不产生变形，所以主动轮的圆周速度v_1大于带的圆周速度v，这就说明带在绕经主动轮的过程中，在带与主动轮之间发生了相对滑动。相对滑动现象也要发生在从动轮上，根据同样的分析，带的速度v大于从动轮的速度v_2。这种由于带的弹性变形而引起的带与带轮间的微小相对滑动，称为弹性滑动。弹性

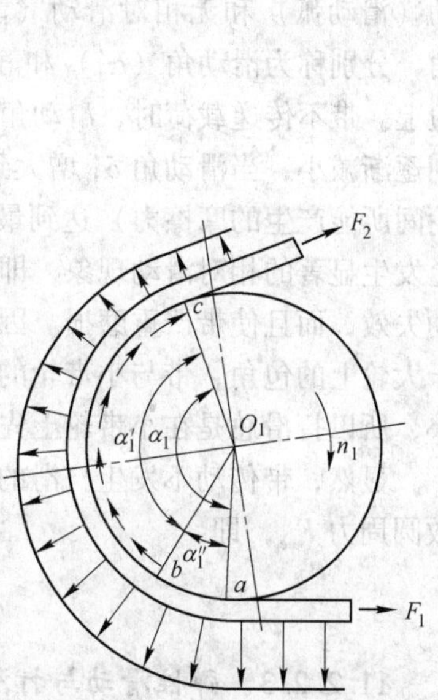

图11-12 带传动的弹性滑动

滑动是带传动正常工作时固有的特性，只能设法降低，不能避免。

弹性滑动除了使从动轮的圆周速度 v_2 低于主动轮的圆周速度 v_1 外，还会使传动效率降低，带的温度升高，磨损加快。

弹性滑动引起的从动轮圆周速度的相对降低量称为滑动率 ε。

$$\varepsilon = \frac{v_1 - v_2}{v_1} \times 100\% \quad 或 \quad v_2 = (1-\varepsilon)v_1 \tag{11-8}$$

$$v_1 = \frac{\pi d_{d1} n_1}{60000}$$

$$v_2 = \frac{\pi d_{d2} n_2}{60000}$$

式中 v_1——主动轮的圆周速度，m/s；

v_2——从动轮的圆周速度，m/s；

d_{d1}，d_{d2}——主、从动轮的基准直径，mm；

n_1，n_2——主、从动轮的转速，r/min。

因而带传动的实际传动比为：

$$i = \frac{n_1}{n_2} = \frac{d_{d2}}{d_{d1}(1-\varepsilon)}$$

在一般传动中，因滑动率并不大（$\varepsilon = 1\% \sim 2\%$），故可不予考虑，而取传动比为：

$$i = \frac{n_1}{n_2} \approx \frac{d_{d2}}{d_{d1}}$$

带传动由于存在滑动率，所以其传动比不准确，故只能用于传动比要求不十分准确的场合。

11.2.2.2 打滑

一般说来，在带与带轮全部接触弧上并不是都产生弹性滑动。接触弧可分成有相对滑动（滑动弧）和无相对滑动（静弧）两部分，如图 11－12 所示，两弧段所对应的中心角，分别称为滑动角（α_1'）和静角（α_1''）。实践证明，静弧总是出现在带进入带轮的这一边上。带不传递载荷时，滑动角为零，随着载荷的增加，滑动角 α_1' 逐渐增大，而静角 α_1'' 则逐渐减小，当滑动角 α_1' 增大到 α_1 时，达到极限状态。带传动的有效圆周力（即带与带轮间所能产生的摩擦力）达到最大值。若传递的外载荷超过最大有效圆周力，带就在带轮上发生显著的相对滑动现象，即打滑。出现打滑现象时，从动轮转速急剧降低，甚至使传动失效，而且使带严重磨损。因此，打滑是带传动的主要失效形式。带在小轮上的包角小于大轮上的包角，带与小带轮的接触弧长较大带轮短，所能产生的最大摩擦力较大带轮的小，所以打滑总是在小带轮上先开始。

显然，带传动不发生打滑的条件为：带传动需要传递的有效圆周力 F_e 不大于最大有效圆周力 F_{ec}，即

$$F_{ec} = F_1\left(1 - \frac{1}{e^{\mu_v \alpha}}\right) \geqslant \frac{1000P}{v}$$

11.2.2.3 弹性滑动与打滑的区别

弹性滑动和打滑是两个完全不同的概念。弹性滑动是由于带的弹性和拉力差引起的，

是带传动不可避免的现象。而打滑是由于过载产生的，是可以而且必须避免的。弹性滑动与打滑的比较见表11－3。

表11－3 弹性滑动与打滑的比较

项 目	弹 性 滑 动	打 滑
现 象	局部带在局部带轮面上发生微小滑动	整个带在整个带轮面上发生显著滑动
产生原因	带轮两边的拉力差，产生带的变形量变化	所需有效圆周力超过摩擦力最大值
性 质	不可避免	可以且应当避免
后 果	v_2 小于 v_1；效率下降；带磨损	传动失效；引起带的严重磨损

11.2.3 带传动的应力分析

带传动时，带中产生的应力有：

（1）由拉力产生的拉应力 σ（见图11－13）。

紧边拉应力 $\sigma_1=\dfrac{F_1}{A}$（MPa）

松边拉应力 $\sigma_2=\dfrac{F_2}{A}$（MPa）

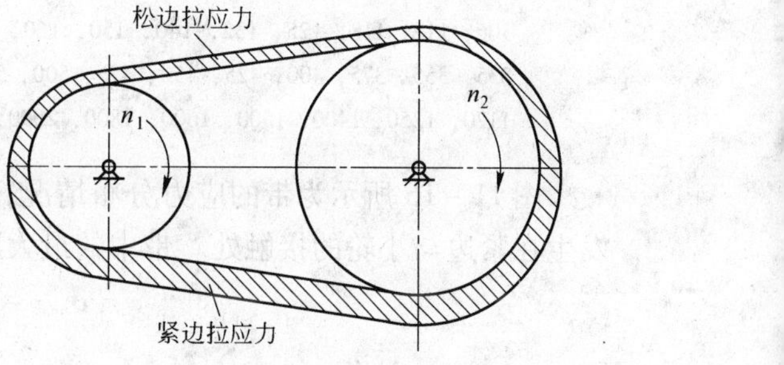

图11－13 拉应力分布

式中 A——带的横截面积，mm^2。

（2）由离心力产生的应力 σ_c（见图11－14）。当带沿带轮轮缘做圆周运动时，带上每一质点都受离心力作用，离心拉力为 $F_c=qv^2$。在带的所有横剖面上所产生的离心拉应力 σ_c 是相等的。

$$\sigma_c=\frac{F_c}{A}=\frac{qv^2}{A}\ (\text{MPa})$$

式中 q——每米带长的质量，kg/m；

v——带速，m/s。

（3）弯曲应力 σ_b（图11－15）。带绕过带轮时，因弯曲而产生弯曲应力 σ_b。

$$\sigma_b=\frac{2Ey}{d_d}\ (\text{MPa}) \qquad (11-9)$$

式中 E——带的弹性模量，MPa；

d_d——带轮的基准直径，mm；

y——从带的节线到最外层的垂直距离，mm。

从式（11－9）可知，带在两轮上产生的弯曲应力的大小与带轮基准直径成反比，故小轮上的弯曲应力较大。

由式（11－8）还可知，带轮基准直径越小，带越厚时，带的弯曲应力越大。为避免弯曲应力过大，带轮的直径就不能过小。V带轮的最小直径见表11－4。

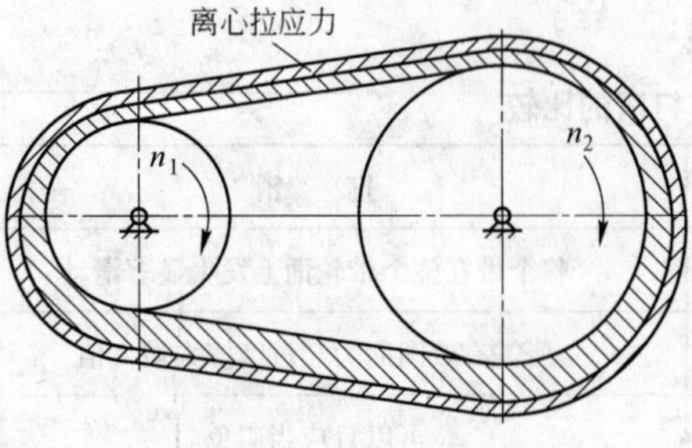

图 11－14 离心拉应力分布

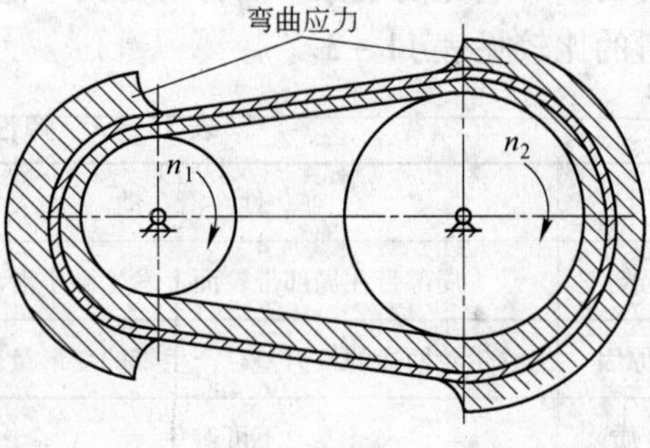

图 11－15 弯曲应力分布

表 11－4 V 带轮的最小基准直径 mm

槽 型	Y	Z	A	B	C	D	E
d_{dmin}	20	50	75	125	200	355	500

注：V 带轮基准直径系列为 20，22.4，25，28，31.5，35.5，40，45，50，56，63，71，75，80，85，90，100，106，112，118，125，132，140，150，160，170，180，200，212，224，236，250，265，280，300，315，335，355，375，400，425，450，475，500，530，560，600，630，670，710，750，800，900，1000，1060，1120，1250，1400，1500，1600，1800，2000，2240，2500。

图 11－16 所示为带的应力分布情况，从图中可见，带上的应力是变化的。最大应力发生在紧边与小轮的接触处。带中的最大应力为：

$$\sigma_{max} = \sigma_1 + \sigma_c + \sigma_{b1}$$

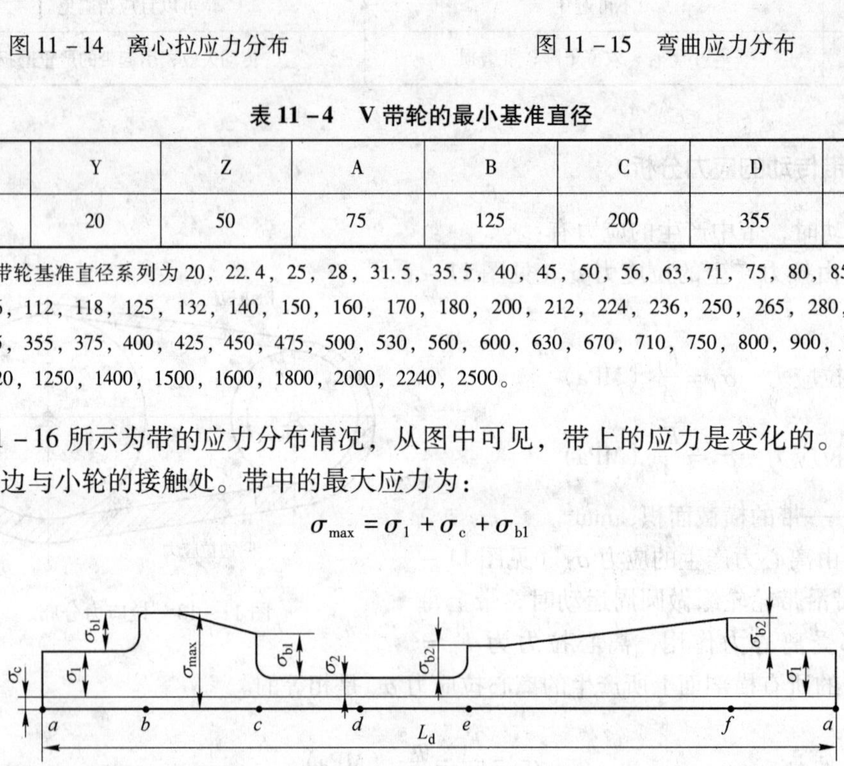

图 11－16 带的应力分布

由图 11－16 可见，带是处于变应力状态下工作的。即带每绕两带轮循环一周时，作用在带上某点的应力是变化的。当应力循环次数达到一定数值后，带将产生疲劳破坏。

11.3 普通 V 带传动的设计

11.3.1 V 带传动的失效形式和设计准则

11.3.1.1 主要失效形式

（1）打滑。当传递的圆周力（工作拉力）F_e 超过带与带轮之间摩擦力总和的极限时，发生过载打滑，使传动失效。

（2）疲劳破坏。传动带在变应力的反复作用下，发生裂纹、脱层、松散直至断裂。

11.3.1.2　设计准则

带传动的设计准则是：在保证带传动不发生打滑的前提下，充分发挥带传动的能力，并使传动带具有一定的疲劳强度和寿命。

11.3.1.3　设计条件和传动功率

根据设计准则，带传动应满足下列两个条件：

（1）不打滑条件。

$$F_e = \frac{1000P}{v} \leqslant F_1\left(1 - \frac{1}{e^{\mu_v \alpha}}\right) \tag{11-10}$$

（2）疲劳强度条件。

$$\sigma_{max} = \sigma_1 + \sigma_{b1} + \sigma_c \leqslant [\sigma] \tag{11-11}$$

式中　$[\sigma]$——带的许用压力，MPa。

根据式（11－10）和式（11－11）可得：

$$F_e = \sigma_1 A\left(1 - \frac{1}{e^{\mu_v \alpha_1}}\right) = ([\sigma] - \sigma_{b1} - \sigma_c) \cdot A \cdot \left(1 - \frac{1}{e^{\mu_v \alpha_1}}\right)$$

由此可以计算出带的传动功率为：

$$P = \frac{F_e \cdot v}{1000} = \frac{([\sigma] - \sigma_{b1} - \sigma_c) \cdot A \cdot \left(1 - \frac{1}{e^{\mu_v \alpha_1}}\right) \cdot v}{1000} \tag{11-12}$$

在包角 $\alpha_1 = \alpha_2 = 180°$（$i=1$）、特定带长、工作平稳的条件下，根据式（11－12）计算得到的各种型号单根 V 带的基本额定功率见表 11－5，也可查阅有关机械设计手册。

表 11－5　单根普通 V 带的基本额定功率值 P_0　　kW

型号	小带轮基准直径 d_{d1}/mm	小带轮转速 n_1/r · min^{-1}										
		200	300	400	500	600	730	800	980	1200	1460	1600
Y	20	—	—	—	—	—	—	—	0.02	0.02	0.02	0.03
	31.5	—	—	—	—	—	0.03	0.04	0.04	0.05	0.06	0.06
	40	—	—	—	—	—	0.04	0.05	0.06	0.07	0.08	0.09
	50	—	—	0.05	—	—	0.06	0.07	0.08	0.09	0.11	0.12
Z	50	—	—	0.06	—	—	0.09	0.10	0.12	0.14	0.16	0.17
	63	—	—	0.08	—	—	0.13	0.15	0.18	0.22	0.25	0.27
	71	—	—	0.09	—	—	0.17	0.20	0.23	0.27	0.31	0.33
	80	—	—	0.14	—	—	0.20	0.22	0.26	0.30	0.36	0.39
	90	—	—	0.14	—	—	0.22	0.24	0.28	0.33	0.7	0.40
A	75	0.16	—	0.27	—	—	0.42	0.45	0.52	0.60	0.68	0.73
	90	0.22	—	0.39	—	—	0.63	0.68	0.79	0.93	1.07	1.15
	100	0.26	—	0.47	—	—	0.77	0.83	0.97	1.14	1.32	1.42
	125	0.37	—	0.67	—	—	1.11	1.19	1.40	1.66	1.93	2.07
	160	0.51	—	0.94	—	—	1.56	1.69	2.00	2.36	2.74	2.94

续表 11－5

型号	小带轮基准直径 d_{d1}/mm	小带轮转速 n_1/r·min^{-1}										
		200	300	400	500	600	730	800	980	1200	1460	1600
B	125	0.48	—	0.84	—	—	1.34	1.44	1.67	1.93	2.20	2.33
	160	0.74	—	1.32	—	—	2.16	2.32	2.72	3.17	3.64	3.86
	200	1.02	—	1.85	—	—	3.06	3.30	3.86	4.50	5.15	5.46
	250	1.37	—	2.50	—	—	4.14	4.46	5.22	6.04	6.85	7.20
	280	1.58	—	2.89	—	—	4.77	5.13	5.93	6.90	7.78	8.13
D	355	5.31	7.35	9.24	10.90	12.39	14.04	14.83	16.30	17.25	16.70	15.63
	450	7.90	11.02	13.85	16.40	19.67	21.12	22.25	24.16	24.84	26.42	19.59
	560	10.76	15.07	18.95	22.38	25.32	28.28	29.55	31.00	29.67	22.08	15.13
	710	14.55	20.35	25.45	29.74	33.18	35.97	36.87	35.58	27.88	—	—
	800	16.76	23.39	29.08	33.72	37.13	39.26	39.55	35.26	21.32	—	—
E	500	10.86	14.96	18.55	21.65	24.21	26.62	27.57	28.52	25.53	16.25	—
	630	15.65	21.69	26.95	31.36	34.83	37.64	38.52	37.14	29.17	—	—
	800	21.70	30.05	37.05	42.53	46.26	47.79	47.38	39.08	16.46	—	—
	900	25.15	34.71	42.49	48.20	51.48	51.13	49.21	34.01	—	—	—
	1000	28.52	39.17	47.52	53.12	55.45	52.26	48.19	—	—	—	—

11.3.2 V带传动参数的选择

普通V带传动设计计算时，通常已知传动的用途和工作情况，传递的功率P，主动轮、从动轮的转速n_1、n_2（或传动比i），传动位置要求和外廓尺寸要求，原动机类型等。设计时主要确定带的型号、长度和根数，带轮的尺寸、结构和材料，传动的中心距，带的初拉力和压轴力，张紧和防护方式等。

（1）确定设计功率P_c。根据传递的功率P、载荷性质、原动机种类和工作情况等确定设计功率。

$$P_c = K_A P \tag{11-13}$$

式中 P——名义传动功率，kW；

K_A——工况系数，见表11－6。

（2）选定V带的型号。根据计算功率P_c和小轮转速n_1，按图11－17选择普通V带的型号。若临近两种型号的交界线时，可按两种型号同时计算，通过分析比较决定取舍。

（3）确定带轮基准直径d_{d1}、d_{d2}。

表11－4列出了V带轮的最小基准直径和带轮的基准直径系列，选择小带轮基准直径时，应使$d_{d1} > d_{min}$，以减小带内的弯曲应力。大带轮的基准直径d_{d2}由式（11－14）确定。

$$d_{d2} = \frac{n_1}{n_2} d_{d1}(1-\varepsilon) = i d_{d1}(1-\varepsilon) \tag{11-14}$$

表 11-6 工况系数 K_A

工作机载荷性质		原动机					
		空、轻载启动			重载启动		
		每天工作时间/h					
		<10	10~16	>16	<10	10~16	>16
载荷变动很小	液体搅拌机、通风机和鼓风机（$P \leqslant 7.5$kW）离心式水泵和压缩机、轻型运输机等	1.0	1.1	1.2	1.1	1.2	1.3
载荷变动较小	带式输送机（不均匀负荷）、通风机（$P>7.5$kW）、旋转式水泵和压缩机（非离心式）、发电机、金属切削机床、印刷机、旋转筛和木工机械等	1.1	1.2	1.3	1.2	1.3	1.4
载荷变动较大	制砖机、斗式提升机、往复式水泵和压缩机、起重机、磨粉机、冲剪机床、橡胶机械、振动筛、纺织机械、重载输送机等	1.2	1.3	1.4	1.4	1.5	1.6
载荷变动很大	破碎机（旋转式、颚式等）、磨碎机（球磨、棒磨、管磨）等	1.3	1.4	1.5	1.5	1.6	1.8

注：1. 空、轻载启动——电动机（交流、直流并励），四缸以上的内燃机，装有离心式离合器、液力联轴器的动力机等。

2. 重载启动——电动机（联机交流启动、直流复励或串励），四缸以下的内燃机。

3. 反复启动、正反转频繁、工作条件恶劣等场合，应将表中值 K_A 乘以 1.2；增速时 K_A 值查机械设计手册。

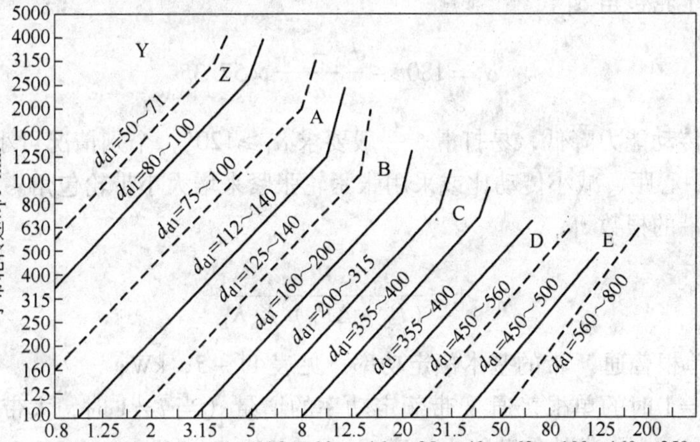

图 11-17 普通 V 带选型图

一般可忽略滑动率的影响，则有：

$$d_{d2}=\frac{n_1}{n_2}d_{d1}=id_{d1} \tag{11-15}$$

计算出的 d_{d2} 值应圆整为标准值。

（4）验算带速 v。

$$v=\frac{\pi d_{d1}n_1}{60\times1000}\ (\text{m/s})$$

带速太高则离心力大，使带与带轮间的正压力减小，传动能力下降，易打滑。带速太低，则要求有效拉力过大，使带的根数过多。一般带速 v 在 5 ~ 25m/s 之间。当 v 为 10 ~ 20m/s 时，传动效能可得到充分利用。若 v 过高或过低，可调整 d_{d1} 或 n_1。

（5）确定中心距 a 和基准长度 L_d。由于带是中间挠性件，故中心距可取大些或小些。中心距增大，将有利于增大包角，但太大会使结构外廓尺寸大，还会因载荷变化引起带的颤动，从而降低工作能力。若已知条件未对中心距提出具体的要求，一般可按式（11－16）初选中心距 a_0。

$$0.7(d_{d1}+d_{d2})\leqslant a_0\leqslant 2(d_{d1}+d_{d2}) \tag{11-16}$$

由式（11－1）可得初定的 V 带基准长度为：

$$L_0\approx 2a_0+\frac{\pi}{2}(d_{d1}+d_{d2})+\frac{(d_{d1}+d_{d2})^2}{4a_0} \tag{11-17}$$

根据初定的 L_0，由表 11－2 选取相近的基准长度 L_d，最后按式（11－18）计算实际所需的中心距。

$$a\approx a_0+\frac{L_d-L_0}{2} \tag{11-18}$$

考虑到安装、调整和补偿张紧的需要，中心距留有一定的调整范围。

$$a_{min}=a-0.015L_d$$

$$a_{max}=a+0.03L_d$$

（6）验算小轮包角 α_1。

$$\alpha_1=180°-\frac{d_{d2}-d_{d1}}{a}\times 57.3°$$

α_1 过小，传动能力降低，易打滑。一般要求 $\alpha_1\geqslant 120°$，个别情况可小到 90°。若不能满足，应增大中心距、减小传动比或采用张紧轮张紧来增大小带轮包角。

（7）确定带的根数 z。

$$z=\frac{P_c}{(P_0+\Delta P_0)\ K_\alpha K_L} \tag{11-19}$$

式中 P_0——单根普通 V 带的基本额定功率，见表 11－5，kW；

ΔP_0——$i\neq 1$ 时的单根普通 V 带额定功率的增量（当 $i\neq 1$ 时，大带轮上带的弯曲应力减小，带的传动能力提高），见表 11－7，kW；

K_L——带长修正系数，考虑带长不等于特定长度时对传动能力的影响，见表 11－2；

K_α——包角修正系数，考虑 $\alpha_1\neq 180°$时，传动能力有所下降，见表 11－8。

z 应圆整为整数，通常 $z<10$，以使各根带受力均匀。当 z 过多时，应改选带轮基准直径或改选带型，重新设计。

（8）确定初拉力 F_0。初拉力 F_0 过小，带传动的传动能力小，易出现打滑。F_0 过大，则带的寿命低，对轴及轴承的压力大。一般认为，既能发挥带的传动能力，又能保证带的寿命的单根 V 带的初拉力应为：

$$F_0=\frac{500P_c}{zv}\left(\frac{2.5}{K_\alpha}-1\right)+qv^2\ (\mathrm{N}) \tag{11-20}$$

式中，各符号的意义同前。

表 11－7　单根普通 V 带 $i \neq 1$ 时额定功率的增量 ΔP_0

型号	传动比 i	小带轮转速 n_1/r · min^{-1}											
		200	300	400	500	600	730	800	980	120	146	160	180
Y	1.35～1.51	—	—	0.00	—	—	0.00	0.00	0.01	0.01	0.01	0.01	—
	1.52～1.99	—	—	0.00	—	—	0.00	0.00	0.01	0.01	0.01	0.01	—
	≥2	—	—	0.00	—	—	0.00	0.00	0.01	0.01	0.01	0.01	—
Z	1.35～1.51	—	—	0.01	—	—	0.01	0.01	0.02	0.02	0.02	0.02	—
	1.52～1.99	—	—	0.01	—	—	0.01	0.02	0.02	0.02	0.02	0.03	—
	≥2	—	—	0.01	—	—	0.02	0.02	0.02	0.03	0.03	0.03	—
A	1.35～1.51	0.02	—	0.04	—	—	0.07	0.08	0.08	0.11	0.13	0.15	—
	1.52～1.99	0.02	—	0.04	—	—	0.08	0.09	0.10	0.13	0.15	0.17	—
	≥2	0.03	—	0.05	—	—	0.09	0.10	0.11	0.15	0.17	0.19	—
B	1.35～1.51	0.05	—	0.10	—	—	0.17	0.20	0.23	0.30	0.36	0.39	0.44
	1.52～1.99	0.06	—	0.11	—	—	0.20	0.23	0.26	0.34	0.40	0.45	0.51
	≥2	0.06	—	0.13	—	—	0.22	0.25	0.30	0.38	0.46	0.51	0.57
C	1.35～1.51	0.14	0.21	0.27	0.34	0.41	0.48	0.55	0.65	0.82	0.99	1.10	1.23
	1.52～1.99	0.16	0.24	0.31	0.39	0.47	0.55	0.63	0.74	0.94	1.14	1.25	1.41
	≥2	0.18	0.26	0.35	0.44	0.53	0.62	0.71	0.83	1.06	1.27	1.41	1.59
D	1.35～1.51	0.49	0.73	0.97	1.22	1.46	1.70	1.95	2.31	2.92	3.52	3.89	4.98
	1.52～1.99	0.56	0.83	1.11	1.39	1.67	1.95	2.22	2.64	3.34	4.03	4.45	5.01
	≥2	0.64	0.94	1.25	1.56	1.88	2.19	2.50	2.97	3.75	4.53	5.00	5.62
E	1.35～1.51	0.96	1.45	1.93	2.41	2.89	3.38	3.86	4.58	5.61	6.83	—	—
	1.52～1.99	0.10	1.65	2.20	2.76	3.31	3.86	4.41	5.23	6.14	7.08	—	—
	≥2	1.24	1.86	2.48	3.10	3.72	4.34	4.96	5.98	7.21	8.78	—	—

表 11－8　包角修正系数 K_α

α_1	180°	175°	170°	165°	160°	155°	150°	145°	140°	135°	130°	125°	120°	110°	100°	90°
K_α	1	0.99	0.98	0.96	0.95	0.93	0.92	0.91	0.89	0.88	0.86	0.84	0.82	0.78	0.74	0.69

（9）计算压轴力。为了设计轴和轴承，应计算带对轴的压力 F_Q。可近似地按带两边的初拉力 F_0 的合力计算，如图 11－18 所示。

$$F_Q = 2zF_0 \sin\frac{\alpha_1}{2}\ (\mathrm{N}) \qquad (11-21)$$

【例 11－1】　设计某振动筛的 V 带传动，已知电动机功率 $P = 1.7\mathrm{kW}$，转速 $n_1 = 1430\mathrm{r/min}$，工作机的转速 $n_2 = 285\mathrm{r/min}$，根据空间尺寸，要求中心距约为 500mm。带传动每天工作 16h，试设计该 V 带传动。

解：（1）确定计算功率 P_c。根据 V 带传动工作条件，查表 11－6，可得工作情况系数

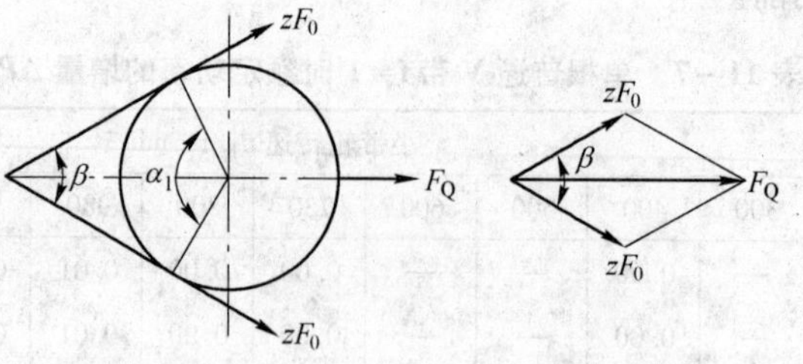

图 11－18　带传动作用在轴上的载荷

$K_A = 1.3$，所以

$$P_c = K_A P = 1.3 \times 1.7 = 2.21\text{kW}$$

（2）选取 V 带型号。根据 P_c、n_1，由图 11－17，选用 Z 型 V 带。

（3）确定带轮基准直径 d_{d1}、d_{d2}。由表 11－3 选 $d_{d1} = 80\text{mm}$。根据式（11－14），从动轮的基准直径为：

$$d_{d2} = \frac{n_1}{n_2} d_{d1} = \frac{1430}{285} \times 80 = 401.1\text{mm}$$

根据表 11－4，选 $d_{d2} = 400\text{mm}$。

（4）验算带速 v。

$$v = \frac{\pi d_{d1} n_1}{60 \times 1000} = \frac{3.14 \times 80 \times 1430}{60 \times 1000} = 5.99\text{m/s}$$

v 在 5～25m/s 范围内，故带的速度合适。

（5）确定 V 带的基准长度和传动中心距。因题目要求中心距约为 500mm，故初选中心距 $a_0 = 500\text{mm}$。根据式（11－16）计算带所需的基准长度：

$$L_0 = 2a_0 + \frac{\pi}{2}(d_{d1} + d_{d2}) + \frac{(d_{d2} - d_{d1})^2}{4a_0} = 2 \times 500 + \frac{\pi}{2}(80 + 400) + \frac{(400 - 80)^2}{4 \times 500} = 1804.8\text{mm}$$

由表 11－2，选取带的基准长度 $L_d = 1800\text{mm}$。

按式（11－17）计算实际中心距：

$$a = a_0 + \frac{L_d - L_0}{2} = 500 + \frac{1800 - 1804.8}{2} = 497.6\text{mm}$$

（6）验算主动轮上的包角 α_1。由式（11－3）得：

$$\alpha_1 = 180° - \frac{d_{d2} - d_{d1}}{a} \times 57.3° = 180° - \frac{400 - 80}{497.6} \times 57.3° = 143.16° > 120°$$

故主动轮上的包角合适。

（7）计算 V 带的根数 z。由式（11－19）得：

$$z = \frac{P_c}{(P_0 + \Delta P_0)\ K_\alpha K_L}$$

由 $n_1 = 1430\text{r/min}$，$d_{d1} = 80\text{mm}$，查表 11－6 得 $\Delta P_0 = 0.03\text{kW}$，查表 11－8 得 $K_\alpha = 0.90$，查表 11－2 得 $K_L = 1.06$，所以：

$$z = \frac{2.21}{(0.35 + 0.03) \times 0.90 \times 1.06} = 6.09$$

取 $z=6$ 根。

(8) 计算V带合适的初拉力 F_0。由式 (11－20) 知 $F_0=\frac{500P_c}{zv}\left(\frac{2.5}{K_\alpha}-1\right)+qv^2$。查表11－1得 $q=0.06\mathrm{kg/m}$，所以：

$$F_0=\frac{500\times2.21}{6\times5.99}\left(\frac{2.5}{0.9}-1\right)+0.06\times5.99^2=56.8\mathrm{N}$$

(9) 计算作用在轴上的载荷 F_Q。由式 (11－21) 得：

$$F_Q=2zF_0\sin\frac{\alpha_1}{2}=2\times6\times56.8\times\sin\frac{143.16}{2}=646.7\mathrm{N}$$

(10) 带轮结构设计（略）。

11.3.3　V带传动的张紧与安装维护

普通V带不是完全的弹性体，长期在张紧状态下工作，会因出现塑性变形而松弛，使初拉力 F_0 减小，传动能力下降。因此，必须将带重新张紧，以保证带传动正常工作。

张紧装置按中心距是否可调分为两类，其中中心距可调的张紧装置可分为定期张紧装置和自动张紧装置。而中心距不可调的张紧装置多采用有张紧轮的张紧装置，张紧轮张紧也可分为定期张紧和自动张紧。

(1) 中心距可调的定期张紧：采用定期改变中心距的方法来调节带的预紧力，使带重新张紧。在水平或倾斜角度不大的传动中,可用图11－19(a)所示的方法,将装有带轮的电动机安装在制有滑轨的基板2上。要调节带的预紧力时,松开基板上各螺栓的螺母3,旋动调节螺钉1,将电动机向左推移到所需的位置,而后拧紧螺母3。在垂直的或接近垂直的传动中,可用图11－19(b)所示的方法,将装有带轮的电动机安装在可调的摆动架上。

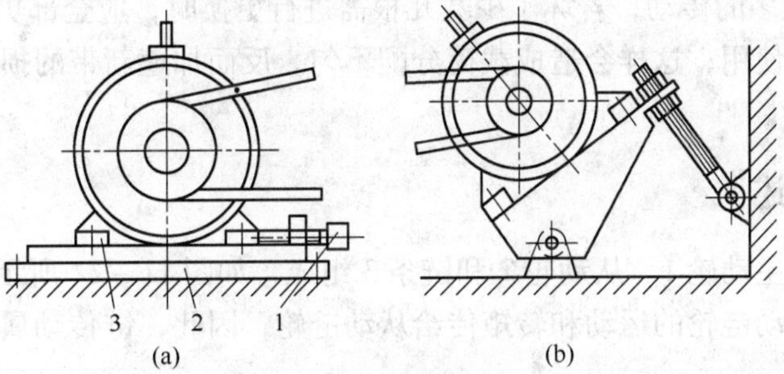

图11－19　中心距可调的定期张紧装置

(a) 滑轨式；(b) 摆架式

1—螺钉；2—基板；3—螺母

(2) 自动张紧：将装有带轮的电动机安装在浮动架上，如图11－20所示，利用电动机的自重，使带轮随同电动机绕固定轴摆动，以自动保持张紧力。

(3) 张紧轮张紧：中心距不可调时，可用张紧轮来实现张紧。图11－21 (a) 所示为定期张紧装置，将张紧轮装在松边内侧靠近大带轮处，既避免了带的双向弯曲又不使小带轮包角减小过多。图11－21 (b) 为自动张紧装置，将张紧轮装在松边外侧，靠近小带轮处，可以增大小带轮包角提高传动能力，但会使带受到反向弯曲，降低带的寿命。

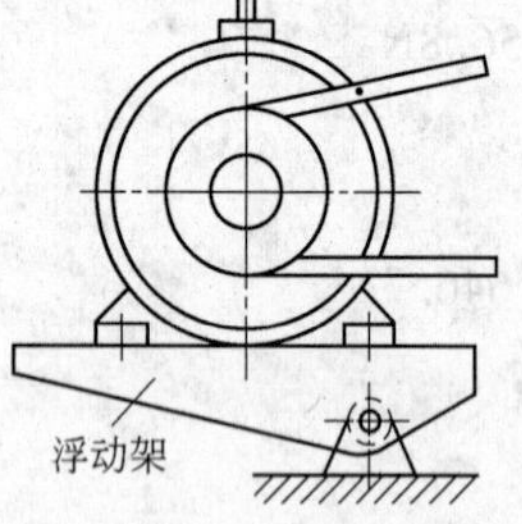

图 11 - 20 中心距可调的
自动张紧装置

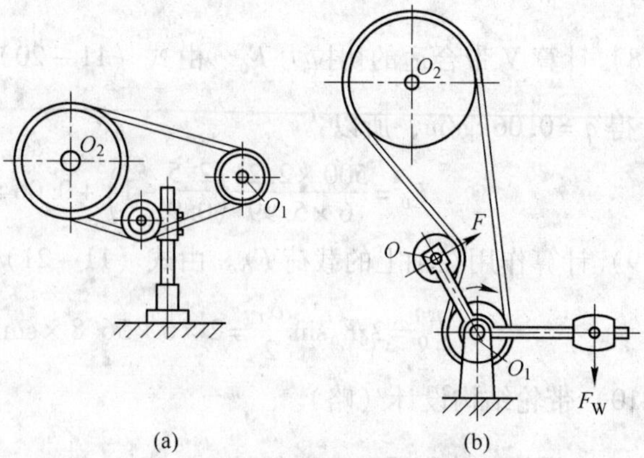

图 11 - 21 张紧轮张紧装置
(a) 定期张紧装置；(b) 自动张紧装置

为保证带传动能够正常运转，并尽可能地延长带的使用寿命，应重视带传动的使用和维护。

(1) 安装时，最好缩小中心距后套上 V 带，再予以调整，不应硬撬，以免损坏胶带，降低其使用寿命。主、从动轮的中心线应与轴中心线重合，两轮中心线必须保持平行，两轮的轮槽必须调整在同一平面内，否则会引起 V 带的扭曲和两侧面过早磨损。

(2) 带不宜与酸、碱、油一类介质接触；工作温度一般不超过 60°，以防带的迅速老化。

(3) 为了保证安全生产，带传动须安装防护罩。

(4) 带根数较多的传动，若坏了少数几根需进行更换时，应全部更换，不要只更换坏带而使新旧带一起使用；这样会造成载荷分配不匀，反而加速新带的损坏。

(5) 定期张紧。

11.4 链传动概述

链传动主要由主动轮 1、从动轮 2 和链条 3 组成，如图 11 - 22 所示。工作时靠链轮轮齿与链条啮合把主动链轮的运动和转矩传给从动链轮，因此，链传动属于带有中间挠性件的啮合传动。

11.4.1 链传动的特点和应用

链传动结构简单，耐用，维护容易，应用于中心距较大的场合。

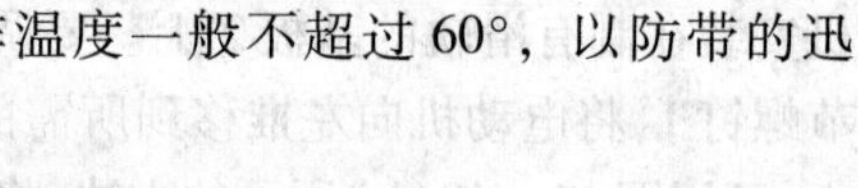

图 11 - 22 链传动
1—主动轮；2—从动轮；3—链条

链传动的主要优点是：

(1) 与带传动相比，链传动无弹性滑动和打滑现象，因而能保持准确的传动比（平均传动比），功率损失较小，传动效率较高；

(2) 因链传动是啮合传动，链条不用像带传动那样张得很紧，所以作用在轴上的压力较小；

（3）在同样的使用条件下，链轮宽度和直径也比带轮小，因而结构紧凑；

（4）链传动能在速度较低、工作温度较高的情况下工作；

（5）链传动易实现多轴传动，对恶劣的工作环境（如淋水、油污、多粉尘、泥浆等）的适应性强，工作可靠；

（6）与齿轮传动相比，链传动的制造、安装精度要求较低，成本低廉，在远距离传动（中心距最大可达10多米）时，其结构要比齿轮传动轻便得多。

链传动的主要缺点是：

（1）运转时不能保持恒定的瞬时传动比，平稳性较差，工作时有噪声；

（2）只能用于两根平行轴间的传动；

（3）无过载保护作用；

（4）安装精度比带传动要求高；

（5）不宜在载荷变化大、高速和急速反转中应用。

链传动的传动比 $i \leqslant 8$；中心距 $a \leqslant 5 \sim 6\mathrm{m}$；传递功率 $P \leqslant 100\mathrm{kW}$；圆周速度 $v \leqslant 15\mathrm{m/s}$；传动效率 $\eta = 0.92 \sim 0.96$。链传动广泛用于矿山机械、农业机械、石油机械、机床及摩托车中。

11.4.2 链传动的分类

按照用途的不同，链可分为传动链、起重链和曳引链，如图11－23所示。传动链主要用于传递动力，工作速度通常不大于20m/s。起重链和曳引链主要用在起重机械和运输机械中，而在一般机械传动中，常用的是传动链。

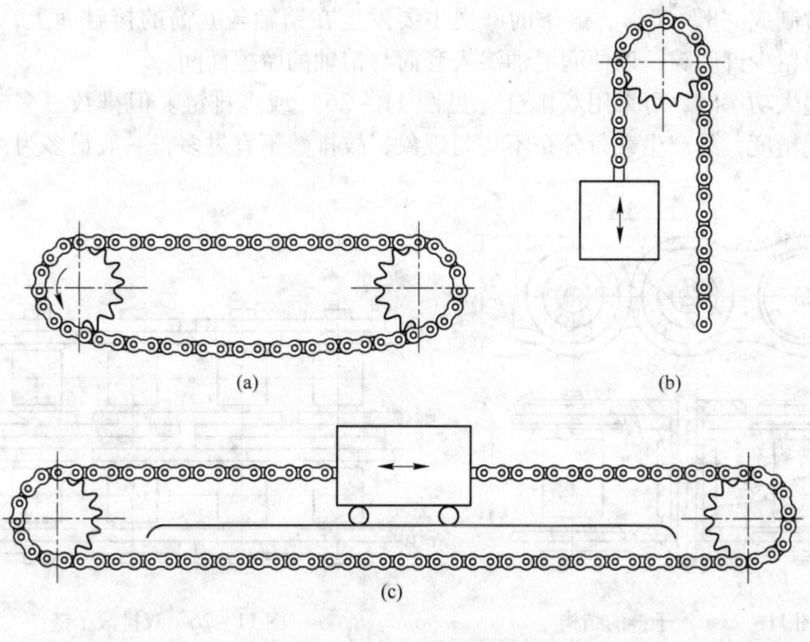

图11－23 不同功用的链

（a）传动链；（b）起重链；（c）曳引链

按照铰链的结构和铰链与链轮齿廓接触部位的不同，传动链可分为套筒滚子链（简称滚子链）、套筒链、齿形链和成型链等，如图 11 – 24 所示。

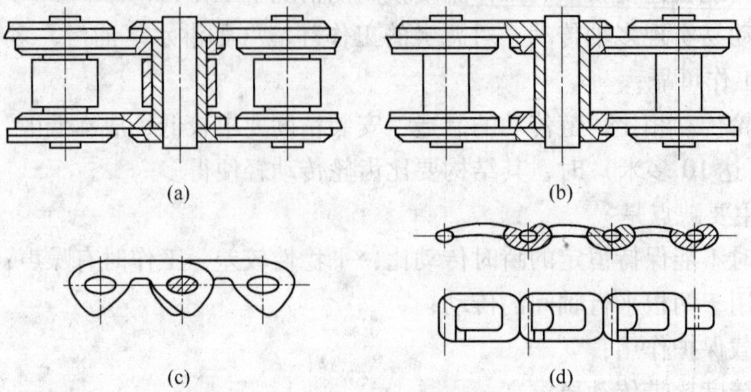

图 11 – 24　不同结构的链

（a）套筒滚子链；（b）套筒链；（c）齿形链；（d）成型链

套筒滚子链在链传动中应用最广，本章主要讨论套筒滚子链。

11.4.2.1　套筒滚子链

如图 11 – 25 所示，套筒滚子链由滚子 1、套筒 2、销轴 3、内链板 4 和外链板 5 组成。套筒与内链板之间、销轴与外链板之间均采用过盈配合固定，形成内链节、外链节，而销轴与套筒之间、套筒与滚子之间均为间隙配合，前者使内链节与外链节可以相对转动，后者使滚子可绕套筒转动。工作时，滚子沿链轮齿廓滚动，提高传动效率，而且磨损较小。为了减小链条的质量和运动时的惯性力，同时使链板各个横截面具有接近相等的抗拉强度，链板常制成“8”字形。链条的磨损主要发生在销轴与套筒的接触面上，因此，内、外链板间应留少许间隙，以便润滑油渗入套筒与销轴的摩擦面间。

当传递大功率时，可采用双排链（见图 11 – 26）或多排链。但排数过多时难以保证制造和装配精度，易产生载荷分布不均匀现象，故排数不宜过多，一般最多为 4 ~ 6 排。

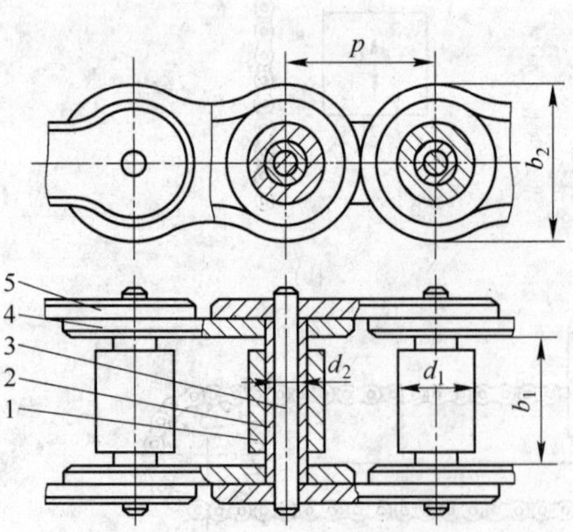

图 11 – 25　滚子链的结构

1—滚子；2—套筒；3—销轴；4—内链板；5—外链板

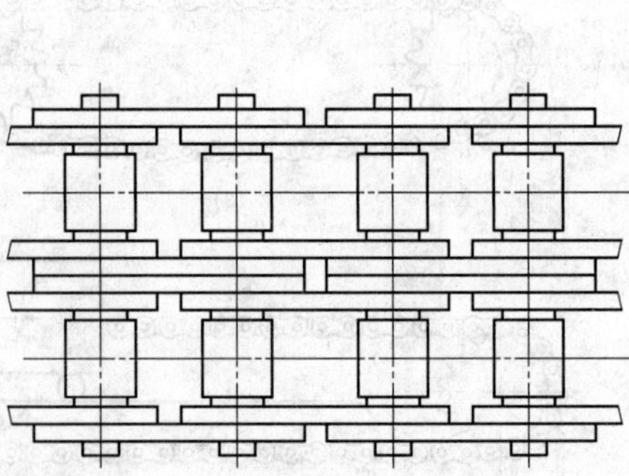

图 11 – 26　双排滚子链

如图 11－25 所示，滚子链和链轮啮合的基本参数为链节距 p，滚子外径 d_1 和内链节内宽 b_1（对于多排链还有节距 p_t，见图 11－26）。其中链节距 p 是滚子链的主要参数，链节距增大时，链条中各零件的尺寸也要相应地增大，可传递的功率也随之增大。链的使用寿命在很大程度上取决于链的材料及热处理方法。因此，组成链的所有元件均需经过热处理，以提高其强度、耐磨性和耐冲击性。

链条长度以链节数表示。链节数 L_p 一般宜取偶数，使链条连成封闭环形时正好是外链板与内链板相接，接头处可用开口销或弹簧卡片（见图 11－27a 、图 11－27b）来锁定。一般前者用于大节距，后者用于小节距。当采用弹簧卡片时，必须使其开口端的方向与链条前进方向相反，以免在运转中受到碰撞而脱落。若链节数为奇数时，则需采用过渡链节，如图 11－27（c）所示，该链节受拉时有附加弯矩作用，使强度降低，所以在一般情况下最好不用奇数链节的滚子链。

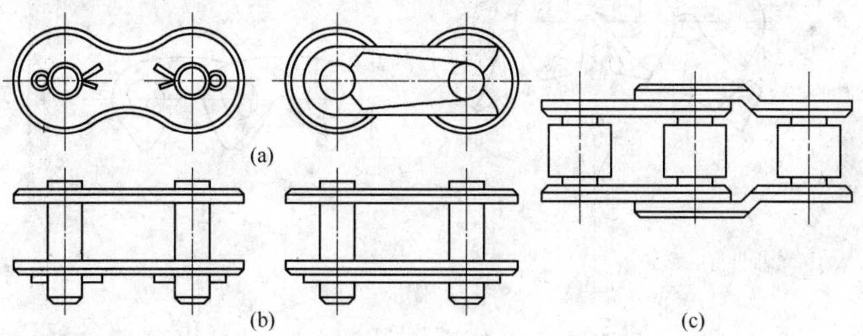

图 11－27　滚子链的接头形式

（a）偶数链节，用开口销；（b）偶数链节，用弹簧卡片；（c）奇数链节，用过渡链节

滚子链已标准化，分为 A、B 两个系列，常用的是 A 系列。国际上几乎所有国家的链节距均用英制单位，我国链条标准中规定链节距用英制折算成米制的单位。表 11－9 列出了几种 A 系列滚子链的主要参数。表中链号和相应的国际标准链号一致，链号数乘以 25.4/16 即为链节距值（mm）。后缀 A 表示 A 系列。

表 11－9　A 系列滚子链的主要参数

链号	节距 p/mm	滚子外径 d_{1max}/mm	销轴直径 d_{2max}/mm	内链节内宽 b_{1min}/mm	链条通道高 h_{1min}/mm	多排链排距 p_t/mm	单排极限拉伸载荷 F_0/kN	单排质量 q/kg·m^{-1}
08A	12.70	7.95	3.96	7.85	12.33	14.38	13.80	0.6
10A	15.875	10.16	5.08	9.40	15.35	18.11	21.80	1.0
12A	19.05	11.91	5.94	12.57	18.34	22.78	31.10	1.50
16A	25.40	15.88	7.92	15.75	24.39	29.29	55.60	2.60
20A	31.75	19.05	9.53	18.90	30.48	35.76	86.70	3.80
24A	38.10	22.23	11.10	25.22	36.55	45.44	124.60	5.60
28A	44.45	25.40	12.70	25.22	42.67	48.87	169.00	7.50
32A	50.80	28.58	14.27	31.55	48.74	58.55	222.40	10.10

注：1. 摘自 GB/T 1243—1997。

2. 使用过渡链节时，其极限载荷按表列数值 80% 计算。

滚子链的标记为：

链号 - 排数 × 链节数　标准号

【例 11 - 2】　解释 08A - 1 × 87　GB/T 1243—1997 的含义。

该标记表示 A 系列滚子链、链节距 $p = 12.70$mm，单排，87 节。

11.4.2.2　齿形链

齿形链是由一组齿形链板并列铰接而成的，如图 11 - 28 所示，工作时，通过链片侧面的两直边与链轮轮齿相啮合。齿形链具有传动平稳、噪声小、承受冲击性能好、工作可靠等优点，但其结构复杂、重量较大、价格较高。齿形链多用于高速（链速 v 可达 40m/s）或运动精度要求较高的传动。

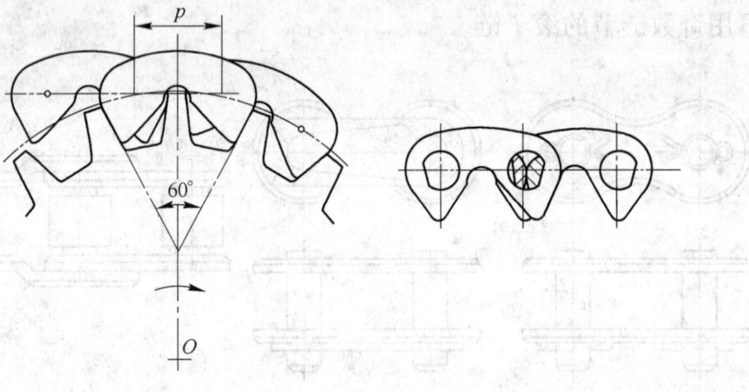

图 11 - 28　齿形链

11.4.3　链轮

11.4.3.1　链轮的结构和材料

链轮的结构和齿轮很相似，但齿廓不同，齿宽较小。链轮有实心式、孔板式、组合式，如图 11 - 29 所示。小直径链轮可采用实心式结构（见图 11 - 29a）；中等直径链轮可采用孔板式结构（见图 11 - 29b）；大直径的链轮最好采用齿圈可以更换的组合式（见图 11 - 29c）。组合式的齿圈与轮毂可用不同材料制造，连接方式可以是焊接式也可以用螺栓连接（轮齿磨损后便于更换）。轮齿的齿形应保证链节能平稳地进入和退出啮合，受力良好，不易脱链，便于加工制造。

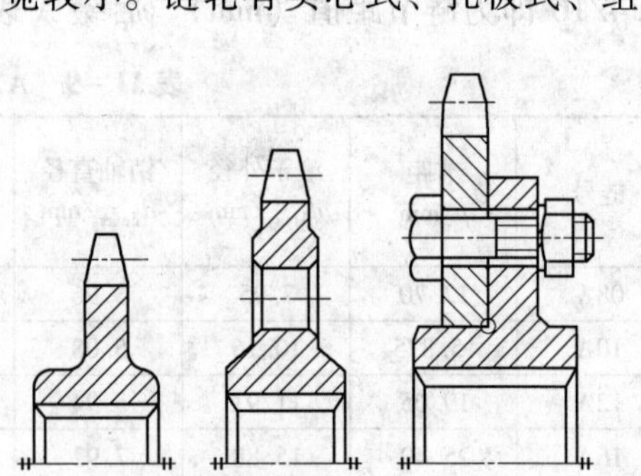

图 11 - 29　链轮结构

（a）实心式；（b）孔板式；（c）组合式

链轮的轮齿应有足够的接触强度和耐磨性，故齿面多经热处理。因小链轮的啮合次数比大链轮多，所受冲击力也大，故所用材料一般优于大链轮。常用的链轮材料及应用范围见表 11 - 10。

表 11－10 常用的链轮材料及齿面硬度

链轮材料	齿面硬度	应用范围
15，20	50～60HRC	$z \leqslant 25$，有冲击载荷的链轮
35	160～200HBS	正常工作条件下，$z > 25$ 的链轮
45，ZG310－570	40～45HRC	无剧烈冲击、振动条件下工作的链轮
15Cr，20Cr	50～60HRC	有动载荷和传递较大功率的重要链轮
40Cr，35SiMn，35CrMo	40～50HRC	采用优质链条传动的重要齿轮
Q235，Q255	140HBS	中速、中等功率，直径较大的链轮
HT150，HT200，HT250	260～280HBS	$z > 50$ 的从动链轮
夹布橡胶		功率 $p < 6$kW，速度较高，要求传动平稳，噪声小的链轮

11.4.3.2 链轮齿形

对链轮轮齿的基本要求是：链节能顺利地进入啮合和退出啮合；与链条接触良好，受力均匀，不易发生脱链；能容许链节距有较大的伸长率以延长传动的使用寿命；形状简单，便于加工。目前应用较广的滚子链链轮端面齿形是三圆弧（$\overset{\frown}{aa}$、$\overset{\frown}{ab}$、$\overset{\frown}{cd}$）一直线（$\overline{bc}$）齿形（或称凹齿形），如图 11－30 所示。这种齿形能满足上述对链轮轮齿的基本要求，而且国家规定有标准齿形刀具。当选用此齿形并用相应的标准刀具加工时，只需在零件工作图上注明链轮的基本参数和主要尺寸，如齿数 z、链节距 p、滚子直径 d_1、分度圆直径 d、齿顶圆直径 d_a 及齿根圆直径 d_f，并注明"齿形按 3R GB/T 1243—1997 规定制造"即可，不需画出端面齿形。

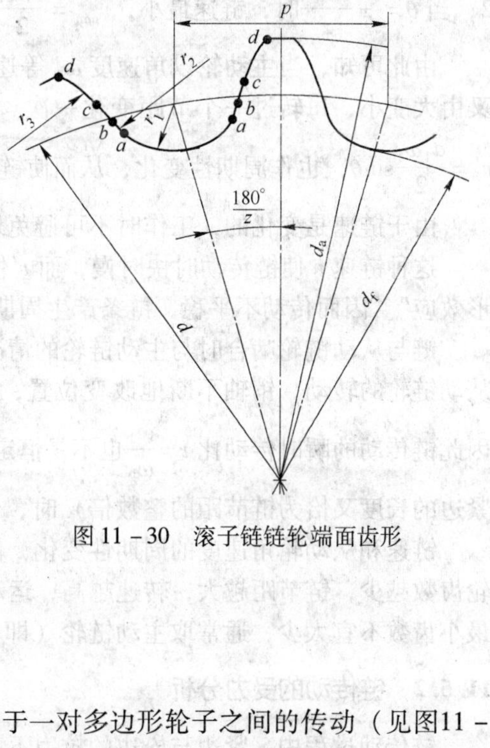

图 11－30 滚子链链轮端面齿形

链轮上链条销轴中心所在的圆称为分度圆。链轮的主要尺寸计算公式为：

$$d = \frac{p}{\sin(180°/z)} \qquad (11-22)$$

$$d_a = p\left(0.54 + \cos\frac{180°}{z}\right) \qquad (11-23)$$

$$d_f = d - d_1 \qquad (11-24)$$

11.5 链传动的运动特性

11.5.1 传动比、链速的不均匀性

链条绕上链轮后形成折线，因此链传动相当于一对多边形轮子之间的传动（见图11－31）。设 z_1、z_2 为两链轮的齿数，p 为链节距（mm），n_1、n_2 为两链轮的转速（r/min），则链的平均速度为：

$$v = \frac{z_1 p n_1}{60 \times 1000} = \frac{z_2 p n_2}{60 \times 1000} \text{ (m/s)} \qquad (11-25)$$

链传动的平均传动比为：

$$i=\frac{n_1}{n_2}=\frac{z_2}{z_1} \tag{11-26}$$

链的平均速度和链传动的平均传动比可保持不变，但链的瞬时速度和链传动的瞬时传动比是变化的。

为了便于分析，设链的主动边（紧边）处于水平位置（见图 11-31），主动链轮以角速度 ω_1 回转，当链节与链轮轮齿在 A 点啮合时，链轮上该点的圆周速度的水平分量即为链节上该点的瞬时速度，其值为：

$$v=\frac{1}{2}d_1\omega_1\cos\theta \tag{11-27}$$

式中 d_1——主动链轮的分度圆直径，mm；

θ——A 点的圆周速度与水平线的夹角。

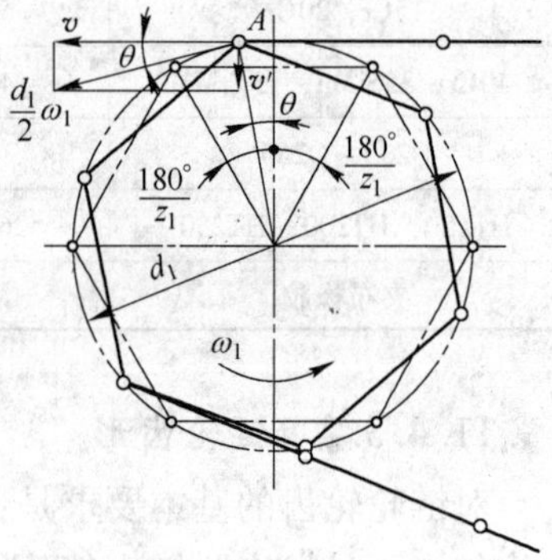

图 11-31 链传动的运动分析

任一链节从进入啮合到退出啮合，θ 角在 $-\frac{180°}{z}$ ~ $+\frac{180°}{z}$的范围内变化。当 $\theta=0°$，链速最大，$v_{max}=d_1w_1/2$；当 $\theta=\pm\frac{180°}{z}$时，链速最小，$v_{min}=\frac{d_1w_1}{2}\cos\frac{180°}{z_1}$。

由此可知，当主动轮以角速度 ω_1 等速转动时，链条的瞬时速度 v 周期性地由小变大，又由大变小，每转过一个节距变化一次。同理，链条在垂直于链节中心线方向的分速度 $v'=\frac{d_1\omega_1}{2}\sin\theta$，也作周期性变化，从而使链条上下抖动。

由于链速是变化的，工作时不可避免地要产生振动和动载荷。

这种链速 v 使链传动时快时慢，而 v' 使链传动忽上忽下的现象，称为链传动的“多边形效应”。因而传动不平稳，链条产生周期性的振动。

链与从动链轮啮合时与主动链轮的情况类似。由于瞬时链速 v 是变化的，同时，随着从动链轮的转动，销轴不断地改变位置，因而从动链轮的角速度 ω_2 也是周期性变化的，因此链传动的瞬时传动比 $i=\frac{\omega_1}{\omega_2}$也不是恒定的。只有满足特殊条件（当两链轮的齿数相等、紧边的长度又恰为链节距的整数倍）时，传动比才有可能恒等于 1。

链速和从动轮角速度的周期性变化，使得链传动产生运动不均匀性和附加动载荷。链轮齿数越少，链节距越大，转速越高，运动不均匀性越大，动载荷都将越大。所以链轮的最小齿数不宜太少，通常取主动链轮（即小链轮）的齿数大于 17。

11.5.2 链传动的受力分析

链传动过程中，紧边与松边的拉力不同，若不考虑动载荷，作用在链上的力有工作拉力、离心拉力和垂度拉力。

（1）工作拉力 F。工作拉力作用在链条的紧边上，其值为：

$$F=\frac{1000P}{v} \tag{11-28}$$

式中 P——传递的功率，kW；

v——链速，m/s。

（2）离心拉力 F_c。链条随链轮转动时，离心力产生的拉力作用于整个链条上，其值为：

$$F_c = qv^2 \tag{11-29}$$

式中 q——每米链的质量，kg/m，见表 11-9。

（3）垂度拉力 F_y。链条的自重产生的垂度拉力作用于整个链条上，其值为：

$$F_y = K_y qga \tag{11-30}$$

式中 K_y——垂度系数，即下垂量 $y=0.02a$ 时的垂度系数，K_y 值与两链轮轴线所在平面与水平面的倾斜角 α 有关，可查表 11-11；

g——重力加速度，m/s^2；

a——链传动中心距，m。

表 11-11 垂度系数

α/(°)	0（水平布置）	30	60	75	90（垂直布置）
K_y	7	6	4	2.5	1

由上述可知，链的紧边拉力 F_1 和松边拉力 F_2 分别为：

$$F_1 = F + F_c + F_y$$

$$F_2 = F_c + F_y \tag{11-31}$$

因为离心力只在链中产生拉力，对轴不产生压力，所以链传动作用在轴上的载荷 F_Q 可近似取为两边拉力之和减去离心拉力的影响，即

$$F_Q = F_1 + F_2 - 2F_c = F + 2F_y \tag{11-32}$$

实际上，垂度拉力 F_y 也比较小，故可近似取为 $F_Q=(1.2\sim1.3)F$，外载荷有冲击和振动时取大值。

11.6 滚子链传动的设计

11.6.1 滚子链传动的失效形式

（1）链的疲劳破坏。正常润滑的链传动，在工作中，由于紧、松边拉力不同，链条受到变应力的作用，使链板、滚子、套筒和销轴等元件由于疲劳强度不足而发生疲劳破坏。正常润滑条件下，疲劳强度是限定链传动承载能力的主要因素。

（2）铰链磨损。链条与链轮在啮入和脱啮的过程中，由于铰链的销轴与套筒间存在着较大的压力和相对滑动，导致接触面发生磨损，使链的实际链节距变长，滚子与链轮轮齿的啮合点逐步向齿顶外移，最终产生跳齿和脱链现象，使传动失效。铰链磨损是开式链传动的主要失效形式。

（3）铰链的胶合。润滑不当或转速过高时，链节进入轮齿时的冲击可能会破坏套筒和销轴间的润滑油膜，使两者的工作表面在高温、高压下直接接触，摩擦表面相互黏结，并在随后的相对运动中将较软材料撕脱下来，发生胶合破坏。这在一定程度上限制了链传动的极限转速。

（4）滚子、套筒的多次冲击疲劳破坏。由前述运动特性分析可知，链条与链轮进入啮合的瞬间必然伴随着冲击，另外，对于因张紧不好而有较大松边垂度的链传动，在反复启动、制动、反转时也会产生有巨大的惯性冲击，滚子、套筒受到反复多次的冲击载荷，会发生冲击疲劳破坏。

（5）静强度拉断。在低速（$v \leqslant 6$m/s）重载或严重过载的情况下，链条所受的拉力超过链条的静强度时，链条将被拉断。

11.6.2 功率曲线及额定功率

为了正常工作，对链传动的功率应加以限制。图 11－32 所示为链条在一定使用寿命和具有良好润滑的条件下，小链轮不同转速时各种失效形式限定的极限功率曲线。为安全起见，许用功率曲线应在各极限功率曲线的范围之内。1 是在正常润滑条件下，铰链磨损限定的极限功率曲线；2 是链板疲劳强度限定的极限功率曲线；3 是套筒、滚子冲击疲劳强度限定的极限功率曲线；4 是铰链（套筒、销轴）胶合限定的极限功率曲线。图中阴影部分为实际使用的许用功率区域。若润滑不良及工作情况恶劣，磨损将很严重，其极限功率将大幅度下降，如图 11－32 中虚线 5 所示。由图可见，润滑条件对传动的承载能力影响很大。

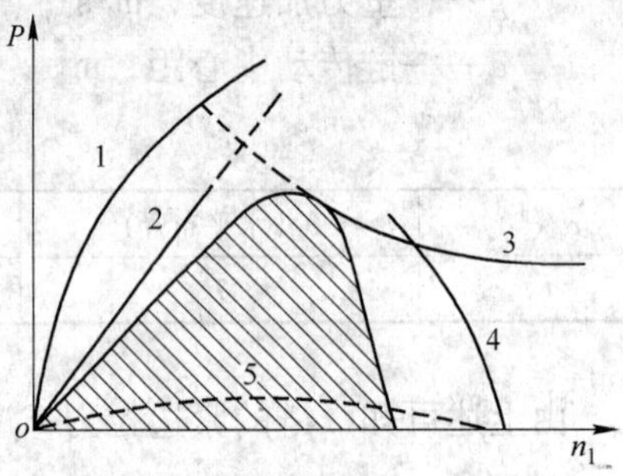

图 11－32 滚子链的极限功率曲线

图 11－33 所示为 A 系列滚子链的额定功率曲线，它是在特定试验条件下得出的。试验条件为：

（1）单排滚子链，两链轮安装在水平轴上，两链轮共面；

（2）小链轮齿数 $z_1 = 19$；

（3）链长 $L_p = 100$ 节；

（4）载荷平稳；

（5）按图 11－38 推荐使用的润滑方式润滑；

（6）链的工作寿命为 15000h；

（7）链条因磨损引起的相对伸长量不超过 3%。

根据小链轮转速 n_1，在此图上可查出各种链在链速 $v > 0.6$m/s 时允许传递的额定功率 P_0。

设计时，若实际选用参数与上述实验条件不同，则需要引入一系列相应的修正系数对图中额定功率 P_0进行修正。若润滑条件与图示要求不同，则根据链速 v 的不同，将图中 P_0 值降低。当链速 $v \leqslant 1.5$m/s，降低到 $50\% P_0$；当 $1.5\text{m/s} < v \leqslant 7\text{m/s}$ 时，降低到 $25\% P_0$；当 $v > 7$m/s 而润滑又不当时，则不宜采用链传动。

单排链传动的额定功率应按式（11－33）确定。

$$P_0 \geqslant \frac{K_A P}{K_Z K_L K_P} \tag{11-33}$$

式中 K_A——工作情况系数，由表 11－12 确定；

P_0——单排链的额定功率，kW；

P——链传动传递的功率，kW；

K_Z——小链轮的齿数系数，由表 11－13 确定，当工作点落在图 11－33 的曲线顶点左侧时（属于链板疲劳），查表中 K_Z；当工作点落在图 11－33 的曲线顶点右侧时（属于套筒、滚子冲击疲劳），查表中 K_Z'。

K_L——链长系数（见图 11－34），图中曲线 1 为链板疲劳计算用，曲线 2 为套筒、滚子冲击疲劳计算用；当失效形式无法预先估计时，取曲线中小值代入计算；

K_P——多排链系数（见表 11－14）。

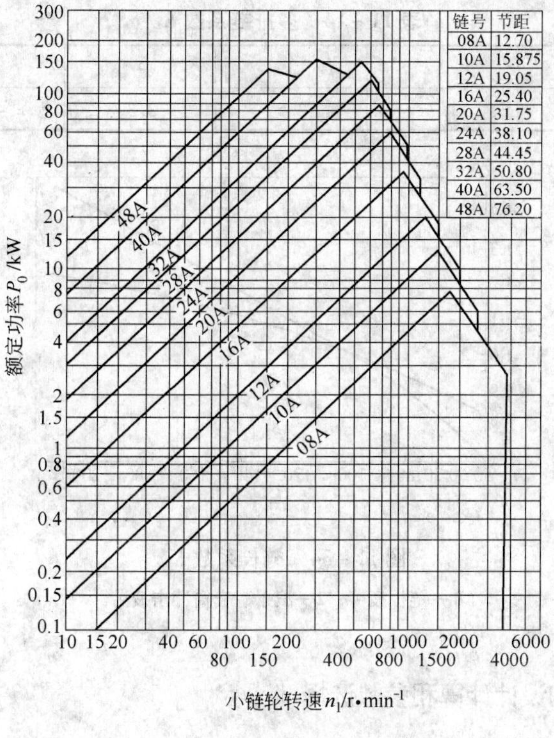

图 11－33　单排滚子链额定功率曲线

表 11－12　工作情况系数 K_A

工作机		原动机		
		电动机汽轮机	内燃机	
			液压传动	机械传动
载荷平稳	载荷变动小的带式输送机、链式输送机、离心泵、离心式鼓风机和载荷不变的机械	1.0	1.0	1.2
中等冲击载荷	离心式压缩机、粉碎机、载荷有变动的输送机、一般机床、压气机、一般工程机械	1.3	1.2	1.4
较大冲击载荷	冲床、破碎机、矿山机械、石油机械、振动机械和受冲击的机械	1.5	1.4	1.7

表 11-13 小链轮齿数系数 K_Z 和 K'_Z

z_1	9	10	11	12	13	14	15	16	17
K_Z	0.446	0.50	0.554	0.609	0.664	0.719	0.775	0.831	0.887
K'_Z	0.326	0.382	0.441	0.502	0.566	0.633	0.701	0.773	0.846
z_1	19	21	23	25	27	29	31	33	35
K_Z	1.00	1.11	1.23	1.34	1.46	1.58	1.70	1.82	1.93
K'_Z	1.00	1.16	1.33	1.51	1.69	1.89	2.08	2.29	2.50

表 11-14 多排链系数 K_P

排 数	1	2	3	4	5	6
K_P	1	1.7	2.5	3.3	4.0	4.6

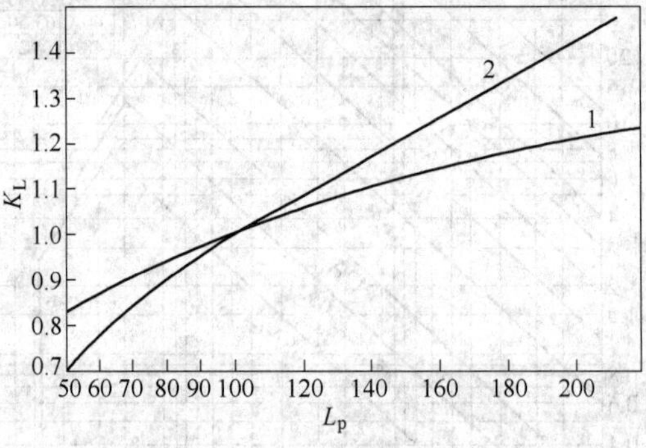

图 11-34 链长系数 K_L

1—链板疲劳；2—滚子、套筒冲击疲劳

11.6.3 滚子链传动的设计计算和参数选择

链传动在不同的工作条件下，具有不同的失效形式，因而设计计算方法不同。对于链速 $v>0.6\text{m/s}$ 的链传动，一般按功率曲线设计计算；对于链速 $v\leqslant 0.6\text{m/s}$ 的链传动，按静强度设计计算。

一般链传动设计的已知条件为：传递的功率 P，链轮的转速 n_1、n_2（或传动比 i），原动机种类，载荷性质以及对结构尺寸的要求等。

设计的内容为：确定链的型号（链节距）、排数、长度（链节数）；链轮齿数 z_1、z_2、结构形式和材料；传动的中心距 a；作用在轴上的压力（为以后设计链轮上的轴及轴承做准备）；润滑方式和张紧方法等。

设计的方法步骤按链速的不同分两种情况进行。

11.6.3.1 $v>0.6\text{m/s}$ 的滚子链传动的设计计算和参数选择

（1）选择链轮齿数。小链轮齿数对传动的平稳性和使用寿命有直接影响。齿数过少时，将使运动的不均匀性、动载荷及冲击载荷增大，加速链条、链轮轮齿磨损，降低使用寿命。

由此可见，增加 z_1 对传动是有利的，但 z_1 如果选得太大时，大链轮的齿数 z_2 将更大，这除了增大传动的尺寸和质量外，也易于因链节距的伸长而发生跳齿和脱链现象，同样会缩短链条的寿命。

销轴和套筒磨损后，链节距的增量 Δp 和分度圆直径增量 Δd（见图 11－35）的关系为：

$$\Delta d = \frac{\Delta p}{\sin\dfrac{180^\circ}{z}} \qquad (11-34)$$

当 Δp 一定时，链轮齿数越多，Δd 越大，则链节向齿顶移动越大，容易发生跳齿或脱链现象。为此，通常限定最大齿数 $z_{max} \leqslant 120$。为使 z_1 不致过小，可参照表 11－15 选择 z_1 或取 $z_1 = 29-2i$，$z_2 = iz_1$。

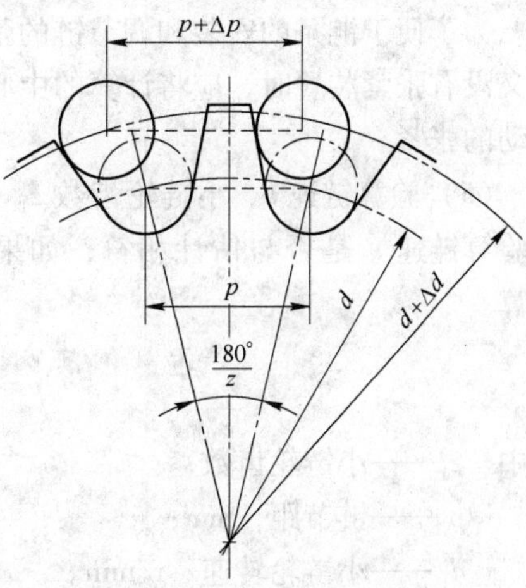

图 11－35 链节距增量与分度圆增量的关系

表 11－15 小链轮齿数 z_1 的选择

链速 v/m · s^{-1}	0.6～3	3～8	>8
z_1	≥15～17	≥19～21	≥23～25

由于链节数通常是偶数，为磨损均匀，链轮齿数一般应取与链节数互为质数的奇数，并优先选用以下数列：17、19、21、23、25、38、57、76、95、114。

传动比 i 过大时，会使齿数选择不能满足上述要求，而且外廓尺寸增大，并有可能使链条在小链轮上包角过小，啮合齿数太少，易出现跳齿或加速齿的磨损。所以通常 $i \leqslant 6$，推荐 $i = 2 \sim 3.5$。当 $v < 2$m/s 且载荷平稳和外廓尺寸不受限制时，i 可达 8～10。

（2）确定链节距和排数。链节距越大，承载能力越高。当链轮齿数一定时，链节距 p 越大，分度圆直径 d 也越大，运动不均匀性和冲击就越严重。设计时，在满足传递功率的情况下，应尽量选用较小的链节距。当高速、大功率传动时，可选用小节距多排链。

设计时，先根据链的额定功率 P_0 及小链轮转速 n_1 从图 11－33 中选取型号，然后根据链条型号从表 11－9 中查出链节距 p。

（3）初定中心距 a_0。若中心距不受其他条件限制，一般可取 $a_0 = (30 \sim 50)p$，若中心距取得过小，虽然会使结构尺寸紧凑，但会使单位时间内链条绕转次数增加，链节的曲伸次数和应力循环次数增加，从而加剧链的磨损和疲劳；同时由于中心距过小，造成链条在小链轮上的包角变小，在包角范围内每个轮齿所受载荷增大，轮齿磨损严重，且易出现跳齿和脱链现象。若中心距取得过大，除使传动结构不紧凑外，还会使松边垂度过大，传动中容易引起链条颤动，不平稳。一般 $a_{0max} = 80p$。

（4）中心距 a 和链节数 L_p。链的长度以链节数 L_p（链节距 p 的倍数）来表示。与带传动相似，链节数 L_p 与中心距 a 之间的关系为：

$$L_p = \frac{2a}{p} + \frac{z_1+z_2}{2} + \left(\frac{z_2-z_1}{2\pi}\right)\frac{p}{a} \qquad (11-35)$$

计算出的 L_p 应圆整为整数，并通常取为偶数。

为了便于链条的安装和调节链的张紧，通常中心距设计成可调的；若中心距不能调节而又没有张紧装置时，应将计算的中心距减小 2 ~ 5mm。使链条有小的初垂度，以保持链传动的张紧。

（5）验算链速 v。小链轮齿数 z_1 是按估计的链速范围，由表 11 – 15 选取的，为此，应验算链速 v 是否与估计相符，如果不符齿数 z_1 应作相应修改。链速按式（11 – 36）计算：

$$v = \frac{z_1 p n_1}{60 \times 1000} \ (\text{m/s}) \tag{11-36}$$

式中 z_1——小链轮齿数；

p——链节距，mm；

n_1——小链轮转速，r/min。

（6）计算作用在轴上的力 F_Q。常用式（11 – 37）粗略计算。

$$F_Q = (1.2 \sim 1.3) F \ (\text{N}) \tag{11-37}$$

式中 F——链条的工作拉力，N。

（7）选择润滑方式。根据链速 v 和链节距 p 由图 11 – 37 选定。

（8）选择链轮材料并确定其结构尺寸。

11.6.3.2 $v \leqslant 0.6$m/s 低速链传动的设计

对于 $v \leqslant 0.6$m/s 的低速链传动，其失效形式主要是链条因过载被拉断，故应按抗拉静强度条件进行计算。根据已知的传动条件，由图 11 – 33 初选链条型号，然后校核安全系数 S。

$$S = \frac{F_0}{K_A F} \geqslant [S] \tag{11-38}$$

式中 S——静强度计算的安全系数；

F_0——链条的极限拉伸载荷，由链号查表 11 – 9；

K_A——工作情况系数，由表 11 – 12 确定；

$[S]$——许用静强度安全系数，通常 $[S] = 4 \sim 8$。

【例 11 – 3】 设计一带动压缩机的链传动。已知，电动机的额定转速 $n_1 = 970$r/min，压缩机转速 $n_2 = 330$r/min，传递功率 $P = 9.7$kW，两班制工作，载荷平稳。要求中心距 a 不大于 600mm，电动机可在滑轨上移动。

解：（1）选择链轮齿数 z_1、z_2。

传动比
$$i = \frac{n_1}{n_2} = \frac{970}{330} = 2.94$$

按表 11 – 15 取小链轮齿数 $z_1 = 25$，大链轮齿数 $z_2 = iz_1 = 2.94 \times 25 = 73.5$，取 $z_2 = 73$。

（2）求计算功率 P_c。由表 11 – 12 查得 $K_A = 1.0$，计算功率为：

$$P_c = K_A P = 1.0 \times 9.7 = 9.7\text{kW}$$

（3）确定中心距 a_0 及链节数 L_p。初定中心距 $a_0 = (30 \sim 50)p$，取 $a_0 = 30p$。由式（11 – 35）求 L_p 得：

$$L_p=\frac{2a_0}{p}+\frac{z_1+z_2}{2}+\left(\frac{z_2-z_1}{2\pi}\right)^2\frac{p}{a_0}=\frac{2\times30p}{p}+\frac{25+73}{2}+\left(\frac{73-25}{2\pi}\right)^2\frac{p}{30p}=110.94$$

取 $L_p=110$。

（4）确定链条型号和链节距 p。首先确定系数 K_Z、K_L、K_P。根据链速估计链传动可能产生链板疲劳破坏，由表 11－13 查得小链轮齿数系数 $K_Z=1.34$，由图 11－34 查得 $K_L=1.02$，考虑传递功率不大，故选单排链，由表 11－14 查得 $K_P=1$。故所能传递的额定功率为：

$$P_0=\frac{P_c}{K_Z K_L K_P}=\frac{9.7}{1.34\times1.02\times1}=7.09\text{kW}$$

由图 11－33 选择滚子链型号为 10A，链节距 $p=15.875$mm，由图证实工作点落在曲线顶点左侧，主要失效形式为链板疲劳，前面假设成立。

（5）验算链速 v。

$$v=\frac{z_1pn_1}{60\times1000}=\frac{25\times15.875\times970}{60\times1000}=6.41\text{m/s}$$

（6）确定链长 L 和中心距 a。

链长
$$L=\frac{L_p\times p}{1000}=\frac{110\times15.875}{1000}=1.746\text{m}$$

中心距
$$\begin{aligned}a&=\frac{p}{4}\left[\left(L_p-\frac{z_1+z_2}{2}\right)+\sqrt{\left(L_p-\frac{z_1+z_2}{2}\right)^2-8\left(\frac{z_2-z_1}{2\pi}\right)^2}\right]\\&=\frac{15.875}{4}\left[\left(110-\frac{25+73}{2}\right)+\sqrt{\left(110-\frac{25+73}{2}\right)^2-8\left(\frac{73-25}{2\pi}\right)^2}\right]\\&=468.47\text{mm}<600\text{mm}\end{aligned}$$

（7）求作用在轴上的力。

工作拉力
$$F=1000\frac{P}{v}=1000\frac{9.7}{6.41}=1513\text{N}$$

因载荷平稳，取 $F_Q=1.2F=1.2\times1513=1815.6$N。

（8）选择润滑方式。根据链速 $v=6.41$m/s，链节距 $p=15.875$mm，按图 11－37 选择油浴或飞溅润滑方法。

设计结果：滚子链型号 10A－1×110　GB/T 1243—1997，链轮齿数 $z_1=25$，$z_2=73$，中心距 $a=468.47$mm，压轴力 $F_Q=1815.6$N。

（9）链轮材料和结构设计（略）。

11.6.4 链传动的布置、张紧和润滑

11.6.4.1 链传动的布置

链传动的布置是否合理，对传动的工作质量和使用寿命都有较大的影响。链传动合理布置的原则是：

（1）两链轮的回转平面必须在同一铅垂平面内（一般不允许在水平平面或倾斜平面内）；以免脱链和不正常磨损；

（2）两轮中心连线最好水平布置或中心连线与水平线夹角在45°以下，尽量避免铅垂

布置，以免链条磨损后与下面的链轮啮合不良；

（3）一般应使紧边在上，松边在下，以免松边在上时，因下垂量过大而发生链条与链轮的干涉。

链传动的布置情况列于表 11－16 中。

表 11－16 链传动的布置

传动参数	正确布置	不正确布置	说明
i＝2～3 a＝（30～50）p （i 与 a 较佳场合）	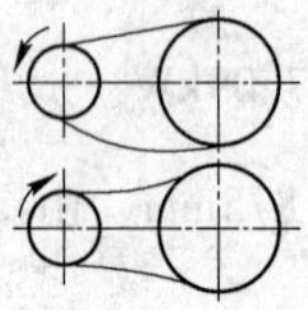		两轮轴线在同一水平面，紧边在上在下都可以，但在上好些
i＞2 a＜30p （i 大 a 小场合）	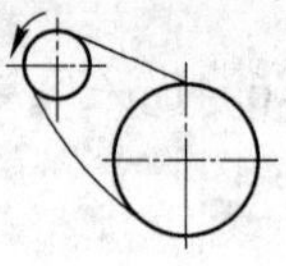	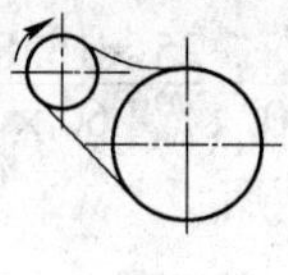	两轮轴线不在同一水平面，松边应在下面，否则松边下垂量增大后，链条易与链轮卡死
i＜1.5 a＞60p （i 大 a 小场合）	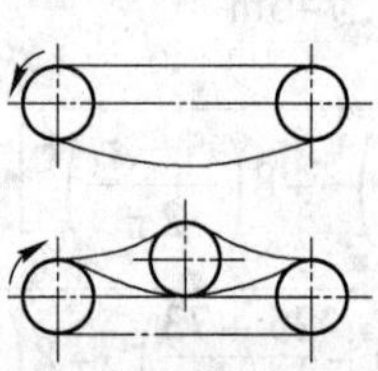	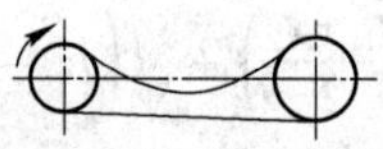	两轮轴线在同一水平面，松边应在下面，否则下垂量增大后，松边会与紧边相碰，需经常调整中心距

11.6.4.2 链传动的张紧

链传动张紧的目的，主要是为了避免在链条的垂度过大时产生啮合不良和链条的振动现象；同时也为了增加链条与链轮的啮合包角。当两轮轴心连线倾斜角大于 60°时，通常设有张紧装置。

链传动张紧的方法很多。当链传动的中心距可调整时，可通过调节中心距来控制张紧程度；当中心距不能调整时，可设置张紧轮（见图 11－36）。张紧轮一般是紧压在松边靠

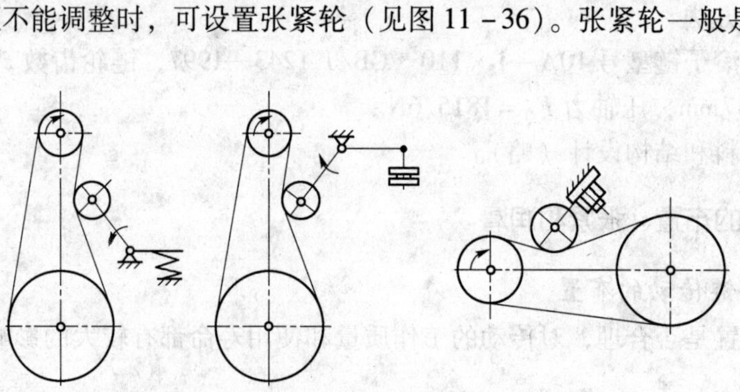

(a)　　(b)　　(c)

图 11－36 链传动的张紧

（a）弹簧力张紧；（b）砝码张紧；（c）定期调整张紧

近小链轮处。张紧轮可以是链轮，也可以是无齿的滚轮。张紧轮的直径应与小链轮的直径相近。张紧轮有自动张紧（见图 11－36a、b）及定期调整（见图 11－36c）两种，前者多用弹簧、吊重等自动张紧装置，后者可用螺旋、偏心等调整装置。

11.6.4.3 链传动的润滑

链传动的润滑十分重要，对高速、重载的链传动更为重要。良好的润滑可以缓和冲击，减轻磨损，延长链条使用寿命，还可以起冷却作用。图 11－37 中所推荐的润滑方法和要求列于表 11－17 中。图 11－38 为常见链传动的润滑方法图例。

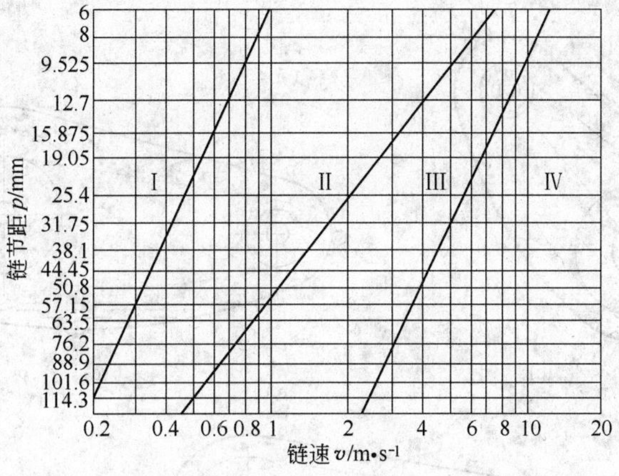

图 11－37 推荐使用的润滑方式

Ⅰ—人工定期润滑；Ⅱ—滴油润滑；Ⅲ—油浴或飞溅润滑；Ⅳ—压力喷油润滑

表 11－17 套筒滚子链的润滑方法和供油量

方式	润滑方法	供油量
人工润滑	用刷子或油壶定期在链条松边内、外链板间隙中注油	每班注油 1 次
滴油润滑	装有简单外壳，用油杯滴油	单排链，每分钟供油 5～20 滴，速度高时取大值
油浴供油	采用不漏油的外壳，使链条从油槽中通过	链条浸入油面过深，搅油损失大，油易发热变质，一般浸油深度为 6～12mm
飞溅润滑	采用不漏油的外壳，在链轮侧边安装甩油盘，飞溅润滑，甩油盘圆周速度 $v>3$m/s，当链条宽度大于 125mm 时，链轮两侧各装一个甩油盘	甩油盘浸油深度为 12～35mm
压力供油	采用不漏油的外壳，油泵强制供油，喷油管口设在链条啮入处，循环油可起冷却作用	每个喷油口供油量可根据链节距及链速大小查阅有关手册

注：开式传动和不易润滑的链传动，可定期拆下用煤油清洗，干燥后，浸入 70～80℃润滑中，待铰链间隙中充满油后安装使用。

润滑油推荐采用牌号为 L－AN32、L－AN46、L－AN68 的全损耗系统用油。温度低时，取前者。对于开式及重载低速传动，可在润滑油中加入 MoS2、WS2 等添加剂。对于用润滑油不便的场合，允许涂抹润滑脂，但应定期清洗与涂抹。

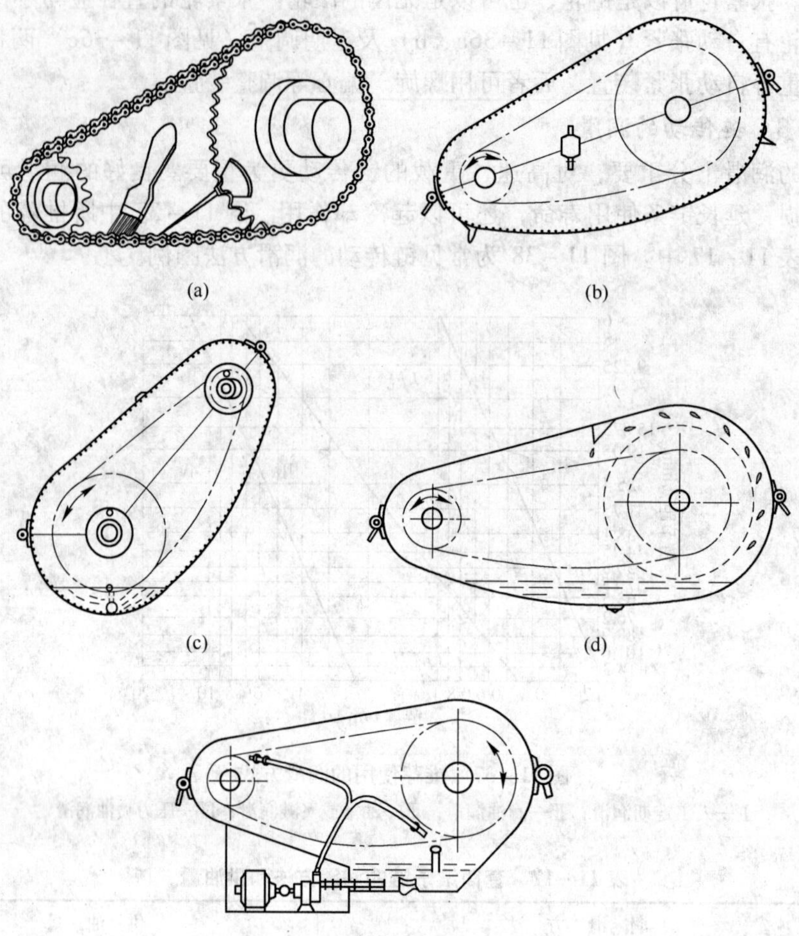

图 11－38 链传动的润滑方法
（a）人工定期润滑；（b）滴油润滑；（c）油浴润滑；（d）飞溅润滑；（e）压力喷油润滑

小 结

挠性件传动包括带传动和链传动。

A 带传动部分

（1）了解带传动的特点、应用范围以及主要类型。

（2）带传动的工作原理是利用张紧在两个轮（或以上）的传动带作为中间挠性件，依靠传动带与带轮间的摩擦或啮合传递运动和动力的传动装置。

（3）掌握带传动中的力和应力分析、带的弹性滑动和打滑。

受力分析中，重点是临界状态下的欧拉公式$\left(\frac{F_1}{F_2}=e^{\mu_v \alpha_1}\right)$。

应力分析中，重点是最大应力的位置（在紧边进入小带轮处）及大小（$\sigma_{max}=\sigma_1+\sigma_c$

$+\sigma_{b1}$)。

弹性滑动属于不可避免的自然现象，打滑是带传动的失效形式。

(4) 掌握带的失效形式和设计准则。带的失效形式为打滑及带的疲劳断裂。设计准则为：在不打滑的条件下，带有一定的疲劳寿命。

(5) 掌握普通 V 带的规格和普通 V 带传动的设计计算，主要是带的型号、带轮直径、带速、中心距、包角、初拉力、压轴力、传动比的计算和选择。

(6) 了解带传动的张紧和普通 V 带带轮的结构设计。

B　链传动部分

(1) 了解链传动的工作原理、特点和应用。

链传动装置是应用中间挠性件链条，依靠链条与链轮轮齿的啮合传递运动和动力的一套传动装置。

(2) 了解链的主要类型，滚子链的结构和规格，滚子链链轮结构的材料和结构。重点掌握滚子链结构中两个过盈配合、两个间隙配合。掌握链节距的定义。

(3) 掌握链传动的运动分析和受力分析。重点掌握链传动的平均链速和平均传动比，瞬时链速和瞬时传动比的分析。掌握链传动的多边形效应。多边形效应导致链传动瞬时链速和瞬时传动比不恒定以及传动稳定差。受力分析紧边与松边受力不同，且有垂度拉力的作用。链传动的压轴力小。

(4) 掌握滚子链传动的失效形式和设计准则。链传动的失效形式有链板疲劳、铰链磨损脱链、铰链胶合、冲击破断及静力拉断。

(5) 掌握滚子链传动设计计算。滚子链传动的设计为中高速链的设计及低速链的设计。设计计算主要是链型号的选择、链节距的确定、链轮齿数的选择、中心距的确定及压轴力的计算等。

(6) 了解链传动的布置和润滑。

习　题

11-1 带传动工作时，带上所受应力有哪几种，如何分布，最大应力在何处?

11-2 何谓带传动的弹性滑动? 它对带传动有什么影响?

11-3 何谓带传动的打滑? 它对传动有什么影响?

11-4 V 带的带轮直径为什么不能太小? 它由什么来决定?

11-5 试述带传动张紧装置的三种类型，其中一种装置的张紧轮应布置在什么位置?

11-6 链节距的大小对链传动有何影响? 设计时应如何选择链节距?

11-7 试分析滚子链传动中动载荷产生的原因。

11-8 简述链传动的合理布置方法和润滑方法。

11-9 链传动中为什么小链轮齿数不宜过少，大链轮齿数又不宜过多?

11-10 链传动为什么要尽量避免采用过渡链节?

11-11 一 V 带传动传递的功率 $P=10\text{kW}$，带的速度 $v=12.5\ \text{m/s}$，预紧力 $F_0=1000\text{N}$。试求紧边拉力 F_1 及松边拉力 F_2。

11-12 皮带传动大小包角为 180°。带与带轮的当量摩擦系数为 $\mu_v=0.5123$，若带的初拉力 $F_0=100\text{N}$，不考虑离心力的影响，传递有效圆周力 $F_e = 130$N 时，带传动是否打滑，为什么？

11－13 一带式输送机的传动部分由普通 V 带传动和齿轮传动组成。齿轮传动采用标准齿轮减速器。原动机为电动机，额定功率 $P = 11$kW，转速 $n_1 = 1460$r/min，减速器输入轴转速为 400r/min，允许传动比误差为 ±5%，该输送机每天工作 16h，试设计此普通 V 带传动，并选定带轮结构形式与材料。

11－14 设计由电动机驱动的旋转式水泵的普通 V 带传动。已知：电动机额定功率 $P = 10$kW，转速 $n_1 = 1450$r/min，水泵轴的转速 $n_2 = 400$r/min，每天工作 24h，载荷变动较小，要求中心距约为 1500mm。

11－15 单列滚子链水平传动，已知主动链轮转速 $n_1 = 970$r/min，从动链轮转速 $n_2 = 323$r/min，平均链速 $v = 5.85$m/s，链节距 $p = 19.05$mm，求链轮齿数 z_1、z_2 和两链轮分度圆直径。

11－16 一单排滚子链传动。已知：节距 $p = 25.4$mm，$z_1 = 23$，$z_2 = 47$，主动轮链速 $n_1 = 900$r/min，工作情况系数 $K_A = 1.2$。试求其能传递的功率。

11－17 设计一压气机用链传动，电动机转速 $n_1 = 970$r/min，压气机转速 $n_2 = 330$r/min，传动功率 $P = 10$kW，两班制工作，传动倾斜角小于 40°，中心距可以调节。

11－18 设计一输送装置用的链传动。已知传递的功率 $P = 16.8$kW，主动轮转速 $n_1 = 960$r/min，传动比 $i = 3.5$，原动机为电动机，工作载荷冲击较大，中心距 $a \leqslant 800$mm，水平布置。

12 轴

12.1 轴的类型与材料

12.1.1 轴的功用和类型

12.1.1.1 轴的功用

轴是机器中的重要零件之一。一切做回转运动的传动零件（齿轮、带轮），都必须安装在轴上才能进行运动及传递动力。因此轴的主要功用是支承回转零件，传递运动和动力。

12.1.1.2 轴的类型

轴根据其所承受的载荷不同，可分为心轴、转轴和传动轴。

（1）心轴。心轴只承受弯矩而不传递转矩，例如铁路车辆的轴、自行车的前轴等。按轴旋转与否可分为固定心轴（见图 12－1）和转动心轴（见图 12－2）。

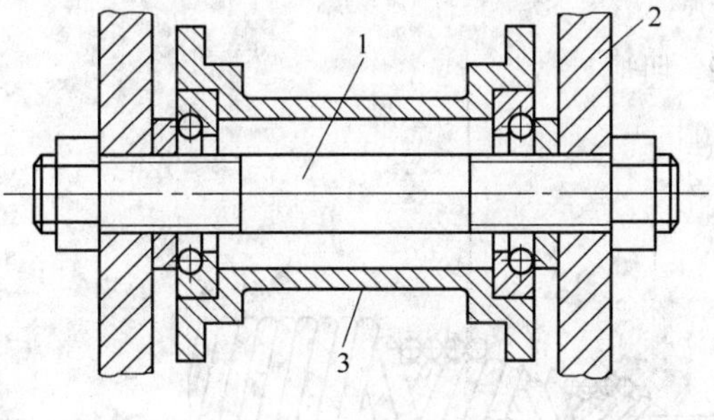

图 12－1 固定心轴

1—前轮轴（固定心轴）；2—前叉；3—前轮轮毂

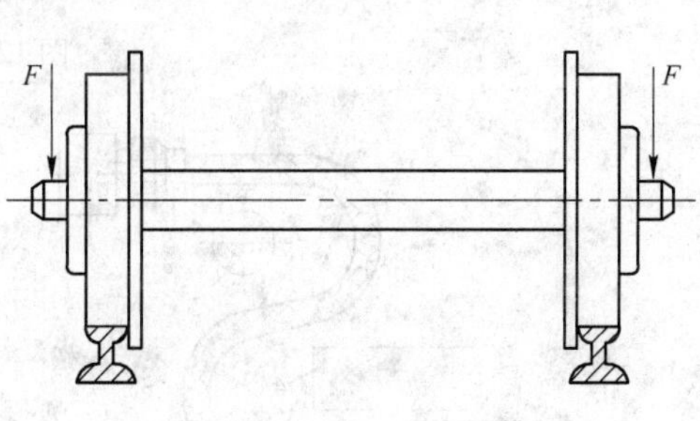

图 12－2 转动心轴

（2）转轴。转轴既承受转矩又承受弯矩，如图 12－3 所示的减速箱中的转轴。

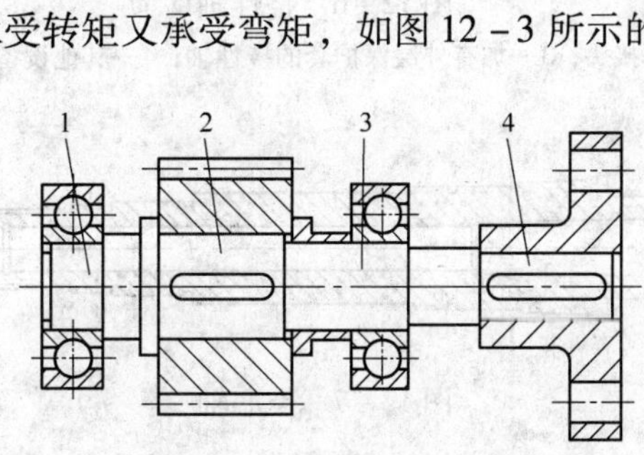

图 12－3 减速箱转轴

1—端轴颈；2，4—轴头；3—中轴颈

(3) 传动轴。传动轴主要传递转矩，不承受或承受很小的弯矩，如汽车底盘下的传动轴(见图12-4)，其通过两个万向联轴器与变速器转轴和汽车后桥差速器相连，传递转矩。

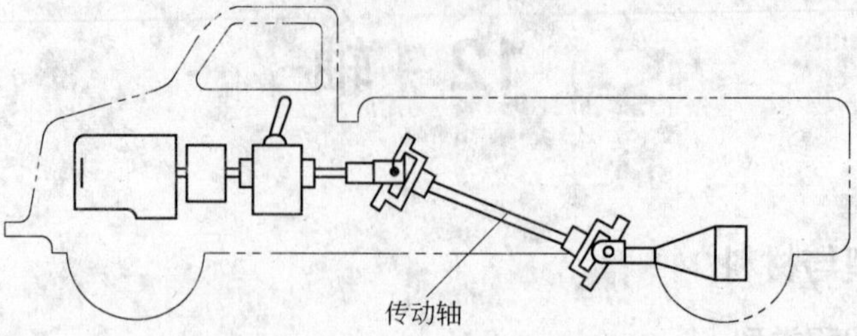

图12-4 汽车传动轴

按轴线的形状轴可分为直轴（见图12-1~图12-4)、曲轴（见图12-5）和挠性轴(见图12-6)。曲轴常用于往复式机械中，如发动机等。挠性钢丝轴通常是由几层紧贴在一起的钢丝层构成的，可以把转矩和运动灵活地传到任何位置。挠性轴常用于振捣器和医疗设备中。另外，为减轻轴的重量，还可以将轴制成空心的形式，如图12-7所示。

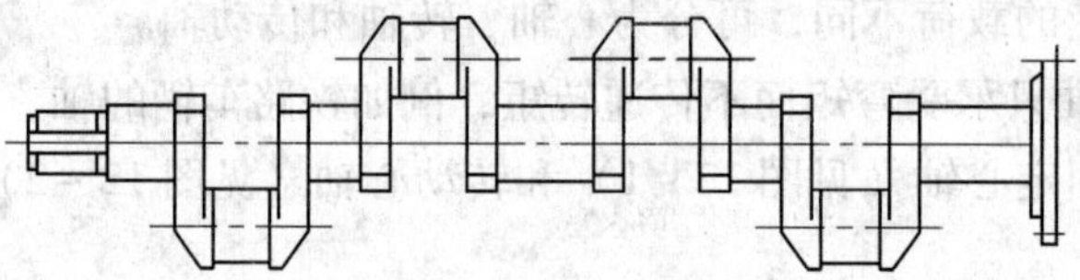

图12-5 曲轴

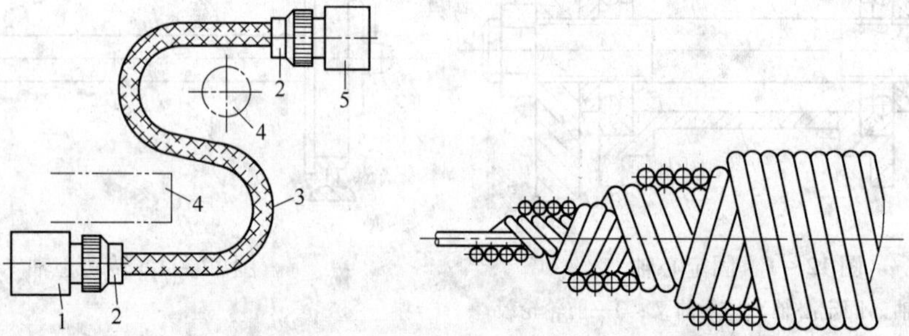

图12-6 挠性轴

1—动力装置；2—接头；3—加有外层保护套的挠性轴；4—其他设备；5—被驱动装置

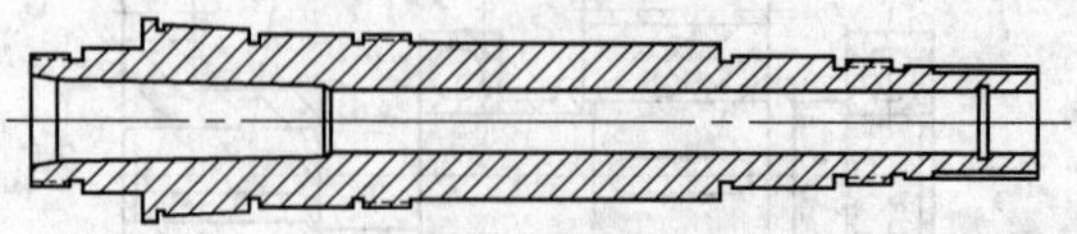

图12-7 空心轴

轴的设计，主要是根据工作要求并考虑制造工艺等因素，选用合适的材料，进行结构设计，经过强度和刚度计算，定出轴的结构形状和尺寸。高速时还要考虑振动稳定性。

12.1.2 轴的材料

在轴的设计中，首先要选择合适的材料。轴的材料常采用碳素钢和合金钢。

碳素钢比合金钢价格低廉，对应力集中的敏感性较低，且具有较高的综合力学性能，故应用较广。碳素钢中的35、45、50等优质中碳钢由于具有较高的综合力学性能，因此应用较多，特别是45号钢应用最为广泛。为了改善碳素钢的力学性能，应进行正火或调质处理。不重要的或受力较小的轴以及一般传动轴也可用Q235等钢，且无需进行热处理。

合金钢比碳素钢具有更高的机械强度和更好的淬火性能，但其价格较贵，且对应力集中较敏感，因此设计合金钢轴时，更应从结构上避免或减小应力集中，并减小其表面粗糙度。合金钢多用于对机械强度或耐磨性、耐腐蚀性要求较高以及处于高温等条件下工作的场合。常用20Cr、20CrMnTi等低碳合金钢，经渗碳淬火后可提高耐磨性。由于合金钢与碳素钢的弹性模量相差甚小，因此，欲采用合金钢通过热处理来提高轴的刚度是效果不大的。汽轮发电机转子轴在高温、高速和重载条件下工作，必须具有良好的高温机械性能，常采用27Cr2Mo1V、38CrMoA1A等合金结构钢。

轴的毛坯一般用圆钢或锻件，有时也可采用铸钢或球墨铸铁。球墨铸铁和一些高强度铸铁，由于铸造性能好，容易铸成复杂形状，且减振性能好，应力集中敏感性低，故常用于制造外形复杂的轴。表12－1列出了轴的常用材料及其主要力学性能。

表12－1 轴的常用材料及其主要力学性能

材料及热处理	毛坯直径/mm	硬度(HB)	强度极限 σ_b	屈服极限 σ_s	弯曲疲劳极限 σ_{-1}	应用说明
			MPa			
Q235	—	—	440	240	200	用于不重要或载荷不大的轴
35正火	≤100	149～187	520	270	250	塑性好和强度适中，可做一般曲轴、转轴等
45正火	≤100	170～217	600	300	275	用于较重要的轴，应用最为广泛
45调质	≤200	217～255	650	360	300	
40Cr调质	25	—	1000	800	500	用于载荷较大，而无很大冲击的重要的轴
	≤100	241～286	750	550	350	
	>100～300	241～266	700	550	340	
40MnB调质	25	—	1000	800	485	性能接近于40Cr，用于重要的轴
	≤200	241～286	750	500	335	
35CrMo调质	≤100	207～269	750	550	390	用于受重载荷的轴
20Cr渗碳淬火回火	15	表面56～62HRC	850	550	375	用于要求强度、韧性及耐磨性均较高的轴
	—		650	400	280	
QT400－100	—	156～197	400	300	145	结构复杂的轴
QT600－2	—	197～269	600	200	215	结构复杂的轴

12.2 轴的结构设计

轴的结构设计主要是确定轴的各部分的合理的形状和尺寸。由于影响轴的结构的因素很多，因此轴的结构没有标准形式。设计时，必须针对轴的具体情况作具体分析，全面考虑解决。轴结构设计的主要要求是：

(1) 轴应便于加工，轴上零件应便于装拆；

(2) 轴和轴上零件有准确的工作位置；

(3) 轴上零件应有可靠的相对固定；

(4) 具有良好的制造工艺性，尽量减少应力集中。

下面结合图 12-8 所示的单级齿轮减速器的高速轴，逐项讨论这些要求。

12.2.1 制造安装要求

为了便于轴上的零件的装拆，常将轴做成阶梯形，它的直径从两端逐渐向中间增大，如图 12-8 所示，与轴上零件相配合的轴段①、④称为轴头，被轴承支撑的轴段③、⑦称为轴颈，连接轴头与轴颈的轴段②、⑥称为轴身，起定位作用的凸起轴段⑤称为轴环。齿轮、套筒、左端滚动轴承、轴承端盖和联轴器按顺序从轴的左端装拆，右端滚动轴承从轴的右端装拆。因而，为了便于装拆齿轮，轴段④的直径应比轴段③略大一些；为了便于左端滚动轴承的装拆，轴段③的直径应比轴段②略大一些。为了便于安装零件，各轴段的端部应有倒角。有较大过盈配合的轴段的压入端，应做成圆锥角为 10°左右的导向锥面。

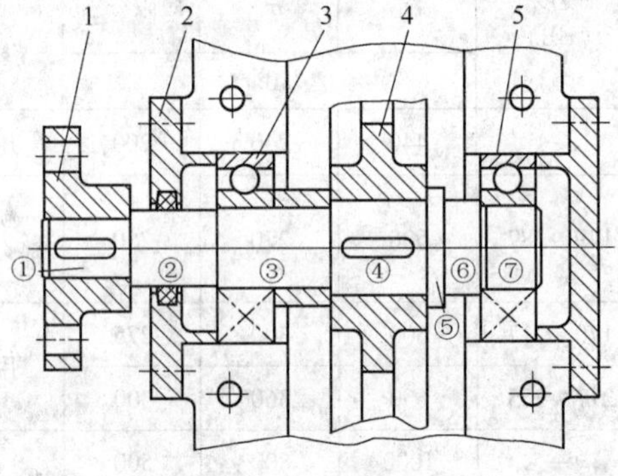

图 12-8 轴的结构

1—联轴器；2—轴承盖；3—轴承Ⅰ；4—齿轮；5—轴承Ⅱ

在满足使用要求的情况下，轴的形状和尺寸应尽可能简单，便于加工。

12.2.2 轴上零件的固定

12.2.2.1 轴上零件的周向固定

为了传递运动和转矩，防止轴与轴上零件相对转动，轴上零件需要周向固定。轴上零件的周向固定多采用键、花键、销、过盈配合、弹性环连接等轴毂连接。

12.2.2.2 轴上零件的轴向固定

轴上零件的轴向固定是不仅可以防止轴上零件轴向窜动，还可以传递轴向载荷。轴上零件的轴向固定方法有很多种。下面介绍常用的几种轴向固定方法。

（1）轴肩。阶梯轴上截面变化处称为轴肩。轴肩固定是一种简单可靠的轴向固定方法，应优先采用，它可承受较大的轴向载荷。在图 12－8 中，轴段④和⑤间的轴肩使齿轮右方向固定，①和②间的轴肩使联轴器右方向固定，⑥和⑦间的轴肩使右轴承内圈左方向固定。

利用轴肩进行轴向定位，结构简单、可靠，并能承受较大轴向力。在图 12－8 中，轴肩⑤使齿轮在轴上右方向定位。

为保证轴上零件的端面紧靠在轴肩上，轴肩的圆角半径 r 必须小于相配零件的倒角高度 C 或圆角半径 R，轴肩高 h 必须大于 C 或 R，如图 12－9 所示。

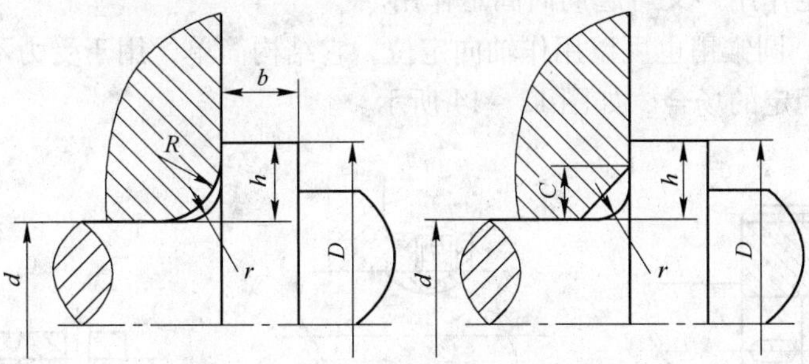

图 12－9 轴肩圆角和相配零件的倒角或圆角

轴肩只能使轴上零件沿轴向单向固定，因此，只有和其他轴向固定方法配合使用，才能使轴上零件实现轴向双向固定。

（2）轴端挡圈。位于轴端的轴上零件的轴向固定常用轴端挡圈，如图 12－10 所示。

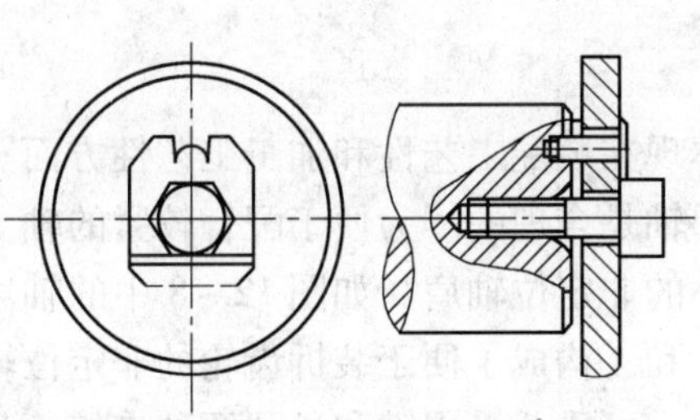

图 12－10 轴端挡圈

（3）弹性挡圈。当轴向力小，或仅为防止零件偶然轴向移动时，可采用弹性挡圈，如图 12－11 所示。这种方法简单，但对轴的强度削弱较大。

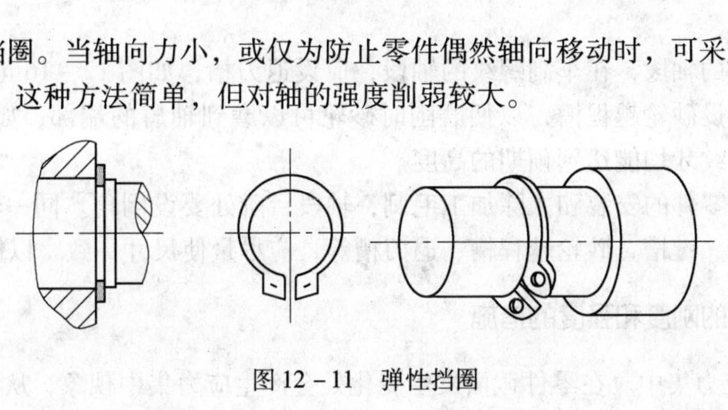

图 12－11 弹性挡圈

(4) 圆螺母。无法采用套筒或套筒太长时，可采用圆螺母实现轴向固定，如图 12－12 所示。圆螺母定位可靠，并能承受较大轴向力。

在图 12－12 中，为使轴上零件定位准确，键的长度应小于轴头的长度，而轴头的长度又应小于毂的长度。

在轴端部可以用圆锥面定位，圆锥面定位的轴和轮毂之间无径向间隙、装拆方便，能承受冲击，但锥面加工较难。

(5) 套筒。套筒用作轴上相邻较近两零件的轴向固定，其结构简单，应用较多。图 12－8 中齿轮的左端面与左滚动轴承内圈的右端面是用套筒作轴向固定的。

(6) 紧定螺钉。当轴向力较小时，可采用紧定螺钉，如图 12－13 所示。紧定螺钉连接既可起轴向固定作用，又可起周向固定作用。

(7) 销定位。圆锥销也可以用作轴向定位，它结构简单，用于受力不大且同时需要轴向、周向定位和固定的场合，如图 12－14 所示。

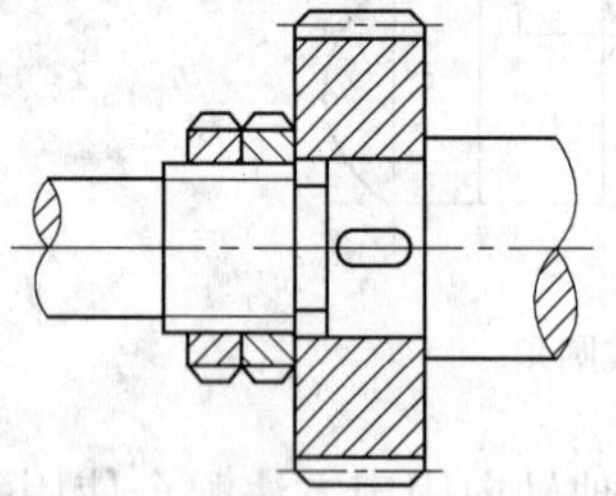

图 12－12 圆螺母定位

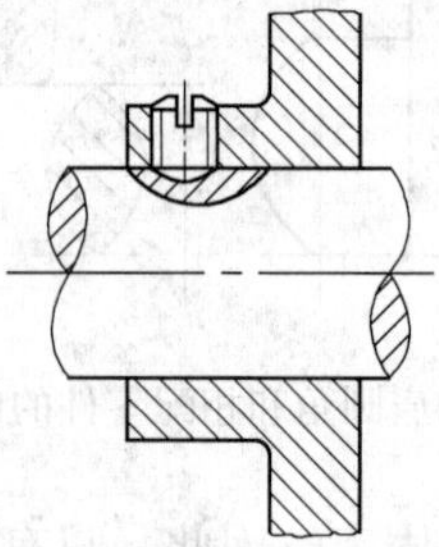

图 12－13 紧定螺钉

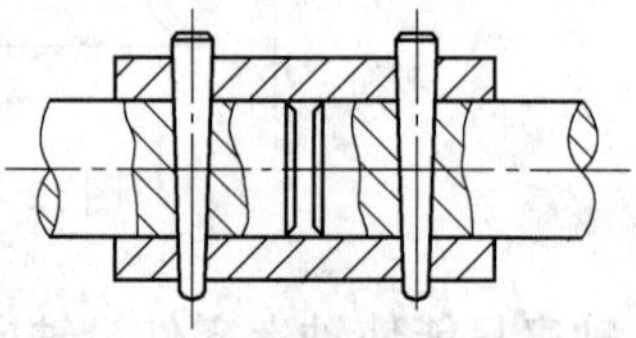

图 12－14 销定位

12.2.3 结构工艺性要求

轴的结构工艺性主要体现在装配工艺性和加工工艺性方面。

中间粗、两端细的阶梯轴是合理的。为便于配合较紧的轴上零件的装拆，在装入侧轴段应设置允许直径差别较小的非定位轴肩，如图 12－8 中的轴段②和③构成了便于装入左轴承的非定位轴肩；轴段③和④构成了便于装拆齿轮的非定位轴肩。

有时为传递较大的转矩，可重叠采用键和过盈两种连接。为便于安装，使轮毂上的键槽对准轴上的键，可在轴段的装入侧设置引导锥，如图 12－15 所示，图中 $c \geq 0.01d + 2\text{mm}$。

需切削螺纹的轴段，在车制螺纹的轴段，应设退刀槽，如图 12－16 (a) 所示；在需磨制的轴段，应设砂轮越程槽，以便磨削时砂轮可以磨到轴肩的端部，如图 12－16 (b) 所示，以保证螺纹牙均能达到预期的高度。

为便于轴上零件的安装和去除加工毛刺，轴段台阶处要设倒角。同一轴上，直径相近处的圆角、倒角、键槽、砂轮越程槽、退刀槽等，应尽量使尺寸一致，以便于加工。

12.2.4 提高轴的刚度和强度的措施

(1) 减小应力集中。在零件截面发生变化处会产生应力集中现象，从而削弱材料的强

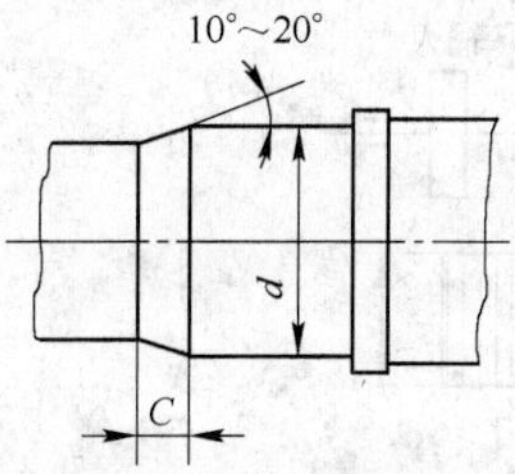

图 12-15 引导锥

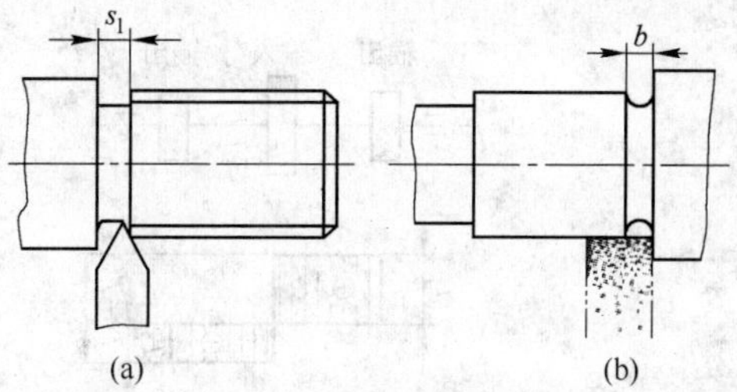

图 12-16 砂轮越程槽和螺纹退刀槽

度。因此，进行结构设计时，应尽量减小应力集中。特别是合金钢材料对应力集中比较敏感，应当特别注意。在阶梯轴的截面尺寸变化处应采用圆角过渡，且圆角半径不宜过小。另外，设计时尽量不要在轴上开横孔、切口或凹槽，必须开横孔时须将边倒圆。在重要的轴的结构设计中，可采用卸载槽（见图 12-17a 中的 B）、过渡肩环（见图 12-17b）或凹切圆角（见图 12-17c）增大轴肩圆角半径，以减小局部应力。

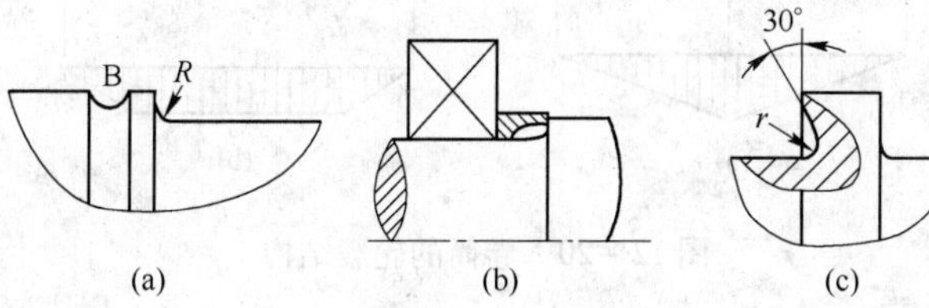

图 12-17 减小应力集中的措施

当轴上零件与轴为过盈配合时，可采用如图 12-18 所示的各种结构，以减轻轴在零件配合处的应力集中。

图 12-18（a）所示为增大配合处轴径，图 12-18（b）所示为在配合边缘开卸载槽，图 12-18（c）所示为在轮毂上开卸载槽。

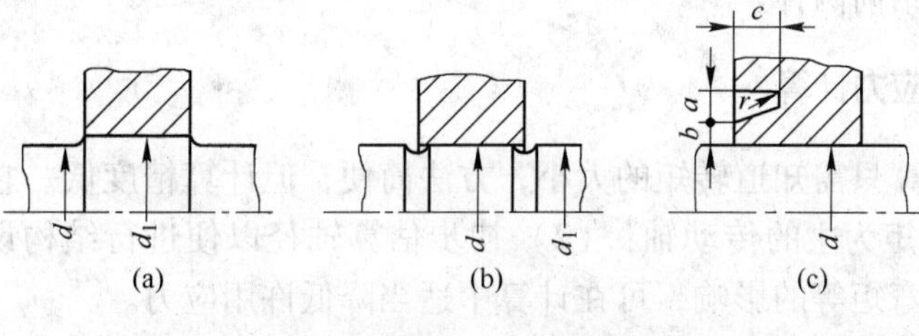

图 12-18 几种轴与轮毂的过盈配合方法

（2）合理布置轴上传动零件的位置。当动力由两个轮输出时，应将输入轮布置在两输出轮的中间，以减小轴上的转矩。如在图 12-19 中，输出转矩为 T_1、T_2 且 $T_1>T_2$，按图 12-19（a）布置时，轴的最大转矩为 T_1，而按图 12-19（b）布置时，轴的最大转矩为 T_1+T_2。

（3）合理设计轴上零件的结构。改进轴上零件的结构可减小作用于轴的载荷。图 12-20 所示为卷筒的轮毂结构，图 12-20（a）中卷筒的轮毂孔配合面很长，如把轮毂孔配合

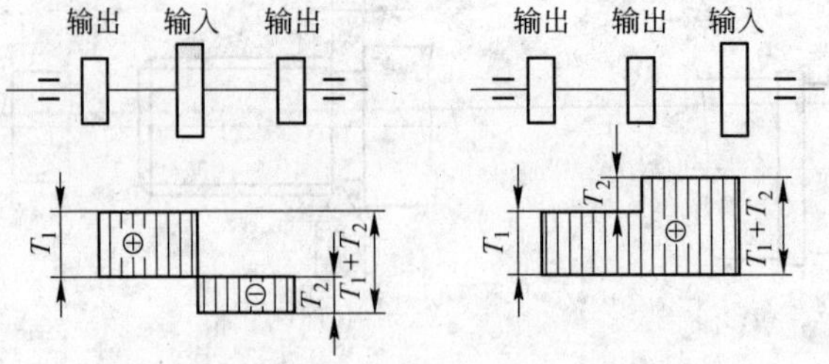

图 12－19　轴上零件的两种布置方案

面分成两段（见图 12－20 b），将减小轴所受到的弯矩，与此同时还改善了轴孔的配合。

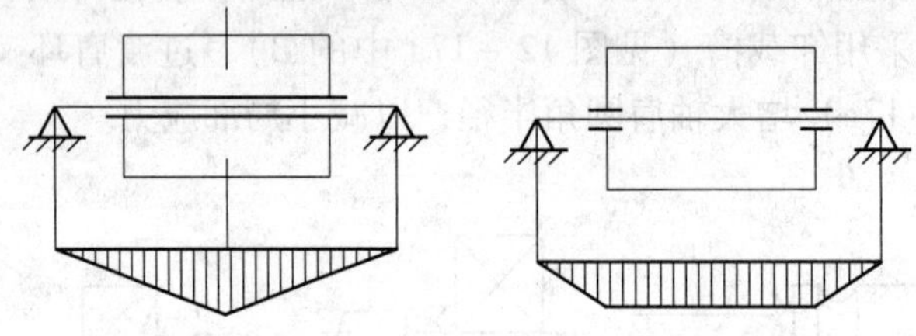

图 12－20　卷筒的轮毂结构

（4）改善表面品质。轴的表面质量对轴的疲劳强度有显著的影响。经验证明，疲劳裂纹常发生在表面最粗糙的地方。采用表面强化，如辗压、喷丸、表面淬火等，可以显著提高轴的疲劳强度。

12.3　轴的强度计算

轴的强度计算主要有三种方法：许用切应力计算、许用弯曲应力计算、安全系数校核计算。下面主要介绍前两种。

12.3.1　按许用切应力计算

许用切应力计算只需知道转矩的大小，方法简便，但计算精度低。它主要用于下列情况：（1）传递以转矩为主的传动轴；（2）初步估算轴径以便进行结构设计的转轴；（3）不重要的轴。考虑弯矩等的影响，可在计算中适当降低许用应力。

对于传递转矩的圆截面实心轴，其强度条件为：

$$\tau = \frac{T}{W_T} = \frac{9.55 \times 10^6 P}{0.2 d^3 n} \leqslant [\tau_T] \qquad (12-1)$$

式中　τ——转矩 T（N · mm）在轴上产生的扭应力，MPa；

$[\tau_T]$——材料的许用扭应力，MPa，见表 12－2；

W_T——抗扭截面模量，mm^3，对圆截面实心轴 $W_T = \frac{\pi d^3}{16} \approx 0.2d^3$；

P——轴所传递的功率，kW；

n——轴的转速，r/min；

d——轴的直径，mm。

对于既传递转矩又承受弯矩的转轴，也可用式（12－1）初步估算轴的直径；但必须把轴的许用扭应力［τ_T］适当降低，以补偿弯矩对轴的影响。将降低后的许用应力代入式（12－1），可改写为设计公式：

$$d \geqslant \sqrt[3]{\frac{9.55 \times 10^6}{0.2\ [\tau_T]}} \sqrt[3]{\frac{P}{n}} \geqslant C \sqrt[3]{\frac{P}{n}} \quad (\mathrm{mm}) \tag{12-2}$$

式中 C——由轴的材料和承载情况确定的常数，见表 12－2。

应用式（12－2）求出的 d 值作为轴最细处的直径。对于受弯矩较大的轴宜取较小的［τ_T］值。当轴上有键槽时，应适当增大轴径。

表 12－2 常用材料的［τ_T］值和 C 值

轴的材料	Q235，20	Q275，35	45	40Cr，35，SiMn
［τ_T］/MPa	12～20	20～30	30～40	40～52
C	160～135	135～118	118～107	107～98

此外，也可采用经验公式来估算轴的直径。例如在一般减速器中，高速输入轴的直径可按与其相连的电动机轴的直径 D 估算，$d=(0.8\sim1.2)D$；各级低速轴的轴径可按同级齿轮中心距 a 估算，$d=(0.3\sim0.4)a$。

12.3.2 按许用弯曲应力计算

初步完成轴的结构设计后，轴的支承位置和轴上零件的载荷作用点位置均已知，轴上零件作用于轴上的载荷以及轴承给予轴的支反力可以确定，因而可计算出弯矩。用最大剪应力理论（第三强度理论），将转轴所受的弯矩 M 和转矩 T 组合进行强度校核。

对于一般钢制的转轴，可用第三强度理论求出危险截面的当量应力 σ_e，其强度条件为：

$$\sigma_e = \sqrt{\sigma_b^2 + 4\tau^2} \leqslant [\sigma_b] \tag{12-3}$$

式中 σ_b——危险截面上弯矩 M 产生的弯曲应力。

对于直径为 d 的圆轴有：

$$\sigma_b = \frac{M}{W} = \frac{M}{\pi d^3/32} \approx \frac{M}{0.1d^3}$$

$$\tau = \frac{T}{W_T} = \frac{T}{2W}$$

式中 W，W_T——轴的抗弯和抗扭截面模量。

将 σ_b 和 τ 值代入式（12－3），得：

$$\sigma_e = \sqrt{\left(\frac{M}{W}\right)^2 + 4\left(\frac{T}{2W}\right)^2} = \frac{1}{W}\sqrt{M^2 + T^2} \leqslant [\sigma_b] \tag{12-4}$$

由于一般转轴的 σ_b 为对称循环变应力，而 τ 的循环特性往往与 σ_b 不同，为了考虑两者循环特性不同的影响，对式（12－4）中的转矩 T 乘以校正系数 α，即

$$\sigma_e = \frac{M_e}{W} = \frac{1}{0.1d^3}\sqrt{M^2 + (\alpha T)^2} \leqslant [\sigma_{-1b}] \tag{12-5}$$

式中 M_e——当量弯矩，$M_e = \sqrt{M^2 + (\alpha T)^2}$；

α——根据转矩性质而定的校正系数。对不变的转矩 $\alpha = [\sigma_{-1b}]/[\sigma_{+1b}] \approx 0.3$；当转矩脉动变化时，$\alpha = [\sigma_{-1b}]/[\sigma_{0b}] \approx 0.6$；对于频繁正反转的轴，$\tau$ 可看为对称循环变应力，$\alpha = 1$。若转矩的变化规律不清楚，一般也按脉动循环处理。$[\sigma_{-1b}]$、$[\sigma_{0b}]$ 和 $[\sigma_{+1b}]$ 分别为对称循环、脉动循环及静应力状态下的许用弯曲应力，见表 12 – 3。

表 12 – 3 轴的许用弯曲应力 MPa

材 料	σ_b	$[\sigma_{+1b}]$	$[\sigma_{0b}]$	$[\sigma_{-1b}]$
碳素钢	400	130	70	40
	500	170	75	45
	600	200	95	55
	700	230	110	65
合金钢	800	270	130	75
	900	300`	140	80
	1000	330	150	90
铸 钢	400	100	50	30
	500	120	70	40

通常外载荷不是作用在同一平面内的，这时应先将这些力分解到水平面和垂直面内，并求出各面的支反力，再绘出水平面弯矩 M_H 图、垂直面弯矩 M_V 图和合成弯矩 M 图，$M = \sqrt{M_H^2 + M_V^2}$；绘出转矩 T 图；最后由公式 $M_e = \sqrt{M^2 + (\alpha T)^2}$ 绘出当量弯矩图。

计算轴的直径时，式（12 – 2）可写成：

$$d \geqslant \sqrt[3]{\frac{M_e}{0.1[\sigma_{-1b}]}} \quad (\text{mm}) \tag{12-6}$$

式中，M_e 的单位为 N · mm；$[\sigma_{-1b}]$ 的单位为 MPa。

若该截面有键槽，可将计算出的轴径加大 4%。计算出的轴径还应与结构设计中初步确定的轴径相比较，若初步确定的直径较小，说明强度不够，结构设计要进行修改；若计算出的轴径较小，除非相差很大，一般就以结构设计的轴径为准。

对于一般用途的轴，按上述方法设计计算即可。对于重要的轴，尚须作进一步的强度校核。

【例 12 – 1】 如图 12 – 21 所示，已知作用在带轮 D 上转矩 $T = 78100\text{N} \cdot \text{mm}$，斜齿轮 C 的压力角 $\alpha_n = 20°$，螺旋角 $\beta = 9°41'46''$，分度圆直径 $d = 58.333\text{mm}$，带轮上的压轴力 $F_Q = 1147\text{N}$，其他尺寸如图 12 – 21（a）所示，试计算该轴危险截面的直径。

解：（1）计算作用在轴上的力。

圆周力 $$F_t = \frac{2T}{d} = \frac{2 \times 78100}{58.333} = 2678\text{N}$$

径向力 $$F_r=\frac{F_t\tan\alpha_n}{\cos\beta}=\frac{2678\times\tan20°}{\cos9°41'46''}=988.8\text{N}$$

轴向力 $$F_\alpha=F_t\tan\beta=2678\times\tan9°41'46''=457.6\text{N}$$

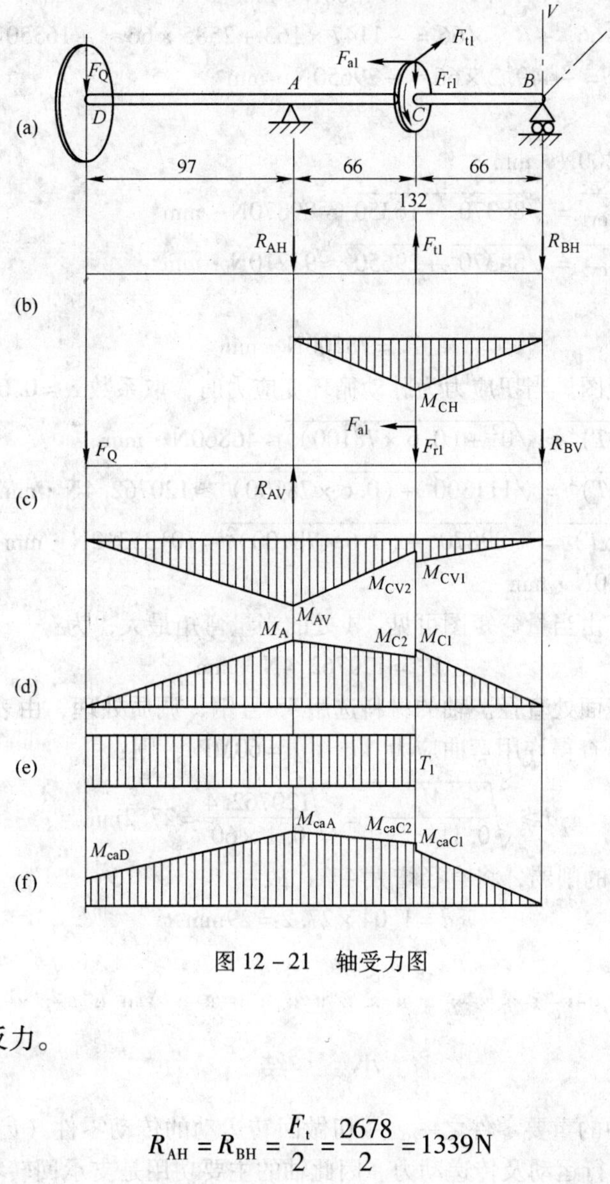

图 12-21 轴受力图

（2）计算支反力。

水平面：

$$R_{AH}=R_{BH}=\frac{F_t}{2}=\frac{2678}{2}=1339\text{N}$$

垂直面：

由 $\sum M_B=0$ 得 $R_{AV}\times132-F_r\times66-F_a\times\frac{d}{2}-F_Q(97+132)=0$，所以有：

$$R_{AV}=2585\text{N}$$

由 $\sum F=0$ 得：

$$R_{BV}=R_{AV}-F_Q-F_r=2585-1147-988.8=449.2\text{N}$$

（3）作弯矩图。

水平面弯矩：

$$M_{CH} = -R_{BH} \times 66 = -1339 \times 66 \approx -88370\text{N} \cdot \text{mm}$$

垂直面弯矩：

$$M_{AV} = -F_Q \times 97 = -1147 \times 97 \approx -111300\text{N} \cdot \text{mm}$$

$$M_{CV1} = -F_Q(97+66) + R_{AV} \times 66 = -1147 \times 163 + 2585 \times 66 \approx -16350\text{N} \cdot \text{mm}$$

$$M_{CV2} = -R_{BV} \times 66 = -449.2 \times 66 \approx -29650\text{N} \cdot \text{mm}$$

合成弯矩：

$$M_A = M_{AV} = 111300\text{N} \cdot \text{mm}$$

$$M_{C1} = \sqrt{M_{CH}^2 + M_{CV1}^2} = \sqrt{88370^2 + 16350^2} \approx 89870\text{N} \cdot \text{mm}$$

$$M_{C2} = \sqrt{M_{CH}^2 + M_{CV2}^2} = \sqrt{88370^2 + 29650^2} \approx 93210\text{N} \cdot \text{mm}$$

（4）作转矩图。

$$T_1 = 78100\text{N} \cdot \text{mm}$$

（5）作当量弯矩图。当扭应力为脉动循环变应力时，取系数 $\alpha = 0.6$，则：

$$M_{caD} = \sqrt{M_D^2 + (\alpha T)^2} = \sqrt{0^2 + (0.6 \times 78100)^2} \approx 46860\text{N} \cdot \text{mm}$$

$$M_{caA} = \sqrt{M_A^2 + (\alpha T)^2} = \sqrt{111300^2 + (0.6 \times 78100)^2} \approx 120762.4\text{N} \cdot \text{mm}$$

$$M_{caC1} = \sqrt{M_{C1}^2 + (\alpha T)^2} = \sqrt{89870^2 + (0.6 \times 78100)^2} \approx 101353.2\text{N} \cdot \text{mm}$$

$$M_{caC2} = M_{C2} = 93210\text{N} \cdot \text{mm}$$

（6）最大弯矩。由当量弯矩图可见，A 处的当量弯矩最大，为：

$$M_e = 120762.4\text{N} \cdot \text{mm}$$

（7）计算危险截面处直径。轴的材料选用 45 号钢，调质处理，由表 12－1 查得 σ_b = 650MPa，由表 12－3 查得许用弯曲应力 $[\sigma_{-1b}] = 60\text{MPa}$，则：

$$d \geqslant \sqrt[3]{\frac{M_e}{0.1[\sigma_{-1b}]}} = \sqrt[3]{\frac{120762.4}{0.1 \times 60}} = 27.2\text{mm}$$

考虑到键槽对轴的削弱，将直径增大 4%，故：

$$d = 1.04 \times 27.2 = 29\text{mm}$$

小　　结

（1）轴是机器中的重要零件之一。一切做回转运动的传动零件（齿轮、带轮），都必须安装在轴上才能进行运动及传递动力。因此轴的主要功用是支承回转零件，传递运动和动力。在轴的设计中，首先要选择合适的材料。轴的材料常采用碳素钢和合金钢。掌握轴的类型，重点掌握心轴、传动轴和转轴的区别以及应用。

（2）重点掌握轴的结构设计。轴的结构设计主要是确定轴各部分的合理形状和尺寸。由于影响轴的结构的因素很多，因此轴的结构没有标准形式。设计时，必须考虑以下几点原则：

1）轴上零件定位准确可靠；

2）结构简单，强度足够，尽量减轻应力集中；

3）轴上零件装拆方便。

（3）掌握轴的强度设计。轴的强度计算主要有三种方法：许用切应力计算；许用弯曲应力计算；安全系数校核计算。许用弯曲应力计算适合于转轴，精度较低，安全系数校核计算精度较高。没有特殊要求，一般采用许用弯曲应力计算。

习　题

12-1 按承载情况，轴可分为哪几类？

12-2 轴的常用材料有哪些，各有何特点？分别说明各种材料的应用场合。

12-3 轴的结构设计包括哪几个方面的内容？

12-4 轴上零件的轴向固定的常用方法有哪些？

12-5 轴上零件的周向固定的常用方法有哪些？

12-6 提高轴疲劳强度的措施有哪些？

12-7 已知一传动轴传递的功率为55kW，转速 $n=1000\text{r/min}$，如果轴上的扭应力不许超过50MPa，求该轴的直径。

12-8 已知一传动轴直径 $d=45\text{mm}$，转速 $n=1450\text{r/min}$，如果轴上的扭应力不许超过55MPa，问该轴能传递多大功率？

12-9 已知一转轴在直径 $d=50\text{mm}$ 处受不变的转矩 $T=12\times10^3\text{N}\cdot\text{m}$ 和弯矩 $M=6\times10^3\text{N}\cdot\text{m}$，轴的材料为45钢调质处理，问该轴能否满足强度要求？

12-10 如图12-22所示的转轴，直径 $d=60\text{mm}$，传递不变的转矩 $T=2300\text{N}\cdot\text{m}$，$F=9000\text{N}$，$a=300\text{mm}$。若轴的许用弯曲应力 $[\sigma_{-1b}]=80\text{MPa}$，求 x。

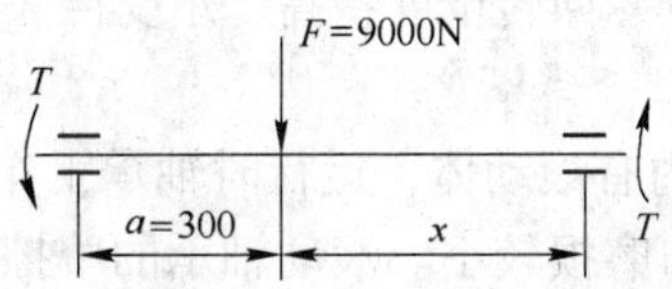

图12-22

12-11 已知一单级直齿圆柱齿轮减速器，用电动机直接拖动，电动机功率 $P=22\text{kW}$，转速 $n_1=1470\text{r/min}$，齿轮的模数 $m=4\text{mm}$，齿数 $z_1=18$，$z_2=82$，若支承间跨距 $l=180\text{mm}$（齿轮位于跨距中央），轴的材料用45钢调质，轴所受的扭矩为对称循环性质，试计算输出轴危险截面处的直径 d。

13 轴　承

轴承是机器中用来支承轴和轴上零件的重要零部件，它能保证轴的旋转精度，减小转动时轴与支承件间的摩擦和磨损。

工作时，按受载方向的不同，轴承可分为向心轴承、推力轴承和向心推力轴承。向心轴承主要承受径向载荷；推力轴承主要承受轴向载荷；向心推力轴承可承受径向与轴向复合载荷。

按轴与轴承间的摩擦形式不同，轴承可分为滑动轴承和滚动轴承两大类，如图 13－1 所示。

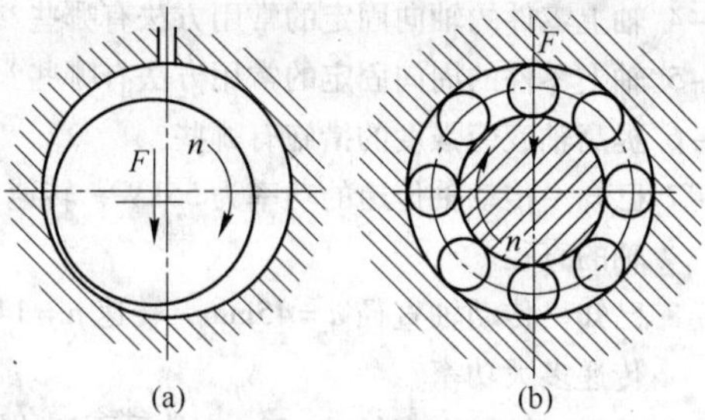

图 13－1　轴承的结构原理

(a) 滑动轴承；(b) 滚动轴承

（1）滑动轴承。滑动轴承工作时，轴与轴承间存在滑动摩擦。为减小摩擦与磨损，在轴承内加有润滑剂。滑动轴承结构简单、径向尺寸小、易于制造、便于安装，且具有工作平稳、无噪声、耐冲击和承载能力强等优点。但润滑不良时，滑动轴承会迅速失效，并且轴向尺寸较大。滑动轴承适用于要求不高或有特殊要求的场合，如转速特高、承载特重、回转精度特高、承受巨大冲击和振动、轴承结构需要剖分、径向尺寸特小等场合。

（2）滚动轴承。滚动轴承内有滚动体，运行时轴承工作面间存在滚动摩擦。与滑动摩擦相比，滚动轴承的摩擦因数与磨损较小。滚动轴承的摩擦阻力小，载荷、转速及工作温度的适用范围广，且为标准件，有专门厂家大批量生产，质量可靠，供应充足，润滑、维修方便，轴承结构不能剖分，轴向尺寸较小，径向尺寸较大，高速时有振动和噪声。由于滚动轴承的机械效率较高，对轴承的维护要求较低，因此在中、低转速以及精度要求较高的场合得到广泛应用。

13.1　滑动轴承的类型

根据摩擦表面间摩擦性质的不同，摩擦分为混合摩擦（非流体摩擦）与流体摩擦两类。混合摩擦是干摩擦、边界摩擦与流体摩擦交替出现的摩擦状态。干摩擦是不加任何润滑剂的摩擦，其摩擦性质取决于工作面的表面粗糙度。边界摩擦状态是在工作面上附着一层极薄的边界膜，其摩擦性质取决于边界膜的强度。流体摩擦状态是工作面被一层压力油膜完全隔开，其摩擦性质取决于润滑油的黏度。因摩擦状态与润滑有关，故边界摩擦、流体摩擦与混合摩擦也称为边界润滑、流体润滑与混合润滑。

滑动轴承根据其滑动表面间摩擦状态不同，可分为混合润滑（非流体润滑）轴承、流体润滑轴承以及其他润滑方式的轴承。

（1）非流体润滑轴承。非流体润滑轴承一般采用润滑脂、油绳与滴油形式润滑，轴径与轴承表面得不到足够润滑剂，液体油膜不连续。这种轴承结构简单，摩擦因数较大，磨损较大。

1）向心滑动轴承。向心滑动轴承包括整体式、剖分式、自动调心式与可调间隙式等种类。

2）推力滑动轴承。常用平面推力滑动轴承，由于缺乏液体摩擦的条件，而处于非流体润滑状态，需与向心轴承同时使用。推力滑动轴承用于承受轴向力的场合。

3）粉末冶金轴承（含油轴承）。这种轴承具有多孔性，油存于孔隙中，在较长的时间内不添加润滑油也能自动润滑，保证正常工作，但由于其材质比较疏松，故承载能力较低，常用于轻载、低速和不易加油的情况。

4）塑料轴承。与金属轴承相比，塑料轴承重量轻，维护简便，化学稳定性好，耐磨性和耐疲劳破坏的强度高，且具有减振、吸声、自润滑性、绝缘和自熄性。但热膨胀系数大，导热系数低，吸湿性较大，强度和尺寸稳定性不如金属轴承。塑料轴承用于速度不高或散热性好的地方，工作温度不宜超过65℃，瞬时工作温度不超过80℃。

5）橡胶轴承。橡胶轴承能吸收振动和冲击力，在有杂质的环境中耐磨性、耐腐蚀性好，但其单位强度较金属的耐热性差，不适合在高温及与油类或有机溶剂相接触的环境中使用。橡胶轴承常用作船舶中的轴承，在需减振及在腐蚀环境下工作。

6）木轴承。木轴承质轻价廉，能吸收冲击，对轴的偏斜敏感性小，但强度低，导热性、耐湿性及耐磨性差。木轴承常用于轻载需减振场合，如农业机械圆盘耙轴承、大粒矿石输送泵轴承等。

（2）流体润滑轴承。

1）液体动压轴承。液体动压轴承是由轴颈自身的泵油作用建立压力油膜，轴颈与轴承工作表面间被压力油膜完全隔开，从而形成液体动压润滑。

动压轴承必须具备以下条件：

① 轴承有足够的转速；

② 有足够的供油量，润滑油具有一定的黏度；

③ 轴颈与轴承工作表面之间具有适当的间隙，形成收敛油楔，动板带着润滑油由大口流向小口。

动压滑动轴承的承载能力与轴颈的转速、润滑油的黏度、轴颈的长径比、楔形间隙尺寸等有关。为获得液体摩擦，必须保证一定的油膜厚度，而油膜厚度又受到轴颈和轴孔表面粗糙度、轴的刚度及轴承、轴颈的几何形状误差等限制，因此需要进行一定的设计计算。

多油楔动压轴承可满足轴的高精度回转要求，寿命长，用于高转速及高精度机械，如离心压缩机的轴承等。

2）液体静压轴承。液体静压轴承是由一套供油系统建立压力油膜，将轴颈与轴承完全隔开，由此形成液体静压润滑。油膜的形成不受相对滑动速度的限制，液体静压轴承在各种速度（包括速度为零）下均有较大承载能力。轴的工作稳定性好，可满足轴的高精度回转要求，摩擦因数小，机械效率高，寿命长。

3）气体动压、静压轴承。气体动压、静压轴承，是用空气或其他气体作润滑剂，在工作表面形成气体动压、静压润滑。轴承的摩擦因数小，机械效率高，可满足高速运转的要求。气体轴承用作陀螺转子、电视录像机等轴承。

（3）无润滑轴承（塑料、碳石墨轴承）。无润滑轴承在无润滑油或润滑脂的状态下运转，应用较少。

（4）固体润滑轴承。固体润滑轴承用石墨、二硫化钼、酞菁染料、聚四氟乙烯等固体润滑剂润滑，用于极低温、高温、高压、强辐射、太空、真空等特殊工况条件下。

（5）其他轴承。

1）磁流轴承：用磁流体作润滑剂。

2）静电轴承：用电力场使轴悬浮。

3）磁力轴承：用磁力场使轴悬浮。

13.2 滑动轴承的结构形式

滑动轴承的结构形式与摩擦状态和承载方向有关，通常由轴承座（盖）、轴瓦（套）、密封及紧固装置等组成。一些常用的滑动轴承，其结构参数的制定有部颁标准，可根据轴承的工况及使用条件按标准选择，也可自行设计。

13.2.1 向心滑动轴承

向心滑动轴承主要用来承受径向载荷，常见的有整体式、剖分式、自动调心式、可调间隙式等种类。

（1）整体式滑动轴承。整体式滑动轴承（见图 13－2）的结构较为简单，易于制造。它的轴瓦是套筒式的，也称轴套，直接压装在轴承座孔中，或单独做成一个整体式的滑动轴承。这种轴承磨损后，径向间隙无法调整，只能更换轴套；在安装或拆卸时，轴或轴承要沿轴向移动，所以装拆不方便，有时甚至在结构上无法实现。因此，这种结构的轴承多用在低速、轻载、间歇工作的简单机械上，如手动起重机械、绞车等。

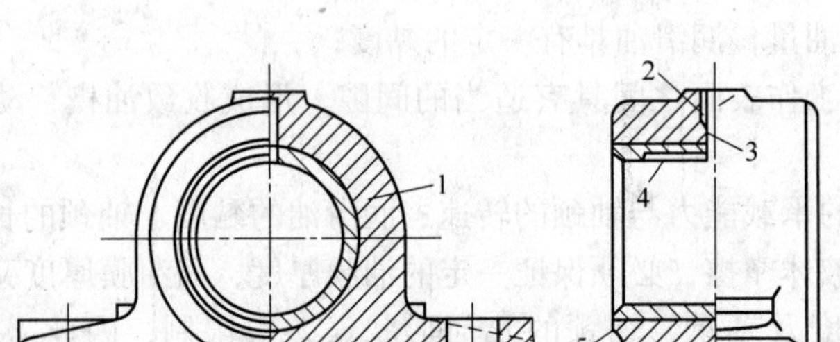

图 13－2　整体式滑动轴承

1—轴承座；2—油杯螺纹孔；3—油孔；4—油沟；5—轴套

（2）剖分式滑动轴承。剖分式滑动轴承（见图 13－3）的结构略比整体式轴承复杂，它由轴承盖、轴承座、剖分轴瓦及连接螺栓（或双头螺柱）组成。轴承可以通过在剖分面间增减调节垫片来调整工作间隙。为在安装时轴承盖与轴承座容易对准中心并且防止横向移动，需要在轴承座与轴承盖的剖分面上作出阶梯形的定位口。剖分面应与外载方向基本垂直，否则会降低承载能力。用于径向载荷偏斜较大的场合时，可用斜剖分结构，即剖分面与安装面呈45°夹角。在轴承盖上制有油孔，用于安装油杯或油管。这种轴承结构复杂，但拆装方便，可调整间隙，因此应用广泛。

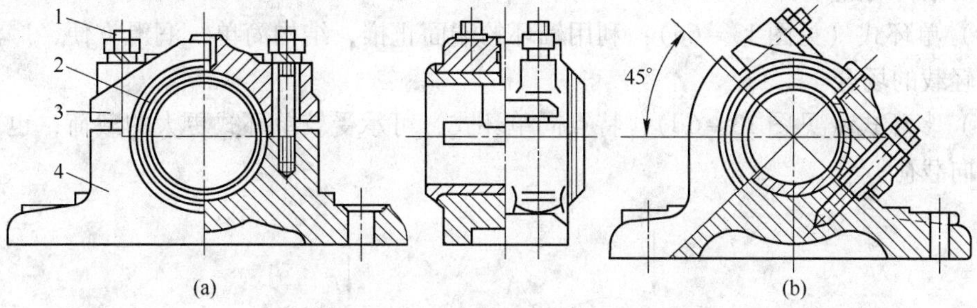

图 13-3 剖分式滑动轴承

1—双头螺柱；2—剖分轴瓦；3—轴承盖；4—轴承座

（3）自动调心式滑动轴承（见图 13-4）。当轴承宽径比 $B/D \geqslant 1.5$ 时，由于轴的弯曲变形或两轴承座孔的同心度不能保证，会造成轴颈与轴承端部直接接触，引起剧烈的磨损和发热。因此，当宽径比 $B/D \geqslant 1.5$ 时，宜采用自动调心滑动轴承。这种轴承的轴承座孔内表面与轴瓦的外表面是球面接触，球面中心在轴线上，故轴瓦可以自动调位以适应轴线的偏斜，使轴颈、轴瓦磨损均匀。

（4）可调间隙式滑动轴承。可调间隙式滑动轴承结构见图 13-5，它有外锥内柱式与外柱内锥式两种。外锥内柱式的轴瓦外表面为锥形，与内锥形表面的轴套相配合。轴瓦上开有纵向槽，增加轴瓦的弹性。调整轴套两端的螺母可使轴瓦沿轴向移动，从而可调整轴颈与轴瓦间的间隙。外柱内锥式为用于圆锥形轴颈的结构，轴瓦做成能与圆锥轴颈相配合的内锥孔。

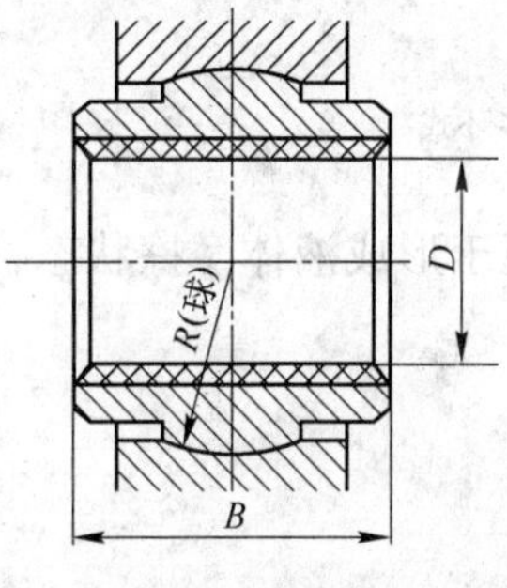

图 13-4 自动调心式滑动轴承

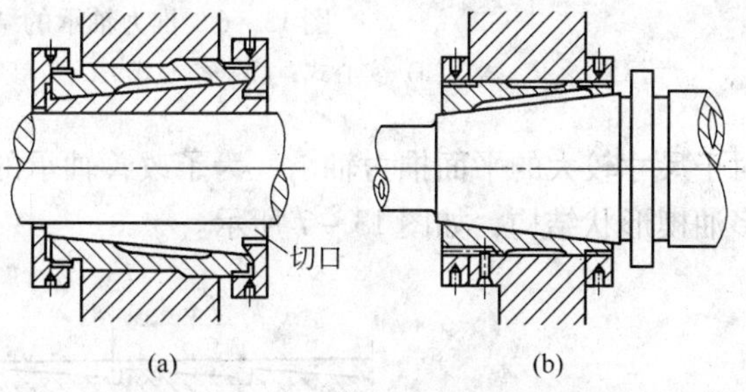

图 13-5 可调间隙式滑动轴承

（a）外锥内柱式；（b）外柱内锥式

13.2.2 推力轴承

推力轴承只能承受轴向载荷，与向心轴承联合使用才可同时承受轴向和径向载荷，其典型结构有以下几种。

（1）实心式（见图 13-6a）：由于从轴心到外表面各点的圆周速度是增加的，支撑面磨损极不均匀，导致支撑面上压力分布极不均匀，中心处圆周速度为 0，压力最大，对润滑很不利，使用较少。

（2）空心式（见图 13－6b）：将载荷集中的轴心材料去掉，支撑面上压力分布较均匀，润滑条件有所改善。

（3）单环式（见图 13－6c）：利用轴环的端面止推，结构简单，润滑方便，广泛用于低速、轻载的场合。

（4）多环式（见图 13－6d）：特点同单环式，可承受较单环式更大的载荷，也可承受双向轴向载荷。

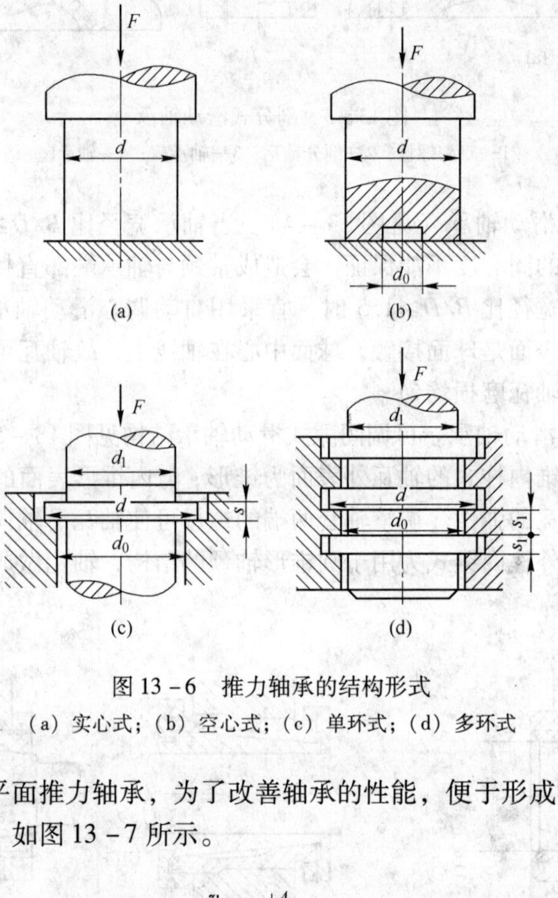

图 13－6　推力轴承的结构形式

（a）实心式；（b）空心式；（c）单环式；（d）多环式

对于尺寸较大的平面推力轴承，为了改善轴承的性能，便于形成液体摩擦状态，可设计成多油楔形状结构，如图 13－7 所示。

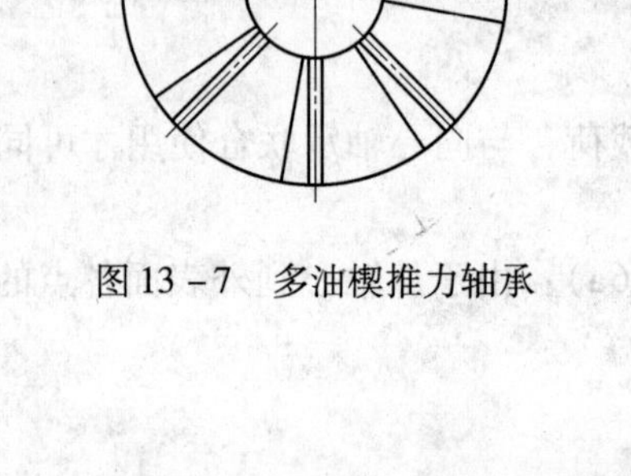

图 13－7　多油楔推力轴承

13.3 轴承材料、轴瓦结构及润滑

13.3.1 轴承材料和轴瓦结构

轴瓦与轴承衬的材料称为轴承材料。对轴承材料的基本要求是：

（1）足够的抗压强度和疲劳强度；

（2）良好的减摩性、耐磨性、抗胶合性、跑合性、嵌藏性和顺应性［减摩性为工作面摩擦系数小的性质，耐磨性为抵抗磨粒磨损的性质，抗胶合性为抵抗严重黏着磨损（划伤、撕脱、咬死）的性质，跑合性为降低表面不平度，增大实际工作面的性质，嵌藏性为嵌藏硬质颗粒，防止划伤工作表面的性质，顺应性为适应轴的几何误差，使轴颈与轴瓦更好吻合的性质］；

（3）热膨胀系数小，良好的导热性和润滑性能以及耐腐蚀性；

（4）良好的工艺性。

13.3.1.1 常用的轴瓦材料

（1）轴承合金：又称巴氏合金或白合金，其金相组织是在锡或铅的软基体中夹着锑、铜和碱土金属等硬合金颗粒。它的减摩性能最好，很容易和轴颈跑合，具有良好的抗胶合性和耐腐蚀性，但它的弹性模量和弹性极限都很低，机械强度比青铜、铸铁等低很多，一般只用作轴承衬的材料。锡基合金的热膨胀性质比铅基合金好，更适用于高速轴承。

（2）铜合金：有锡青铜、铝青铜和铅青铜三种。青铜有很好的疲劳强度，耐磨性和减摩性也都很好，工作温度可高达250℃，但其可塑性差，不易跑合，与之相配的轴颈必须淬硬，适用于中速重载，低速重载的轴承。

（3）粉末冶金：将不同的金属粉末经压制烧结而成的多孔结构轴瓦，称为粉末冶金轴瓦，其孔隙约占体积的10%～35%，可贮存润滑油，故又称为含油轴承。工作前，将轴瓦在油中浸泡。运转时，轴瓦温度升高，油因膨胀系数比金属大而自动进入摩擦表面润滑轴承。停车时，因毛细管作用润滑油又被吸回孔隙中。含油轴承加一次油便可工作较长时间，若能定期加油，效果更好。但由于它韧性差，宜用于载荷平稳、低速和加油不方便的场合。

（4）非金属材料：非金属轴承材料以塑料用得最多，其优点是摩擦系数小，可承载冲击载荷，可塑性、跑合性良好，耐磨，耐腐蚀，可用水、油及化学溶液润滑。但它的导热性差（只有青铜的1/2000～1/5000），耐热性低（120～150℃时焦化），膨胀系数大，易变形。为改善这些缺陷，可将薄层塑料作为轴承衬黏附在金属轴瓦上使用。塑料轴承一般用于温度不高，载荷不大的场合。尼龙轴承自润性、耐腐性、耐磨性、减振性等都较好，但导热性不好，吸水性大，线膨胀系数大，尺寸稳定性不好，适用于速度不高或散热条件好的地方。橡胶轴承弹性大，能减轻振动，使运转平稳，可以用水润滑，常用于离心水泵、水轮机等场合。

常用的轴瓦材料及性能见表13－1。

13.3.1.2 轴瓦结构

常用的轴瓦分为整体和剖分式两种结构。整体式轴瓦是套筒形（称为轴套），剖分式

表 13-1 常用轴承材料的性能及用途

材料	牌号	[p]/MPa	[v] /$m \cdot s^{-1}$	[pv] /$MPa \cdot m \cdot s^{-1}$	HBS 金属模	HBS 砂模	应用举例
耐磨铸铁	耐磨铸铁-1 (HT)	0.05~9	2~0.2	0.2~1.8	180~229		铬镍合金灰口铁，用于与经热处理（淬火或正火）轴相配合的轴承
	耐磨铸铁-1 (QT)	0.5~12	5~1.0	2.5~12	210~260		球墨铸铁，用于与经热处理的轴相配合的轴承
					167~197		球墨铸铁，用于与不经淬火的轴相配合的轴承
铸造青铜	ZCuSn10P1	15	10	15（20）	90	80	磷锡青铜，用于重载、中速高温及冲击条件下工作的轴承
	ZQSn6-6-3	8	3	10（12）	65	60	锡锌铅青铜，用于中载、中速工作的轴承、起重机轴承及机床的一般主轴轴承
	ZCuAl10Fe3	30	8	12（60）	110	100	铝铁青铜，用于受冲击载荷处，轴承温度可至300℃，轴颈需淬火
	ZCuPb30	25(平稳)	12	30（90）	25		铅青铜，浇注在钢轴瓦上做衬，可受很大的冲击载荷，也适用于精密机床主轴轴承
		15(冲击)	8	（60）			
铸锌铝合金	ZZnAl10-5	20	9	16	100	80	用于750kW以下的减速器，各种轧钢机辊轴承，工作温度低于80℃
铸锡基轴承合金	ZSnSb11Cu6	25(平稳)	80	20（100）	27		用做轴承衬，用于重载高速、温度低于110℃的重要轴承，如汽轮机、大于750kW的电动机、内燃机、高转速的机床主轴的轴承等
		20(冲击)	60	15（10）			
铸铅基轴承合金	ZPbSb16Sn16Cu2	15	12	10（50）	30		用于不剧变的重载，高速的轴承，如车床、发电机、压缩机、轧钢机等的轴承，温度低于120℃
	ZPbSb15Sn5	20	15	15	20		用于冲击载荷或稳定载荷下工作的轴承。如汽轮机、中等功率的电动机、拖拉机、发动机、空压机的轴承
铁质陶瓷（含油轴承）		21	0.125	定期给油0.5；较少而足够的润滑1.8；润滑充足4	50~85		常用于载荷平稳，低速及加油不方便处，轴颈最好淬火，径向间隙为轴径的0.15%~0.02%
		4.8~4.9	0.25~0.75				
尼龙6 尼龙66 尼龙1010			5	0.09 无润滑			用于速度不高或散热条件好的地方
			6	1.6（滴油连续工作） 2.5（滴油间歇工作）			

注：1. 括弧中的［pv］值为极限值，其余为润滑良好时的一般值。

2. 耐磨铸铁的［p］及［pv］与 v 有关，可用内插法计算，例如：对耐磨铸铁-1（QT），当 $v = 3m/s$ 时，

$[pv] = 2.5 + \frac{12-2.5}{5-1}(5-3) = 7.2MPa \cdot m/s$，$[p] = 7.2/3 = 2.4MPa$。

轴瓦由两半组成（见图13－8）。为了改善轴瓦内表面的摩擦性质，常在其内表面上浇铸一层或两层减摩材料，称为轴承衬，即轴瓦做出双金属结构（见图13－9）或三金属结构。

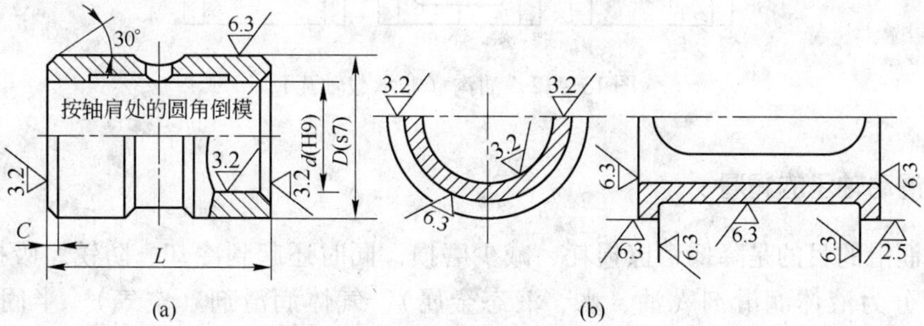

图13－8 整体式轴瓦和剖分式轴瓦

轴瓦和轴承座不允许有相对移动，为了防止轴瓦的移动，可将其两端做出凸缘（见图13－8b）用于轴向定位或用销钉（或螺钉）将其固定在轴承座上（见图13－10）。

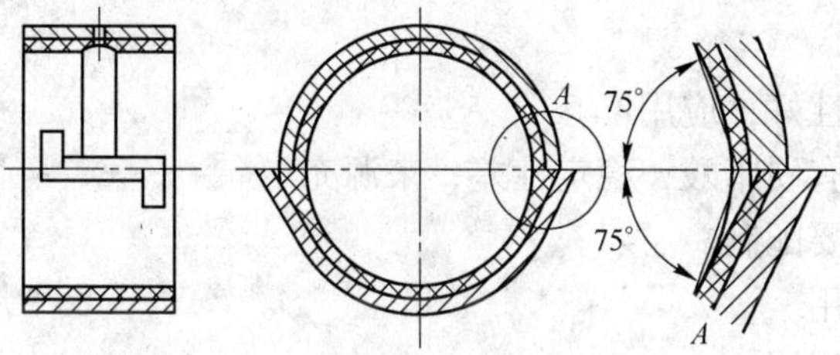

图13－9 双金属轴瓦

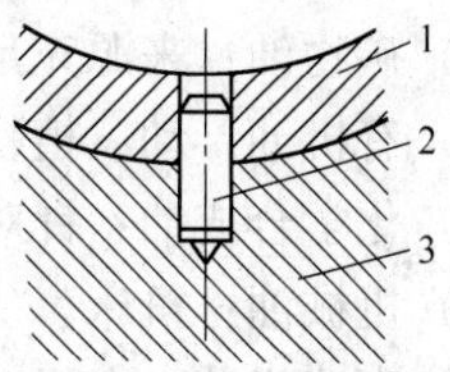

图13－10 销钉固定轴瓦

1—轴瓦；2—圆柱销；3—轴承座

为了使滑动轴承获得良好的润滑，轴瓦或轴颈上需开设油孔及油沟。油孔用于供应润滑油，油沟用于输送和分布润滑油。油孔及油沟的位置和形状对轴承的承载能力和寿命影响很大。通常，油孔应设置在油膜压力最小的地方；油沟应开在轴承不受力或油膜压力较小的区域（非承载区），要求既便于供油又不降低轴承的承载能力。图13－11为油孔和油沟对轴承承载能力的影响。图13－12为几种常见的油沟，油孔和油沟均位于轴承的非承载区，油沟的长度较轴承宽度短，以防端泄。

图13－11 不正确的油沟会降低油膜的承载能力

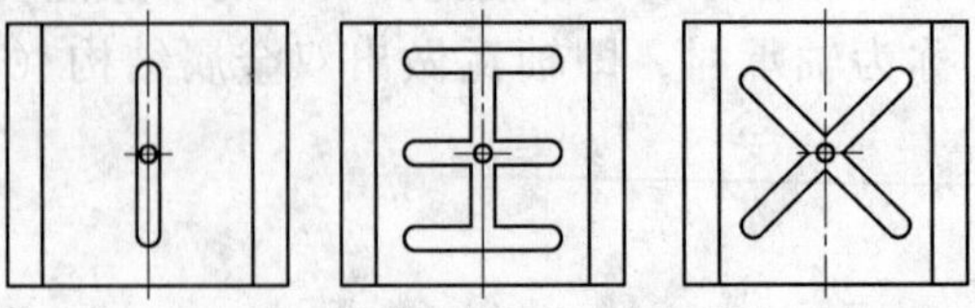

图 13－12　油沟（非承载轴瓦）

13.3.2　滑动轴承的润滑

轴承润滑的目的是降低摩擦损耗、减少磨损，同时还起到冷却、防锈、吸振等作用。润滑剂可分为液体润滑剂（油、水、液态金属）、气体润滑剂（空气）、半固体润滑剂（润滑脂）和固体润滑剂（二硫化钼、石墨、聚四氟乙烯等）。

正确选用润滑剂，是滑动轴承正常工作的保证。润滑油的润滑性能好，应用最广；润滑脂具有不易流失等优点；固体润滑剂一般用于不能使用油、脂的特殊场合。

13.3.2.1　润滑油

A　润滑油的分类

润滑油可分为以下几种。

（1）矿物油：来源充足，稳定性好，应用广。

（2）有机油：动、植物油，含有硬脂酸，稳定性差，来源充足。

（3）化学合成油：针对特定需要配制。

（4）机械油：机床、一般机械用。

（5）高速机油：电机、纺织机械用。

（6）汽油机油：发动机用。

（7）汽缸油：发动机用。

B　润滑油的主要性能指标

（1）黏度：是选择润滑油的主要依据。黏度表示液体流动时内摩擦阻力的大小，黏度越大，内摩擦阻力越大，液体的流动性越差。根据牛顿黏性定律，有：

$$\tau = -\eta \frac{\partial u}{\partial y} \tag{13-1}$$

式中　τ ——流体单位面积上的剪切阻力；

η ——比例常数，即流体的动力黏度；

$\frac{\partial u}{\partial y}$ ——流体沿垂直于运动方向的速度梯度，“－”号表示 u 随 y 的增大而减小。

1）动力黏度 η。如图 13－13 所示，长、宽、高各为 1m 的液体，如果使两平行平面 a 和 b 发生 $u = 1\text{m/s}$ 的相对滑动，所需施加的力 F 为 1N 时，该液体的黏度为 1 个国际单位制的动力黏度，并以 Pa · s（帕 · 秒）为单位，$1\text{Pa} \cdot \text{s} = 1\text{N} \cdot \text{s/m}^2$。动力黏度又称绝对黏度。动力黏度也可以 P（泊）为单位。P 的

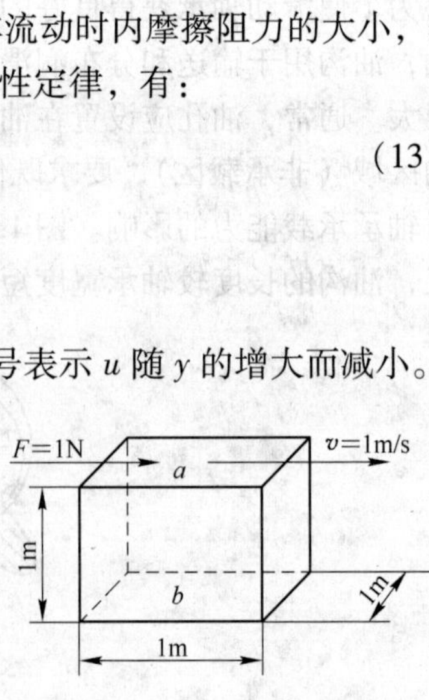

图 13－13　流体的动力黏度

1% 称为 cP（厘泊）。

$$1P = 100cP = 0.1Pa \cdot s$$

2）运动黏度 ν。工业上常用动力黏度 η 与同温度下该液体的密度 ρ 的比值表示黏度，称为运动黏度 ν，它的国际单位为 m^2/s。

$$\nu = \eta/\rho$$

运动黏度也可以 cm^2/s 为单位，简称 St（斯），cm^2/s 的 1% 称 cSt（厘斯）。

$$1St = 1cm^2/s = 100cSt = 0.0001m^2/s$$

值得注意的是：温度和压力对黏度都有影响，温度的影响尤其显著。

黏度随温度的升高而降低。衡量温度对黏度影响的程度常用黏度指数 α_t 表示，α_t 大的油，说明其黏度受温度的影响较小。$\alpha_t \leqslant 35$ 为低黏度指数；$35 < \alpha_t \leqslant 85$ 为中黏度指数；$85 < \alpha_t \leqslant 110$ 为高黏度指数；$\alpha_t > 110$ 为极高黏度指数。常见的几种润滑油在不同温度下的黏度-温度特性曲线见图 13-14。

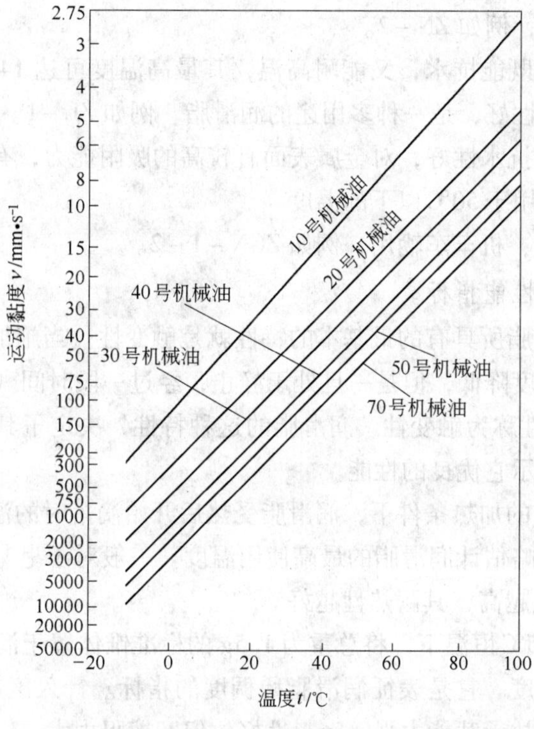

图 13-14 机械油系列黏度-温度特性曲线

润滑油的黏度随压力的升高而增大。一般而言，压力在 5MPa 以下时，压力对黏度的影响很小，可以忽略不计，但压力在 100MPa 以上时，需要考虑压力对黏度的影响。

（2）闪点和凝点。当润滑油在标准仪器中加热后所蒸发出的油气与火焰接近时有闪光发生，则此时的油温称为润滑油的闪点。闪点是衡量润滑油易燃性的一种指标。高温下工作的机械，必须使工作温度比润滑油的闪点低 30～40℃以保证安全。凝点是指润滑油在实验条件下，冷却到停止流动时的温度。用于制冷压缩机的润滑油，凝点应越低越好。一般凝点应低于 -40℃，当润滑油与制冷剂互相溶解时，凝点将会降低。

（3）化学稳定性和氧化稳定性。润滑油应具有良好的化学稳定性和抗氧化性，否则在高温和金属的催化作用下，与制冷剂等接触反应，会产生焦炭、酸性物等有害物质。

（4）油性。油性是指润滑油中的极性分子对金属表面的吸附能力。吸附后形成一层边界油膜。吸附能力愈强，油性愈好。一般认为，动、植物油和脂肪酸的油性较好。

13.3.2.2 润滑脂

润滑脂习惯上称为黄油或干油，是润滑油和各种稠化剂（如钙、钠、锂、铝等金属皂）的膏状混合物。

A 常用润滑脂的分类

根据所用皂基的不同，常用润滑脂主要有以下几种：

（1）钙基润滑脂：抗水性好，耐热性差，工作温度不宜超过55～65℃，此外，这种脂的价格比较便宜，例如ZG－2。

（2）钠基润滑脂：耐热性好，工作温度可达120℃，但抗水性差。这种润滑脂比钙基润滑脂有较好的防腐性，例如ZN－2。

（3）锂基润滑脂：既能抗水，又能耐高温，其最高温度可达145℃，在100℃条件下可长期工作，机械稳定性好，是一种多用途的润滑脂，例如ZL－1。

（4）铝基润滑脂：抗水性好，对金属表面有较高的吸附能力，有一定的防锈作用。在70℃时开始软化，只适用于50℃以下的温度。

（5）钙钠基润滑脂：机车车辆用，例如ZGN－1－2。

B 润滑脂的主要性能指标

（1）触变性。润滑脂所具有的最基本的特性就是触变性。当施加一个外力时，润滑脂会逐渐变软，表现为黏度降低，但是一旦处于静止，经过一段时间（很短）后，稠度再次增加（恢复），这种特性称为触变性。润滑脂的这种特性，决定了其可以在不适于润滑油润滑的部位润滑，而显示它优良的性能。

（2）滴点。在规定的加热条件下，润滑脂受热后开始滴落时的温度称为滴点。它有利于鉴别润滑脂类型和粗略估计润滑脂的最高使用温度。一般对于皂基脂，其使用温度应低于滴点20～30℃。滴点越高，其耐热性越好。

（3）针入度。于25℃恒温下，将总重为1.5g的标准锥体置于润滑脂表面上，5s后锥体刺入的深度称为针入度。它是表征润滑脂稀稠度的指标。针入度越小，则润滑脂越稠，不易从摩擦面中挤出，故承载能力强，密封性好，但摩擦阻力大。

（4）黏度。润滑脂的黏度有表观黏度或相似黏度两种。在说明润滑脂的黏度时，必须指明温度和剪切速度，可采用相似黏度指标来控制其低温流动性。

（5）胶体安定性。胶体安定性是指润滑脂在一定温度和压力下保持胶体结构稳定，防止润滑油从润滑脂中析出的性能，也就是润滑脂抵抗分油的能力。

（6）氧化安定性。氧化安定性是指润滑脂在长期储存或长期高温下使用时抵抗热和氧的作用，保持其性质不发生永久变化的能力。润滑脂在长期储存中，应存放在干燥通风的环境中，防止阳光暴晒，并应定期检查游离碱或游离有机酸、腐蚀性等项目的变化，以保证其质量和使用性能。

13.3.2.3 固体润滑剂

常用的固体润滑剂有石墨、二硫化钼、聚四氟乙烯等。一般在超出润滑油或润滑脂的适用范围时才考虑使用固体润滑剂，如怕油污染、不易维护、高温、低速重载等条件下。滑动轴承润滑时，通常将固体润滑剂添加到润滑油或润滑脂中，用以提高油或脂的润滑性能。

13.3.2.4 润滑剂的选择

润滑剂对滑动轴承的工作性能及寿命影响较大，设计时，应注意选择合适的润滑剂，以确保轴承具有良好的工作性能和持久的寿命。选择润滑剂时应考虑以下几点。

(1) 类型。润滑油的润滑及散热效果最好，应用最广，液体润滑滑动轴承和一般条件下的非液体润滑滑动轴承均采用润滑油。润滑脂易保持在摩擦部位，维护简单，密封性好，对于要求不高、难以经常供油或摆动工作的非液体润滑滑动轴承，可采用润滑脂。固体润滑剂的摩擦系数较大，散热性能差，但使用时间长，有特殊要求时可采用固体润滑剂。

(2) 工作条件。轻载、高速条件下，应选黏度低的润滑油，以减少摩擦，降低润滑油的温升；高温、重载、低速条件下，选黏度高的润滑油，以利于形成油膜。启动频繁的轴承，应选用油性较好的润滑油。一般情况下润滑油的工作温度最好不超过60℃，而润滑脂的工作温度应低于滴点20～30℃。一般，铸造机械可使用L－AN150润滑；大型机械可使用L－AN68润滑；普通机床、减速箱可使用L－AN46润滑；纺织机械、高速轻负荷机械、中小型电机可使用L－AN15、L－AN32润滑。

(3) 结构特点及环境条件。润滑间隙小时应选用低黏度的润滑油，以保证油能充分流入；间隙大时要用高黏度油，以避免油的流失。垂直润滑面、升降丝杆、开式齿轮、链条等，采用高黏度油或润滑脂以保持较好的附着性。电火花、赤热金属等有燃烧危险处，润滑油应有高闪点、高抗燃性。多尘潮湿环境下宜采用抗水的钙基、锂基或铝基润滑脂。

13.4 非液体润滑滑动轴承的计算

液体润滑是滑动轴承最理想的一种润滑方式。但是，对于工作要求不高、转速较低、载荷不大、难以维护等条件下工作的滑动轴承，往往设计成非液体润滑滑动轴承。

非液体润滑滑动轴承的主要失效形式是磨损和胶合，由于其影响因素十分复杂，因此一般采用简化的条件性计算。设计计算时，限制轴承的压强 p 和相对滑动速度 v，以防止轴承过度磨损；限制轴承的 pv 值，以防止轴承发生胶合失效。

13.4.1 失效形式和设计约束条件

非液体润滑滑动轴承工作时，因其摩擦表面不能被润滑油完全隔开，只能形成边界油膜，存在局部金属表面的直接接触。因此，轴承工作表面的磨损和因边界油膜的破裂导致的工作表面胶合或烧瓦是其主要失效形式。设计时，约束条件是：维持边界油膜不遭破裂。但由于边界油膜的强度和破裂温度的影响机理尚未完全成熟，目前的设计计算仍然只能是间接的、条件性的，其相应的设计约束条件如下所述。

（1）限制轴承的平均压强。限制轴承平均压强，以保证润滑油不被过大的压力所挤出，避免工作表面的过度磨损，即 $p \leqslant [p]$。对于径向轴承有：

$$p = \frac{F_r}{BD} \leqslant [p] \ (\mathrm{MPa}) \tag{13-2}$$

式中 F_r——径向载荷，N；

B——轴承宽度，mm；

D——轴径直径，mm；

$[p]$——轴瓦许用压强，见表 13－1。

对于推力轴承有：

$$p = \frac{4F_a}{\pi z(d^2 - d_0^2)k} \leqslant [p] \ (\mathrm{MPa}) \tag{13-3}$$

式中 F_a——轴向载荷，N；

d，d_0——接触面的外径和内径，mm；

z——推力环数目；

k——考虑因开油沟使接触面积减小的系数，通常 $k = 0.8 \sim 0.9$；

$[p]$——许用压强，当 $z > 1$ 时，考虑到多环推力轴承各环间的载荷分布不均匀，应把表 13－1 中的许用值降低 50%。

（2）限制轴承 pv 值。pv 值与摩擦功率损耗成正比，表征轴承的发热因素。限制 pv 值，以防止轴承温升过高，出现胶合破坏，即 $pv \leqslant [pv]$。对于径向轴承：

$$pv = \frac{F_r}{BD}\frac{\pi Dn}{60 \times 1000} = \frac{F_r n}{19100B} \leqslant [pv] \ (\mathrm{MPa \cdot m/s}) \tag{13-4}$$

式中 n——轴的转速，r/min；

$[pv]$——轴瓦材料的许用 pv 值，见表 13－1。考虑到推力轴承采用平均速度计算，$[pv]$ 值应比表 13－1 中的值有更大的降低，通常钢轴颈对金属轴瓦时，可取 $[pv] = 2 \sim 4\mathrm{MPa \cdot m/s}$。

对于推力轴承，式（13－4）中的 v 应取平均线速度，即：

$$v_m = \frac{\pi d_m n}{60 \times 1000},\ d_m = \frac{d + d_0}{2}$$

（3）限制轴承滑动速度 v。当压强 p 较小时，即使 p 与 pv 都在许用范围内，也可能因滑动速度 v 过大而加剧磨损。故要求：

$$v \leqslant [v] \ (\mathrm{m/s}) \tag{13-5}$$

式中 $[v]$——轴瓦的许用速度，见表 13－1。

13.4.2 滑动轴承设计

（1）选择轴承的结构形式及材料。设计时，一般根据已知的轴径 d、转速 n、轴承载荷 F 及使用要求，确定轴承的结构形式及轴瓦结构，并按表 13－1 初定轴瓦材料。

（2）初步确定轴承的基本尺寸参数。宽径比 B/D 是轴承的重要参数，可参考表 13－2 的推荐值，根据已知轴径 D 确定轴承宽度 B 及相关的轴承座外形尺寸，并按不同的使用和旋转精度要求，合理选择轴承的配合，以确保轴承具有一定的间隙。

表 13-2 推荐轴承的宽径比(B/D)

机 器	轴 承	B/D	机 器	轴 承	B/D
汽车及航空活塞发动机	曲轴主轴承	0.75~1.75	空气压缩机及往复式泵	曲轴主轴承	1.0~2.0
	连杆轴承	0.75~1.75		连杆轴承	1.0~1.25
	活塞销	1.5~2.2		活塞销	1.2~1.5
柴油机	曲轴主轴承	0.6~2.0	电动机	主轴承	0.6~1.5
	连杆轴承	0.6~1.5	机床	主轴承	0.8~1.2
	活塞销	1.5~2.0	冲剪机	主轴承	1.0~2.0
铁路车辆	轮轴支撑	1.8~2.0	起重设备		1.5~2.0
汽轮机	主轴承	0.4~1.0	齿轮减速器		1.0~2.0

(3) 验算轴承工作能力。按式(13-2)~式(13-5)对轴承进行校核计算，若不满足约束条件，则进行再设计。一般，能满足约束条件的方案不是唯一的，设计时，应初步确定数种可行的方案，经分析、评价后，确定出一种较好的设计方案。

13.5 滚动轴承的结构、类型及代号

滚动轴承是以滑动轴承为基础发展起来的，其工作原理是以滚动摩擦代替滑动摩擦。滚动轴承是通用性很强，标准化、系列化程度很高的机械基础件。由于各种机械有着不同的工作条件，对滚动轴承的负荷能力、结构和使用性能等方面都提出了各种不同要求。为此，滚动轴承需有各式各样的结构。但是，其最基本的结构是由内圈、外圈、滚动体和保持架组成。对于密封轴承，再加上润滑剂和密封圈（或防尘盖）。各种轴承类型名称多是根据滚动体的名称来进行相应命名的。对于向心轴承，内圈通常与轴过盈配合，并与轴一起运转，外圈通常与轴承座或机械壳体孔成过渡配合，起支承作用。但是，在某些场合下，也有外圈运转，内圈固定起支承作用或者内圈、外圈都同时运转的。对于推力轴承，与轴紧配合并一起运动的称轴圈，与轴承座或机械壳体孔成过渡配合并起支承作用的称座圈。滚动体（钢球、滚子或滚针）在轴承内通常借助保持架均匀地排列在两个套圈之间做滚动运动，它的形状、大小和数量直接影响轴承的负荷能力和使用性能。保持架除能将滚动体均匀地分隔开以外，还能起引导滚动体旋转及改善轴承内部润滑性能等作用。

滚动轴承是重要的轴系零件之一。与滑动轴承相比，滚动轴承的各元件之间是滚动摩擦，摩擦阻力小、启动灵活、效率较高，而且轴向结构紧凑、润滑简便。绝大多数滚动轴承已标准化、系列化，由专业工厂大批量生产，规格、品种齐全，互换性好，易于维护。有些滚动轴承能同时承受径向和轴向载荷，可使支承结构简化，所以被广泛地应用于各种机械中。

但是，滚动轴承径向尺寸较大，接触应力大，承受冲击载荷的能力较差，高速重载下噪声大，寿命也较短。

与滑动轴承相比，滚动轴承的优缺点见表 13-3。

表 13－3　与滑动轴承相比，滚动轴承的优缺点

优　　点	缺　　点
（1）一般条件下，滚动轴承的效率和液体润滑轴承相当，但较非液体润滑轴承要高一些； （2）径向游隙比较小，向心角接触轴承可用预紧力消除游隙，运转精度高； （3）对于同尺寸的轴径，滚动轴承的宽度比滑动轴承小，可使机器的轴向结构紧凑，可以简化轴承支座的结构； （4）大多数滚动轴承能同时受径向和轴向载荷，故轴承组合结构简单； （5）由于滚动轴承传动效率高，发热量小，消耗润滑剂少，便于密封，易于维护； （6）不需要用有色金属； （7）标准化程度高，成批生产，成本低，适于大批量生产和供应，使用和维修十分方便	（1）承受冲击载荷能力较差； （2）高速重载下轴承寿命较短； （3）振动及噪声较大； （4）径向尺寸比滑动轴承大 （5）滚动轴承不能剖分，装拆性较差

13.5.1　滚动轴承的结构

常见轴承的结构见表 13－4。

表 13－4　常见轴承结构

轴　承	外　圈	内　圈	滚 动 体	保持架（器）
深沟球轴承	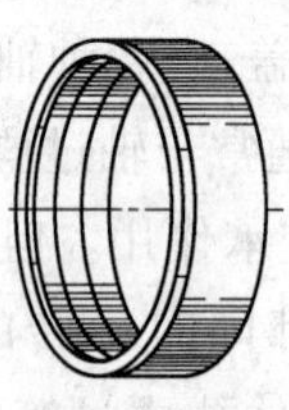	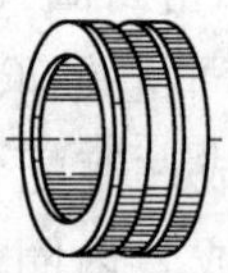	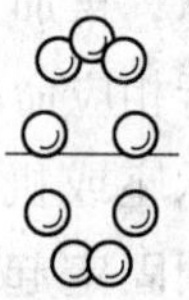	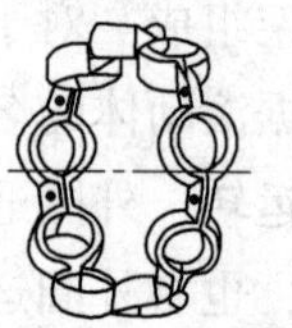
调心滚子轴承	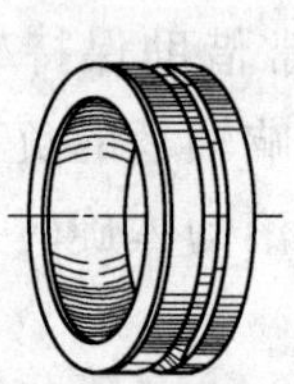	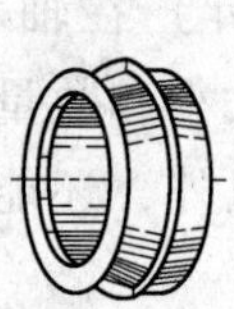		
圆锥滚子轴承	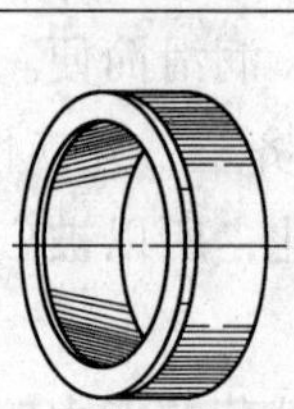	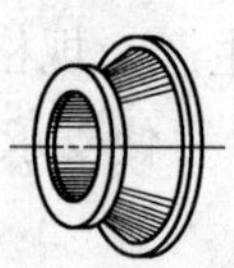	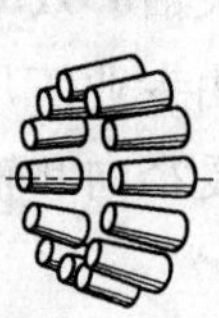	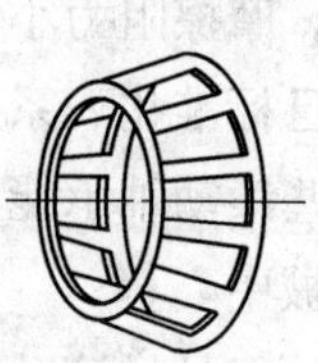

如图 13－15 所示，滚动轴承由外圈 1、内圈 2、滚动体 3 和保持架 4 组成。

滚动轴承的外圈、内圈、滚动体均采用强度高、耐磨性好的铬锰高碳钢制造。通常内圈固定在轴上随轴转动，外圈装在轴承座孔内不动；但亦有外圈转动、内圈不动的使用情况。

内、外圈的滚道多为凹槽形，起降低接触应力和限制滚动体轴向移动的作用。

滚动体在内、外圈的滚道中滚动。滚动体是滚动轴承的核心元件，其形状、数量和大小对轴承的承载能力有很大的影响。如图 13－16 所示，滚动体的形状有球形、圆柱形、圆锥形、鼓形、滚针形等多种。在某些特殊情况下，滚动轴承可以没有内圈、外圈或保持架，但滚动体必不可少。无内、外圈时，滚动体沿着轴颈和轴承座的滚道转动。

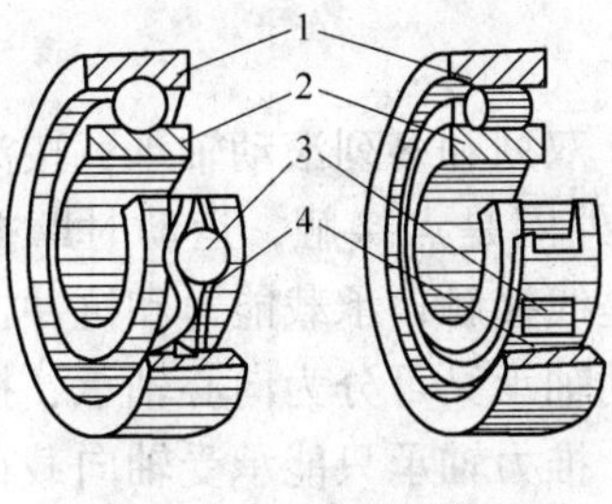

图 13－15　滚动轴承的构造
1—外圈；2—内圈；
3—滚动体；4—保持架

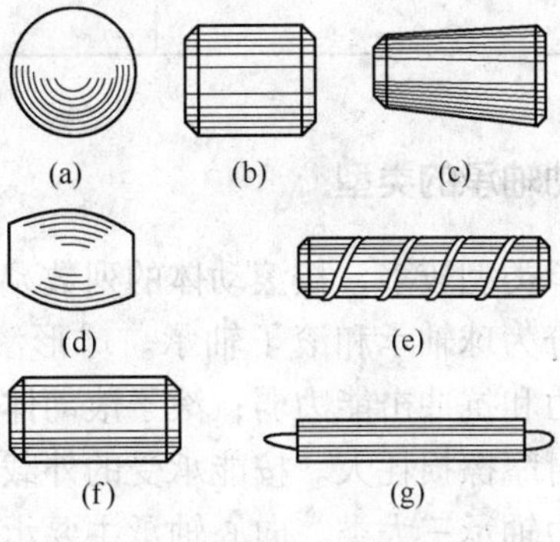

图 13－16　滚动体形状
（a）球形；（b）短圆柱形；（c）圆锥形；
（d）鼓形；（e）空心螺旋形；
（f）长圆柱形；（g）滚针形

保持架多用低碳钢或铜合金制造，也可采用塑料及其他材料。保持架的作用是将滚动体沿周向均匀地分隔开，避免相邻的滚动体直接接触，减少摩擦和磨损。常用的保持架类型见表 13－5。

表 13－5　常见的保持架类型

保持架类型	图　形	特　　点
钢板冠型	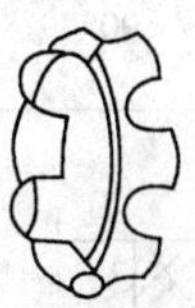	用不锈钢板一次成形冲压而成，并按内圈进行设计，在低速回转情况下，低扭矩性可得到良好的发挥
钢板波型	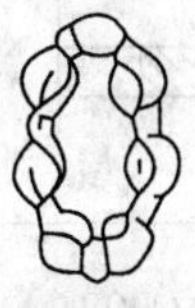	球兜部分按照钢球的形状设计，由盖侧和爪侧两个部分构成，一般球导向旋转中的摩擦扭矩很小
钢板铆钉型		比较大的轴承在高负荷运行时，波形的两个部分由铆钉固定，使其保持在振动和加速工况下的强度，球导向摩擦扭矩也变小

续表 13-5

保持架类型	图 形	特 点
尼龙冠型		模压尼龙保持器回转扭矩变动小，用耐高温的钢球导向，也有加入尼龙 66 及玻璃纤维的高强度材质，使用温度为 -30 ~ +120℃
满球型	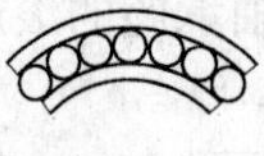	没有保持器，因为内外圈各开了个长方形槽，滚动体轴向不能移动，设计上装入了容许的最大数量的钢球，适用于重负荷的低速运转

13.5.2 滚动轴承的类型

滚动轴承类型较多，按滚动体的列数，可分为单列、双列和多列滚动轴承；按滚动体的形状，可分为球轴承和滚子轴承。球形滚动体与内、外圈是点接触，运动时摩擦损耗小，承载能力和抗冲击能力弱；滚子滚动体与内、外圈是线接触，承载能力和抗冲击能力强，但运转时摩擦损耗大。按能承受的外载荷不同，滚动轴承又可分为向心轴承、推力轴承和向心推力轴承三大类。向心轴承主要承受径向载荷；推力轴承只能承受轴向载荷，轴承中与轴颈紧套在一起的称为紧圈，与机座相连的称为活圈；向心推力轴承能够同时承受径向和轴向载荷。

滚动轴承所能承受的载荷方向与轴承的公称接触角 α 有关。公称接触角是滚动体与外圈滚道接触点的法线同轴承径向平面之间的夹角，它是滚动轴承的一个重要参数。滚动轴承的公称接触角及按公称接触角的分类见表 13-6。

表 13-6 滚动轴承的公称接触角 α

轴承类型	向心轴承（0°≤α≤45°）		推力轴承（45°<α≤90°）	
	径向接触	向心角接触	推力角接触	轴向接触
公称接触角 α	α=0°	0°<α≤45°	45°<α<90°	α=90°
轴承图例	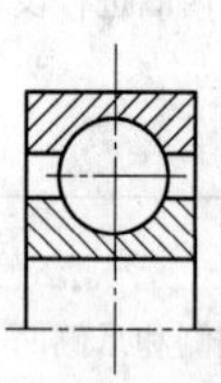	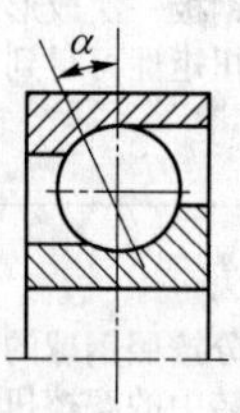	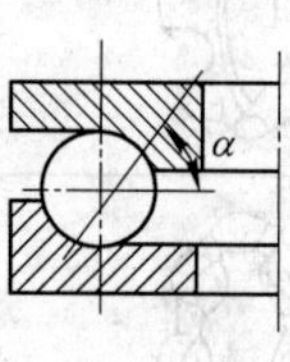	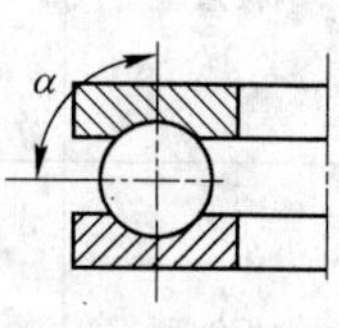
特点	主要承受径向载荷，如圆柱滚子轴承、深沟球轴承等，其中深沟球轴承也能承受少量的双向轴向载荷	可同时承受径向载荷和单方向的轴向载荷，如角接触球轴承、圆锥滚子轴承等	主要承受轴向载荷，也能承受不大的径向载荷	只能承受轴向载荷

常用滚动轴承的分类、名称、代号及特征见表 13-7。

表 13－7　常用滚动轴承

类型及代号	结构简图	特　点	极限转速	允许偏移角
深沟球轴承 （6）	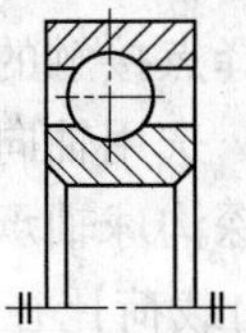	（1）最典型的滚动轴承，用途广； （2）主要承受径向载荷及两个方向不大的轴向载荷； （3）摩擦阻力小，适用于高速和有低噪声低振动的场合	高	2′～10′
角接触球轴承 （7）	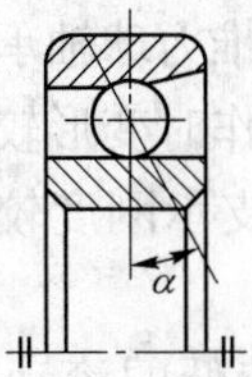	（1）可以承受径向及单方向的轴向载荷； （2）一般将两个轴承面对面安装，用于承受两个方向的轴向载荷	较高	2′～10′
圆锥滚子轴承 （3）	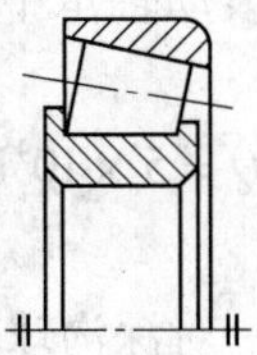	（1）内外圈可分离； （2）可以承受径向及单方向的轴向载荷，承载能力大； （3）成对安装，可以承受两个方向的轴向载荷	中等	2′
圆柱滚子轴承 （N）	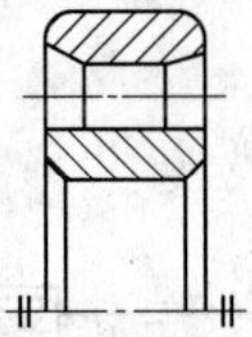	（1）承载能力大； （2）可以承受径向载荷，刚性好； （3）内外圈可分离	高	2′～4′
推力球轴承 （5）	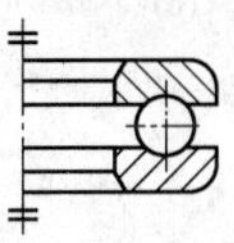	（1）可以承受单方向的轴向载荷； （2）高速时离心力大	低	不允许
调心球轴承 （1）		（1）具有调心能力； （2）可以承受径向及两个方向的轴向载荷	中等	2°～3°
调心滚子轴承 （2）	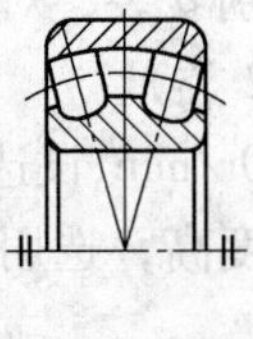	（1）具有调心能力； （2）可以承受径向及两个方向的轴向载荷，径向承载能力强	低	1°～2.5°

13.5.3 滚动轴承的类型选择原则

(1) 载荷的大小及方向。轴承所能承受的载荷是选择滚动轴承类型的主要依据。当承受较大载荷时，应选用线接触的滚子轴承；当载荷较小时，应选择点接触的球轴承；当轴承受纯径向载荷时，应选用径向接触轴承；当承受纯轴向载荷时，选用轴向接触轴承；当同时承受径向载荷和不大的轴向载荷时，应选向心角接触轴承或深沟球轴承；当同时承受径向载荷和较大的轴向载荷时，可选圆锥滚子轴承；当承受轴向载荷比径向载荷大得多时，可采用向心轴承和推力轴承的组合，分别承受径向载荷和轴向载荷。

(2) 转速。高速运行时，宜选用球轴承；转速较低时，可用推力球轴承、滚子轴承。

(3) 调心性能及刚性。当两轴承孔的中心偏差较大，或轴工作时变形较大时，宜选用调心轴承。但调心轴承需成对使用，否则将失去调心作用。要求支承刚度较高时，可选用向心角接触轴承，向心角接触轴承也需成对使用。

(4) 经济性。在满足使用要求的情况下，可优先选用价格较低的滚动轴承。一般说来，球轴承的价格低于滚子轴承；精度愈高价格愈高；同精度的滚动轴承中，深沟球轴承最便宜。

【例 13-1】 吊车滑轮轴及吊钩如图 13-17a 所示，起重量 $Q=5\times10^4$N，试选用滚动轴承。

解： 滑轮轴轴承承受较大的径向载荷，转速低，考虑结构选用一对深沟球轴承(6 类)。吊钩轴承承受较大的单向轴向载荷，摆动，选用一套推力球轴承（5 类）。

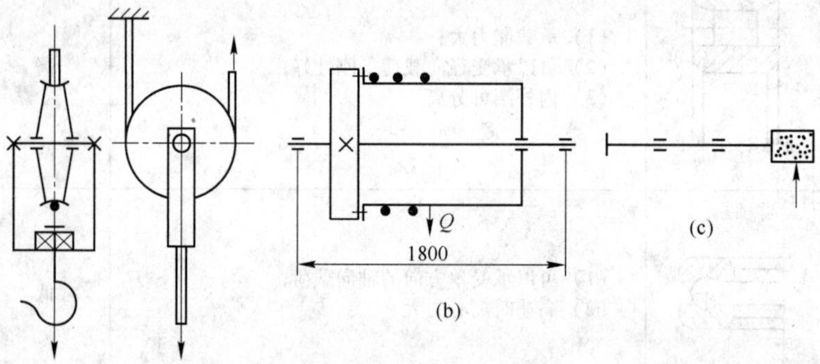

图 13-17 轴承类型选择示例

(a) 吊车滑轮轴及吊钩；(b) 起重机卷筒轴；(c) 高速磨头

【例 13-2】 起重机卷筒轴如图 13-17b 所示，起重量 $Q=3\times10^5$N，转速 $n=30$r/min，动力由直齿圆柱齿轮输入，试选用滚动轴承。

解： 承受较大的径向载荷，转速低，支点跨距大；轴承座分别安装，对中性较差，轴承内、外圈间可能产生较大的角偏斜，选用一对调心滚子轴承（2 类）。

【例 13-3】 高速内圆磨磨头如图 13-17c 所示，转速 $n=18000$r/min，试选用滚动轴承。

解： 同时承受较小的径向和轴向载荷，转速高，要求回转精度高，选用一对公差等级为 P5 的角接触球轴承。

13.5.4 滚动轴承代号

滚动轴承种类繁多，而且每种类型又有不同的结构、尺寸和公差等级，为了便于设计、制造和选用，国家标准《滚动轴承代号方法》（GB/T 272—1993）规定了滚动轴承的代号的表示方法。

滚动轴承代号由基本代号、前置代号和后置代号组成，用数字和字母等表示，其排列按表 13－8 所示。

表 13－8 滚动轴承代号的组成

<table>
<tr><th>前置代号</th><th colspan="5">基本代号①</th><th colspan="8">后 置 代 号</th></tr>
<tr><td rowspan="4">成套轴承分部件</td><td>五</td><td>四</td><td>三</td><td>二</td><td>一</td><td rowspan="4">内部结构代号</td><td rowspan="4">密封、防尘与外圈形状变化代号</td><td rowspan="4">保持架结构及材料变化代号</td><td rowspan="4">轴承材料变化代号</td><td rowspan="4">公差等级代号</td><td rowspan="4">游隙组别代号</td><td rowspan="4">配置代号②</td><td rowspan="4">其他</td></tr>
<tr><td rowspan="3">类型代号（数字或字母）</td><td colspan="2">尺寸系列代号</td><td colspan="2" rowspan="3">内径代号（数字）</td></tr>
<tr><td rowspan="2">宽度或高度系列代号（数字）</td><td rowspan="2">直径系列代号（数字）</td></tr>
<tr></tr>
</table>

① 基本代号下面的一至五表示代号自右向左的位置序数。

② 配置代号，如/DB 表示两轴承背对背安装，/DF 表示两轴承面对面安装。

（1）基本代号。基本代号是滚动轴承代号的基础，它由内径代号、直径系列代号、宽度或高度系列代号和类型代号组成。类型代号一般由字母或数字表示，其余用数字表示。类型代号和尺寸系列代号组合后称为组合代号，见表 13－8，其中，用“（）”括住的数字，在组合代号中省略。

1）内径代号：为右起第一、二位数字，表示轴承内径（内圈孔径）的大小，见表 13－9。

表 13－9 滚动轴承的内径代号

<table>
<tr><th rowspan="2">内径尺寸/mm</th><th colspan="2">代号表示</th><th colspan="2">举 例</th></tr>
<tr><th>二</th><th>一</th><th>代 号</th><th>内径尺寸/mm</th></tr>
<tr><td>10</td><td>0</td><td>0</td><td rowspan="4">深沟球轴承 6200</td><td rowspan="4">10</td></tr>
<tr><td>12</td><td>0</td><td>1</td></tr>
<tr><td>15</td><td>0</td><td>2</td></tr>
<tr><td>17</td><td>0</td><td>3</td></tr>
<tr><td>20～495（5 的倍数）①</td><td colspan="2">内径/5 的商②</td><td>调心滚子轴承 23208</td><td>40</td></tr>
<tr><td>22、28、32 及 500 以上</td><td colspan="2">内径③</td><td>调心滚子轴承 230/500
深沟球轴承 62/22</td><td>500
22</td></tr>
</table>

① 内径为 22、28、32mm 的除外；轴承内径小于 10mm 的轴承代号见轴承手册。

② 公称内径除以 5 的商数，商数为个数时，需在十位用 0 占位。

③ 用公称内径（mm）直接表示，但在与尺寸系列之间用“/”隔开。

2）尺寸系列代号：由直径系列代号和宽度（或高度）系列代号组成，为右起第三、四位数字。直径系列代号表示结构相同、内径相同的轴承在外径和宽度方面的变化系列；宽度（或高度）系列代号用以表示结构、内径和直径系列都相同的轴承在宽度（或高度）方面的变化系列。当宽度（或高度）系列为0系列（窄系列）时，组合代号中不用标出（少数轴承除外）。尺寸系列代号的表示法见表13－10。

表13－10 滚动轴承尺寸系列代号表示法

直径系列代号	宽度系列代号（向心轴承）							高度系列代号（推力轴承）			
	0 窄	1 正常	2 宽	3 特宽	4 特宽	5 特宽	6 特宽	7 特低	9 低	1 正常	2 正常
7（超特轻）	—	17	—	37	—	—	—	—	—	—	—
8（超轻）	08	18	28	38	48	58	68	—	—	—	—
9（超轻）	09	19	29	39	49	59	69	—	—	—	—
0（特轻）	00	10	20	30	40	50	60	70	90	10	—
1（特轻）	01	11	21	31	41	51	61	71	91	11	—
2（轻）	02	12	22	32	42	52	62	72	92	12	22
3（中）	03	13	23	33	—	—	63	73	93	13	23
4（重）	04	—	24	—	—	—	—	74	94	14	24

3）类型代号：为第五位数字（对圆柱滚子轴承和滚针轴承等，类型代号用字母表示），用来表示滚动轴承的类型。其表示方法见表13－7。

【例13－4】 说明滚动轴承代号23224和6209的含义。

2 32 24

——轴承内径代号，$d=24\times5=120\text{mm}$

——尺寸系列代号，3表示特宽宽度系列，2表示轻直径系列

——类型代号，2为调心滚子轴承

6 2 09

——轴承内径代号，$d=9\times5=45\text{mm}$

——尺寸系列代号，省略了窄宽度系列代号"0"，2表示轻直径系列

——类型代号，6为深沟球轴承

（2）前置代号。滚动轴承的前置代号用来表示成套轴承的分部件，用字母表示。代号及含义如表13－11所示。

表13－11 滚动轴承前置代号

代 号	含 义	举 例
L	分离轴承的可分离套圈	LNU207
K	轴承的滚动体和保持架组件	K81107
R	不带可分离套内圈或外圈的轴承	RNU207
WS	推力圆柱滚子轴承轴圈	WS81107
GS	推力圆柱滚子轴承座圈	GS81107

（3）后置代号。滚动轴承的后置代号用字母和数字表示其结构特点、公差等级、游隙组别及材料的特殊要求等。后置代号的内容很多，下面介绍几个常用的代号。

1）内部结构代号是表示同一类型轴承的不同内部结构，用紧跟着基本代号的字母表示，如公称接触角为15°、25°和40°的角接触轴承分别用C、AC和B表示内部结构的不同。

2）滚动轴承的公差等级分为2级、4级、5级、6级、6x级和0级共六个级别，依次由高级到低级，其代号分别为/P2、/P4、/P5、/P6、/P6x和/P0。公差等级中，6x仅适用于圆锥滚子轴承，0级为普通级，在轴承代号中省略不标注。

3）滚动轴承内部存在径向游隙，径向游隙系列分为1组、2组、0组、3组、4组和5组，共六个组别，其径向游隙值依次由小到大。0组游隙是常用的游隙组别，在轴承代号中不标出，其余的游隙组别在代号中分别用/C1、/C2、/C3、/C4、/C5表示。

实际应用中的滚动轴承类型是很多的，相应的轴承代号也比较复杂。以上介绍的是滚动轴承代号中最基本、最常用的部分，熟悉这部分内容以后，就可以识别和选择常用的滚动轴承。有关滚动轴承代号更详细的表示方法可查阅GB/T 272—1993。

【例13－5】 试说明滚动轴承代号7314C、30309E、52412/P6的含义。

解： 这四种滚动轴承的代号说明如下。

7　3　14　C

- C——内部结构代号，公称接触角 $\alpha = 15°$；公差等级代号未标注，为0级
- 14——内径代号，内径 $d = 14 \times 5 = 70\text{mm}$
- 3——尺寸系列代号03，其中宽度系列代号0省略不标注，直径系列代号3表示中系列
- 7——类型代号，7是角接触球轴承

3　03　09　E

- E——内部结构代号，该轴承是加强型；公差等级代号未标注，为0级
- 09——内径代号，内径 $d = 9 \times 5 = 45\text{mm}$
- 03——尺寸系列代号03，其中宽度系列代号0表示窄系列，直径系列代号3表示中系列
- 3——类型代号，3是圆锥滚子轴承

5　24　12　/P6

- /P6——公差等级代号P6，为6级
- 12——内径代号12，内径 $d = 12 \times 5 = 60\text{mm}$
- 24——尺寸系列代号24，其中高度系列代号2表示正常系列，直径系列代号4表示重系列，该轴承能承受双向轴向力
- 5——类型代号，5是推力球轴承

13.6 滚动轴承的失效形式及计算

13.6.1 滚动轴承的失效形式

滚动轴承常见的失效形式主要有以下几种。

（1）疲劳点蚀。以向心轴承为例，假定轴承内部无间隙，内圈承受径向载荷 F_r，如图13－18所示。在径向载荷 F_r 作用下，各滚动体与套圈接触处产生了弹性变形，使内圈

沿载荷 F_r 作用方向下沉一段距离（图中虚线所示）。显然，各接触点的弹性变形是不同的，最下面的滚动体接触点的弹性变形量最大。由各接触点的弹性变形量的不同，可得到的各个滚动体所受载荷的大小，其分布情况也如图 13－18 所示，最下面的滚动体所受的载荷最大。当轴承内圈转动时，内、外圈和滚动体的表面上某一点将会处于断续接触状态，每接触一次产生一次接触应力。在这种变化接触应力的作用下，工作若干时间后，在滚动体、内外圈的滚道上将出现点蚀，轴承将产生噪声、振动、发热，不能正常工作，轴承因疲劳点蚀而失效。实践表明，疲劳点蚀是滚动轴承最主要的失效形式。

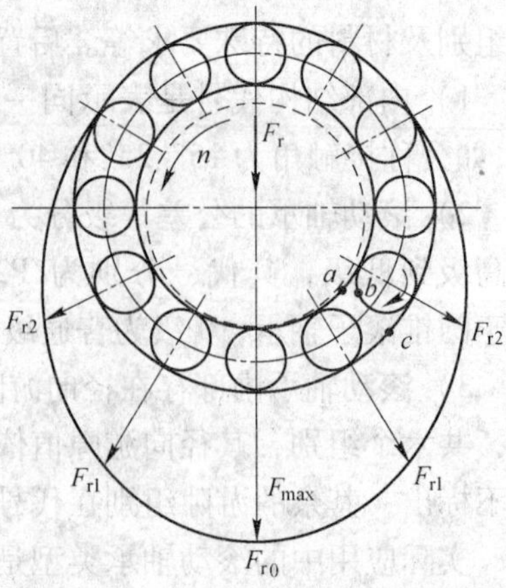

图 13－18 滚动轴承上的载荷分布

（2）塑性变形。对于转速较低或仅做缓慢摆动的滚动轴承，由于其应力循环次数少，一般不会出现疲劳点蚀。在较大的静载荷或冲击载荷作用下，滚动体和内、外圈的滚道上产生局部的塑性变形，滚道上出现凹坑，引起振动和噪声，影响轴承平稳转动，轴承因塑性变形而失效。

（3）磨粒磨损。由于密封不良，灰尘、杂质进入轴承中，或由于润滑油不干净，将杂质带入轴承中，造成磨粒磨损使轴承失效。

（4）胶合。在高速重载条件下工作的轴承，因摩擦面发热而使温度急剧升高，油膜被破坏，导致轴承元件回火，严重时，将产生胶合使轴承失效。

此外，由于不正常的安装、拆卸等操作，可能会引起轴承元件的破裂，这也是应该避免的。

13.6.2 滚动轴承的计算

在确定轴承的尺寸时，应针对其主要的失效形式进行必要的计算。对于中、低运转速度（$n>10$r/min）的滚动轴承，其主要失效形式是疲劳点蚀，因而主要进行寿命计算，必要时再作静强度校核；对于高速运转（$n\geqslant3000$r/min）的滚动轴承，由于发热大，常发生过度磨损和胶合，在这种条件下工作的轴承，除按疲劳强度进行寿命计算外，还应校核其极限转速；对于不转动、低速或摆动（$n\leqslant10$r/min）的轴承，局部塑性变形是其主要的失效形式，主要进行静强度计算。对于其他失效形式可以通过正确的润滑和密封、正确的操作与维护来解决。

13.6.2.1 滚动轴承的静强度计算

对于静止、缓慢摆动或转速极低（$n\leqslant10$r/min）的滚动轴承，其失效形式是滚动体与内外圈接触处产生过大的塑性变形（凹坑），对此，应进行静强度计算确定轴承尺寸。对于载荷变动较大，尤其是受较大冲击载荷的旋转轴承，在按动载荷作寿命计算后，应再验算静强度。

（1）基本额定静载荷 C_0。基本额定静载荷 C_0 是指轴承受载最大的滚动体与滚道接触处达到规定的接触应力时的载荷，规定调心球轴承为 4600MPa，其他型号的球轴承为 4200MPa，滚子轴承为 4000MPa。对于向心轴承，纯径向静载荷为径向基本额定静载荷，

记为 C_{0r}；对于推力轴承，中心轴向静载荷为轴向基本额定静载荷，记为 C_{0a}。基本额定静载荷值可查表 13－12、表 13－13 和表 13－14。

表 13－12 圆锥滚子轴承的基本尺寸、基本额定静载荷和计算系数（摘自 GB/T 297—1994）

轴承代号	基本尺寸/mm			基本额定静载荷/kN		计算系数			原轴承代号
	d	D	T	C_r	C_{0r}	e	X_0	Y_0	
30206	30	62	17.25	43.2	50.5	0.37	1.6	0.9	7206E
32206			21.25	51.8	63.8				7506E
30306		72	20.75	59.0	63.0	0.31	1.9	1.1	7306E
32306			28.75	81.5	96.5				7606E
30207	35		18.25	54.2	63.5	0.37	1.6	0.9	7207E
32207			24.25	70.5	89.5				7507E
30307		70	22.75	75.2	82.5	0.31	1.9	1.1	7307E
32307			32.75	99.0	118				7607E
30208	40		19.75	63.0	74.0	0.37	1.6	0.9	7208E
32208			24.75	77.8	97.2				7508E
30308		90	25.25	90.8	108	0.35	1.7	1.1	7308E
32308			35.25	115	148				7608E
30209	45	85	20.75	67.8	83.5	0.4	1.5	0.8	7209E
32209		100	24.75	80.8	105	0.35	1.7	1	7509E
30309			27.25	108	130				7309E
32309			38.25	145	188				7609E
30210	50	90	21.75	73.2	92.0	0.42	1.4	0.8	7210E
32210			24.75	82.8	108				7510E
30310		110	29.25	130	158	0.35	1.7	1	7310E
32310			42.25	178	235				7610E
30211	55	100	22.75	90.8	115	0.4	1.5	0.8	7211E
32211			26.75	108	142				7511E
30311		120	31.5	152	188	0.35	1.7	1	7311E
32311			45.5	202	270				7611E
30212	60	110	23.75	102	130	0.4	1.5	0.8	7212E
32212			29.75	132	180				7512E
30312		130	33.5	170	210	0.35	1.7	1	7312E
32312			48.5	228	302				7612E
30213	65	120	24.75	120	152	0.4	1.5	0.8	7213E
32213			32.75	160	222				7513E
30313		140	36	195	242	0.35	1.7	1	7313E
32313			51	260	350				7613E

注：1. d 为轴承公称内径，D 为轴承公称外径，T 为轴承公称宽度。

2. X_0、Y_0 分别为径向载荷系数和轴向载荷系数。

3. e 为判断轴向载荷 F_H 对当量动载荷 P 影响程度的参数。

表 13－13 深沟球轴承的基本尺寸和基本额定静载荷（摘自 GB/T 276—1994）

轴承代号	基本尺寸/mm			基本额定静载荷/kN		原轴承代号
	d	D	B	C_r	C_{0r}	
6006	30	55	13	13.2	8.30	106
6206		62	16	19.5	11.5	206
6306		72	19	27.0	15.2	306
6406		90	23	47.5	47.5	406
6007	35	62	14	16.2	10.5	107
6207		72	17	25.5	15.2	207
6307		80	21	33.2	19.2	307
6407		100	25	56.8	29.5	407
6008	40	68	15	17.0	11.8	108
6208		80	18	29.5	18.0	208
6308		90	23	40.8	24.0	308
6408		110	27	65.5	37.5	408
6009	45	75	16	21.0	14.8	109
6209		85	19	31.5	20.5	209
6309		100	25	52.8	31.8	309
6409		120	29	77.5	45.5	409
6010	50	80	16	22.0	16.2	110
6210		90	20	35.0	23.2	210
6310		110	27	61.8	38.0	310
6410		130	31	92.2	55.2	410
6011	55	90	18	30.2	21.8	111
6211		100	21	43.2	29.2	211
6311		120	29	71.5	44.8	311
6411		140	33	100	62.5	411
6012	60	95	18	31.5	24.2	112
6212		110	22	47.8	32.8	212
6312		130	31	81.8	51.8	312
6412		150	35	108	70.0	412
6013	65	100	18	32.0	24.8	113
6213		120	23	57.2	40.0	213
6313		140	33	93.8	60.5	313
6413		160	37	118	78.5	413

注：d 为轴承公称内径，D 为轴承公称外径，B 为轴承公称宽度。

表 13－14 角接触球轴承的基本尺寸和基本额定静载荷（摘自 GB/T 292—2007）

轴承代号	基本尺寸/mm			基本额定静载荷/kN		原轴承代号
	d	D	B	C_r	C_{0r}	
7206C	30	62	16	23.0	15.0	36206
7206AC				22.0	14.2	46206
7206B				20.5	13.8	66206
7306B		72	19	31.0	19.2	66306
7208C	40	80	18	36.8	25.8	36208
7208AC				35.2	24.5	46208
7208B				32.5	23.5	66208
7308B		90	23	46.2	30.5	66308
7209C	45	85	19	38.5	28.5	36209
7209AC				36.8	27.2	46209
7209B				36.0	26.2	66209
7309B		100	25	59.5	39.8	66309
7210C	50	90	20	42.8	32.0	36210
7210AC				40.8	30.5	46210
7210B				37.5	29.0	66210
7310B		110	27	68.2	48.0	66310
7207C	35	72	17	30.5	20.0	36207
7207AC				29.0	19.2	46207
7207B				27.0	18.8	66207
7307B		80	21	38.2	24.5	66307
7211C	55	100	21	52.8	40.5	36211
7211AC				50.5	38.5	46211
7211B				46.2	36.0	66211
7311B		120	29	78.8	56.5	66311
7212C	60	110	22	61.0	48.5	36212
7212AC				58.2	46.2	46212
7212B				56.0	44.5	66212
7312B		130	31	90.0	66.3	66312
7213C	65	120	23	69.8	55.2	36213
7213AC				66.5	52.5	46213
7213B				62.5	53.2	66213
7313B		140	33	102	77.8	66313

静强度条件为：

$$C_0 \geqslant S_0 P_0 \tag{13-6}$$

式中 S_0——静强度安全系数，其值见表 13－15；

P_0——当量静载荷。

表 13－15 静强度计算的安全系数 S_0

轴承使用情况	使用要求、载荷性质及使用场合	S_0
旋转轴承	对旋转精度和平稳性要求较高，或受强烈冲击载荷	1.2～2.5
	一般情况	0.8～1.2
	对旋转精度和平稳性要求较低，没有冲击或振动	0.5～0.8
转速很低或摆动轴承	水坝门装置	≥1
	吊 桥	≥1.5
	附加动载荷较小的大型起重机吊钩	≥1
	附加动载荷较大的小型装卸起重机吊钩	≥1.6
各种场合下使用的推力调心滚子轴承		≥2

（2）当量静载荷 P_0。当量静载荷 P_0 也是一种假想的静载荷。在它的作用下，受应力最大的滚动体与滚道接触处发生的总永久变形量，与实际受复合载荷作用下的总永久变形量相等。可按式（13－7）和式（13－8）计算，并取其中较大的数值。

对于向心轴承
$$\begin{cases} P_0 = X_0 F_r + Y_0 F_a \\ P_0 = F_r \end{cases} \tag{13-7}$$

对于推力轴承
$$\begin{cases} P_0 = 2.3 F_r \tan\alpha + F_a \quad (\alpha \neq 90°) \\ P_0 = F_a \quad (\alpha = 90°) \end{cases} \tag{13-8}$$

式中 X_0——径向载荷系数，见表 13－16；

Y_0——轴向载荷系数，见表 13－16。

表 13－16 轴承的 X_0、Y_0 值

轴承类型	代 号	X_0	Y_0
深沟球轴承	60000	0.6	0.5
角接触球轴承	70000C	0.5	0.46
	70000AC	0.5	0.38
	70000B	0.5	0.26
圆锥滚子轴承	30000	0.5	$0.22\cot\alpha$

注：用于初步计算，精确计算可查轴承手册。对于圆锥滚子轴承，精确计算时，可查表 13－12 中的 X_0、Y_0。

13.6.2.2 滚动轴承的寿命计算

（1）滚动轴承的寿命。对于在一定载荷作用下运转的单个滚动轴承，其疲劳寿命是指出现疲劳点蚀前工作的总转数或在一定转速下所工作的小时数。实际上，滚动轴承的疲劳寿命是相当离散的，即使采用同一材料、相同的加工方法和热处理工艺生产出来的同一批轴承，在同一条件下工作，由于很多随机因素的影响，其寿命也有很大差异，最低寿命和最高寿命也会相差几倍，甚至几十倍。所以，对单个轴承来说，很难预测它的确切寿命。

为兼顾工作时的可靠性和经济性，以基本额定寿命来作为选择轴承的标准。基本额定寿命是指一批相同型号的轴承，在相同条件下运转，其中有90%的轴承在发生疲劳点蚀以前工作的总转数（以10^6转为单位）或总工作小时数，用L_{10}来表示。按基本额定寿命选轴承时，对于单个轴承来说，它在基本额定寿命期间内正常工作的可靠性是90%，而发生点蚀失效的概率则是10%。

（2）滚动轴承的基本额定动载荷。基本额定动载荷C就是使滚动轴承的基本额定寿命刚好为10^6r时，轴承在不发生疲劳点蚀的情况下所能承受的实验载荷值。图13－19所示为滚动轴承所受载荷与基本额定寿命之间的关系曲线，它与金属材料的疲劳曲线类似。对于向心轴承，基本额定动载荷是指纯径向载荷，称为径向基本额定动载荷，记为C_r；对于推力轴承，基本额定动载荷是指纯轴向载荷，称为轴向基本额定动载荷，记为C_a。滚动轴承的型号不同，基本额定动载荷值也不同，它表征了轴承抗点蚀能力的大小，基本额定动载荷越大，轴承抵抗点蚀破坏的能力就越强。各种轴承的基本额定动载荷可从轴承样本或有关的机械设计手册中查取。

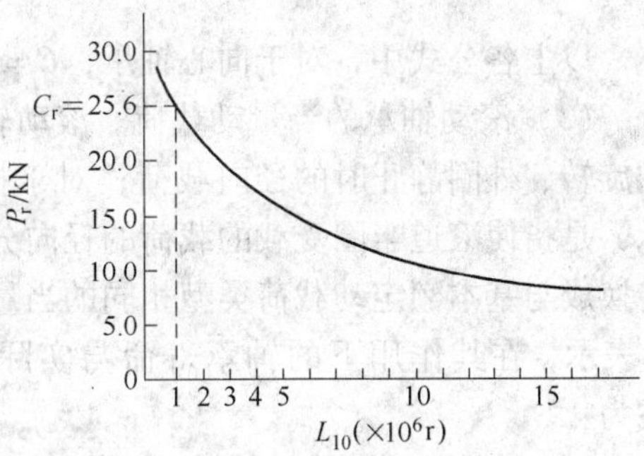

图13－19 轴承的载荷－寿命曲线

图13－19中的曲线可用式（13－9）表示。

$$L_{10}=\left(\frac{C_r}{P_r}\right)^{\varepsilon}\times 10^6 \qquad (13-9)$$

式中 ε——寿命指数，球轴承$\varepsilon=3$，滚子轴承$\varepsilon=10/3$；

P_r——轴承所承受的径向载荷。

实际计算时，用小时计算比较方便，即：

$$L_h=\frac{10^6}{60n}\left(\frac{C_r}{P_r}\right)^{\varepsilon}=\frac{16667}{n}\left(\frac{C_r}{P_r}\right)^{\varepsilon} \qquad (13-10)$$

式中 n——轴承的转速，r/min。

轴承样本中列出的基本额定动载荷值是对一般温度下工作的轴承而言的。在高温下工作的轴承，由于受载元件的材料组织、硬度等会发生变化，其承载能力有所降低。因此，引入温度系数f_t（见表13－17）对基本额定动载荷C进行修正，此时，寿命计算公式为：

$$L_h=\frac{10^{\varepsilon}}{60n}\left(\frac{f_t C}{P}\right)^{\varepsilon} \qquad (13-11)$$

式中 P——当量动载荷。

表13－17 温度系数f_t

轴承工作温度/℃	≤120	125	150	175	200	225	250	300	350
温度系数f_t	1.00	0.95	0.90	0.85	0.80	0.75	0.70	0.60	0.50

寿命校核计算时，应使所选轴承的计算寿命大于预期寿命，即

$$L_h \geqslant L_h' \qquad (13-12)$$

式中 L_h'——轴承的预期寿命，根据具体的工作要求确定。

若轴承的预期寿命 L_h' 已确定，且 P、n 已知，则有：

$$C' = P\sqrt[\varepsilon]{\frac{60nL_h'}{10^6}} \tag{13-13}$$

式中 C'——满足预期寿命 L_h' 时轴承所需的基本额定动载荷。

根据 C'值，可从轴承样本中选择合适的轴承型号。所选轴承的 C 值应满足：

$$C \geqslant C'$$

以上各公式中，对于向心轴承，$C = C_r$；对于推力轴承，$C = C_a$。

（3）滚动轴承的当量动载荷。滚动轴承的基本额定动载荷 C 对于向心轴承，是指内圈旋转、外圈静止时的径向载荷；对于推力轴承，是指中心轴向载荷；对于向心推力轴承，是指使滚道半圈受载的载荷的径向分量。因此，寿命计算时必须将工作中的实际载荷转换成与基本额定动载荷类型相同的当量动载荷。当量动载荷是一个假想的载荷，用符号 P 表示，在其作用下的轴承寿命与实际载荷下的轴承寿命相当。当量动载荷的计算公式为：

$$P = XF_r + YF_a \tag{13-14}$$

式中 X——径向载荷系数，将实际径向载荷转化为当量动载荷的修正系数，见表13－18；
Y——轴向载荷系数，将实际轴向载荷转化为当量动载荷的修正系数，见表 13－18；
F_r——轴承所受的径向载荷，N；
F_a——轴承所受的轴向载荷，N。

表 13－18 当量动载荷的 X、Y 系数

<table>
<tr><th colspan="2" rowspan="3">滚动轴承类型</th><th rowspan="3">相对轴向载荷 i①F_a/C_{0r}</th><th colspan="4">单 列</th><th colspan="4">双列或同一支点成对安装单列</th><th rowspan="3">系数 e</th></tr>
<tr><th colspan="2">$F_a/F_r \le e$</th><th colspan="2">$F_a/F_r > e$</th><th colspan="2">$F_a/F_r \le e$</th><th colspan="2">$F_a/F_r > e$</th></tr>
<tr><th>X</th><th>Y</th><th>X</th><th>Y</th><th>X</th><th>Y</th><th>X</th><th>Y</th></tr>
<tr><td rowspan="10">角接触球轴承</td><td rowspan="9">C</td><td>0.015</td><td rowspan="10">1</td><td rowspan="10">0</td><td rowspan="9">0.44</td><td>1.47</td><td rowspan="10">1</td><td>1.65</td><td rowspan="9">0.72</td><td>2.39</td><td>0.38</td></tr>
<tr><td>0.029</td><td>1.40</td><td>1.57</td><td>2.28</td><td>0.40</td></tr>
<tr><td>0.058</td><td>1.30</td><td>1.46</td><td>2.11</td><td>0.43</td></tr>
<tr><td>0.087</td><td>1.23</td><td>1.38</td><td>2.00</td><td>0.46</td></tr>
<tr><td>0.12</td><td>1.19</td><td>1.34</td><td>1.93</td><td>0.47</td></tr>
<tr><td>0.17</td><td>1.12</td><td>1.26</td><td>1.82</td><td>0.50</td></tr>
<tr><td>0.29</td><td>1.02</td><td>1.14</td><td>1.66</td><td>0.55</td></tr>
<tr><td>0.44</td><td>1.00</td><td>1.12</td><td>1.63</td><td>0.56</td></tr>
<tr><td>0.58</td><td>1.00</td><td>1.12</td><td>1.63</td><td>0.56</td></tr>
<tr><td>AC</td><td>—</td><td>0.41</td><td>0.87</td><td>0.92</td><td>0.67</td><td>1.41</td><td>0.68</td></tr>
<tr><td colspan="2">调心球轴承</td><td>—</td><td>1</td><td>0</td><td>0.40</td><td>(Y)②</td><td>1</td><td>(Y)②</td><td>0.65</td><td>(Y)②</td><td>(e)③</td></tr>
<tr><td colspan="2">调心滚子轴承</td><td>—</td><td>1</td><td>0</td><td>0.40</td><td>(Y)②</td><td>1</td><td>(Y)②</td><td>0.67</td><td>(Y)②</td><td>(e)③</td></tr>
<tr><td colspan="2">圆锥滚子轴承</td><td>—</td><td>1</td><td>0</td><td>0.40</td><td>(Y)②</td><td>1</td><td>(Y)②</td><td>0.67</td><td>(Y)②</td><td>(e)③</td></tr>
</table>

续表 13－18

滚动轴承类型	相对轴向载荷 $i^{①}F_a/C_{0r}$	单列 $F_a/F_r \leqslant e$		单列 $F_a/F_r > e$		双列或同一支点成对安装单列 $F_a/F_r \leqslant e$		双列或同一支点成对安装单列 $F_a/F_r > e$		系数 e
		X	Y	X	Y	X	Y	X	Y	
	0.014				2.30				2.30	0.19
	0.028				1.99				1.99	0.22
	0.056				1.71				1.71	0.26
	0.084				1.55				1.55	0.28
深沟球轴承	0.11	1	0	0.56	1.45	1	0	0.56	1.45	0.30
	0.17				1.31				1.31	0.34
	0.28				1.15				1.15	0.38
	0.42				1.04				1.04	0.42
	0.56				1.00				1.00	0.44

① i 是滚动体的列数。

② （）内的 Y 的详值应查《轴承手册》，对不同型号的轴承有不同的值。

③ （）内的 e 的详值应查《轴承手册》，对不同型号的轴承有不同的值。

轴承上的载荷，由于机器的惯性、零件的误差以及其他影响因素，F_r、F_a 与实际值往往有差别，这种差别很难准确地求出。所以需对当量载荷乘上一个载荷系数 f_P，其值见表 13－19。

表 13－19　载荷系数 f_P

载荷性质	f_P	实例
无冲击或轻微冲击	1.0～1.2	电动机、汽轮机、通风机、水泵等
中等冲击或中等惯性力	1.2～1.8	车辆、动力机械、起重机、造纸机、冶金机械、选矿机、卷扬机、机床等
强大冲击	1.8～3.0	破碎机、轧钢机、钻探机、振动筛等

13.6.3　角接触轴承的轴向载荷的计算

（1）角接触轴承内部轴向力。向心推力轴承也称角接触轴承，如圆锥滚子轴承和角接触球轴承。由于角接触轴承结构上的特点，滚动体与外圈滚道接触处的法线方向同轴承的径向平面之间存在接触角 α。轴承在受径向载荷 F_r 时，每个滚动体除产生径向分力 R_i，还产生一个轴向反力 S_i，各滚动体的轴向分力之和即为轴承的内部轴向力 S，其大小取决于轴承所受的径向载荷及轴承结构，可按表 13－20 作近似计算。派生内部轴向力总是沿着轴线使滚动体及内圈脱离外圈的方向作用（见图 13－20）。

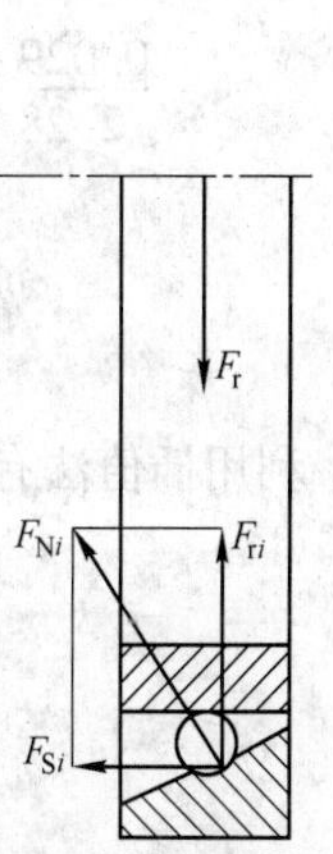

图 13－20　角接触轴承内部轴向力

（2）角接触轴承的轴向载荷。角接触轴承的轴向载荷计算步骤如下：

1）计算出轴系所有的轴向力。

表 13－20 角接触轴承的内部轴向力 S

轴承类型	角接触球轴承			圆锥滚子轴承
	70000C（$\alpha=15°$）	70000AC（$\alpha=25°$）	70000B（$\alpha=40°$）	
S	$0.4F_r$	$0.7F_r$	F_r	$F_r/2Y$

2）根据轴向力判断轴的移动趋势。

3）确定轴承是压紧还是放松。

4）放松轴承的轴向载荷为自身内部轴向力。

5）压紧轴承的轴向载荷为除自身内部轴向力外其余轴向力的代数和。

【例 13－6】 图 13－21 为由两个角接触球轴承 7207C 支撑的轴，$F_{r1}=1000N$，$F_{r2}=500N$，$F_A=400N$，中等冲击，常温下工作，轴承转速 $n=1000r/min$，求寿命低轴承的寿命。

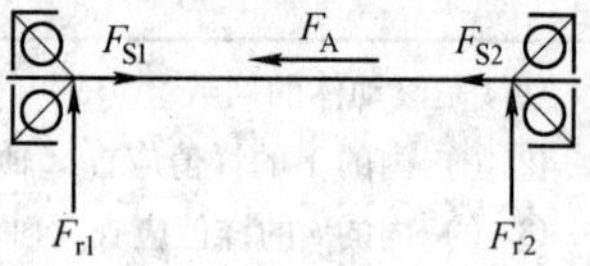

图 13－21 例 13－6 的图

解： 内部轴向力：

$$F_{S1}=0.4F_{r1}=0.4\times1000=400N$$

$$F_{S2}=0.4F_{r2}=0.4\times500=200N$$

$$F_A+F_{S2}=400+200=600N>F_{S1}$$

轴承 1 压紧： $F_{a1}=F_A+F_{S2}=400+200=600N$

轴承 2 放松： $F_{a2}=F_{S2}=200N$

查表 13－13 得，轴承基本额定动载荷 $C_r=30.5kN$，基本额定静载荷 $C_{0r}=20kN$。查表 13－18 得，$\frac{F_{a1}}{C_{0r}}=\frac{600}{20000}=0.03$。利用插值法有：

$$\frac{0.03-0.015}{e-0.38}=\frac{0.029-0.015}{0.4-0.38}$$

$$e=0.4014$$

$$\frac{F_{a1}}{F_{r1}}=\frac{600}{1000}=0.6>e$$

利用插值法有：

$$\frac{0.029-0.015}{2.28-2.39}=\frac{0.03-0.015}{Y_1-2.39}\quad X_1=0.72\quad Y_1=2.2721$$

$$P_1=X_1F_{r1}+Y_1F_{a1}=0.72\times1000+2.2721\times600=2083.26N$$

$$\frac{F_{a2}}{C_{0r}}=\frac{200}{20000}=0.01$$

利用插值法有：

$$\frac{0.01-0.015}{e-0.38}=\frac{0.029-0.015}{0.4-0.38}$$

$$e=0.3729$$

$$\frac{F_{a2}}{F_{r2}}=\frac{200}{500}=0.4>e$$

利用插值法有：

$$\frac{0.029-0.015}{2.28-2.39}=\frac{0.01-0.015}{Y_2-2.39} \quad X_1=0.72 \quad Y_2=2.4293$$

$$P_2=X_2F_{r2}+Y_2F_{a2}=0.72\times500+2.4293\times200=845.86\text{N}$$

因为 $P_1>P_2$，轴承 1 寿命短，可计算轴承 1 的寿命。查表 13－19 取 $f_P=1.5$。

$$L_{h1}=\frac{16670}{n}\left(\frac{f_tC_r}{f_PP_1}\right)^{\varepsilon}=\frac{16670}{1000}\left(\frac{30500}{1.5\times2083.26}\right)^3=15499.97\text{h}$$

【例 13－7】 设某支承根据工作条件决定选用深沟球轴承。轴承径向载荷 $F_r=5500\text{N}$，轴向载荷 $F_a=2700\text{N}$，轴承转速 $n=1250\text{r/min}$，装轴承处轴颈直径可在 60～70mm 范围内选择，运转时有轻微冲击，预期计算寿命 $L'_h=5000\text{h}$，试选择轴承型号。

分析：型号←C←C'←$P=f_P(XF_r+YF_a)$、L_h、n←X、Y←e←F_a/F_r

解：（1）求比值。

$$F_a/F_r=2700/5500=0.49$$

（2）初步计算当量动载荷。

$$P=f_P(XF_r+YF_a)$$

查表 13－19 得，$f_P=1.2$。由轴承样本查取：$X=0.56$，暂取 $Y=1.5$。所以

$$P=1.2\times(0.56\times5500+1.5\times2700)=8556\text{N}$$

（3）计算基本额定动载荷。

$$C'=f_PP\left(\frac{nL'_h}{16670}\right)^{\frac{1}{\varepsilon}}=1.2\times8556\times\left(\frac{1250\times5000}{16670}\right)^{\frac{1}{3}}=74034.39\text{N}$$

（4）由轴承样本初选轴承 6312。

$$C=81800\text{N},\ C_0=51800\text{N}$$

（5）验算寿命。

1）查表 13－18 得

$$F_a/C_{0r}=2700/51800=0.052$$

$$\frac{0.056-0.028}{0.26-0.22}=\frac{0.052-0.056}{e-0.26}$$

$$e=0.2543$$

$$F_a/F_r=2700/5500=0.49>e$$

$$\frac{0.056-0.028}{1.71-1.99}=\frac{0.052-0.056}{Y-1.71}$$

查取：$X=0.56$，$Y=1.75$。

2）求当量动载荷。

$$P=f_P(XF_r+YF_a)=1.2\times(0.56\times5500+1.75\times2700)=9366\text{N}$$

3）计算寿命。

$$L_h=\frac{16670}{n}\left(\frac{C_r}{P}\right)^{\varepsilon}=\frac{16670}{1250}\left(\frac{81800}{9366}\right)^3=8884.3\text{h}$$

6312 轴承寿命高于预期寿命 5000h，故选择该型号轴承。

13.7 滚动轴承的组合结构设计

为了保证轴承的正常工作，除了合理选择轴承的类型和尺寸之外，还必须进行轴承的

组合设计，妥善解决滚动轴承的固定、轴系的固定，轴承组合结构的调整，轴承的配合、装拆、润滑和密封等问题。

13.7.1 滚动轴承内、外圈的轴向固定

为了防止轴承在承受轴向载荷时，相对于轴或座孔产生轴向移动，轴承内圈与轴、外圈与座孔必须进行轴向固定，滚动轴承常用的内、外圈轴向固定方式见表 13－21。

表 13－21 滚动轴承常用内、外圈轴向固定方式

轴承内圈的轴向固定方式		图 示	轴承外圈的轴向固定方式	
名称	特点与应用		名称	特点与应用
轴肩	结构简单，外廓尺寸小，可承受大的轴向载荷	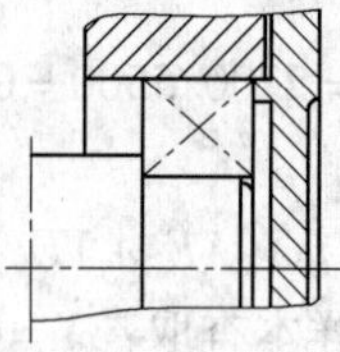	端盖	端盖可为通孔，以通过轴的伸出端，适于高速及轴向载荷较大的场合
弹性挡圈	由轴肩和弹性挡圈实现轴向固定，弹性挡圈可承受不大的轴向载荷，结构尺寸小	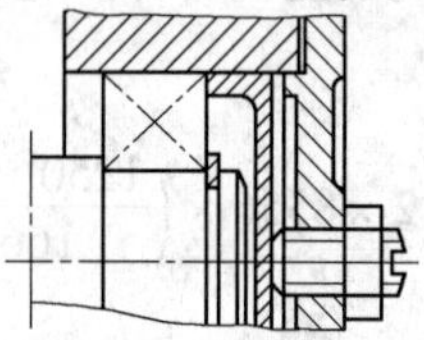	螺钉压盖	类似于端盖式，但便于在箱体外调节轴承的轴向游隙，螺母为防松措施
轴端挡板	由轴肩和轴端挡板实现轴向固定，销和弹簧垫圈为防松措施，适于轴端不宜切制螺纹或空间受限制的场合	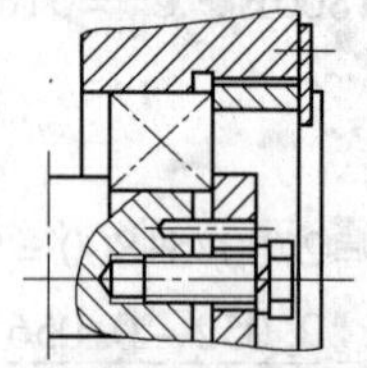	螺纹环	便于调节轴承的轴向游隙，应有防松措施，适于高转速，较大轴向载荷的场合
锁紧螺母	由轴肩和锁紧螺母实现轴向固定，有止动垫圈防松，安全可靠，适于高速重载	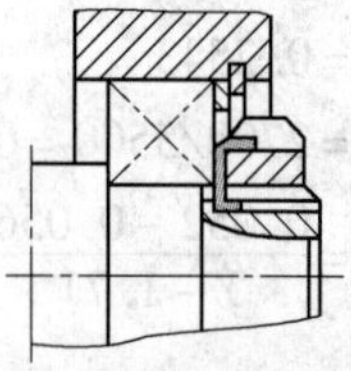	弹性挡圈	结构简单，拆装方便，轴向尺寸小，适于转速不高，轴向载荷不大的场合，弹性挡圈与轴承间的调整环可调整轴承的轴向游隙

13.7.2 轴系的轴向固定

轴系轴向固定的目的是防止轴工作时发生轴向窜动，保证轴上零件有确定的工作位置。常用的固定方式有以下两种。

（1）两端单向固定。如图 13－22 所示，两端的轴承都靠轴肩和轴承盖作单向固定，两个轴承的联合作用就能限制轴的双向移动。为了补偿轴的受热伸长，对于深沟球轴承，可在轴承外圈与轴承端盖之间留补偿间隙 C，一般 $C=0.25\sim0.4$mm；对于向心角接触轴承，应在安装时将间隙留在轴承内部。间隙的大小可通过调整垫片组的厚度实现。这种固

定方式结构简单、便于安装、调整容易，适用于工作温度变化不大的短轴（支点跨距不超过350mm）。

（2）一端固定、一端游动支承。如图13－23（a）所示，一端轴承的内、外圈均作双向固定，限制了轴的双向移动。另一端轴承外圈两侧都不固定。当轴伸长或缩短时，外圈可在座孔内做轴向游动。一般将载荷小的一端做成游动，游动支承与轴承盖之间应留用足够大的间隙，$C=3\sim8$mm。对角接触球轴承和圆锥滚子轴承，不可能留有很大的内部间隙，应将两个同类轴承装在一端作双向固定，另一端采用深沟球轴承或圆柱滚子轴承作游动支承（见图13－23b）。这种结构比较复杂，但工作稳定性好，适用于工作温度变化较大的长轴（支点跨距大于350mm）。

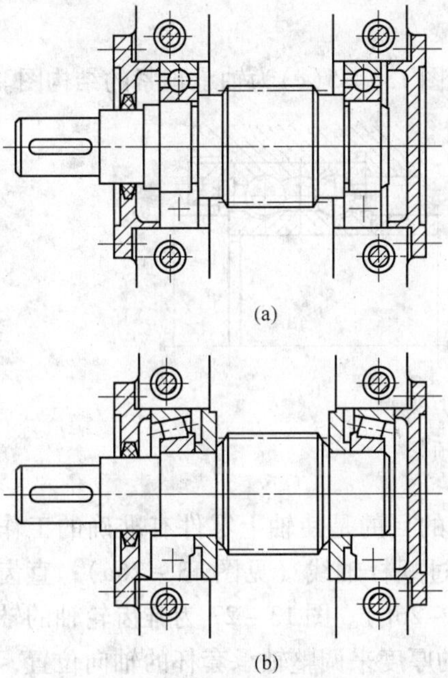

图13－22 两端单向固定支承

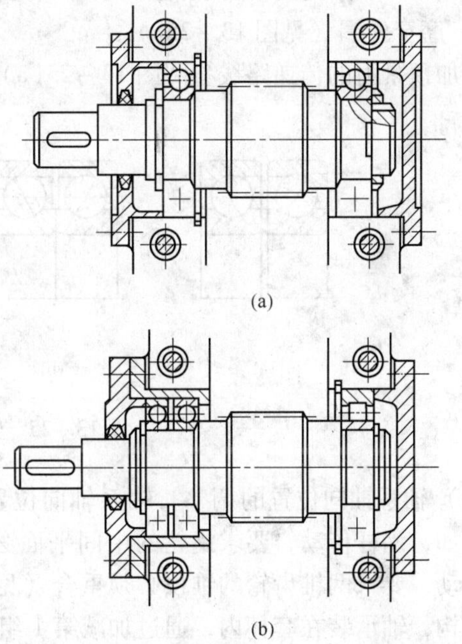

图13－23 一端固定、一端游动

13.7.3 滚动轴承组合结构的调整

滚动轴承组合结构的调整包括轴承间隙的调整和轴系轴向位置的调整。

（1）轴承间隙的调整。轴承间隙的大小将影响轴承的旋转精度、轴承寿命和传动零件工作的平稳性。轴承间隙调整的方法有：

1）如图13－24（a）所示，靠加减轴承端盖与箱体间垫片的厚度进行调整。

2）如图13－24（b）所示，利用调整环进行调整，调整环的厚度在装配时确定。

3）如图13－24（c）所示，利用调整螺钉推动压盖移动滚动轴承外圈进行调整，调整后用螺母锁紧。

（2）轴承的预紧。轴承预紧的目的是提高轴承的精度和刚度，以满足机器的要求。在安装轴承时加一定的轴向预紧力，消除轴承内部的原始游隙，并使套圈与滚动体产生预变形，在承受外载后，仍不出现游隙，这种方法称为轴承的预紧。预紧的方法有：

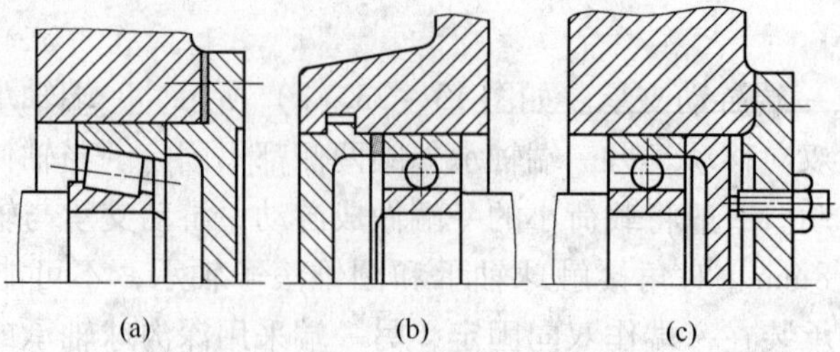

图 13－24　轴承间隙的调整

1）在一对轴承内圈之间加金属垫片（见图 13－25a）；

2）磨窄外圈（见图 13－25b）。

所加预紧力的传递路线参阅图 13－25(a)、(b)，图 13－25(c)为轴承预紧的结构图。

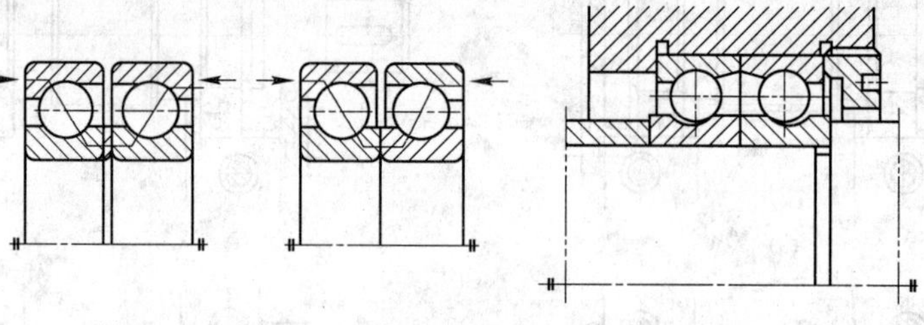

图 13－25　轴承的预紧

（3）轴系轴向位置的调整。轴系轴向位置调整的目的是使轴上零件有准确的工作位置。例如，蜗杆传动，要求蜗轮的中间平面必须通过蜗杆轴线（见图 13－26a）；直齿锥齿轮传动，要求两锥齿轮的锥顶必须重合（见图 13－26b）。图 13－27 为锥齿轮轴的轴承组合结构，轴承装在套杯内，通过加减第 1 组垫片的厚度来调整轴承套杯的轴向位置，从而调整锥齿轮的轴向位置；通过加、减第 2 组垫片的厚度，则可以实现轴承间隙的调整。

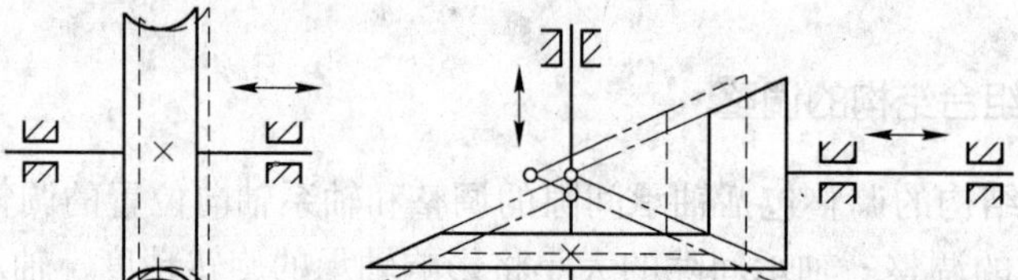

图 13－26　轴向位置要求

（a）蜗杆传动；（b）直齿锥齿轮传动

13.7.4　滚动轴承的配合

滚动轴承的配合是指轴承内圈与轴颈、轴承外圈与轴承座孔的配合。由于滚动轴承是

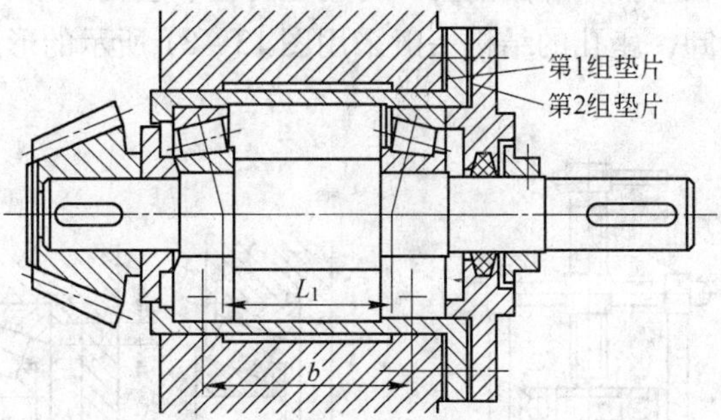

图 13－27 锥齿轮轴系位置调整

标准件，故内圈与轴颈的配合采用基孔制，外圈与轴承座孔的配合采用基轴制。配合的松紧程度根据轴承工作载荷的大小、性质、转速高低等确定。转速高、载荷大、冲击振动比较严重时应选用较紧的配合，旋转精度要求高的轴承配合也要紧一些；游动支承和需经常拆卸的轴承，则应配合松一些。

对于一般机械，轴与内圈的配合常选用 m6、k6、js6 等，外圈与轴承座孔的配合常选用 J7、H7、G7 等。由于滚动轴承内径的公差带在零线以下，因此，内圈与轴的配合比圆柱公差标准中规定的基孔制同类配合要紧些。如圆柱公差标准中 H7/k6、H7/m6 均为过渡配合，而在轴承内圈与轴的配合中就成了过盈配合。

13.7.5 滚动轴承的装拆

安装和拆卸轴承的力应直接加在紧配合的套圈端面，不能通过滚动体传递。由于内圈与轴的配合较紧，在安装轴承时：

（1）对中、小型轴承，可在内圈端面加垫后，用手锤轻轻打入（见图 13－28）。

（2）对尺寸较大的轴承，可在压力机上压入或把轴承放在油里加热至 80～100℃，然后，取出套装在轴颈上。

（3）同时安装轴承的内、外圈时，需用特制的安装工具（见图 13－29）。

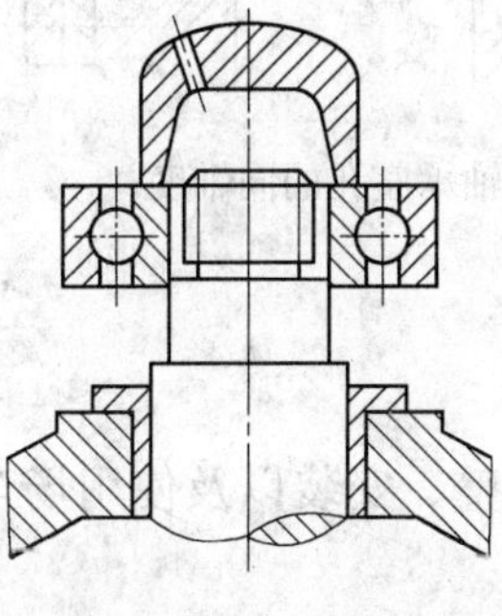

图 13－28 安装轴承内圈

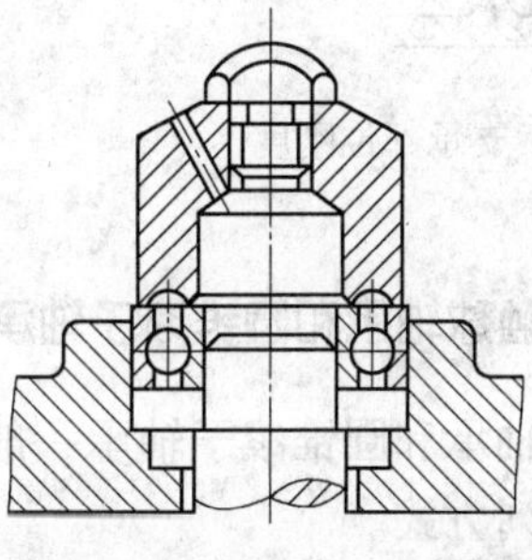

图 13－29 同时安装轴承的内、外圈

轴承的拆卸可根据实际情况按图 13－30 实施。为使拆卸工具的钩头钩住内圈，应限制轴肩高度。轴肩高度可查设计手册。

内、外圈可分离的轴承，其外圈的拆卸可用压力机、套筒或螺钉顶出，也可以用专用设备拉出。为了便于拆卸，座孔的结构一般采用图 13 – 31 所示的形式。

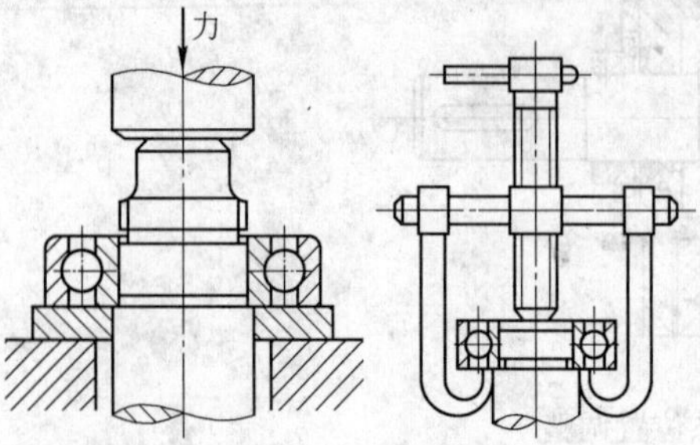

图 13 – 30　轴承的拆卸

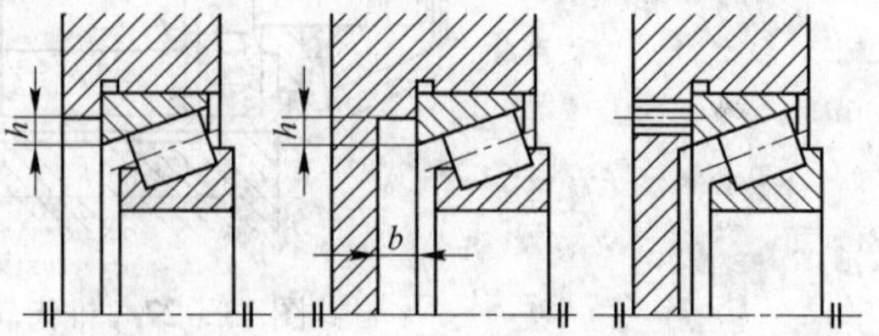

图 13 – 31　便于外圈拆卸的座孔结构

13.7.6　支承部位的刚度和同轴度

为保证支承部分的刚度，轴承座孔壁应有足够的厚度，并设置加强肋以增强刚度（见图 13 – 32）。

为保证支承部分的同轴度，同一轴上两端的轴承座孔必须保持同心。为此，两端轴承座孔的尺寸应尽量相同，以便加工时一次镗出，减小同轴度误差。若轴上装有不同外径尺寸的轴承时，可采用套杯结构（见图 13 – 33）。

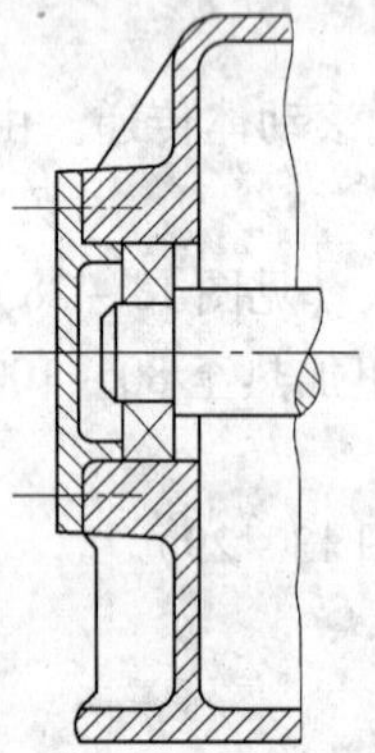

图 13 – 32　支承部位刚度

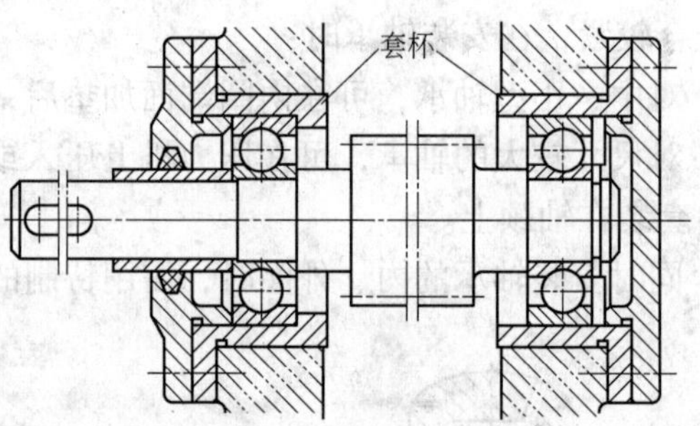

图 13 – 33　轴承座孔的同轴度

13.7.7　角接触球轴承和圆锥滚子轴承的排列方式

角接触球轴承和圆锥滚子轴承一般成对使用，根据调整、安装以及使用场合的不同，有如下两种排列方式。

（1）正安装（外圈窄端面相对）。两角接触球轴承或圆锥滚子轴承的压力中心距离 $\overline{O_1O_2}$ 小于两个轴承中点跨距时，称为正安装（见图 13 – 34a、c）。该方式的轴系，结构简单，装拆、调整方便，但是，轴的受热伸长会减小轴承的轴向游隙，甚至会卡死。

（2）反安装（外圈宽端面相对）。两角接触球轴承或圆锥滚子轴承的压力中心距离

$\overline{O_1O_2}$大于两个轴承中点的跨距时，称为反安装（见图 13－34b、d），显然，轴的热膨胀会增大轴承的轴向游隙。另外，反装的结构较复杂，装拆、调整不便。

当传动零件悬臂安装时，反安装的轴系刚度比正装的轴系高，这是因为反安装的轴承压力中心距离较大，使轴承的反力、变形及轴的最大弯矩和变形均小于正安装。

当传动零件介于两轴承中间时，正安装使轴承压力中心距离减小而有助于提高轴的刚度，反安装则相反。

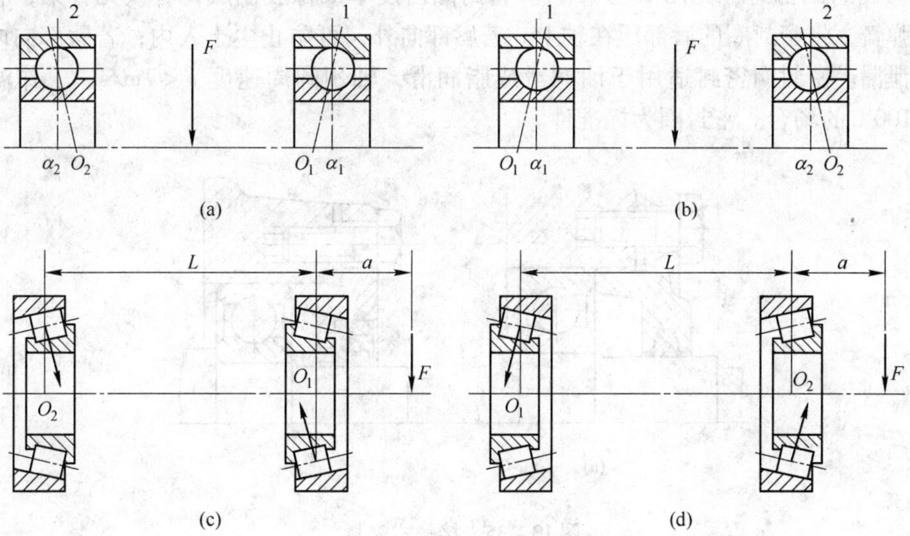

图 13－34 正反装的轴系

（a）正安装（力中间作用）；（b）反安装（力中间作用）；

（c）正安装（力悬臂作用）；（d）反安装（力悬臂作用）

13.7.8 滚动轴承的润滑

轴承润滑的主要目的是减小摩擦与磨损、缓冲、吸振和散热。一般采用脂润滑或者油润滑。

多数滚动轴承采用脂润滑。润滑脂黏性大，不易流失，便于密封和维护，且不需经常添加；但转速较高时，功率损失较大。润滑脂的填充量不能超过轴承空间的 1/3～1/2。油润滑的摩擦阻力小，润滑可靠，但需要供油设备和较复杂的密封装置。当采用油润滑时，油面高度不能超出轴承中最低滚动体的中心。高速轴承宜采用喷油或油雾润滑。

轴承内径与转速的乘积 dn 值可作为选择润滑方式的依据。通常 $dn \leqslant 3\times10^5\,\text{mm}\cdot\text{r/min}$ 时采用脂润滑，否则采用油润滑。

13.7.9 滚动轴承的密封

密封的目的是防止外部的灰尘、水分及其他杂物进入轴承，并阻止轴承内润滑剂的流失。

密封分接触式密封和非接触式密封。

13.7.9.1　接触式密封

接触式密封是在轴承盖内放毡圈、密封圈，使其直接与轴接触，起到密封作用。由于工作时，轴与毛毡等相互摩擦，故这种密封适用于低速，且要求接触处轴的表面硬度大于40HRC，粗糙度 $R_a < 0.8\mu m$。

（1）毡圈密封（见图13－35a）。矩形毡圈压在梯形槽中与轴接触，适用于脂润滑、环境清洁，轴颈圆周速度 $v < 4 \sim 5 m/s$、工作温度低于90℃的场合。

（2）密封圈密封（见图13－35b）。密封圈由皮革或橡胶制成，有或无骨架，利用环形螺旋弹簧，将密封圈的唇部压在轴上。若唇部向外，可防止尘土入内；若唇部向内，可防止油泄漏。密封圈密封适用于油润滑或脂润滑，轴颈圆周速度 $v < 7m/s$、工作温度在 $-40 \sim 100$℃的场合。密封圈为标准件。

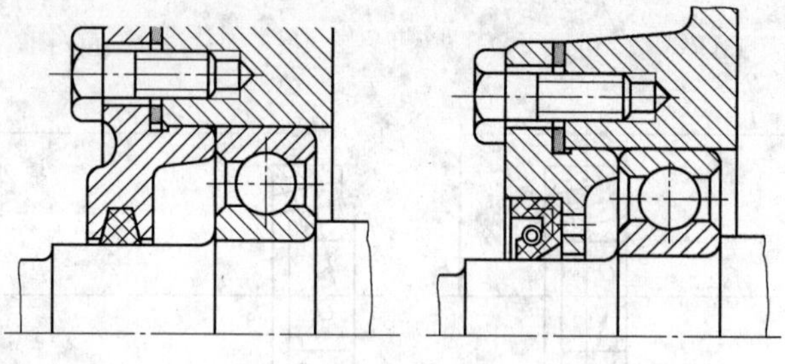

(a)　　(b)

图13－35　接触式密封

13.7.9.2　非接触式密封

非接触式密封是利用狭小和曲折的间隙密封，不直接与轴接触，故可用在高速场合。

（1）间隙密封（见图13－36a）。在轴与轴承盖间，留有细小的环形间隙，半径间隙为0.1～0.3mm，中间填以润滑脂。它用于工作环境清洁、干燥的场合。

（2）迷宫密封（见图13－36b）。在轴与轴承盖间有曲折的间隙，纵向间隙要求1.5～2mm，以防轴受热膨胀。迷宫密封适用于脂润滑或油润滑，工作环境要求不高，密封可靠的场合。

也可将毡圈和迷宫组合使用，这样密封效果更好。

(a)　　(b)

图13－36　非接触式密封

13.8 轴承的维护

轴承的维护工作，除保证良好的润滑、完善的密封外，还要注意观察和检查轴承的工作情况，防患于未然。

设备运行时，若出现以下现象，应停机检查：

(1) 工作条件未变，轴承突然温度升高，且超过允许范围；

(2) 工作条件未变，轴承运转不灵活，有沉重感，转速严重滞后；

(3) 设备工作精度显著下降，达不到标准；

(4) 滚动轴承产生噪声或振动等异常状态。

检查时，首先检查润滑情况，检查供油是否正常，油路是否畅通；再检查装配是否正确，有无游隙过紧、过松情况；然后检查零件有无损坏，尤其要仔细察看轴与轴承表面状态，从油迹、伤痕可以判别损坏原因。针对故障原因，提出办法，加以解决。

小　　结

(1) 轴承的类型。轴承是机器中用来支承轴和轴上零件的重要零部件，它能保证轴的旋转精度，减小转动时轴与支承件间的摩擦和磨损。按受载方向的不同，轴承分为向心轴承、推力轴承与向心推力轴承；按摩擦性质不同，轴承分为滑动轴承与滚动轴承。

(2) 滑动轴承的结构形式。滑动轴承的结构形式与摩擦状态和承载方向有关，按摩擦状态滑动轴承分为非液体润滑滑动轴承与液体润滑滑动轴承。典型向心滑动轴承结构形式分为整体式、剖分式、锥形表面式与调心式。整体式向心滑动轴承应用特点为结构简单、安装不方便、工作表面磨损后不能补偿间隙。剖分式向心滑动轴承应用特点为结构较复杂、安装方便、工作表面磨损后能补偿间隙。锥形表面式向心滑动轴承应用特点为工作表面的间隙可以调节。调心式向心滑动轴承应用特点为适用于宽径比大于1.5、轴的刚度比较小的场合。

(3) 轴承材料、轴瓦结构及润滑。轴瓦与轴承衬的材料称为轴承材料。对轴承材料的基本要求为较高的强度、较好的减摩性、耐磨性、抗胶合性、跑合性、顺应性、嵌藏性、散热性与工艺性等。轴瓦的结构中，油孔开在非承载区，油沟不能开通，以防止端泻。轴承润滑方式包括间歇供油与连续供油。间歇供油脂润滑用旋盖油杯，油润滑用油壶。连续供油包括滴油润滑（用针阀注油杯、芯捻油杯）、油环润滑、飞溅润滑、浸油润滑、压力循环润滑。常用的轴瓦材料有：轴承合金（只能做衬）、铜合金、粉末冶金、非金属材料。

(4) 非液体润滑滑动轴承的计算。液体润滑是滑动轴承最理想的一种润滑状态。但是，对于工作要求不高、转速较低、载荷不大、难以维护等条件下工作的滑动轴承，往往设计成非液体润滑滑动轴承。非液体润滑滑动轴承的计算包括平均压强的验算、pv 值的验算与速度的验算。

(5) 滚动轴承的结构、类型及代号。滚动轴承是以滑动轴承为基础发展起来的，其工作原理是以滚动摩擦代替滑动摩擦，它一般由两个套圈，一组滚动体和一个保持架所组成。滚动轴承与滑动轴承的比较，滚动轴承为高副，启动灵活，效率较高，标准化程度高，不耐冲击，高速有噪声；滑动轴承为低副，承载能力强，非液体滑动轴承效率低，液体滑动轴承适用于高速、高精、大功率场合，但结构复杂。滚动轴承的代号包括前置代号、基本代号与后置代号，重点为基本代号。轴承类型的选择原则为按载荷、速度、精度、载荷方向、经济性与特殊要求选轴承。

（6）滚动轴承的失效形式。滚动轴承常见的失效形式主要有以下几种：疲劳点蚀、塑性变形、磨粒磨损、胶合。滚动轴承的计算准则包括为防止轴承过早点蚀，要进行滚动轴承的寿命计算；为防止轴承过大塑性变形，要进行滚动轴承的静强度计算；为防止高速轴承胶合失效，要进行滚动轴承的极限转速的验算。重点掌握滚动轴承的寿命计算。掌握滚动轴承寿命计算中各参数的含义。

（7）滚动轴承的组合结构设计。为了保证轴承的正常工作，除了合理选择轴承的类型和尺寸之外，还必须进行轴承的组合设计。这部分内容重点为轴系的固定类型以及应用场合，轴承组合结构的调整，轴承的配合、装拆、润滑和密封等问题。

习　题

13－1 试比较滑动轴承和滚动轴承的特点和应用范围。

13－2 试比较球轴承和滚子轴承的优缺点。

13－3 滚动轴承的寿命与基本额定寿命有何区别？按公式 $L=(C/P)^{\varepsilon}$ 计算出的 L 是什么含义？

13－4 滚动轴承基本额定动载荷 C 的含义是什么？当滚动轴承上作用的当量动载荷不超过 C 值时，轴承是否就不发生点蚀破坏？为什么？

13－5 你所学过的滚动轴承中，哪几类滚动轴承是内、外圈可分离的？

13－6 一深沟球轴承6304 承受一径向力 $F_r=4\text{kN}$，载荷平稳，转速 $n=960\text{r/min}$，室温下工作，试求该轴承的基本额定寿命，并说明能达到或超过此寿命的概率。若载荷变为 $F_r=2\text{kN}$，轴承的基本额定寿命是多少？

13－7 根据工作条件，某机械传动装置中轴的两端各采用一个深沟球轴承支承，轴颈 $d=35\text{mm}$，转速 $n=2000\text{r/min}$，每个轴承径向载荷 $F_r=2000\text{N}$，常温下工作，载荷平稳，预期寿命为 8000 h，试选择轴承。

13－8 7206C 滚动轴承组合结构形式如图 13－37 所示，已知：$F_A=600\text{N}$，$F_{r1}=1970\text{N}$，$F_{r2}=1030\text{N}$，$f_d=1.1$，$n=1000\text{r/min}$，试分析轴承Ⅰ、Ⅱ所受的轴向力 F_a 及当量动载荷 P，说明哪个轴承是危险轴承，并计算其寿命。

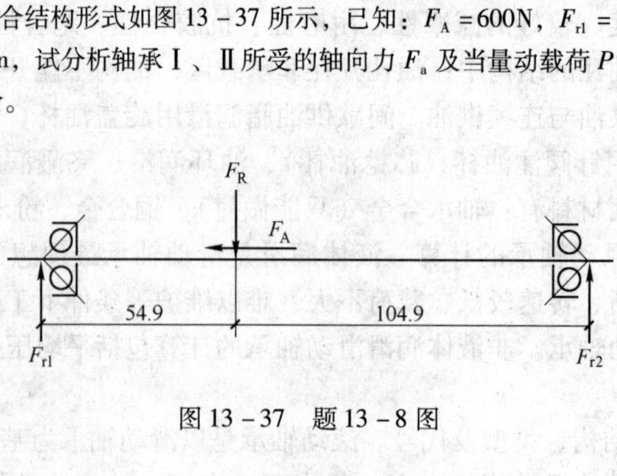

图 13－37　题 13－8 图

14　联轴器、离合器和制动器

14.1　联轴器

14.1.1　联轴器的功用与分类

联轴器是用来连接两根回转轴并传递转矩和运动的部件。由联轴器连接的两根轴，只有在机器停车后，经过拆卸，才能把它们分离。

由于制造、安装误差或工作时零件的变形等原因，一般无法保证被连接的两轴精确同心，通常会出现两轴间的轴向位移 x（见图 14－1a）、径向位移 y（见图 14－1b）、角位移 α（见图 14－1c）或这些位移组合的综合位移（见图 14－1d）。如果联轴器不具有补偿这些相对位移的能力，就会产生附加动载荷，甚至引起强烈振动。因此，联轴器除了能传递所需的转矩外，还应在一定程度上具有补偿两轴间偏移的性能。

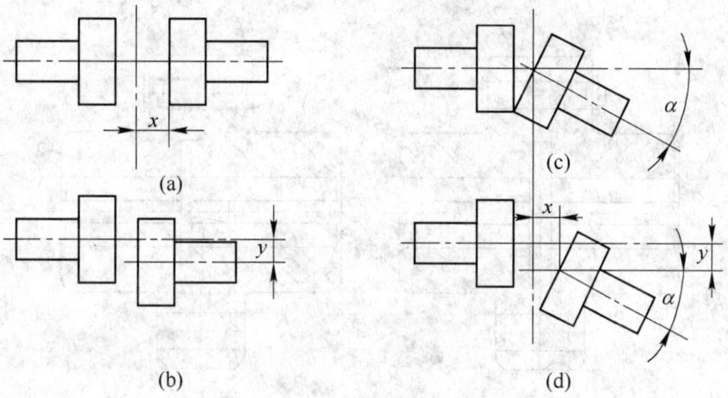

图 14－1　两轴间的各种相对位移

14.1.2　常用联轴器及其特点

联轴器的种类很多，这里仅介绍具有代表性的几种结构。

14.1.2.1　固定式刚性联轴器

固定式刚性联轴器用于两轴严格对中的场合，适合于轴的刚性比较大，中低速、载荷平稳的工况。

（1）套筒联轴器。它是由连接两轴端的套筒、键或销组成，如图 14－2 所示。套筒与轴用键连接时（见图 14－2a）可传递较大的转矩，但需要用紧定螺钉作轴向固定。当套筒与轴用销连接时（见图 14－2b），只能传递较小的转矩。由于套筒联轴器径向尺寸较小，结构简单，易于制造，所以在机床中应用广泛。但这种联轴器装拆不便且要求两轴对

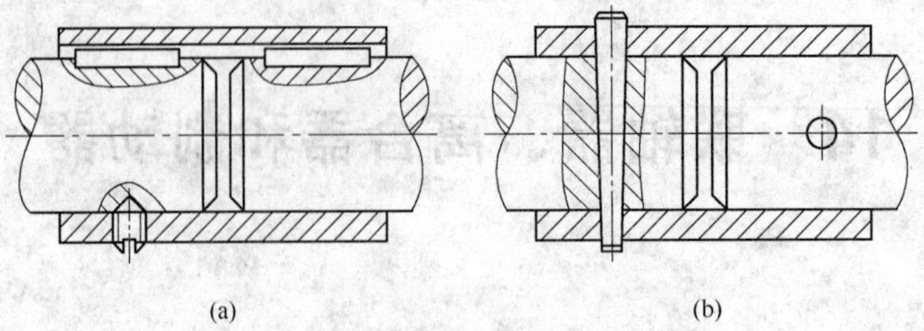

图 14－2 套筒联轴器

中性较高，故只适用于低速、轻载、无冲击及安装精度较高的场合。

（2）凸缘联轴器。在固定式联轴器中，应用最广泛的是凸缘联轴器（见图 14－3）。它是由两个带凸缘的半联轴器 1 和 2 用键或过盈配合分别与主、从动轴相连。当两个半联轴器用铰制孔螺栓 3 连接时（见图 14－3a），两个半联轴器依靠螺杆承受挤压和剪切来传递转矩。这种连接方式，能传递较大转矩，安装时容易对中，但制造比较困难。当两个半联轴器用普通螺栓 5 连接时（见图 14－3b），螺栓杆与孔壁之间有间隙，两个半联轴器依靠接合面间产生的摩擦力矩来传递转矩，由联轴器的凸台和凹槽 4 对中。

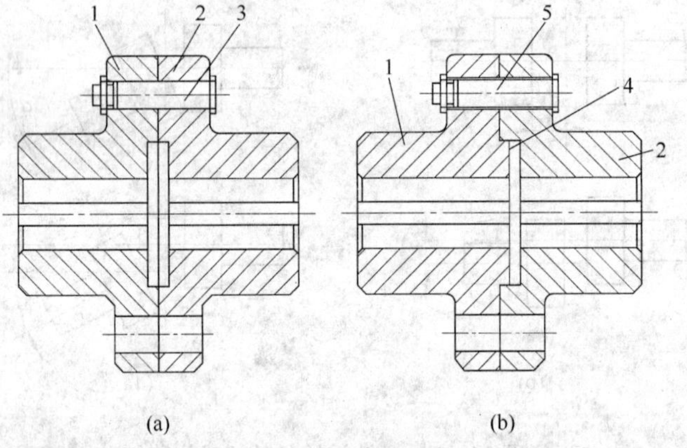

图 14－3 凸缘联轴器

1，2—半联轴器；3—铰制孔螺栓；4—凹槽；5—普通螺栓

另外，凸缘联轴器还有一种安全销方式，也称安全联轴器，如图 14－4 所示。销由较低强度的材料制造，过载时，销被剪断，以确保机器中其他零件的安全。

凸缘联轴器结构简单，使用方便，成本低廉，能传递较大的转矩，但不能缓和冲击和吸收振动，对两轴的对中性要求较高，主要用于载荷平稳和两轴严格对中的场合。凸缘联轴器常用的材料为钢或铸铁。

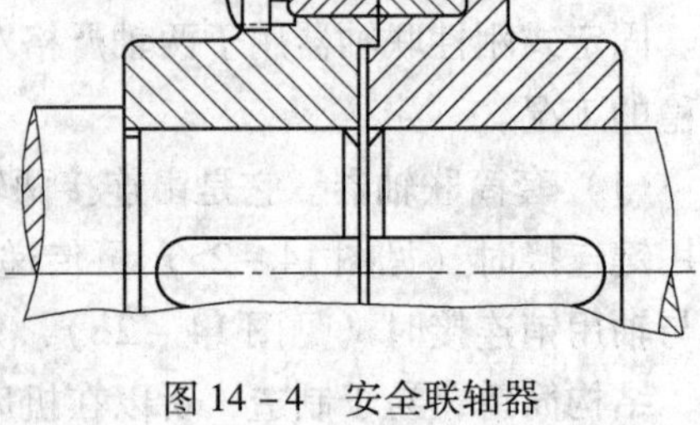

图 14－4 安全联轴器

14.1.2.2 可移式刚性联轴器

联轴器所连接的两根轴，常因制造、变形、安装、基础下沉等原因，出现两轴间的轴向位移 x、径向位移 y、角位移 α 或综合偏移，可移式刚性联轴器利用联轴器中工作零件的相对运动可对两轴线间的相对偏移进行一定的补偿。

（1）十字滑块联轴器。十字滑块联轴器是由两个端面开有径向凹槽的半联轴器 1、3 和一个两端面带有凸牙的十字滑块 2 组成，如图 14－5（a）所示。两个半联轴器分别用键与被连接的两轴固定，十字滑块 2 两端面上的凸牙相互垂直，并通过圆盘中心，分别嵌入两半联轴器的径向凹槽中。凹槽和凸牙有间隙，工作中它们靠相互嵌合传递转矩。若两轴间有径向偏移（见图 14－5b），十字滑块中心将在以径向偏移量为直径的圆上做偏心回转运动，其两端面上的凸牙分别在两半联轴器的凹槽中滑动，以补偿两轴轴心的径向位移。利用两个半联轴器与十字滑块端面之间的轴向间隙也能补偿极小量的轴向位移和角位移（见图 14－5c）。

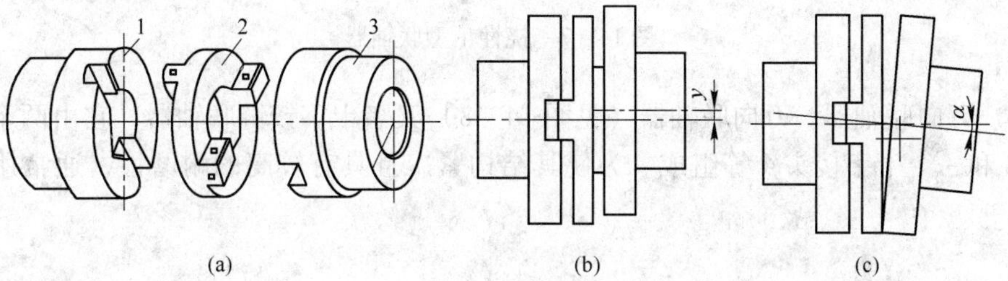

图 14－5 十字滑块联轴器

（2）齿式联轴器。如图 14－6 所示，齿式联轴器由两个带有内齿圈的外壳 2、3 和两个带有外齿轮的轴套（半联轴器）1、4 组成。轴套与轴相连，外壳用一组螺栓连接。工作时轴套的外齿与外壳的内齿相啮合来传递转矩。由于齿轮间留有间隙和外齿轮的齿顶做成球形，球面中心位于轴线上，允许补偿径向位移 $\Delta y = 0.4 \sim 6.3\text{mm}$ 和角位移 $\Delta\alpha = 1°30'$。

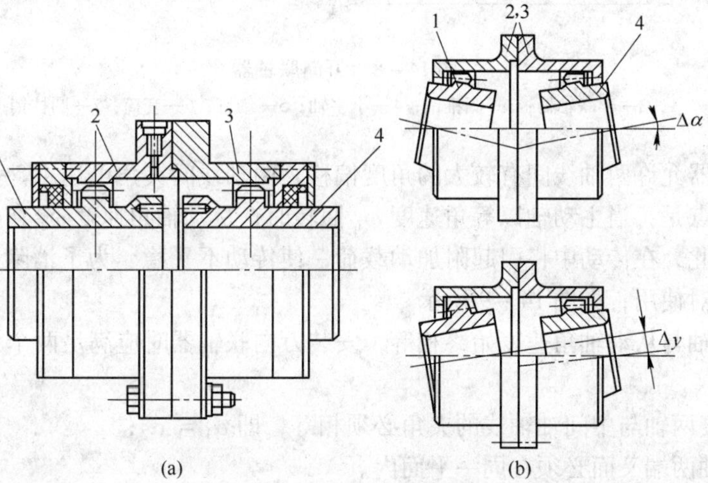

图 14－6 鼓形齿联轴器

1，4—半联轴器；2，3—外壳

齿式联轴器结构紧凑、承载能力大、工作可靠、有较大的综合补偿能力，但制造困难、成本大、重量大，适用于重载或高速运转的水平传动轴的连接。

（3）挠性爪型联轴器。如图 14－7 所示，挠性爪型联轴器的两半联轴器上的沟槽很宽，中间装有用夹布胶木或尼龙制成的方形滑块。由于滑块重量轻且有弹性，可允许较高的极限转速。

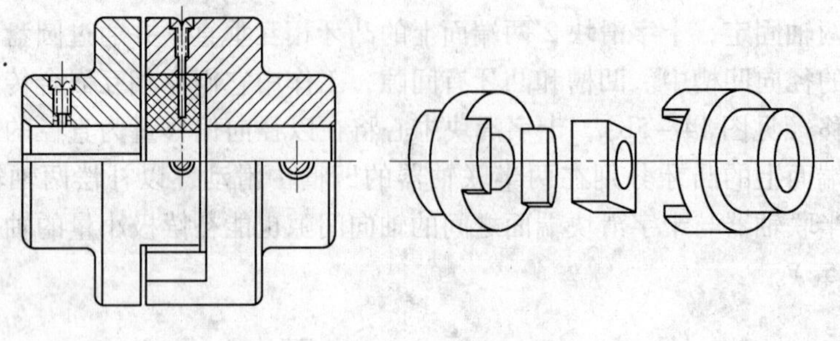

图 14－7　挠性爪型联轴器

（4）万向联轴器。万向联轴器（见图 14－8）又名十字铰链联轴器，它由两个叉形接头 1、2 和一个十字接头 4 等组成。为使其结构紧凑且具有较高的耐磨性，通常用合金钢制成。

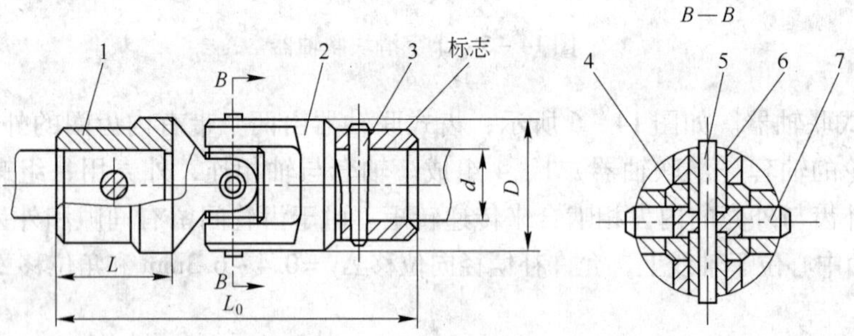

图 14－8　万向联轴器

1，2—半联轴器；3—圆锥销；4—十字轴；5—销钉；6—套筒；7—圆柱销

万向联轴器允许两轴线间有较大的角度偏移，两轴线间夹角可达 40°～45°。单万向联轴器的主要缺点是：当主动轴以等角速度 ω_1 回转时，从动轴角速度 ω_2 在一定范围内作周期性变化，因此，在传动中将引起附加动载荷，使传动不平稳。为了消除这一缺点，常将万向联轴器成对使用，如图 14－9 所示。

为使主动轴与从动轴角速度始终相等，安装万向联轴器时应满足两个条件（见图14－10）：

1）被连接两轴与中间轴轴线的夹角必须相等，即 $\alpha_1 = \alpha_2$；

2）中间轴两端叉面必须在同一平面内。

万向联轴器结构紧凑，维护方便，能补偿较大的综合位移，且传递转矩较大，所以在汽车、机床等机械中应用广泛。

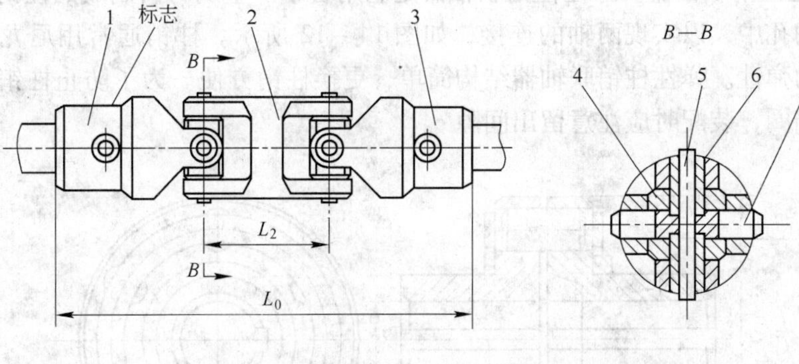

图 14-9 成对使用的万向联轴器

1，3—半联轴器；2—叉形接头；4—十字轴；5—销钉；6—套筒；7—圆柱销

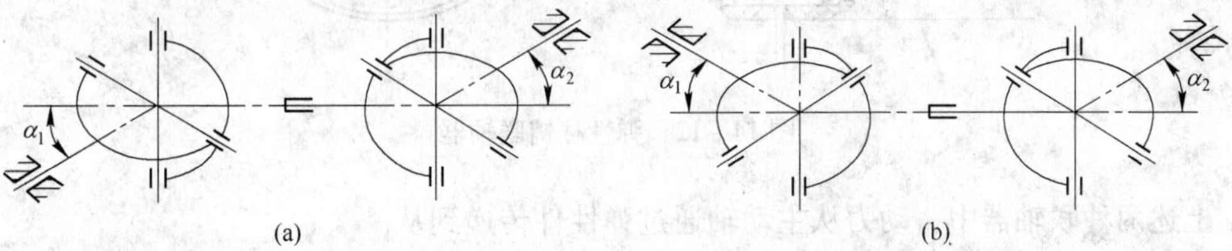

图 14-10 成对使用的万向联轴器的安装条件

14.1.2.3 可移式弹性联轴器

可移式弹性联轴器利用弹性元件的弹性变形补偿两轴的位移。

（1）弹性套柱销联轴器。弹性套柱销联轴器在结构上和凸缘联轴器很近似，但是两个半联轴器的连接不用螺栓而用带橡胶或皮革套的柱销，如图 14-11 所示。为了更换橡胶套时简便不必拆移机器，设计中应注意留出距离 A；为了补偿轴向位移，安装时应注意留出相应大小的间隙 c。弹性套柱销联轴器在高速轴连接上应用十分广泛，它的基本参数和主要尺寸请参阅有关设计资料。

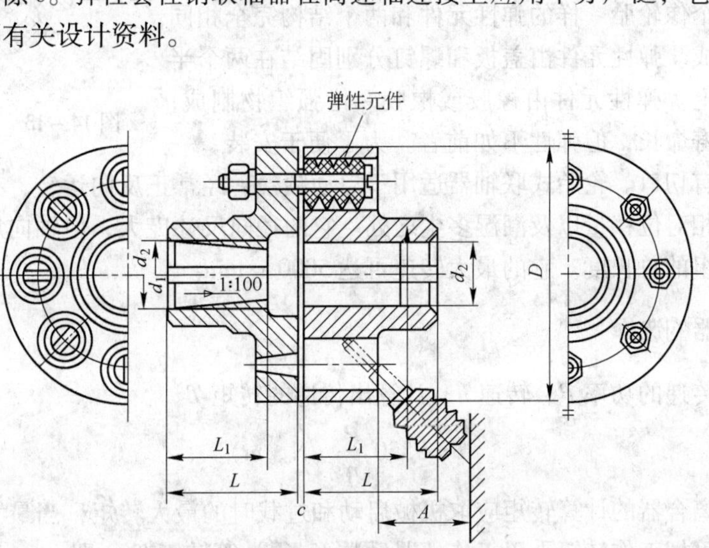

图 14-11 弹性套柱销联轴器

（2）弹性柱销联轴器。弹性柱销联轴器是利用若干非金属材料制成的柱销置于两个半联轴器凸缘的孔中，以实现两轴的连接，如图 14 – 12 所示。柱销通常用尼龙制成，而尼龙具有一定的弹性。弹性柱销联轴器结构简单，更换柱销方便。为了防止柱销滑出，在柱销两端配置挡圈，装配时应注意留出间隙 c。

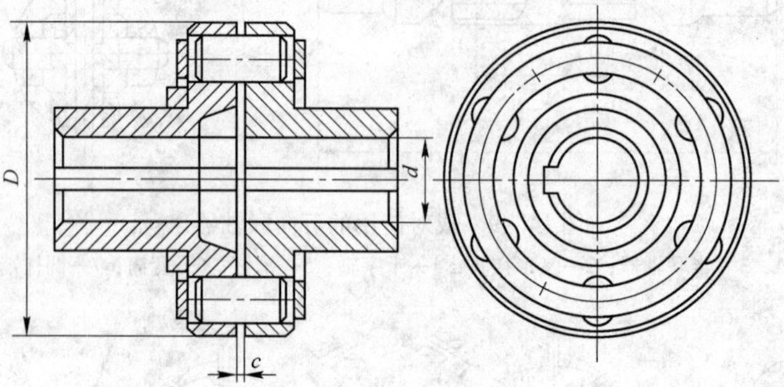

图 14 – 12　弹性柱销联轴器

上述两种联轴器中，动力从主动轴通过弹性件传递到从动轴。因此，它能缓和冲击、吸收振动，适用于正反向变化多，启动频繁的高速轴。它的最大转速可达 8000r/min，使用温度范围为 – 20 ~ 70℃。

这两种联轴器能补偿大的轴向位移。依靠弹性柱销的变形，允许有微量的径向位移和角位移。但若径向位移或角位移较大时，将会引起弹性柱销的迅速磨损，因此采用这两种联轴器时，仍需较仔细地进行安装。

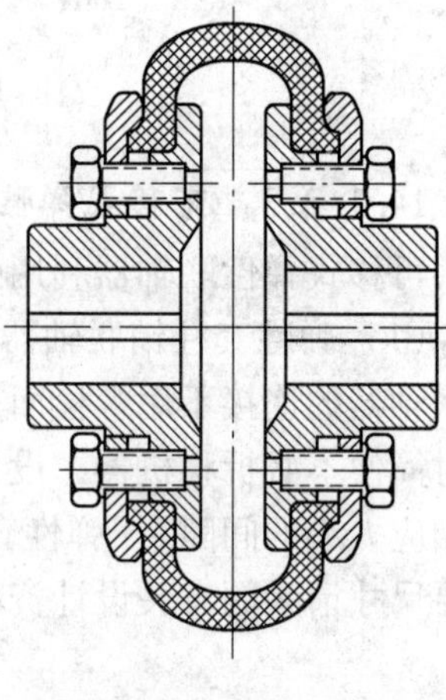

图 14 – 13　轮胎式联轴器

（3）轮胎式联轴器。轮胎式联轴器的结构如图 14 – 13 所示，是由一个像轮胎一样的弹性元件和两个结构完全相同的半联轴器组成。弹性元件由盖板和螺钉分别固结在两个半联轴器的凸缘上。弹性元件由橡胶或橡胶 – 增强织物制成，后者强度高、寿命长，但弹性不如前者。为了便于安装，一般在轮胎上开有切口。轮胎式联轴器适用于启动频繁、经常正反向运转、有冲击振动、两轴间有较大的相对位移量以及潮湿多尘之处。它的径向尺寸庞大，但轴向尺寸较窄，有利于缩短串接机组的总长度。它的最大转速可达 5000 r/min。

14.1.3　联轴器的选择

首先根据传递的功率 P、转速 n，计算出传递的转矩 T。

$$T = 9550\,\frac{P}{n}\ (\mathrm{N \cdot m}) \tag{14-1}$$

联轴器和离合器的计算转矩应取机械启动和过载时的最大转矩，当最大转矩不易精确计算时，通常可把工作转矩乘以工作情况系数 K_A 得计算转矩 T_c，即

$$T_c = K_A T \tag{14-2}$$

式中 K_A——工作情况系数，可查表 14－1；

T——传递的公称转矩，N·m。

再根据计算转矩 T_c、功率 P、转速 n、相关尺寸由设计手册选择联轴器的类型与型号。

表 14－1 工作情况系数 K_A

工作机		K_A 原动机			
分类	工作情况及举例	电动机、汽轮机	四缸和四缸以上内燃机	双缸内燃机	单缸内燃机
Ⅰ	转矩变化很小，如发电机、小型通风机、小型离心泵	1.3	1.5	1.8	2.2
Ⅱ	转矩变化小，如透平压缩机、木工机床、运输机	1.5	1.7	2.0	2.4
Ⅲ	转矩变化中等，如搅拌机、增压泵、有飞轮压缩机、冲床	1.7	1.9	2.2	2.6
Ⅳ	转矩变化和冲击载荷中等，如织布机、水泥搅拌机、拖拉机	1.9	2.1	2.4	2.8
Ⅴ	转矩变化和冲击载荷大，如造纸机、挖掘机、起重机、碎石机	2.3	2.5	2.8	3.2
Ⅵ	转矩变化大并有极强烈冲击载荷，如压延机、无飞轮活塞泵、重型初轧机	3.1	3.3	3.6	4.0

【例 14－1】 电动机经减速器拖动水泥搅拌机工作。已知电动机的功率 $P=11$kW，转速 $n=970$ r/min，电动机轴的直径和减速器输入轴的直径均为 40mm，试选择电动机与减速器之间的联轴器。

解：（1）选择类型。为了缓和冲击和减轻振动，选用弹性套柱销联轴器。

（2）求计算转矩。

$$T=9550\frac{P}{n}=9550\times\frac{11}{970}=108\text{N}\cdot\text{m}$$

由表 14－1 查得，工作机为水泥搅拌机时工作情况系数 $K_A=1.9$，故计算转矩为：

$$T_c=K_AT=1.9\times108=205\text{N}\cdot\text{m}$$

（3）确定型号。由设计手册中选取弹性套柱销联轴器 TL6。它的公称扭矩（即许用转矩）为 250N·m，半联轴器材料为钢时，许用转速为 3800r/min，允许的轴孔直径在32～42mm 之间。以上数据均能满足本题的要求，故合用。

14.2 离合器

离合器与联轴器的作用相同，都是用来连接两轴（或轴与回转件），使其一同旋转并传递转矩的部件。两者区别主要在于：离合器可在机器工作时使两轴随时接合或分开（如汽车变速结构的换挡）。

在现代机械中，使用的离合器有啮合式、摩擦式、磁力式、液力式等数种，其中以啮合式离合器和摩擦式离合器用得最多。啮合式离合器能保证被连接两轴同步运转，但接合动作只能在停车或低速运行时进行。摩擦式离合器则可在任何不同的转速下接合。

14.2.1 牙嵌式离合器

如图 14－14 所示，牙嵌离合器由端面带有牙的两个半离合器 1、3 组成。两个半离合器分别与主、从动轴用平键或花键连接，工作时利用操纵机构使半离合器3沿导向键做轴向移动，从而起到离合作用。为了保证两轴线同轴度，主动轴的半离合器上装有固定的对中环2。

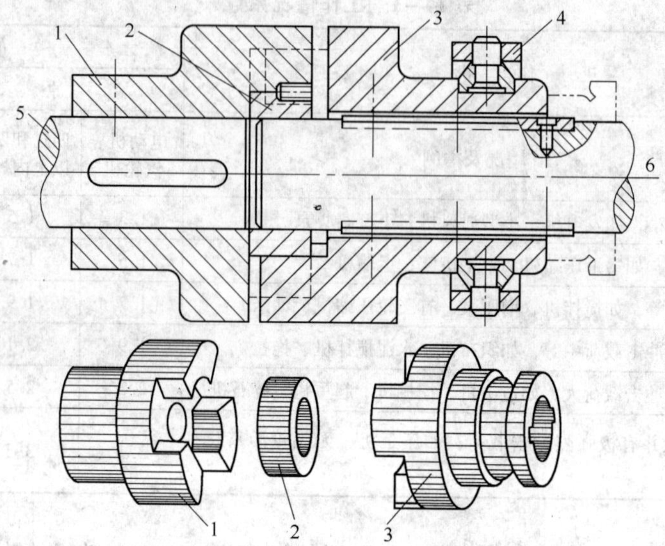

图14-14 牙嵌式离合器

1，3—半离合器；2—对中环；4—滑环；5—主动轴；6—从动轴

牙嵌式离合器的牙形有矩形、梯形和锯齿形等，如图14-15所示。矩形齿必须在牙与槽对准的情况下才能接合，因而接合困难，冲击较大，而且在传递转矩时由于牙与牙之间没有轴向分力，所以分离也较为困难。梯形齿强度较高，能传递较大的转矩，并能自行补偿牙的磨损和牙侧间隙，从而可避免在载荷和速度变化时因间隙而产生的冲击，同时，由于牙与牙之间有轴向分力，分离较容易，因此应用较广。锯形齿的牙强度更高，能传递的转矩也更大，但若利用倾角大的一面工作，会因牙与牙之间产生很大的轴向力而迫使离合器分开。所以，矩形齿和梯形齿能传递正反两个方向的转矩，而锯形齿只能传递单方向的转矩。

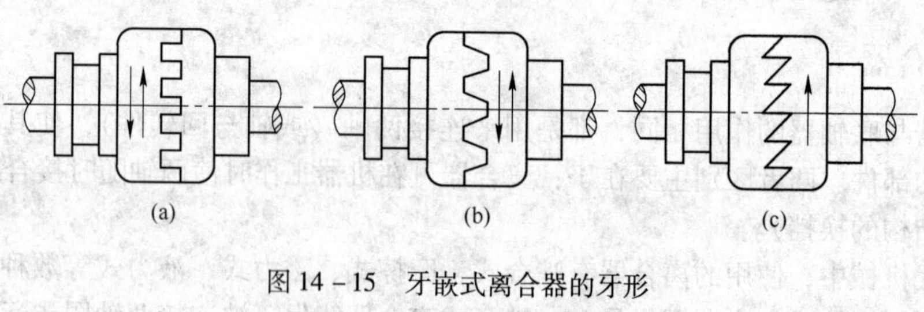

图14-15 牙嵌式离合器的牙形

(a) 矩形齿；(b) 梯形齿；(c) 锯齿形齿

要求离合器传递的转矩愈大时，选用的齿数应愈少；要求接合的时间愈短时，选用的齿数应愈多，但齿数愈多时，各齿分担的载荷愈不均匀。牙嵌式离合器的优点是结构简单、尺寸小、没有滑动，并能传递较大的转矩。其缺点是在运转中接合时有冲击，转速差

愈大愈严重，故适用于两轴转速差较小或静止时接合的场合。

14.2.2 齿嵌离合器

齿嵌离合器由带内齿和外齿的两个半离合器组成，如图 14－16 所示。一般是由外齿半离合器在轴上沿轴向移动来实现接合和分离动作，内齿半离合器与轴完全固接。牙形一般有如图 14－17 所示的三种类型。渐开线牙形与齿轮的加工方法相同，常用于兼作齿轮传动的场合，为了便于接合，齿端可进行倒圆。

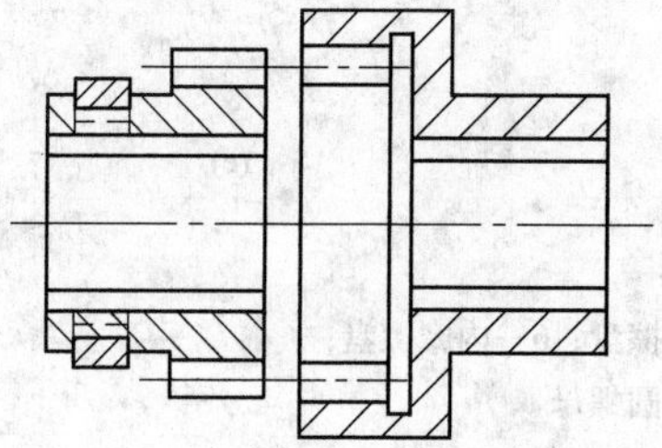

图 14－16 齿嵌离合器

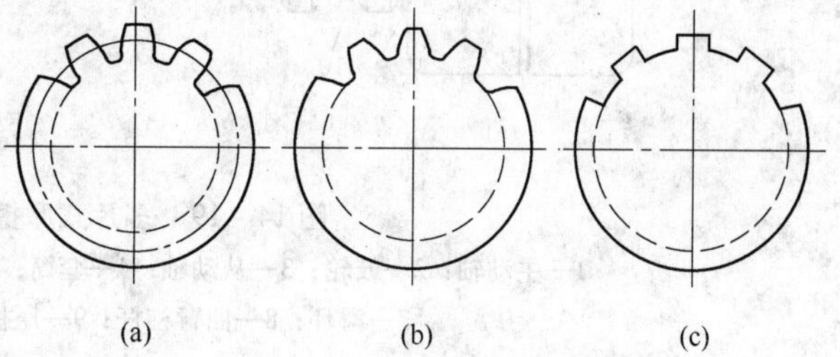

图 14－17 齿嵌离合器的牙形

(a) 渐开线；(b) 梯形；(c) 矩形

14.2.3 摩擦式离合器

摩擦式离合器是依靠两接触表面之间的摩擦力矩使主、从动轴连接并传递转矩的。摩擦式离合器的形式很多，其中以圆盘式应用最广。常见的圆盘摩擦式离合器有单片式和多片式两种。如图 14－18 所示为一单片圆盘摩擦离合器。主动摩擦盘 2 与主动轴 1 通过普通平键相连，从动摩擦盘 3 与从动轴 4 通过导向平键相连，故可沿从动轴做轴向移动。工作时，可在移动的从动摩擦盘 3 上利用操纵装置对滑环 5 加一轴向压力 Q，使两摩擦圆盘接触并压紧，从而产生摩擦力矩来传递转矩和运动。单片式摩擦离合器多用于转矩在 2000N · m 以下的轻型机械。

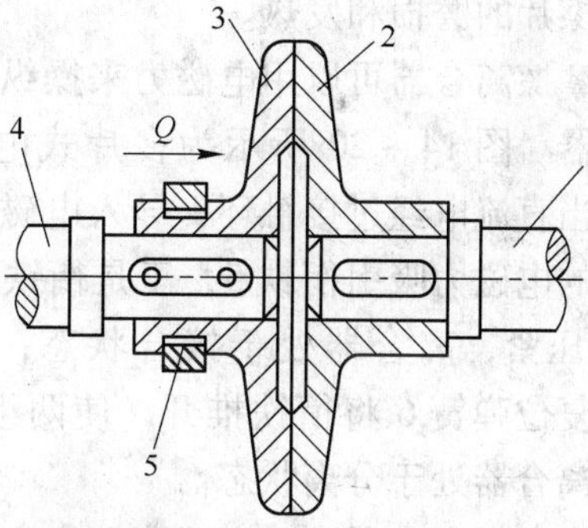

图 14－18 单片圆盘摩擦离合器

1—主动轴；2—主动摩擦盘；
3—从动摩擦盘；4—从动轴；5—滑环

多片式摩擦离合器结构如图 14－19（a）所示。其中主动轴 1 与鼓轮 2 相连接，从动轴 3 与套筒 4 相连接。鼓轮与套筒之间装有摩擦片，摩擦片分外、内两组，如图 14－19（b）、（c）所示。内摩擦片组与套筒、外摩擦片组与鼓轮分别采用类似导向花键的连接。当滑环 7 左移时，压下曲臂压杆 8 使内、外摩擦片互相压紧，离合器接合（图 14－19a 中的状态）；当滑环 7 右移时，曲臂压杆 8 被弹簧抬起，内、外摩擦片分开，使离合器分离。螺母 10 可以用来调节内、外摩擦片间的压紧力。这种离合器摩擦片材料常用淬火钢片或压制石棉片。摩擦片的对数愈多，传递的转矩也愈大。但摩擦片过多会影响分离动作的灵活性，故一般限制在 10～15 对以下。

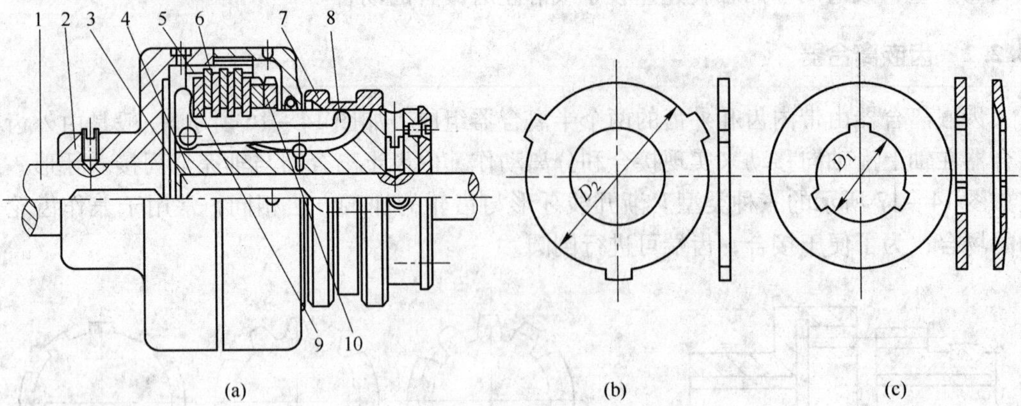

图 14－19 多片式摩擦离合器

1—主动轴；2—鼓轮；3—从动轴；4—套筒；5—外摩擦盘；6—内摩擦盘；7—滑环；8—曲臂杠杆；9—压板；10—圆螺母

与牙嵌离合器比较，摩擦离合器具有下列优点：可以在任何速度下接合；接合过程平稳，无冲击和振动；过载时摩擦面间发生打滑，可起安全保护作用。其缺点是：在正常接触过程中，从动轴转速从零逐渐加速到主动轴的转速，因而两摩擦面间不可避免地发生相对滑动。这种相对滑动要消耗一部分能量，并引起摩擦片的磨损和发热。

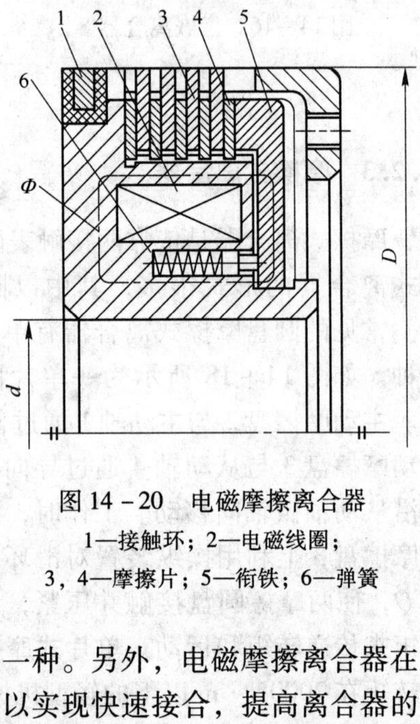

图 14－20 电磁摩擦离合器

1—接触环；2—电磁线圈；3，4—摩擦片；5—衔铁；6—弹簧

摩擦离合器可以用电磁力来操纵，称为电磁摩擦离合器。图 14－20 所示为多片式电磁摩擦离合器。其中当直流电经过接触环 1 导入电磁线圈 2 之后，所产生的电磁力吸引衔铁 5，于是衔铁 5 将两组摩擦片 3、4 压紧，离合器处于接合状态；当电流切断时，依靠复位弹簧 6 将衔铁推开，使两组摩擦片 3、4 松开，离合器处于分离状态。

在电磁离合器中，电磁摩擦离合器是应用最广泛的一种。另外，电磁摩擦离合器在电路上还可进一步实现各种特殊要求，如快速励磁电路可以实现快速接合，提高离合器的灵敏度。相反，缓冲励磁电路可抑制励磁电流的增长，使启动缓慢，从而避免启动冲击。电磁摩擦离合器将其主动件固定后，可以转化为电磁摩擦制动器。

14.2.4 自动离合器

常用的自动离合器有三种。

（1）安全离合器：当传递的转矩超过一定值时，能自动分离的离合器。它有防止过载，具有安全保护作用，故称为安全离合器。

（2）离心式离合器：当转速达到某一数值时能自动接合或分离。因是利用离心力的原理工作，故称为离心式离合器。

(3) 超越离合器：只能按某一个方向传递转矩，反向时自动分离。

图 14－21 所示为滚柱式超越离合器。当套筒 2 的转速 ω_1 大于芯轴 4 的转速 ω_2 时，弹簧 3 压着滚柱 1，滚柱在楔孔的小端，套筒带着芯轴转。当套筒的转速 ω_1 小于芯轴的转速 ω_2 时，滚柱压着弹簧，滚柱在楔孔的大端，套筒与芯轴各转各的。所以超越离合器是通过改变速度的大小或速度的方向来实现离合的，其允许一根轴线上有两种不同的转速，也允许从动轴的转速（芯轴）超过主动轴的转速。

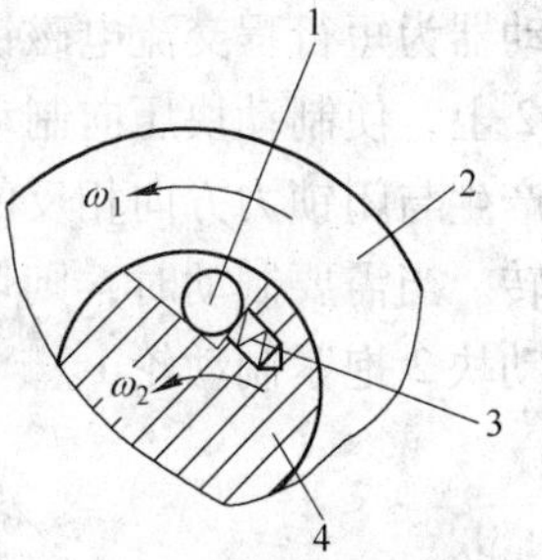

图 14－21 滚柱式超越离合器

1—滚柱；2—套筒；3—弹簧；4—芯轴

14.3 制动器

制动器是使运动件减速或停止运动的装置。若把摩擦离合器的从动部分固定起来，就构成一个制动器，当内、外摩擦盘接合时就起制动作用。因此，关于对摩擦离合器的分析，有许多对制动器也适用。

按照制动器的工作状态分类，制动器可分为常闭式和常开式。常闭式制动器靠弹簧或重力作用经常处于紧闸状态，当需要机械系统工作时，用人力或松闸器使制动器松闸。常开式则与此相反。

按照制动零件的结构特征不同，制动器有块式、带式和盘式等。

按照控制方式不同，制动器又可分为自动式和操纵式两类。

制动器通常装在机械中转速较高的轴上，这样所需制动力矩和制动器尺寸可以小些。

制动器应满足的基本要求是：能够产生足够的制动力矩；制动平稳、可靠、操纵灵活；散热好，体积小，有足够的强度、刚度、耐磨性；构造简单和维修方便。

常用的制动器大多已标准化。设计时应根据机械设备的运转要求，求出所需的制动力矩，并考虑一定的安全系数，选用合适的型号，然后验算制动时间（或距离、转角）、发热情况是否符合要求。若自行设计制动器，必须考虑各主要零件的强度、刚度和耐磨性。

以下介绍两种常见制动器的基本结构形式。

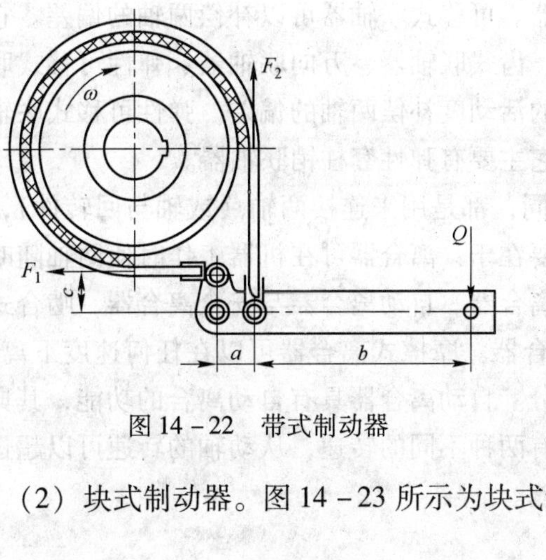

图 14－22 带式制动器

(1) 带式制动器。带式制动器主要用挠性钢带包围制动轮。如图 14－22 所示，制动带包在制动轮上，当 Q 向下作用时，制动带与制动轮之间产生摩擦力，从而实现合闸制动。制动带是钢带内表面镶嵌一层石棉制品与制动轮接触，以增加摩擦力。带式制动器结构简单，它由于包角大而制动力矩大，但其缺点是制动带磨损不均匀，容易断裂，而且对轴的作用力大。

(2) 块式制动器。图 14－23 所示为块式制动器，靠瓦块与制动轮间的摩擦力来制动。

该制动器为短行程交流电磁铁外块式制动器。弹簧 8 产生的闭锁力通过制动臂 4 作用于制动块 2 上，使制动块压向制动轮 1 达到常闭状态。工作时，由于电磁铁线圈 12 通电，电磁铁产生与闭锁力方向相反的吸力吸住衔铁 13，再通过一套杠杆使瓦块松开，机器便能自由运转。当需要制动时，则切断电流，电磁线圈 12 释放衔铁 13，依靠弹簧力并通过杠杆使制动块 2 抱紧制动轮 1。

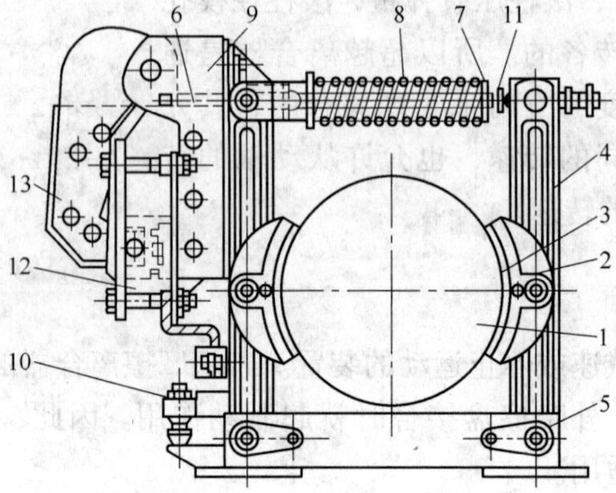

图 14－23　块式制动器

1—制动轮；2—制动块；3—瓦块衬垫；4—制动臂；5—底座；6—推杆；7—夹板；8—制动弹簧；9—松闸器；10，11—调整螺钉；12—线圈；13—衔铁

瓦块的材料可以用铸铁，也可以在铸铁上覆以皮革或石棉带。瓦块制动器已规范化，其型号应根据所需的制动力矩在产品目录中选取。

小　结

（1）联轴器。联轴器是用来连接两根回转轴并传递转矩和运动的部件。由联轴器连接的两根轴，只能停车拆轴。联轴器有刚性联轴器与可移式联轴器。刚性联轴器不能补偿两轴的偏差。典型的刚性联轴器为凸缘式联轴器。可移式联轴器可以补偿两轴的偏差。它又可分为刚性可移式联轴器、十字滑块联轴器、齿式联轴器、万向联轴器、弹性可移式联轴器。其中，刚性可移式联轴器依靠刚性元件的活动度补偿两轴的偏差。弹性可移式联轴器依靠弹性元件的弹性变形补偿两轴的偏差，它主要有弹性套柱销联轴器。

（2）离合器。离合器与联轴器的作用相同，都是用来连接两轴（或轴与回转件），使其一同旋转并传递转矩的部件。两者区别主要在于：离合器可在机器工作时使两轴随时接合或分开。离合器有啮合式离合器、摩擦式离合器、自动离合器与安全离合器。啮合式离合器只能在低速下离合，其典型是牙嵌式离合器。摩擦式离合器可以在任何速度下离合，具有过载保护功能，它有单片式与多片式之分。自动离合器具有自动离合的功能，其典型是超越离合器。超越离合器允许一根轴线上有两种不同的转速，从动轴的转速可以超过主动轮的转速。安全离合器具有安全保护的功能。

(3) 制动器。制动器是使运动件减速或停止运动的装置。制动器有锥形制动器、带式制动器、蹄鼓式（闸瓦式）制动器等。

习　题

14－1 试说明联轴器和离合器的异同。

14－2 常见的联轴器有哪些类型？

14－3 刚性联轴器和弹性联轴器有何差别？举例说明它们适用于什么场合。

14－4 试说明万向联轴器有何特点。

14－5 试比较牙嵌离合器和摩擦离合器的特点。

14－6 已知电动机型号为额定功率 $P=7.5\text{kW}$，转速 $n=720\text{r/min}$，电动机输出轴的直径为42mm，用于驱动一活塞式水泵（轴径为40mm），试选择此联轴器形式及尺寸。

14－7 由交流电动机直接带动直流发电机供应直流电。若已知所需最大功率为18～20 kW，转速为3000r/min，外伸轴径 $d=45$ mm。

(1) 试为电动机与发电机之间选择一恰当类型的联轴器，并陈述理由。

(2) 根据已知条件，定出型号。

参 考 文 献

[1] 濮良贵，纪名刚．机械设计［M］．北京：高等教育出版社，2001.
[2] 吴宗泽，刘莹．机械设计教程［M］．北京：机械工业出版社，2003.
[3] 杨现卿．机械设计基础［M］．北京：中国电力出版社，2010.
[4] 徐锦康．机械设计［M］．北京：高等教育出版社，2004.
[5] 邹培海、银金光．机械设计基础［M］．北京：清华大学出版社，2009.
[6] 吴克坚，于晓红，钱瑞明．机械设计［M］．北京：高等教育出版社，2003.
[7] 张策．机械原理与机械设计［M］．北京：机械工业出版社，2004.
[8] 荣辉，付铁，杨梦辰．机械设计基础［M］．北京：北京理工大学出版社，2006.
[9] 庞兴华．机械设计基础［M］．北京：机械工业出版社，2009.
[10] 孔凌嘉，张春林．机械基础综合课程设计［M］．北京：北京理工大学出版社，2004.
[11] 孙靖民．现代机械设计方法［M］．哈尔滨：哈尔滨工业大学出版社，2003.
[12] 张铁，李琳，李杞仪．创新思维与设计［M］．北京：国防工业出版社，2005.
[13] 机械设计手册编委会．机械设计手册［M］．北京：机械工业出版社，2004.
[14] 汪信远．机械设计基础［M］．北京：高等教育出版社，2002.
[15] 彭文生，李志明，黄华梁．机械设计［M］．北京：高等教育出版社，2002.
[16] 谢泗淮．机械原理［M］．北京：中国铁道出版社，2001.
[17] 黄华梁，彭文生．机械设计基础［M］．北京：高等教育出版社，2001.
[18] 张鄂．机械设计学习指导［M］．西安：西安交通大学出版社，2002.
[19] 钟毅芳，吴昌林，唐增宝．机械设计［M］．武汉：华中科技大学出版社，2001.
[20] 阮宝湘．工业设计机械基础［M］．北京：机械工业出版社，2002.
[21] 孔凌嘉，王晓力．机械设计［M］．北京：北京理工大学出版社，2006.
[22] 初嘉鹏，贺风宝．机械设计基础［M］．北京：中国计量出版社，2002.
[23] 成大先．机械设计手册［M］．北京：化学工业出版社，2004.
[24] 郑江，许瑛．机械设计［M］．北京：中国林业出版社，北京大学出版社，2006.

冶金工业出版社部分图书推荐

书　名	作　者	定价(元)
机械设计基础（本科教材）	侯长来	42.00
机械设计基础课程设计（本科教材）	侯长来	30.00
机械优化设计方法（第3版）（本科教材）	陈立周	29.00
现代机械设计方法（本科教材）	臧　勇	22.00
冶金机械安装与维护（本科教材）	谷士强	24.00
起重运输机械（本科教材）	陈道南	32.00
机械制图（本科教材）	田绿竹	30.00
机械制图习题集（本科教材）	王　新	28.00
机械可靠性设计（本科教材）	孟宪铎	25.00
液压传动与气压传动（本科教材）	朱新才	39.00
机械电子工程实验教程（本科教材）	宋伟刚	29.00
金属压力加工原理及工艺实验教程（本科教材）	魏立群	28.00
金属材料工程实习实训教程（本科教材）	范培耕	33.00
材料科学基础（本科教材）	王亚男	33.00
通用机械设备（第2版）（高职高专）	张庭祥	26.00
机械维修与安装（高职教材）	周师圣	29.00
机械设备维修基础（高职高专）	闫嘉琪	28.00
采掘机械（高职高专）	苑忠国	38.00
矿冶液压设备使用与维护（高职高专）	苑忠国	27.00
金属热处理生产技术（高职高专）	张文莉	35.00
机械工程材料（本科教材）	王廷和	22.00
机械工程控制基础（高职高专）	刘玉山	23.00
机械制造工艺与实施（高职高专）	胡运林	39.00
矿山提升与运输（高职高专）	陈国山	39.00
工程力学（高职高专）	战忠秋	28.00
轧钢机械设备（中职教材）	边金生	45.00
轧钢车间机械设备（中职教材）	潘慧勤	32.00
机械安装与维护（职业培训）	张树海	22.00
机械基础知识（职业培训）	马保振	26.00
液压可靠性与故障诊断（第2版）	湛从昌	49.00
机械制造装备设计	王启义	35.00
真空镀膜设备	张以忱	26.00
液力偶合器使用与维护500问	刘应诚	49.00
液力偶合器选型匹配500问	刘应诚	49.00